Réactions et équilibres chimiques

2

Les équilibres chimiques en chimie minérale et organique

Chez le même éditeur

Réactions et équilibres chimiques. 1. Des liaisons aux transformations chimiques, aspects thermodynamiques et cinétiques
R. Barlet, B. Baharmast, J. Bouteillon, P. Fabry, J.-C. Poignet, 2014

Méthodes électrochimiques d'analyse
J.-L. Burgot, 2012

Principes fondamentaux du génie des procédés et de la technologie chimique : aspects théoriques et pratiques
H. Fauduet, 2012

Chimie analytique et équilibres ioniques
J.-L. Burgot, 2e édition, 2011

Chimie analytique en solution – Principes et applications
J.-L. Brisset, A. Addou, M. Draoui, D. Moussa, F. Abdelmalek, 2e édition, 2011

Méthodes instrumentales d'analyse chimique et applications – Méthodes chromatographiques, électrophorèses, méthodes spectrales et méthodes thermiques
G. Burgot, J.-L. Burgot, 3e édition, 2011

Mécanique des fluides et des solides appliquée à la chimie
H. Fauduet, 2011

Dictionnaire de la chimie et de ses applications
C. Duval, R. Duval, J.-C. Richer, 2010

La cytométrie en flux
X. Ronot, D. Grunwald, J.-F. mayol, J. Boutonnat, coord., 2006

Exercices de chimie organique
O. Lafont, J. Mayrargue, M. Vayssière, C. Martin, S. Ménager, 2e édition, 2006

Chimie générale – Cours et exercices résolus
R. Didier, P. Grécias, 7e édition, 2004

Chimie organique – Cours et exercices résolus
P. Grécias, 3e édition, 2004

Génie de la réaction chimique – Traité de génie des procédés
D. Schweich, coord., 2001

Réactions et équilibres chimiques

2

Les équilibres chimiques en chimie minérale et organique

Roger Barlet
Bahman Baharmast
Jacques Bouteillon
Pierre Fabry
Jean-Claude Poignet

TEC & DOC

www.editions.lavoisier.fr

Direction éditoriale : Emmanuel Leclerc
Édition : Élodie Lecoquerre
Fabrication : Estelle Perez
Couverture : Patrick Leleux PAO
Fabrication : Estelle Perez

Composition : IGS-CP
Impression : SNEL, Belgique

ISBN : 978-2-7430-1546-6

Liste des auteurs

Roger Barlet
Docteur de 3e cycle, docteur d'État, professeur honoraire de chimie à l'université Joseph Fourier de Grenoble

Bahman Baharmast
Docteur de 3e cycle, ancien professeur du secondaire, ancien chargé de cours de chimie à l'université Joseph Fourier de Grenoble

Jacques Bouteillon
Ingénieur de l'École nationale supérieure d'électrochimie et d'électrométallurgie (ENSEEG), docteur d'État ès Sciences physiques, professeur honoraire de chimie à l'université Joseph Fourier de Grenoble

Pierre Fabry
Docteur de 3e cycle, docteur d'État, professeur honoraire de chimie physique à l'université Joseph Fourier de Grenoble

Jean-Claude Poignet
Ingénieur de l'École nationale supérieure d'électrochimie et d'électrométallurgie (ENSEEG), docteur de 3e cycle, docteur d'État, professeur honoraire de chimie physique à Grenoble INP

Avant-propos

Ce tome 2 fait partie de l'ouvrage fondamental de chimie intitulé *Réactions et équilibres chimiques* qui se donne pour objectif de guider les étudiants « pas à pas en licence à l'université ».

Son titre *Les équilibres chimiques en chimie minérale et organique* permet, après leur présentation dans le tome 1, la mise en application des concepts-clés et structurants de la chimie de base dans le champ diversifié de la chimie minérale et de la chimie organique, c'est-à-dire de l'ensemble de la chimie.

Cet ouvrage, à l'intention des futurs spécialistes de chimie, s'adresse aussi aux physico-chimistes qui se destineront à l'enseignement secondaire ou aux futurs spécialistes en biologie moléculaire ou en physique qui auront besoin d'une culture de base en chimie.

Il sera également utile aux étudiants d'IUT des départements de **chimie** ou de **génie chimique et génie des procédés**, et des départements utilisant de la chimie comme les **mesures physiques**, les **sciences et génie des matériaux** ou encore le **génie biologique**.

Cet ouvrage est relatif au programme de chimie des **licences de chimie** (L1, L2) et des **licences pluridisciplinaires de biologie et sciences physiques** (L1 le plus souvent) des universités. Il donne l'essentiel des enseignements des licences de chimie (L1 + L2 + L3). Notons que la volonté ministérielle de rendre les deux premières années de licence davantage pluridisciplinaires, à l'instar des universités anglo-saxonnes, rend d'autant plus utile un ouvrage fondamental de chimie valable pour différents cursus. Commencer par le tome 2 est possible mais il est plus cohérent et efficace d'assurer la continuité pédagogique entre le tome 1 et le tome 2.

Ce programme est abordé, dans ces deux tomes, sous la forme **d'exercices et problèmes corrigés, de difficultés variées, destinés à améliorer l'autonomie et le travail personnel** avec une prise en charge toute particulière de la **transition lycée-université** et ensuite un développement de concepts fondamentaux plus au cœur de la formation de licence dans les années ultérieures.

Notre souci est en effet de **prendre les étudiants au niveau où ils en sont à la sortie de la classe de terminale et de les guider dès que les difficultés se présentent**, au fur et à mesure des raisonnements mis en œuvre. Il s'agit bien d'améliorer le rendement pédagogique de la licence, en particulier de sa première année mais aussi des années ultérieures, et de favoriser la capacité à travailler seuls d'étudiants souvent désarçonnés par un encadrement pédagogique moins personnalisé et sensiblement plus léger qu'au lycée ou en classes préparatoires. Notre objectif est de **favoriser la capacité de résolution et d'argumentation à partir d'exercices de difficultés variées.** Plutôt que de multiplier les exercices d'application visant à couvrir le maximum de situations, nous préférons faire acquérir une stratégie de résolution efficace utilisant à la fois les concepts-clés mais aussi les approches de raisonnement plus complexes.

Diverses enquêtes universitaires montrent en effet que **le déficit de méthode de résolution, plus encore que les carences ou difficultés scientifiques, joue un rôle majeur parmi les causes d'échec** et ceci aussi bien à l'université qu'en classes préparatoires. Le chemin de résolution et la façon de s'y prendre nous paraissent ainsi plus importants que l'accumulation par strates de connaissances vouées à être trop volatiles si elles n'ont pas été confrontées à leur mise en œuvre dans différents exercices et problèmes.

Pour cela dans chaque chapitre, **en amont, les notions importantes du cours**, nécessaires à la résolution, **sont présentées sous forme d'essentiels**.

Ces essentiels sont moins un résumé de cours que l'identification des connaissances de base structurantes et des pièges à éviter.

Les **« prérequis »** nécessaires à la résolution sont ainsi plus facilement mobilisables au début des corrections.

Les raisonnements destinés à permettre la résolution et à favoriser la compréhension en profondeur sont alors mis en œuvre dans des exercices ou problèmes de difficultés variées (★ : questions de cours et connaissances de base, ★★ et ★★★ : exercices d'application et de synthèse, ★★★★ : problèmes).

Dans tous les cas **les réponses, largement explicitées, mettent l'accent sur les étapes clés du raisonnement**, les arguments développés dans les réponses aux questions posées et le sens fondamental des concepts et phénomènes évoqués. Cette démarche est indispensable pour la première année (L1) et garde toute sa valeur pour la mobilisation d'un savoir plus complexe les années suivantes (L2 et L3).

Le plus souvent possible, en fin d'exercice, une **généralisation**, une **mise en perspective** ou le **recours à un exemple pratique**, sont évoqués et prennent leur plein intérêt là encore pour les 3 années de licence.

Par ailleurs, dans un souci pédagogique d'originalité et d'ouverture, nous proposons des **milieux variés pour les champs d'application** des exercices que nous avons créés et retenus : solutions aqueuses, sels fondus, solides ioniques et gaz, solutions et mélanges organiques, qui correspondent à la diversité de nos approches personnelles d'enseignants-chercheurs.

Le tome 2, dans la continuité du tome 1 (disponible chez le même éditeur), s'inscrit dans la même perspective d'apprentissage de base nécessaire pour l'approfondissement et se propose d'aller plus loin dans la nécessaire diversité des connaissances et des capacités que doit favoriser l'université.

Pour les auteurs, Roger BARLET

Table des matières

2. Réactions acido-basiques

3. Équilibres de complexation

4. Équilibres d'oxydoréduction

5. Les réactions en chimie organique

Méthodologie d'étude des différents types d'équilibres

1

LES SAVOIRS CLÉS

Essentiel 1.1

Variance d'un système chimique en équilibre

■ Définitions de la variance

Nous donnons ci-dessous quelques formulations de la définition de la variance trouvées dans les ouvrages.

En thermodynamique et en chimie, la variance *v* est le nombre de paramètres intensifs et indépendants qui caractérisent un état d'équilibre. Dit d'une autre manière, c'est le nombre maximum de paramètres que peut fixer librement l'expérimentateur sans rompre l'équilibre.

La variance *v* d'un système en équilibre chimique est le nombre de paramètres intensifs indépendants qu'on doit choisir pour déterminer totalement l'état d'équilibre du système.

Lorsque, pour un système de variance *v*, l'expérimentateur a fixé *v* paramètres intensifs indépendants, tous les autres paramètres intensifs sont fixés à l'équilibre : ils sont entièrement déterminés par les différentes contraintes qui les relient, tels que les lois d'action de masses, les relations classiques entre concentrations ou pressions partielles.

■ Facteurs d'équilibre et variance

Facteurs d'équilibre

Dans un système en équilibre chimique, la modification d'un paramètre, qu'il soit intensif ou extensif, provoque généralement une évolution du système vers un nouvel état d'équilibre, dans le cas d'un déplacement d'équilibre, ou parfois une rupture d'équilibre lorsque ce dernier ne peut plus exister.

On appelle facteur d'équilibre toute variable d'état dont la variation modifie un équilibre chimique.

On distingue généralement deux types de facteurs d'équilibre :
- les paramètres physiques : pression et température ;
- les paramètres décrivant la composition des diverses phases du système : les concentrations, les fractions molaires ou les pressions partielles pour les systèmes gazeux.

Calcul de la variance : règle des phases de Gibbs

La variance d'un système physico-chimique est donnée par la relation :

$$v = (c - k) + n(T, P) - \varphi - r_{exp}$$

où :
- c est le nombre de constituants chimiques intervenant dans l'équilibre ;
- k est le nombre d'équilibres chimiques. La différence $c - k$ est parfois appelée nombre de constituants indépendants ;
- le terme $n(T, P)$ correspond à l'influence de la température T et à celle de la pression P. Il vaut 2 si ces deux grandeurs sont effectivement facteurs d'équilibre, 1 si l'une de ces grandeurs n'est pas facteur d'équilibre, et 0 si aucune d'entre elles n'est facteur d'équilibre ;
- φ est le nombre de phases en équilibre ;
- r_{exp} est le nombre de relations supplémentaires introduites par certaines conditions d'expérience, telle que l'introduction des réactifs en proportions stœchiométriques.

Remarque

La température n'est pas facteur d'équilibre si les réactions sont athermiques. La pression n'est pas facteur d'équilibre dans le cas où la quantité de matière gazeuse ne dépend pas de l'avancement réactionnel. L'influence de la pression sur les phases condensées peut souvent être négligée et, dans ces conditions, la pression n'est pas un facteur d'équilibre.

Démonstration de la règle des phases de Gibbs

Considérons un système décrit par p paramètres intensifs. Si ces paramètres sont liés par r_i relations indépendantes, la variance de ce système est $v = p - r_i$.

Nombre de paramètres intensifs

Soit un système physico-chimique comportant c constituants chimiques répartis dans φ phases. Ce système est complètement déterminé si l'on connaît la température, la pression ainsi que la composition de chacune des phases en équilibre, ce qui représente donc pour l'ensemble des phases $c\varphi$ paramètres.

Le nombre total de paramètres intensifs vaut donc $p = n(T, P) + c\,\varphi$.

Nombre de relations entre paramètres intensifs :
- relations entre concentrations dans chaque phase : la somme des fractions molaires vaut 1 dans chaque phase, ce qui impose φ contraintes ;
- relations exprimant l'équilibre thermodynamique : le potentiel chimique d'un constituant réparti dans φ phases est le même dans toutes ces phases. Cela donne $\varphi - 1$ relations d'égalité pour chaque constituant, soit en tout $c\,(\varphi - 1)$ relations ;

- relations liées à l'intervention des équilibres chimiques : chaque équilibre se traduit par une loi d'action de masse, ce qui donne k relations si k équilibres interviennent ;
- relations liées à certaines conditions expérimentales : elles sont liées aux conditions stœchiométriques parfois imposées, ou à d'autres conditions de compositions initiales particulières. Soit r_{exp} le nombre de ces contraintes supplémentaires.

La prise en compte de l'ensemble de ces contraintes donne : $r_i = \varphi + c\,(\varphi - 1) + k + r_{exp}$.

Expression de la variance

La variance v d'un système physico-chimique est donc donnée par la relation :

$$v = p - r_i = n(T, P) + c\,\varphi - [\varphi + c\,(\varphi - 1) + k + r_{exp}] = c - k + n(T, P) - \varphi - r_{exp}$$

Remarque

L'expression ci-dessus est plus précise et plus détaillée que l'expression suivante, que l'on voit parfois dans les ouvrages : $v = c' + 2 - \varphi$, où c' est le nombre de constituants indépendants, égal à $c - k$.

Exemples de systèmes et de variances

Variance zéro

a) Équilibre chimique de Boudouard entre trois phases solides : $Fe + Fe_3O_4 \rightleftharpoons 4FeO$.

$c = 3$, $k = 1$ (1 réaction chimique), P n'est pas facteur d'équilibre, $\varphi = 3$, $r_{exp} = 0$.

Donc $v = (3 - 1) + 1 - 3 = 0$. Le système n'a aucun degré de liberté, aucun facteur d'équilibre ne peut être fixé par l'expérimentateur. Cet équilibre ne peut avoir lieu qu'à une seule température (ici 570 °C). Cet équilibre sera rompu si on impose une température différente de 570 °C : si, par exemple, la température est supérieure, l'équilibre sera totalement déplacé dans le sens de la réaction endothermique.

b) Équilibre physique au pont triple de l'eau (solide, liquide et gaz en équilibre).

$c = 1$, $k = 0$ (0 réaction chimique), $\varphi = 3$, $r_{exp} = 0$.

Donc $v = 1 + 2 - 3 = 0$.

c) Équilibre de phases liquide-solide, lorsque la pression peut ne pas être considérée comme facteur d'équilibre : cas de l'équilibre de fusion d'un métal très peu volatil, ou de la fusion du chlorure de sodium par exemple :

$c = 1$, $k = 0$ (pas de réaction chimique), P n'est pas facteur d'équilibre, $\varphi = 2$, $r_{exp} = 0$

Donc $v = 1 + 1 - 2 = 0$. La fusion s'effectue à une température imposée par la « nature ».

- *Variance 1* : $NaCl(s) \rightleftharpoons Na^+ + Cl^-$ en solution aqueuse

  $c = 3$, $k = 1$ (une réaction chimique), $n(T, P) = 1$ car P n'est pas facteur d'équilibre,

  $$\varphi = 2,\ r_{exp} = 0$$

Donc $v = 3 - 1 + 1 - 2 = 1$. L'expérimentateur peut fixer la température, la constante d'équilibre est alors fixée (avec la composition de la solution qui en résulte). L'expérimentateur peut aussi fixer la composition de la solution, c'est alors la température d'équilibre qui sera imposée par le système.

Un système de variance égale à 1 pourra être décrit par des courbes d'équilibre, exprimant les variations de la composition en fonction de la température par exemple.

– *Variance 2* : équilibre de dimérisation en phase gazeuse tel que $2\ NO_2 \rightleftharpoons N_2O_4$

$c = 2$, $k = 1$ (1 réaction chimique), P est facteur d'équilibre, $\varphi = 1$, $r_{exp} = 0$

Donc $v = 2 - 1 + 2 - 1 = 2$.

– *Variance 3*

- mélange d'acide (c_1) et base (c_2) forts en solution aqueuse (*voir* exercice **1.5**) :

$$2\ H_2O \rightleftharpoons H_3O^+ + OH^-$$

Les constituants du système sont A^-, H_3O^+, B^+ et OH^- (H_2O solvant n'est pas compté) donc $c = 4$, $k = 1$ (1 réaction chimique), P n'est pas facteur d'équilibre, $\varphi = 1$, $r_{exp} = 0$.

Donc $v = 4 - 1 + 1 - 1 = 3$;

- équilibre en phase gazeuse $2\ NH_3 \rightleftharpoons N_2 + 3\ H_2$, à partir d'un mélange quelconque de ces trois gaz.

$c = 3$, $k = 1$ (1 réaction chimique), P est facteur d'équilibre, $\varphi = 1$, $r_{exp} = 0$.

Donc $v = 3 - 1 + 2 - 1 = 3$.

Réduction de variance due à des conditions initiales particulières

On reprend l'exemple de l'équilibre en phase gazeuse $2\ NH_3 \rightleftharpoons N_2 + 3\ H_2$ en introduisant NH_3 pur seul dans le réacteur.

On a donc constamment $P(H_2) = 3\ P(N_2)$, ce qui entraîne $r_{exp} = 1$.

L'application de la règle des phases de Gibbs donne :

$c = 3$, $k = 1$ (1 réaction chimique), P est facteur d'équilibre, $\varphi = 1$, $r_{exp} = 1$

La variance de l'équilibre est abaissée de 1, comme le montre le calcul ci-après, $v = 3 - 1 + 2 - 1 - 1 = 2$.

Essentiel 1.2

Propriétés générales des solutions aqueuses

■ Électroneutralité des solutions

Lorsque des composés sont dissociés par l'eau (ou un autre solvant), l'électroneutralité reste conservée dans la solution obtenue. La somme des charges positives (portées par les cations) est égale à la somme des charges négatives (portées par les anions).

Ainsi, tout soluté du type M_xX_m se dissocie (totalement ou partiellement) selon l'équation : $M_xX_m \rightarrow x\, M^{m+} + m\, X^{x-}$ et on obtient xm charges + et mx charges –.

Avec un mélange de solutés, on a la relation générale :

$$\sum_{\text{anions}} [z(\text{anion}) \times e \times N(\text{anion})] = \sum_{\text{cations}} [z(\text{cation}) \times e \times N(\text{cation})]$$

dans laquelle e représente la charge élémentaire (1,6.10^{-19} C), z(anion) et z(cation) les nombres de charges des anions et des cations (ex : $z(Fe^{3+}) = +3$, $z(H^+) = +1$, $z(PO_4^{3-}) = -3$ etc.), N(anion) et N(cation) les nombres de chaque anion et de chaque cation.

Si le volume de solution est V_0, on peut se ramener aux concentrations molaires en utilisant la relation précédente et en écrivant :

$$\sum_{\text{anions}} [z(\text{anion}) \times e \times N(\text{anion})] / (N_A V_0) = \sum_{\text{cations}} [z(\text{cation}) \times e \times N(\text{cation})] / (N_A V_0)$$

N_A= constante d'Avogadro et $e \times N_A = 1\, F$ (1 F = 1,602.10^{-19} × 6,022.10^{23} = 96 490 C), N(anion) / $N_A V_0$ = c(anion) et N(cation) / ($N_A V_0$ = c(cation).

La relation se simplifie et devient : $\sum_{\text{anions}} z(\text{anion}) \times c(\text{anion}) = \sum_{\text{cations}} z(\text{cation}) \times c(\text{cation})$.

Soit encore : $\sum_j z_j\, c_j = 0$ (z_j est le nombre de charges exprimé algébriquement).

1er exemple

Si on dissout H_3PO_4 dans l'eau on obtient les ions suivants :

$$H^+,\ OH^-,\ H_2PO_4^-,\ HPO_4^{2-},\ PO_4^{3-}$$

La condition d'électroneutralité est alors :

$$[H^+] - [OH^-] - [H_2PO_4^-] - 2\,[HPO_4^{2-}] - 3\,[PO_4^{3-}] = 0$$

2e exemple

On dissout NaCl dans une solution de soude. Les ions présents sont : OH^-, H^+, Na^+, Cl^- et la condition d'électroneutralité s'écrit : $[H^+] + [Na^+] - [OH^-] - [Cl^-] = 0$.

Ici, ne pas oublier que les ions Na^+ proviennent à la fois de NaOH et de NaCl.

■ Conductivité des solutions

Conduction du courant dans un électrolyte

Un électrolyte à l'intérieur duquel règne un champ électrique de module E est parcouru par un courant électrique dont la densité vaut $j = \sigma E$ (σ : conductivité électrique du milieu).

Ce courant électrique résulte d'un déplacement de charges : les cations migrent dans le sens du champ, et les anions en sens contraire.

Chaque ion, qui porte une charge $z_i e$ en valeur absolue, est en effet soumis à une force motrice égale à $z_i eE$, et à une force de freinage, de type visqueux, dont le module, proportionnel à la vitesse, vaut $6\pi r\eta v_i$ (η et r sont respectivement la viscosité du milieu et le rayon d'encombrement de l'ion).

Cet ion atteint donc, dès que ces deux forces sont égales, une vitesse constante égale à $v_{lim} = z_i eE / 6\pi r_i \eta v_i$.

On voit donc que cette vitesse limite est proportionnelle à la charge portée par l'ion et au module du champ électrique, et qu'elle est inversement proportionnelle au rayon d'encombrement de l'ion r_i.

Mobilité ionique

On définit la mobilité ionique u_i égale à la vitesse atteinte dans un champ électrique unitaire.

$$u_i = z_i e / 6\pi\, r_i\, \eta\, v_i$$

La relation $j = \sigma E$ montre que, lorsque le champ électrique est unitaire, la conductivité est égale à la densité de courant, donc au flux de charges correspondant, ou encore au produit de la mobilité ionique par la concentration en charges mobiles.

Pour un ion donné, cette expression peut s'écrire : $\sigma_i = z_i F u_i\, c_i$.

La conductivité σ_i s'exprimera en S m^{-1} si u_i est en m^2 s^{-1} V^{-1} et c en mol m^{-3}, ou encore en S cm^{-1} si u_i est en cm^2 s^{-1} V^{-1} et c en mol cm^{-3}.

Les valeurs des mobilités ioniques sont de l'ordre de quelques 10^{-4} cm^2 s^{-1} V^{-1}.

Par exemple, $u(H^+) = 36.10^{-4}$ cm^2 s^{-1} V^{-1}. Un proton, dans un champ égal à 10 V cm^{-1}, se déplacera donc à la vitesse de $3{,}6.10^{-2}$ cm s^{-1}.

La relation générale liant mobilités ioniques et conductivité d'une solution peut s'écrire en considérant chaque charge z_i en valeur absolue : $\sigma = F \sum (|z_i|\, u_i c_i)$.

Mobilité électrochimique

On utilise également la mobilité électrochimique $\tilde{u}_i$.

La mobilité électrochimique est égale à la vitesse limite atteinte par l'ion considéré lorsque la force motrice est unitaire.

Elle est liée à la mobilité ionique u_i par la relation simple :

$$u_i = z_i F \tilde{u}_i$$

Par conséquent, la conductivité σ_i induite par une charge mobile i de mobilité électrochimique $\tilde{u}_i$, est égale à :

$$\sigma_i = (z_i F)^2 \tilde{u}_i c_i$$

On introduit souvent le coefficient de diffusion D_i lié à la mobilité électrochimique par la relation :

$$\tilde{u}_i = \frac{D_i}{RT}$$

On peut finalement écrire : $\sigma_i = (z_i F)^2 \dfrac{D_i}{RT} c_i$

Cette relation n'est vraie que si la concentration c_i est faible (on néglige les interactions entre les ions).

La conductivité totale d'une solution prend en compte toutes les contributions, c'est-à-dire que l'on a :

$$\sigma = \sum_i \sigma_i = \frac{F^2}{RT} \sum_i z_i^2 D_i c_i$$

On remarquera que, puisque la charge intervient au carré, la conductivité σ_i est positive, donc plus il y a d'ions, plus la conductivité est élevée.

Lors de l'utilisation de ces relations, il faut être très vigilant au niveau des unités. La conductivité, en système d'unités internationales (SI) est en S m^{-1} (ou Ω^{-1} m^{-1}). Dans ce cas, le coefficient de diffusion doit être pris en m^2 s^{-1} et la concentration en mol m^{-3}. Si on exprime la conductivité en S cm^{-1} (ce qui est très généralement l'usage), alors D doit être pris en cm^2 s^{-1} et c en mol cm^{-3}.

Dans tous les cas F, le Faraday, vaut 96 490 mol^{-1}, R est égal à 8,314 J mol^{-1} K^{-1} et T est en Kelvin. On pourra vérifier, par les équations aux dimensions, que le système d'unités est cohérent (S = Ω^{-1} = A V^{-1} et J = A V s).

En physique on utilise plutôt la résistivité ρ, qui est l'inverse de σ.

Table de coefficients de diffusion à 25 °C (solutions très diluées)
(D exprimé en 10^{-5} cm^2 s^{-1})

H^+	9,31	Mg^{2+}	0,71	OH^-	5,28	HCO_3^-	1,18
Li^+	1,03	Ca^{2+}	0,79	F^-	1,48	CH_3COO^-	1,09
Na^+	1,33	Ba^{2+}	0,85	Cl^-	2,03	SO_4^{2-}	1,06
K^+	1,96	Cu^{2+}	0,71	Br^-	2,08	CO_3^{2-}	0,92
Ag^+	1,65	Zn^{2+}	0,70	I^-	2,05	$Fe(CN)_6^{3-}$	0,90
NH_4^+	1,96	Pb^{2+}	0,92	NO_3^-	1,90	$Fe(CN)_6^{4-}$	0,76

Essentiel 1.3

Méthodologie classique d'étude d'un système chimique en équilibre

■ Équilibres en phase gazeuse

La quantité de matière gazeuse totale peut rester constante au cours de l'avancement de la réaction (exercices **1.7** et **1.8**), *P* n'est alors pas facteur d'équilibre, ou être variable (exercices **1.9** et **1.10**), *P* est alors facteur d'équilibre. Les facteurs externes, *T* et *P*, lorsqu'ils sont pertinents, et la composition de la phase gazeuse homogène sont les facteurs d'équilibre à déterminer pour caractériser l'état d'équilibre chimique obtenu. Les conditions expérimentales choisies sont en général proches des conditions dans lesquelles les phases gazeuses mises en jeu se comportent comme des gaz parfaits, et, de ce fait, l'activité d'une espèce gazeuse i est égale à $a(\mathrm{i}) = P(\mathrm{i}) / P°$, $P°$ étant la pression standard, $P(\mathrm{i}) = x(\mathrm{i})\, P_\mathrm{t}$ sa pression partielle, x(i) sa fraction molaire et P_t la pression totale.

On écrit le système d'équations reliant chaque fraction molaire, ou chaque pression partielle, à la pression totale, la conservation de la matière, qui met en œuvre les conditions initiales et un tableau d'avancement de l'équilibre, ainsi que la ou les constante(s) d'équilibre.

■ Équilibres homogènes en phase liquide

Il s'agit d'équilibres dans une phase liquide au sein de laquelle on ne peut pas discerner la présence d'un solvant : tous les composés sont présents en quantités voisines et participent à l'équilibre. Dans ces solutions, les activités des constituants sont en général exprimées en fraction molaire ou en fraction ionique (anionique ou cationique) selon que les composés sont ionisés ou non. Les composés intervenant dans ces équilibres sont en phase condensée, l'influence de la pression sur l'état d'équilibre peut donc être négligée. Ce qui signifie que *P* n'est pas un facteur d'équilibre, la loi de Gibbs s'écrit alors : $v = c - k + 1 - r_{\mathrm{exp}}$. L'équilibre dépend de la température (relation $K(T)$), et il suffit d'écrire les relations entre les fractions molaires x_i des composés de la phase liquide, $K = f(x_\mathrm{i})$, $\sum x_\mathrm{i} = 1$, pour déterminer la composition de la phase liquide (exercices **1.11** à **1.14**).

■ Équilibres homogènes en solution

La solution est monophasique. Le solvant (H_2O dans le cas d'une solution aqueuse) est considéré comme un corps pur pris dans son état standard et son activité est égale à 1.

Si la solution est suffisamment diluée, l'activité des solutés est souvent exprimée par leur concentration molaire (molarité) ou massique (molalité) rapportée à l'état standard de 1 mol L^{-1} ou de 1 mol kg^{-1}.

Les composés intervenant dans ces équilibres sont en phase condensée, P_t n'est donc pas un facteur d'équilibre et la loi de Gibbs s'écrit : $v = c - k + 1 - 1 - r_{\mathrm{exp}}$.

La température et les concentrations des différents solutés (sous forme ionique ou moléculaire) sont les facteurs d'équilibre qu'il faut déterminer pour caractériser l'état d'équilibre du système étudié.

Ces grandeurs sont obtenues en résolvant le système d'équations qui relient ces facteurs entre eux. En solution aqueuse, on fera appel à l'équation d'électroneutralité, aux équations de conservation de la matière, aux constantes d'équilibre, à des conditions expérimentales particulières... Mais compte tenu du grand nombre d'espèces présentes dans la solution, les calculs conduisent parfois à des équations de degré élevé. Il convient donc de déceler quelles sont à l'équilibre les espèces majoritaires et celles dont les concentrations sont suffisamment faibles pour être numériquement négligeables devant d'autres, dans des équations linéaires telles qu'électroneutralité et conservation de la matière. On peut à cet effet utiliser des méthodes graphiques représentant les limites des domaines de prédominance respectives des différentes espèces des solutés (exercices 1.21 à 1.23).

Il est également possible, dans le cas de certains couples acido-basiques, de négliger la forme acide devant la forme basique, ou l'inverse, selon la position estimée du pH par rapport au pK_a. Cela conduit à des expressions simplifiées classiques du pH de solutions d'acides ou de bases faibles. Il est très important d'effectuer une vérification de la validité des approximations simplificatrices utilisées, une fois le calcul terminé.

Il est également possible d'utiliser la méthode dite de la **réaction prépondérante**. Nous développons brièvement ci-dessous une comparaison entre ces deux dernières méthodes dans le cas très simple d'une solution d'acide faible AH de pK_a = 5 à la concentration de 0,1 mol L^{-1}.

Méthode classique de calcul

La réaction envisagée est : $AH + H_2O \rightleftharpoons A^- + H_3O^+$ ($K_a = 10^{-5}$)
avec $2\ H_2O \rightleftharpoons H_3O^+ + OH^-$ ($K_e = 10^{-14}$).

Les espèces en solution sont AH, A^-, H_3O^+, OH^-.

Conservation de la matière : $[AH] + [A^-] = 0,1$.

Hypothèse simplificatrice : pH $\ll$ pK_a d'où $[A^-] \ll [AH]$ donc $[AH] \approx 0,1$ mol L^{-1}.

Neutralité électrique : $[H_3O^+] = [A^-] + [OH^-]$.

Hypothèse simplificatrice : si le milieu est suffisamment acide $[H_3O^+] = [A^-]$.

D'où $K_a = 10^{-5} = [H_3O^+]^2 / 0,1$ donc $[H_3O^+]^2 = 10^{-6}$ et pH = 3.

On vérifie que [AH] est très supérieur à $[A^-]$ puisque $[AH] / [A^-] = 100$. On vérifie également que la deuxième approximation : $[A^-] \gg [OH^-]$ est justifiée puisque $[A^-] = 10^{-3}$ mol L^{-1} et $[OH^-] = 10^{-11}$ mol L^{-1}.

Méthode de la réaction prépondérante

Les espèces prépondérantes dans l'état initial sont : H_2O (acide et base) et AH. L'eau se trouve à 55,5 mol L^{-1}, AH se trouve à 0,1 mol L^{-1}. Les ions H_3O^+ et OH^- sont en concentration beaucoup plus faible.

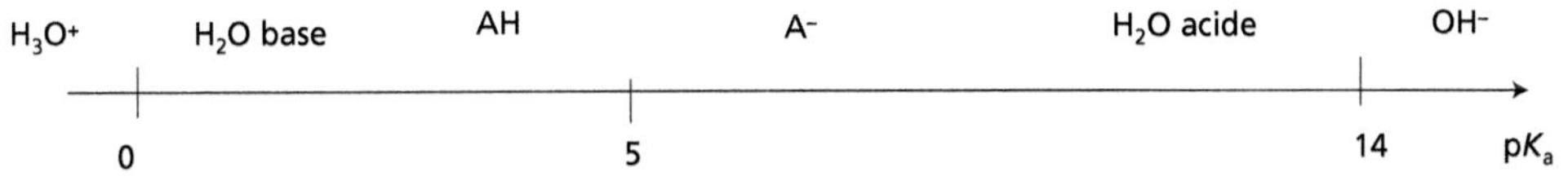

La réaction prépondérante, qui se produit entre des espèces prépondérantes, sera toujours celle de l'acide le plus fort sur la base la plus forte, donc ici la réaction de l'acide AH sur la base H_2O :

$$AH + H_2O \rightleftharpoons A^- + H_3O^+ \quad K_a = 10^{-5}$$

Dressons le tableau d'avancement de la réaction

	AH	H_2O	A^-	H_3O^+
état initial	0,1	55,5	0	10^{-7}
équilibre	$0,1 - \xi$	$55,5 - \xi$	ξ	$10^{-7} + \xi$

$$K_a = \frac{a(H_3O^+)\,a(A^-)}{a(AH)\,a(H_2O)} = \frac{(10^{-7} + \xi)\xi}{(0,1 - \xi)1} = 10^{-5}$$

En supposant que ξ est très supérieur à 10^{-7} et très inférieur à 0,1, on simplifie l'équation en :

$$\xi^2 / 0,1 = 10^{-5} \text{ et on retrouve pH} = 3$$

Les hypothèses simplificatrices se trouvent vérifiées.

■ Équilibres solide-solution

Les exercices **1.24** et **1.25** traitent d'équilibres hétérogènes où des phases solides apparaissent ou disparaissent au sein d'une solution diluée. L'activité de chaque phase solide présente est égale à 1 mais elle s'annule si cette phase solide disparaît (cas d'une rupture d'équilibre). L'activité des solutés présents dans la solution diluée s'exprimera comme précédemment. Les phases en présence étant des phases condensées, on considère que la pression n'est pas un facteur d'équilibre.

Le mode opératoire utilisé pour la détermination des facteurs d'équilibre différera peu de ce qui a été vu précédemment ; les méthodes graphiques pourront mettre en évidence des domaines d'existence de phases solides ou de prédominance de phases liquides.

■ Équilibres solide-gaz, déplacement et rupture d'équilibre

La méthodologie d'étude est tout à fait analogue à celle vue dans le cas des équilibres en phase gazeuse : la présence de phases solides pures, dans leur état standard donc d'activité égale à 1, ne constitue pas un facteur d'équilibre nouveau. Toutefois, lors de l'avancement réactionnel consécutif à la mise en contact des réactifs ou à une perturbation à partir d'un état d'équilibre, la consommation d'un réactif peut être totale, contrairement au cas d'un composé gazeux ou en solution liquide : il se produit alors une rupture de l'équilibre qui ne peut plus exister.

S'ENTRAÎNER ET RÉSOUDRE

■ *Variance d'un système à l'équilibre, déplacement, rupture*

La variance, *v*, d'un système en équilibre chimique est le nombre de paramètres intensifs indépendants qu'on doit choisir pour déterminer l'état d'équilibre de ce système.

La règle de Gibbs en permet le calcul très rapide (*voir* essentiel 1.1). Mais cette notion ne dispense pas de la résolution plus compliquée des systèmes d'équations classiques dans chaque cas de problème à résoudre, objet principal de ce chapitre : résolution complète, recours à des approximations, à la méthode de la réaction prépondérante, à des méthodes graphiques, lorsque cela peut guider la résolution.

Indispensable en thermodynamique des diagrammes de phase pour le tracé et l'utilisation de ces derniers, la notion de variance est également utile en chimie, par exemple pour discuter le cas de déplacement et de rupture d'équilibre. Il est important d'en connaître la définition et les propriétés (*voir* essentiel 1.1). Nous ne donnons ci-dessous que quelques exercices d'application.

Énoncés

▶ Exercices d'application et de synthèse

1.1 ★★ Équilibre solide-liquide d'un corps pur

On considère un système chimique diphasique constitué de chlorure d'argent solide en équilibre avec du chlorure d'argent pur fondu.

Quels sont les facteurs d'équilibre ? Calculer la variance du système.

1.2 ★★ Équilibre hétérogène obtenu après introduction de chlorure d'argent solide dans l'eau

On considère un système chimique diphasique constitué de chlorure d'argent solide en équilibre avec une solution aqueuse de chlorure d'argent, contenant des ions Ag^+ et Cl^-.

a) Quels sont les facteurs d'équilibre ? Calculer la variance du système.

b) Retrouver cette valeur en écrivant les équations classiques conduisant au calcul des concentrations en solution.

c) Discuter les possibilités de déplacement ou de rupture de cet équilibre, à la température *T*, si on le perturbe en modifiant un facteur d'équilibre : on garde la température *T* constante, et on procède à un ajout ponctuel de solution moins concentrée en chlorure d'argent.

d) Même question si on impose et maintient une concentration en ions Ag^+ et Cl^- inférieure à celle à l'équilibre avec AgCl solide.

1.3 ★★ Équilibre homogène en phase gazeuse avec variation de la quantité de matière

On considère un équilibre, obtenu après introduction de n_0 mol d'ammoniac gazeux pur dans un récipient fermé, selon l'équation chimique suivante : $NH_3 \underset{2}{\overset{1}{\rightleftharpoons}} 1/2\ N_2 + 3/2\ H_2$

a) Indiquer quels sont les facteurs d'équilibre, calculer la variance du système.

b) Retrouver la valeur de la variance en écrivant le système d'équations décrivant le système en équilibre.

1.4 ★★ Équilibre de solubilité en phase aqueuse

On veut obtenir une solution contenant des ions Ag^+ et Cl^- en équilibre avec AgCl solide, à la température T, en introduisant dans 1 L d'eau pure n_1 mol d'$AgNO_3$ et n_2 mol de KCl sous forme solide.

a) Quels sont les facteurs d'équilibre ? Calculer la variance du système en équilibre, sachant que n_1 et n_2 ne sont pas fixés *a priori*.

b) Retrouver la valeur de la variance en écrivant le système d'équations décrivant le système en équilibre.

1.5 ★★ Équilibre acido-basique en solution aqueuse

Considérons un système contenant un acide fort AH (c_1) et une base forte BOH (c_2) en solution aqueuse à température ordinaire.

a) Quelle est la variance de ce système à l'équilibre ? Retrouver ce résultat au moyen des équations classiques.

b) Que devient la variance si on impose une condition initiale supplémentaire sur les concentrations c_1 et c_2, par exemple $c_2 = 3\ c_1$?

1.6 ★★ Équilibre acido-basique en phase gazeuse avec quantité de matière constante

Soit l'équilibre en phase gazeuse : $H_2 + CO_2 \underset{2}{\overset{1}{\rightleftharpoons}} H_2O + CO$

a) Calculer la variance de l'équilibre obtenu si on introduit initialement dans le réacteur fermé les quatre composés gazeux en proportions quelconques.

b) Calculer la variance de l'équilibre obtenu si on introduit initialement dans le réacteur H_2 et CO_2 (ou H_2O et CO) en proportions quelconques.

c) Calculer la variance de l'équilibre obtenu si on introduit initialement dans le réacteur H_2 et CO_2 (ou H_2O et CO) en proportions stœchiométriques.

Corrigés

Prérequis

La règle des phases de Gibbs, $v = (c - k) + n(T, P) - \varphi - r_{exp}$, (*voir* essentiel 1.1) permet de déterminer le nombre de paramètres intensifs indépendants que l'on doit choisir pour déterminer totalement l'état d'équilibre d'un système chimique. Il est nécessaire en préalable de bien connaître la signification précise des variables intervenant dans l'expression de la variance, *v*.

1.1

Prérequis

Au cours d'une transformation chimique la nature des espèces chimiques présentes dans le système change, alors qu'elle n'est pas modifiée au cours d'une transformation physique.

On peut écrire l'équilibre diphasique de la manière suivante :

$$\text{AgCl(s)} \underset{2}{\overset{1}{\rightleftharpoons}} \text{AgCl(f)}.$$

Le seul facteur d'équilibre est la température : la pression n'intervient pas en pratique puisque les deux phases en équilibre sont des phases condensées. De plus, les activités d'AgCl dans chacune des deux phases sont unitaires et ne constituent donc pas des facteurs d'équilibre.

Appliquons la relation $v = (c - k) + n(T, P) - \varphi - r_{exp}$

- un seul constituant chimique AgCl subissant une transformation de phase est présent : le nombre de constituants est égal à 1 ;
- il n'y a pas de réaction chimique, donc $k = 0$, la fusion étant une transformation physique ; la pression n'intervient pas, donc le terme $n(T, P)$ est réduit à la valeur 1 ;
- deux phases sont en équilibre, donc $\varphi = 2$;
- aucune relation particulière supplémentaire relative aux conditions initiales n'est possible ici, puisque les deux corps en équilibre sont des corps purs, donc $r_{exp} = 0$.

Par conséquent, la variance *v* est : $v = 1 - 0 + 1 - 2 - 0 = 0$.

Cet équilibre ne peut exister que pour une seule température, appelée température de fusion.

1.2

Prérequis

Au cours de la dissolution de AgCl(s) il y a formation de deux nouvelles espèces chimiques dans la solution, les ions Ag^+ et les ions Cl^-. La dissolution d'AgCl solide est donc une transformation chimique.

a) On peut écrire l'équilibre diphasique de la manière suivante :

$$AgCl(s) \underset{2}{\overset{1}{\rightleftharpoons}} Ag^+(solution) + Cl^-(solution)$$

Les facteurs d'équilibres sont la température et les concentrations en ions Ag^+ (solution) + Cl^- (solution), puisque la pression n'est pas un facteur d'équilibre et l'activité en chlorure d'argent solide est unitaire.

Calculons la variance au moyen de l'expression $v = (c - k) + n(T, P) - \varphi - r_{exp}$

– $c = 3$ (AgCl, Ag^+ et Cl^-) ;

– $k = 1$ puisque ces constituants sont liés par une réaction chimique ;

– la pression n'intervient pas, donc le terme $n(T, P)$ est réduit à la valeur 1 ;

– $\varphi = 2$ puisque deux phases sont en équilibre, solide et solution ;

– $r_{exp} = 0$ car aucune condition initiale supplémentaire n'est imposée.

D'où $v = 3 - 1 + 1 - 2 - 0 = 1$.

Le système en équilibre est complètement défini dès qu'un seul paramètre d'équilibre est fixé. Ce sera par exemple la température, les concentrations en ions argent et chlorure étant alors fixées par l'équilibre. Ce peut être également la concentration en ions argent ou chlorure, la température du système en équilibre étant alors fixée.

b) On écrit l'équation de conservation de la matière, qui équivaut ici à la neutralité électrique :

$$[Ag^+] = [Cl^-]$$

et l'expression de la constante d'équilibre :

$$[Ag^+] \times [Cl^-] = K_s = f(T)$$

D'où la valeur de la concentration en ions argent ou chlorure :

$$[Ag^+] = [Cl^-] = K_s^{1/2}$$

On vérifie ici que, si l'on fixe un paramètre d'équilibre, par exemple T, les concentrations en ions argent et chlorure sont fixées. Inversement, fixer ces concentrations revient à fixer K_s, donc T.

c) Imaginons que l'équilibre soit perturbé par l'addition d'une solution moins concentrée en ions argent et chlorure que la solution initialement en équilibre. Cet équilibre :

$$AgCl(s) \underset{2}{\overset{1}{\rightleftharpoons}} Ag^+(solution) + Cl^-(solution)$$

réagit par un déplacement dans le sens 1 afin de produire des ions Ag^+ et Cl^- pour augmenter la valeur du produit $[Ag^+] \times [Cl^-]$, qui tendra vers sa valeur limite d'équilibre, égale à K_s.

Mais deux possibilités existent, soit la quantité de chlorure d'argent solide est suffisante pour fournir les quantités de matière nécessaires en ions argent et chlorure, et l'équilibre est restauré, soit la quantité de matière en AgCl solide est insuffisante. Alors la phase AgCl solide est entièrement consommée et disparaît, l'équilibre est rompu par défaut du constituant solide AgCl.

Nous pouvons remarquer que la perturbation d'un équilibre ne peut jamais provoquer une rupture par défaut d'une phase comportant des espèces en solution.

d) Si on maintient une concentration en ions argent et chlorure inférieure à la concentration d'équilibre, ce dernier sera déplacé par dissolution de chlorure d'argent solide, et la rupture d'équilibre interviendra dès que la phase solide sera totalement consommée.

1.3 a) Les facteurs d'équilibre indépendants sont la température, la pression totale et deux des trois pressions partielles (dont la somme est égale à la pression totale). La variance est donnée par la relation :

$$v = (c - k) + n(T, P) - \varphi - r_{exp}$$

Nous avons trois constituants avec une relation chimique, une seule phase et une condition particulière imposée : l'ammoniac ayant été initialement introduit seul, nous avons à tout instant la relation supplémentaire $P(H_2) = 3\ P(N_2)$. Ce qui se traduit par $r_{exp} = 1$. Autrement dit, une seule des trois pressions partielles est facteur d'équilibre puisque ces dernières sont liées par deux relations.

Il en résulte que $v = (3 - 1) + 2 - 1 - 1 - 2$.

b) Le tableau d'avancement de la réaction est le suivant :

NH_3	N_2	H_2
n_0	0	0
$n_0 - x$	$x/2$	$3\,x/2$

Écrire que les pressions partielles sont proportionnelles aux quantités de matière conduit à :

$$\frac{p(NH_3)}{n_0 - x} = \frac{2p(N_2)}{x} = \frac{2p(H_2)}{3x} = \frac{P_t}{n_0 + x} = \frac{P_0}{n_0} = \frac{RT}{V}$$

Sans aller plus loin dans le calcul, on voit que chaque pression partielle est fonction des variables *x et P*, ainsi que de n_0 (ou P_0) qui ne sont pas des variables. L'expression de la constante d'équilibre conduit donc à une relation entre les trois paramètres *T*, *P* et *x*. Fixer deux de ces paramètres, par exemple P_t et *T*, définit complètement le système à l'équilibre, puisque *x* est alors déterminé, avec l'ensemble des pressions partielles. On retrouve la variance égale à 2.

1.4

Prérequis

KNO_3, $AgNO_3$ et KCl sont des sels solubles dans l'eau.

a) Les facteurs d'équilibre sont la température et les quantités de matière n_1 et n_2. La pression n'est pas considérée comme facteur d'équilibre car les phases en équilibre sont des phases condensées.

Pour calculer la variance, on utilise la relation : $v = (c - k) + n(T, P) - \varphi - r_{exp}$:

– les constituants sont au nombre de 5 : AgCl solide, Ag^+, Cl^-, K^+ et NO_3^-. Donc $c = 5$;

– il existe une relation d'équilibre chimique, donc $k = 1$;

– la pression n'étant pas facteur d'équilibre, le terme $n(T, P)$ se réduit à la valeur 1 ;

– le système comporte deux phases, donc $\varphi = 2$;

– il n'existe pas de contrainte supplémentaire entre n_1 et n_2, donc $r_{exp} = 0$.

D'où $v = (5 - 1) + 1 - 2 - 0 = 3$.

b) Traduisons l'équilibre par le système classique d'équations :

Constante d'équilibre : $K_s = [Ag^+] \times [Cl^-] = f(T)$.

Conservation de la matière : $[Ag^+] = c_1 - x$; $[Cl^-] = c_2 - x$ où x est la quantité de matière de chlorure d'argent solide formé.

D'où l'expression permettant de calculer x : $(c_1 - x) \times (c_2 - x) = K_s = f(T)$.

On voit que si trois facteurs d'équilibre c_1, c_2 et T sont fixés, le système à l'équilibre est complètement déterminé puisque x, donc $[Ag^+] = c_1 - x$ et $[Cl^-] = c_2 - x$, sont déterminés. La variance est donc égale à 3. En revanche, on rompt l'équilibre si on veut fixer 4 paramètres (les trois précédents plus soit $[Ag^+]$, soit $[Cl^-]$).

Remarque et généralisation

Cela peut se traduire par des diagrammes bidimensionnels avec des zones de prédominance ou même d'existence. C'est le cas des courbes $\log c = f(\text{pH})$, des diagrammes de Pourbaix, des diagrammes d'Ellingham et des diagrammes de distribution en complexation...

On ne peut jamais faire disparaître une espèce en solution, puisque sa concentration peut être rendue aussi faible que possible mais ne peut pas s'annuler. On aura alors des zones de prédominance.

En revanche, on peut faire totalement disparaître une espèce en phase solide ou liquide pure (exemple d'un échantillon de fer ou de calcaire dans un milieu acide, exemple de l'eau liquide qui disparaît aux températures supérieures à 100 °C sous une pression de 1 bar...). On aura alors des zones d'existence.

1.5 **a)** Pour calculer la variance, nous appliquons la relation $v = (c - k) + n(T, P) - \varphi - r_{exp}$:

– les constituants du système sont A^-, H_3O^+, B^+ et OH^-. Donc $c = 4$;

– il existe une relation chimique entre certains des constituants : $2\ H_2O \underset{2}{\overset{1}{\rightleftharpoons}} H_3O^+ + OH^-$, donc $k = 1$;

– la pression n'influe pas sur l'équilibre en phase condensée, donc le facteur $n(T, P)$ est réduit à 1 ;

– il existe une seule phase (liquide) donc $\varphi = 1$;

– aucune condition particulière entre les constituants n'est fixée par l'expérimentateur, donc $r_{exp} = 0$.

On en déduit la valeur de la variance : $v = (4 - 1) + 1 - 1 - 0 = 3$.

Pour que le système soit complètement défini à l'équilibre, il faut donc définir trois facteurs d'équilibre : T, c_1 et c_2 (ici, T fixe la valeur du produit ionique de l'eau). La variance est égale à 3.

La résolution classique rejoint ce résultat.

Sachant que $[A^-] = c_1$ et $[B^+] = c_2$, T étant fixée, il reste deux inconnues $[H_3O^+]$ et $[OH^-]$. Deux équations sont à notre disposition :

$[H_3O^+] \times [OH^-] = K_e$

$[H_3O^+] + c_2 = [OH^-] + c_1$.

D'où l'équation permettant de calculer, par exemple, la concentration en H_3O^+, dont découleront directement toutes les autres concentrations : $[H_3O^+] \times ([H_3O^+] + c_2 - c_1) = K_e$.

Le système à l'équilibre est donc parfaitement défini. On retrouve la variance 3.

b) Cette contrainte supplémentaire réduit la variance d'une unité, car dans ces conditions $r_{exp} = 1$.

Donc $v = 2$. On retrouve ce résultat en examinant l'équation finale de la résolution classique : $[H_3O^+]$ $([H_3O^+] + c_1) = K_e$; il suffit que les valeurs de c_1 et T (donc K_e) soient fixées pour que les autres facteurs soient déterminés.

Remarque et généralisation

Si la contrainte initiale supplémentaire était $c_1 = c_2$, on pourrait penser que la variance est égale à 1, puisque l'équation finale devient $[H_3O^+] \times [H_3O^+] = K_e$. Si T est fixée, K_e l'est aussi et les concentrations $[H_3O^+]$ et $[H_3O^+]$ sont déterminées. Mais, le système n'est pas entièrement connu si la concentration en acide et en base n'est pas fixée. La variance reste donc égale à 2.

Si nous ajoutions une complication en considérant, par exemple, que l'acide AH est faible, nous aurions une inconnue supplémentaire [AH] mais aussi une relation supplémentaire $K_a = [A^-] \times [H_3O^+] / [AH]$. On se ramènerait donc au problème précédent.

1.6 **a)** Pour calculer la variance, nous appliquons la relation $v = (c - k) + n(T, P) - \varphi - r_{exp}$:

- le nombre de constituants est égal à 4, donc $c = 4$;
- il existe une relation chimique entre ces constituants, donc $k = 1$;
- la stœchiométrie de cette relation d'équilibre montre que la quantité de matière gazeuse ne dépend pas de l'avancement, donc la pression totale n'est pas un facteur de cet équilibre. Par conséquent $n(T, P) = 1$;
- aucune relation supplémentaire entre les facteurs d'équilibre, provenant des conditions initiales, n'est imposée, donc $r_{exp} = 0$.

Nous en déduisons la valeur de la variance : $v = (4 - 1) + 1 - 1 - 0 = 3$.

Cette valeur peut être retrouvée par l'examen du système d'équations classiques. Pour cela nous établissons le tableau d'avancement :

	H_2	CO_2	H_2O	CO
$t = 0$	$n_0(H_2)$	$n_0(CO_2)$	$n_0(H_2O)$	$n_0(CO)$
$t_{éq.}$	$n_{eq}(H_2)$	$n_{eq}(CO_2)$	$n_{eq}(H_2O)$	$n_{eq}(CO)$
t	$n_0(H_2) - x$	$n_0(CO_2) - x$	$n_0(H_2O) + x$	$n_0(CO) + x$

La quantité de matière gazeuse totale reste constante et égale à sa valeur initiale $\Sigma\, n_0(i)$.

Les relations impliquant les pressions partielles sont les suivantes :

$$\frac{P(H_2)}{n(H_2)} = \frac{P(CO_2)}{n(CO_2)} = \frac{P(H_2O)}{n(H_2O)} = \frac{P(CO)}{n(CO)} = \frac{P_t}{\sum n(i)} = \frac{P_0}{\sum n_0(i)} = \text{cte}$$

La constante d'équilibre s'exprime alors directement en fonction des quantités de matière :

$$K = \frac{P(H_2)\,P(CO_2)}{P(H_2O)\,P(CO)} = \frac{n(H_2)\,n(CO_2)}{n(H_2O)\,n(CO)}$$

L'expression de la conservation de la matière est la suivante :

$$n(H_2) + n(CO_2) + n(H_2O) + n(CO) = \Sigma\, n_0(i) = \text{cte}$$

Si nous fixons trois facteurs d'équilibre, soit par exemple T, $n(H_2)$ et $n(CO)$, le rapport $n(CO_2) / n(H_2O)$ est fixé par la constante d'équilibre, qui est elle-même fixée par la valeur de T. La relation de conservation de la matière conduit alors au calcul des deux facteurs d'équilibre inconnus $n(CO_2)$ et $n(H_2O)$. Nous retrouvons ainsi la valeur 3 de la variance.

b) Appliquons à nouveau, pour calculer la variance, la relation $v = (c - k) + n(T, P) - \varphi - r_{exp}$. Les 4 premiers termes sont inchangés, mais une contrainte supplémentaire liée aux conditions initiales, $n(H_2O) = n(CO)$ ou $n(H_2) = n(CO_2)$ est imposée. Donc $r_{exp} = 1$ et $v = 2$. Cette valeur se retrouve à partir des équations classiques en observant que le nombre d'inconnues est diminué d'une unité.

c) Dans ces conditions, r_{exp} est égal à 2 car deux relations supplémentaires sont imposées par les conditions initiales : $n(H_2) = n(CO_2)$ et $n(H_2O) = n(CO)$. La variance est alors égale à 1.

Ce résultat se retrouve à partir du système des deux équations vues plus haut, dans lequel il n'y a plus que trois inconnues : T, $n(H_2)$, qui est égal à $n(CO_2)$, et $n(H_2O)$ qui est égal à $n(CO)$. Il reste donc un seul degré de liberté.

■ *Équilibres en phase gazeuse*

Cette partie du chapitre 1 donne des exemples de la méthodologie d'étude des équilibres homogènes en phase gazeuse (*voir* essentiel 1.3), d'une part avec quantité de matière gazeuse totale constante (exercices **1.7** et **1.8**), et d'autre part avec quantité de matière gazeuse variable (exercices **1.9** à **1.10**).

Énoncés

▶ Exercice d'application et de synthèse

1.7 ★★★ Constante d'équilibre et avancement de la réaction

Dans un réacteur chimique de volume constant, maintenu à la température T et contenant 0,1 mol de dihydrogène, on introduit 0,1 mol de diiode (gaz) et on suit l'évolution de la formation d'iodure d'hydrogène (gaz). Lorsque la réaction n'avance plus, on constate qu'il s'est formé 0,124 mol de HI.

a) Quels sont les facteurs d'équilibre ? Calculer la variance du système :

$$H_2(g) + I_2(g) \underset{2}{\overset{1}{\rightleftharpoons}} 2\,HI(g)$$

b) Exprimer et calculer la constante de l'équilibre en fonction de l'avancement de la réaction :

$$H_2(g) + I_2(g) \underset{2}{\overset{1}{\rightleftharpoons}} 2\ HI(g)$$

c) Quelle quantité de HI formerait-on si, à la même température, on doublait les quantités initiales de H_2 et de I_2.

▶ Problèmes

1.8 ★★★★ Influence de la composition initiale du mélange gazeux sur l'état d'équilibre

Dans une enceinte de volume constant contenant de l'argon à haute température, on introduit un mélange de CO_2 et H_2 tel que leurs pressions partielles initiales soient respectivement 10^{-2} et 2.10^{-2} bar. Ces gaz réagissent pour tendre vers l'équilibre :

$$CO_2(g) + H_2(g) \underset{2}{\overset{1}{\rightleftharpoons}} H_2O(g) + CO(g)$$

À la température considérée, la constante d'équilibre vaut 201.

On pose $\beta = V / RT$ (d'où $n(i) = P(i)V / RT = P(i)\,\beta$) et π = variation de $P(i)$ à partir de $t = 0$.

a) Écrire le tableau d'avancement de la réaction en fonction de β et de π. Calculer π puis les pressions partielles de CO_2, CO, H_2 et H_2O dans l'état d'équilibre.

b) Qu'obtiendrait-on si on introduisait un mélange tel que les pressions partielles de CO_2 et H_2 soient respectivement de $1{,}5.10^{-2}$ bar et 2.10^{-2} bar ?

c) En réalité on utilise de l'argon qui contient des traces de vapeur d'eau, dont la pression initiale dans le réacteur vaut 5.10^{-3} bar. Que deviennent les pressions partielles finales si l'on introduit les mêmes quantités de CO_2 et de H_2 que dans a) ?

1.9 ★★★★ Dissociation et synthèse de l'ammoniac, avancement et taux de dissociation

L'équilibre de dissociation de l'ammoniac peut s'écrire :

$$2\ NH_3(g) \underset{2}{\overset{1}{\rightleftharpoons}} N_2(g) + 3\ H_2(g)$$

L'enthalpie standard de dissociation, correspondant à l'équation écrite vaut $\Delta_r H° =$ 92 200 J mol^{-1} jusqu'à une température voisine de 200 °C. On étudie cette dissociation en introduisant n mol de NH_3 dans une enceinte initialement vide.

a) Présenter le tableau d'avancement de cette réaction de dissociation, soit en fonction de l'avancement ξ, soit en fonction du coefficient de dissociation α. Établir la relation entre ξ, n et α.

b) En déduire l'expression analytique qui donne le taux de dissociation de l'ammoniac en fonction de la pression totale et de la constante de dissociation K_d définie pour la réaction ci-dessus.

c) La synthèse de l'ammoniac peut être réalisée à partir d'un mélange gazeux de N_2 et H_2 dans les conditions de stœchiométrie.

À partir de l'expression établie dans la première question, préciser les meilleures conditions de température et de pression pour effectuer la synthèse de NH_3.

1.10 ★★★★ Déplacement d'équilibre chimique en phase gazeuse

On réalise la décomposition du pentachlorure de phosphore PCl_5 dans un cylindre en acier muni d'un piston mobile.

Dans une première expérience, on bloque le piston pour que le cylindre ait un volume de 3 L, on le vide d'air et on y introduit, à la température de 25 °C, du pentachlorure de phosphore PCl_5 gazeux. La pression dans le cylindre se stabilise à 12,4 bar.

On place le cylindre dans un four porté à 525 K. L'équilibre suivant s'établit :

$$PCl_5(g) \underset{2}{\overset{1}{\rightleftharpoons}} PCl_3(g) + Cl_2(g)$$

L'enthalpie libre standard de réaction $\Delta_r G°$ à 525 K est égale à –2 685 J mol^{-1}.

a) Calculer, dans ces conditions, la quantité de matière de PCl_5, PCl_3 et Cl_2, à l'équilibre. Quelles sont alors les pressions partielles des constituants du mélange ?

b) Comment évolue qualitativement l'équilibre si on le perturbe en introduisant dans le cylindre soit 1 mol d'argon, gaz inerte, soit 1 mol de Cl_2, soit 1 mol de PCl_5 ?

c) Une fois l'équilibre atteint question a), on débloque le piston et on laisse le volume augmenter jusqu'à 5 L, toujours à la température de 525 K.

Quelles sont les quantités de matière de PCl_5, PCl_3 et Cl_2, ainsi que la pression totale dans le cylindre, lorsque l'équilibre est à nouveau établi ?

Corrigés

1.7

Prérequis

Dans cet exercice, il convient d'écrire la relation générale reliant la constante d'équilibre et l'avancement de la réaction puis de passer aux applications numériques en utilisant les valeurs expérimentales de l'avancement.

a) Lorsque la réaction en phase gazeuse étudiée ici avance, la quantité de matière gazeuse, et donc la pression, reste constante. La pression n'est donc pas un facteur d'équilibre. En revanche, la température est *a priori* un facteur d'équilibre puisque la réaction chimique n'est pas athermique (comme c'est le cas de tous les systèmes chimiques à l'exception de ceux, très peu nombreux, dont l'enthalpie de réaction est nulle).

Remarque et généralisation

On rappelle que le nombre « 2 », qui figure souvent dans la règle des phases de Gibbs, présentée dans la première partie du chapitre 6, signifie que *P* et *T* sont en général des facteurs d'équilibre des systèmes chimiques ($n(P,T) = 2$). Ce nombre devient égal à 1 lorsque *P* ou *T* ne sont pas des facteurs d'équilibre.

Le système est monophasique ($\varphi = 1$). Les 3 constituants chimiques présents ($c = 3$) participent à un équilibre chimique ($k = 1$), et les conditions de l'expérience imposent la relation supplémentaire $n(H_2) = n(I_2)$, et par voie de conséquence, $r_{exp} = 1$.

La règle de phase de Gibbs donne : $v = (c - k) + n(T, P) - \varphi - r_{exp} = (3 - 1) + 1 - 1 - 1 = 1$.

L'état d'équilibre du système chimique est donc complétement défini si l'on fixe l'un des facteurs d'équilibre. C'est le cas ici puisque la température est fixée.

b) L'étude de cet équilibre de manière plus classique aboutit aux mêmes conclusions. En effet, lorsque la réaction avance dans le sens direct (de la gauche vers la droite), pour ξ mol de H_2 consommées, il y a conjointement ξ mol d'I_2 consommées et $2\,\xi$ mol de HI formées.

Le tableau d'avancement de la réaction s'écrit :

	$H_2(g)$ +	$I_2(g)$ $\underset{2}{\overset{1}{\rightleftharpoons}}$	$2\,HI(g)$	
	$n(H_2)$	$n(I_2)$	$n(HI)$	n_{total}
t_0	0,1	0,1	0	0,2
t_{eq}	$0{,}1 - \xi$	$0{,}1 - \xi$	$2\,\xi$	0,2

Cette réaction, réalisée à volume constant, a lieu également à pression totale constante puisque la quantité de matière gazeuse n'évolue pas au cours de la réaction.

Pour chaque constituant, la pression partielle $P(i)$ est directement proportionnelle à sa quantité de matière :

$$P(i) = x(i)\,P_t = n(i) / n_{total}\,P_t \quad (P_t \text{ étant la pression totale})$$

La constante d'équilibre s'écrit :

$$K = a^2(HI) / [(a(H_2) \times a(I_2)] \text{ avec } a(i) \approx P(i) / P°,\ P° \text{ étant la pression standard.}$$

Soit :

$$K = (P(HI) / P°)^2 / [(P(H_2) / P°) \times (P(I_2) / P°)] = P^2(HI) / ([(P(H_2) \times P(I_2)) = n^2(HI) / (n(H_2) \times n(I_2))$$

Soit $K = (2\,\xi)^2 / (0{,}1 - \xi)^2$.

Comme d'après l'énoncé $2\,\xi = 0{,}124$ mol, on a $\xi = 0{,}062$ mol, l'application numérique donne :

$$K = (0{,}124)^2 / (0{,}1 - 0{,}062)^2 = 10{,}65.$$

c) On peut écrire l'expression de la constante d'équilibre en fonction de la quantité de matière initiale, n_0, de H_2 et de I_2, et de l'avancement, ξ, de la réaction dans le sens direct :

$$K = (2\,\xi)^2 / (n_0 - \xi)^2$$

D'où

$$\xi = n_0\,K^{1/2} / (2 + K^{1/2})$$

La température étant constante, K est constant, et la valeur de ξ est donc proportionnelle à n_0.

Si n_0 est doublé, ξ est également doublé, ainsi que la quantité de HI formée.

La quantité de HI formé est donc de $0{,}124 \times 2 = 0{,}248$ mol.

1.8

Prérequis

Dans cet exercice, il faudra être capable au moyen de l'avancement et des quantités de matières gazeuses initiales de CO_2 et de H_2, ainsi que celle de H_2O gaz éventuellement additionnée, de déterminer les diverses quantités de matière. Le paramètre β utilisé devra être exprimé dans un système d'unités cohérent (si P est exprimée en bar comme dans l'énoncé et V en litres, R est égal à 0,083 L bar mol^{-1} K^{-1}.

a) Le mélange de gaz étant supposé se comporter comme un gaz parfait, la quantité de matière d'un gaz i est proportionnelle à sa pression partielle p_i.

Le tableau d'avancement de la réaction en fonction des paramètres α et β s'écrit :

	$CO_2(g)$	+	$H_2(g)$	$\underset{2}{\overset{1}{\rightleftharpoons}}$	$CO(g)$	+	$H_2O(g)$
	$n(CO_2)$		$n(H_2)$		$n(CO)$		$n(H_2O)$
t_0	$0{,}01\,\beta$		$0{,}02\,\beta$		0		0
t_{eq}	$(0{,}01 - \pi)\beta$		$(0{,}02 - \pi)\beta$		$\beta\pi$		$\beta\pi$

$\beta\pi$ représente la variation de la quantité de matière de chaque constituant, compte tenu des coefficients stœchiométriques.

La constante d'équilibre s'écrit :

$$K = (a(CO) \times a(H_2O) / (a(CO_2) \times a(H_2)) \text{ avec } a(i) \approx P(i) / P° = n_i / \beta\, P°$$

Soit :

$$K = P(CO) \times P(H_2O) / [(P(CO_2) \times P(H_2)]$$
$$= \pi^2 / [(0{,}01 - \pi)\,(0{,}02 - \pi)] = \pi^2 / (2.10^{-4} - 3.10^{-2}\,\pi + \pi^2)$$

d'où :
$$\pi^2\,(K - 1) - 3.10^{-2}\,K\,\pi + 2.10^{-4}\,K = 0.$$

On obtient ainsi deux racines positives :

$$\pi_1 = 2{,}02.10^{-2} \text{ bar et } \pi_2 = 9{,}95.10^{-3} \text{ bar.}$$

La première racine $\pi_1 = 0{,}0202$ bar n'a pas de sens physique (les quantités finales de CO_2 et H_2 seraient négatives). La seule solution possible est donc $\pi = 9{,}95.10^{-3}$ bar.

On peut en déduire directement :

$P(H_2) = \pi = 9{,}95.10^{-3}$ bar

$P(CO) = \pi = 9{,}95.10^{-3}$ bar

$P(CO_2) = 0{,}01 - \pi = 10.10^{-3} - 9{,}95.10^{-3} = 0{,}05.10^{-3}$ bar

$P(H_2O) = 0{,}02 - \pi = 20.10^{-3} - 9{,}95.10^{-3} = 10{,}05.10^{-3}$ bar.

b) Dans ce cas, la relation d'équilibre devient :

$K = \pi^2 / (0{,}015 - \pi)\,(0{,}02 - \pi) = \pi^2 / (3.10^{-4} - 0{,}035\,\pi + \pi^2)$.

D'où l'équation : $\pi^2\,(K - 1) - 3{,}5.10^{-2}\,K\,\pi + 3.10^{-4}\,K = 0$.

Compte tenu de la valeur $K = 201$, on obtient les racines :

$\pi_1 = 2{,}038.10^{-2}$ bar

$\pi_2 = 1{,}479.10^{-2}$ bar.

Seule la seconde racine a un sens physique (π_1 est supérieure à la teneur initiale en CO_2 et en H_2).

On trouve alors les pressions partielles :

$P(CO) = 1{,}48.10^{-2}$ bar

$P(H_2O) = 1{,}48.10^{-2}$ bar

$P(CO_2) = 1{,}5.10^{-2} - 1{,}48.10^{-2} = 0{,}2.10^{-3}$ bar

$P(H_2) = 2.10^{-2} - 1{,}48.10^{-2} = 5{,}2.10^{-3}$ bar.

Remarque et généralisation

On vérifie dans tous les cas que la somme des pressions partielles à l'état initial est égale à la somme des pressions partielles à l'état final, en d'autres termes que la pression initiale est égale à la pression finale, la pression totale ne varie pas, elle n'est donc pas un facteur d'équilibre.

c) D'après le tableau d'avancement de la question a), on peut remarquer que la pression totale, entre le début et la fin de réaction, reste inchangée puisque l'avancement de la réaction ne modifie pas la quantité totale de matière gazeuse. On peut donc dresser le tableau d'avancement suivant pour les pressions partielles, en tenant compte de la vapeur d'eau apportée par l'argon :

	CO_2	H_2	CO	H_2O
t_0	0,01	0,02	0	5.10^{-3}
t_{eq}	$0{,}01 - \pi$	$0{,}02 - \pi$	π	$5.10^{-3} + \pi$

D'où la relation : $K = [\pi\,(\pi + 5.10^{-3})] \,/\, (2.10^{-4} - 3.10^{-2}\,\pi + \pi^2)$.

Ce qui conduit à l'équation : $\pi^2\,(K - 1) - \pi\,(3.10^{-2}\,K + 5.10^{-3}) + 2.10^{-4}\,K = 0$.

D'où, avec $K = 201$, les racines :

$\pi_1 = 2{,}025.10^{-2}$ bar

$\pi_2 = 9{,}927.10^{-3}$ bar

Comme dans les questions précédentes, la racine π_1 n'a pas de sens physique. La racine π_2 conduit aux pressions partielles :

$P(CO) = 9{,}93.10^{-3}$ bar

$P(H_2O) = 14{,}93.10^{-3}$ bar

$P(CO_2) = 0{,}07.10^{-3}$ bar

$P(H_2) = 10{,}07.10^{-3}$ bar.

1.9 a) Soit le tableau d'avancement de la réaction écrit en mettant en jeu d'une part l'avancement ξ, d'autre part le coefficient de dissociation α :

	$2\,NH_3(g)$	$\underset{2}{\overset{1}{\rightleftharpoons}}$	$N_2(g)$ +	$3\,H_2(g)$	
t_0	n		0	0	$n_t = n$
t_{eq}	$n - 2\xi$		ξ	$3\,\xi$	$n_t = n + 2\,\xi$
t_{eq}	$n\,(1 - \alpha)$		$\alpha n\,/2$	$3\alpha n\,/2$	$n_t = n\,(1 + \alpha)$

Le taux de dissociation α est égal à ξ / ξ_{max}, comme $\xi_{max} = n / 2$ on obtient : $\alpha = 2\,\xi / n$ ou encore $\xi = \alpha\, n / 2$.

Bien entendu, ces deux tableaux d'avancement sont équivalents.

b) La constante d'équilibre de la réaction donnée s'écrit :

$$K_d = (P(N_2) / P^o) \times (P(H_2) / P^o)^3 / [(P(NH_3) \times P^o)]^2 = P(N_2) \times (P^3(H_2)) / [(P(NH_3) \times P^o)]^2$$

On choisit d'utiliser α et d'exprimer les pressions partielles en fonction de α et de la pression totale P_t à l'aide des relations entre pression partielle et quantité de matière, ci-après :

$$\frac{P(NH_3)}{n(NH_3)} = \frac{P(N_2)}{n(N_2)} = \frac{P(H_2)}{n(H_2)} = \frac{P_t}{n_t} = \frac{P_0}{n} = \text{cte}$$

On obtient ainsi :

$$K_d = 27\,\alpha^4 (P_t / P^o)^2 / [16\,(1 + \alpha)^2\,(1 - \alpha)^2]$$

Par commodité, on pose : $\beta = (16\,K_d / 27)^{1/2}$.

Soit : $\beta = \alpha^2\,(P_t / P^o + \beta)$ et $\alpha = [\beta / (P_t / P^o + \beta)]^{1/2}$.

c) Si on veut synthétiser de l'ammoniac à partir des corps simples N_2 et H_2, il faut que α soit le plus faible possible. En examinant l'expression de α établie à la question **b)** on voit que α sera petit si P_t est élevée et β faible, c'est-à-dire K_d faible.

Or $K_d = A \exp(-\Delta_r H^\circ / RT)$ et comme $\Delta_r H^\circ$ de dissociation est > 0, K_d est une fonction croissante de T. Il est donc préférable du point de vue thermodynamique de réaliser la synthèse à basse température et sous haute pression.

Remarque et généralisation

En fait, il faut aussi tenir compte, sur le plan pratique, des aspects cinétiques (l'augmentation de température accélère la réaction), et pour la synthèse industrielle, on recherche un compromis pour obtenir une réaction suffisamment rapide avec un rendement suffisant.

1.10 **a)**

Prérequis

Le calcul des différentes quantités de matière doit être fait à partir de $\Delta_r G^o$, seule donnée expérimentale dont on dispose, et de la quantité de matière initiale introduite. Il conviendra donc de déterminer K à partir de $\Delta_r G^o$ puis de déterminer l'avancement.

Écrivons l'expression du quotient des activités :

$$Q = \frac{a(PCl_3)\,a(Cl_2)}{a(PCl_5)} = \frac{\dfrac{P(PCl_3)\,P(Cl_2)}{P^o}}{P(PCl_5)} = \frac{x(PCl_3)\,x(Cl_2)P_t}{x(PCl_5)\,P^o} = \frac{n(PCl_3)\,n(Cl_2)P_t}{n(PCl_5)\,n_t P^o}.$$

Calculons la quantité initiale de PCl_5 introduite dans le cylindre à 25 °C :

$$n(PCl_5) = PV / RT = 12{,}4.10^5 \times 3.10^{-3} / (8{,}314 \times 298) = 1{,}50 \text{ mol.}$$

Le tableau de l'avancement de la réaction à 525 K est le suivant:

	PCl_5	$\underset{2}{\overset{1}{\rightleftharpoons}}$	PCl_3	+	Cl_2	
t_0	1,5		0		0	$n° = 1,5$
t	$1,5 - \xi$		ξ		ξ	$n_t = 1,5 + \xi$

La quantité totale de matière à l'équilibre est $n_t = 1,5 + \xi$.

À l'équilibre $\Delta_r G = 0$, $Q = K$, $\xi = \xi_{eq}$, la connaissance de $\Delta_r G°$ permet de calculer K:

$$\Delta_r G° = -RT \ln K = -2\ 685 \text{ J mol}^{-1}$$

$$\ln K = 2\ 685 / (8,314 \times 525) = 0,615$$

$$K = 1,85.$$

Exprimons K en fonction de ξ_{eq}. On obtient:

$$K = \frac{\xi^2_{eq}}{(1,5 - \xi_{eq})\ (1,5 + \xi_{eq})} \times \frac{P_t}{P°} = 1,85$$

Dans cette relation figurent deux inconnues, ξ_{eq} et P_t, comme on l'a vu plus haut et il est nécessaire d'établir une relation entre ces deux inconnues.

La valeur de la pression totale est donnée par la relation:

$$P_t = n_t RT / V = (1,5 + \xi_{eq}) \times 8,314 \times 525 / 3.10^{-3} = 1\ 454\ 950\ (1,5 + \xi_{eq})$$

On sait, par ailleurs, que $P° = 10^5$ Pa. La relation permettant de déterminer ξ_{eq} est donc la suivante:

$$K = \frac{\xi^2_{eq}}{(1,5 - \xi_{eq})(1,5 + \xi_{eq})} \times \frac{1\,454\,950\,(1,5 + \xi_{eq})}{10^5} = 1,85$$

$$K = \frac{14,55\ \xi^2_{eq}}{(1,5 - \xi_{eq})} = 1,85$$

On obtient $14,55\ \xi^2_{eq} + 1,85\ \xi_{eq} - 2,775 = 0$.

D'où $\xi_{eq} = 0,38$ mol.

Les quantités de matière respectives à l'équilibre sont:

$$n(PCl_5) = 1,5 - 0,38 = 1,12 \text{ mol}$$

$$n(PCl_3) = n(Cl_2) = 0,38 \text{ mol}$$

$$n_t = 1,88 \text{ mol}$$

La pression totale et les pressions partielles peuvent s'écrire:

$$P_t = n_t RT / V = 1,88 \times 8,314 \times 525 / 3.10^{-3} = 2,735.10^6 \text{ Pa} = 27,35 \text{ bar}$$

$$P(PCl_5) = 1,12 \times 8,314 \times 525 / 3.10^{-3} = 1,63.10^6 \text{ Pa} = 16,3 \text{ bar}$$

$$P(PCl_3) = P(Cl_2) = 0,38 \times 8,314 \times 525 / 3.10^{-3} = 5,53.10^5 \text{ Pa} = 5,53 \text{ bar}$$

b) Pour connaître le sens du déplacement de l'équilibre il suffit de connaître le signe de $\Delta_r G$:

$$\Delta_r G = \Delta_r G° + RT \ln Q = RT \ln Q / K$$

L'introduction d'une mole d'argon, gaz inerte, à volume constant, ne modifie pas les pressions partielles des réactifs et produits ($P(i) = n(i)\ RT / V$ avec $n(i)\ RT$ et V constants). L'équilibre n'est donc pas perturbé.

L'introduction d'une mole de Cl_2, qui prend part à la réaction, doit perturber l'état d'équilibre puisque la pression partielle du dichlore va augmenter. Le nouvel état initial est le suivant, compte tenu des valeurs calculées dans la question précédente :

	$PCl_5(g)$	$\underset{2}{\overset{1}{\rightleftharpoons}}$	$PCl_3(g)$	$+ Cl_2(g)$
t_0	1,12		0,38	0,38 + 1

La quantité de matière totale de gaz devient $n'_t = 2{,}88$.

La nouvelle pression totale de départ est :

$$P_t = n'_t RT / V = 2{,}88 \times 8{,}314 \times 525 / 3.10^{-3} = 2{,}88 \times 8{,}314 \times 525 / 3.10^{-3} = 4{,}19.10^6 \text{ Pa}$$
$$= 41{,}9 \text{ bar}$$

Le quotient des activités devient :

$Q = n(PCl_3) \times n(Cl_2)\, P_t / [n(PCl_5) \times n'_t\, P^0] = 0{,}38 \times 1{,}38 \times 4{,}19.10^6 / [1{,}12 \times 2{,}88.10^5] = 6{,}81.$

D'où $\Delta_r G = RT \ln (Q / K) = 8{,}314 \times 525 \ln 6{,}81 / 1{,}85 = 5\,690 \text{ J mol}^{-1}$.

$Q > K$ donc $\Delta_r G > 0$, la réaction va donc dans le sens 2.

De la même façon l'introduction de 1 mol de PCl_5 perturbe l'état d'équilibre. Dans l'expression :

$$Q = [P(PCl_3) \times P(Cl_2) \times P_t] / [P(PCl_5) \times n'_t\, P^o]$$

La pression de PCl_5 augmente par addition de quantité de matière nouvelle, le quotient diminue d'où : $\Delta_r G = RT \ln Q / K < 0$ puisque $Q / K < 1$.

Donc $\Delta_r G < 0$ et la réaction évolue dans le sens 1.

Remarque et généralisation

Ces résultats peuvent être retrouvés très simplement par utilisation de la loi de déplacement : l'équilibre réagit pour s'opposer à la perturbation.

c) Dans ces conditions une variation de volume entraîne une variation des pressions partielles et une variation de la pression totale :

$$P_t = n_t RT / V = (1{,}5 + \xi_{eq}) \times 8{,}314 \times 525 / 5.10^{-3} = 872970\,(1{,}5 + \xi_{eq}) \text{ Pa}$$

$$K = \frac{\xi_{eq}^2}{(1{,}5 - \xi_{eq})\,(1{,}5 + \xi_{eq})} \times \frac{872970(1{,}5 + \xi_{eq})}{10^5} = 1{,}85$$

$$K = 8{,}73\, \xi_{eq} / (1{,}5 - \xi_{eq}) = 1{,}85$$

Soit $8{,}73\, \xi^2_{eq} + 1{,}85\, \xi_{eq} - 2{,}775 = 0$.

La résolution de l'équation du second degré donne $\xi_{eq} = 0{,}47$ mol.

$n(PCl_5) = 1{,}5 - 0{,}47 = 1{,}03$ mol

$n(PCl_3) = n(Cl_2) = 0{,}47$ mol

$P_t = 17{,}2$ bar.

■ *Équilibres homogènes en phase liquide*

Les exercices **1.11** à **1.14** sont relatifs à des équilibres homogènes en phase liquide sans solvant : tous les composés sont présents en quantités voisines et participent à l'équilibre. Dans ces solutions, les activités des constituants sont en général exprimées en fraction molaire ou en fraction ionique (*voir* essentiel 1.3).

Énoncés

▶ Exercices d'application et de synthèse

1.11 ★★ Équilibre d'estérification

L'acide acétique, $CH_3CO_2H(l)$, et le propan-2-ol (isopropanol), $CH_3CHOHCH_3(l)$, sont miscibles et forment une solution liquide homogène à température ambiante. La réaction de l'acide acétique avec le propan-2-ol (isopropanol) fournit l'ester correspondant selon l'équilibre :

$$CH_3CO_2H(l) + CH_3CHOHCH_3(l) \underset{2}{\overset{1}{\rightleftharpoons}} CH_3COOCH(CH_3)_2(l) + H_2O(l)$$

a) Écrire l'expression du quotient des activités de la réaction d'estérification.

b) On effectue cette réaction à 25 °C avec 1 mol d'acide et 1 mol d'alcool. Lorsque l'équilibre est atteint il reste 0,4 mol d'acide acétique :

– déterminer la valeur de K, constante de cet équilibre ;

– calculer la valeur de l'enthalpie libre standard de la réaction d'estérification.

c) Quelle est la composition du mélange final si on fait réagir 4 mol d'acide acétique avec 1 mol de propan-2-ol ? Quel est l'intérêt d'utiliser un tel excès d'acide ?

d) Quelle sera la composition du mélange final si à l'équilibre atteint dans la question b), on ajoute soit 3 mol d'acide acétique, soit 3 mol d'eau ?

e) Dans le dernier cas de la question d) (addition d'eau), calculer la constante d'équilibre de l'hydrolyse à partir des compositions expérimentales. La comparer à la constante d'estérification.

1.12 ★★★ Équilibre ionique en milieu de sels fondus

Le chloroaluminate de sodium $NaAlCl_4$ fondu est totalement dissocié en cations Na^+ et en anions $AlCl_4^-$. Ces derniers subissent une faible dissociation selon la réaction :

$$2\ AlCl_4^- \underset{2}{\overset{1}{\rightleftharpoons}} Al_2Cl_7^- + Cl^-$$

La constante de cet équilibre à la température de fusion du chloroaluminate est égale à 4.10^{-7} sachant que les activités des espèces sont assimilées à leurs fractions ioniques.

a) Calculer la fraction ionique en ions Cl^- et $Al_2Cl_7^-$ dans le chloroaluminate de sodium pur fondu.

b) Calculer les fractions ioniques en ions Cl^- et $Al_2Cl_7^-$ dans le mélange contenant 1 mol de chloroaluminate de sodium et 0,1 mol de chlorure de sodium.

1.13 ★★★ Conversion glucose α /glucose β

Le glucose α et le glucose β sont deux isomères stériques qui peuvent s'interconvertir dans un solvant. Cet équilibre d'interconversion est appelé mutarotation. Le pouvoir rotatoire du glucose α est égal à 112°, celui du glucose β est égal à 19°. On constate expérimentalement à 25 °C, que par dissolution de l'une ou l'autre des formes du glucose, le pouvoir rotatoire évolue avec le temps, en raison de la mutarotation, jusqu'à une valeur finale intermédiaire de 54°. Cette valeur est une combinaison linéaire des pouvoirs rotatoires des formes α et β pures et de leur fraction molaire dans le solvant considéré. La mutarotation du glucose est une réaction légèrement endothermique avec une enthalpie de réaction $\Delta_r H^\circ$ de l'ordre de 5 J mol^{-1} à 25 °C.

a) Calculer la constante d'équilibre de la réaction de mutarotation du glucose à 25 °C.

b) Calculer l'entropie standard $\Delta_r S^\circ$ de la réaction.

1.14 ★★★ Comparaison des équilibres de formation du méthanoate de méthyle et de l'éthanoate de butyle

On prépare à température ambiante et à pression atmosphérique :

– d'une part une solution A de méthanoate de méthyle en mélangeant 0,1 mol d'acide méthanoïque HCOOH et 0,1 mol de méthanol CH_3OH ;

– d'autre part une solution B d'éthanoate de butyle en mélangeant 0,1 mol d'acide éthanoïque CH_3COOH et 0,1 mol de butan-1-ol $CH_3CH_2CH_2CH_2OH$.

a) Comparer les compositions à l'équilibre et les avancements de ces deux réactions sachant qu'à l'équilibre il reste 1,53 g d'acide méthanoïque dans la solution A et 1,98 g d'acide éthanoïque dans la solution B. Comparer les deux constantes d'équilibre.

b) Lors de la préparation d'une solution identique à la solution B à partir du mélange initial de 0,2 mol d'acide éthanoïque et 0,2 mol de butan-1-ol, on divise la solution obtenue en deux parties, B_1 et B_2, de même volume.

La partie B_1 est placée dans une étuve à 80 °C, tandis que la partie B_2, est placée dans la même étuve et à la même température, mais elle est en outre additionnée de 5 gouttes d'une solution concentrée de H_2SO_4.

Les parties B_1 et B_2 sont placées dans des flacons soigneusement bouchés.

Des dosages permettent de montrer qu'au bout de 4 heures un avancement identique à celui obtenu en a) est atteint pour B_2, alors qu'il faut une semaine pour B_1.

Que peut-on en conclure sur l'influence de la température sur la constante d'équilibre ?

Que peut-on en conclure sur le rôle de H_2SO_4 concernant :

– l'avancement maximal ?

– la vitesse de la réaction ?

Quelle est la nature de l'intervention de H_2SO_4 ?

c) Au cours de la préparation de la solution A, on porte la température du milieu à 40 °C et on élimine du milieu réactionnel le produit le plus volatil par distillation puis recondensation. On fait de même pour la préparation de la solution B mais en portant le milieu à 105 °C.

Quelles sont les modifications apportées à la préparation de la solution A et à celle de la solution B ? Justifier.

Données : les températures d'ébullition à la pression atmosphérique :

$T_{eb}(HCOOH) = 101\ °C$	$T_{eb}(CH_3COOH) = 118\ °C$
$T_{eb}(CH_3OH) = 65\ °C$	$T_{eb}(CH_3CH_2CH_2CH_2OH) = 117\ °C$
$T_{eb}(HCOOCH_3) = 31{,}5\ °C$	$T_{eb}(CH_3COOCH_2CH_2CH_2CH_3) = 126{,}5\ °C$
$T_{eb}(H_2O) = 100\ °C$.	

Corrigés

1.11 a)

Prérequis

Dans cette réaction en phase liquide homogène, l'eau, présente dans des quantités voisines de celles des autres réactifs et produits, ne se comporte pas comme un solvant et participe pleinement à la réaction. Son activité n'est donc pas égale à 1 puisque ses proportions sont susceptibles de fluctuer avec l'avancement de la réaction.

Le quotient des activités s'exprime en considérant, par convention, que la réaction se déroule dans le sens 1 :

$$CH_3CO_2H(l) + CH_3CHOHCH_3(l) \underset{2}{\overset{1}{\rightleftharpoons}} CH_3COOCH(CH_3)_2(l) + H_2O(l)$$

On peut donc écrire : $Q = [a(\text{ester}) \times a(\text{eau})] / [a(\text{acide}) \times a(\text{alcool})]$

Nous sommes ici dans le cas d'un mélange liquide homogène constitué par les réactifs et les produits, sans présence d'un solvant. Les activités sont alors exprimées par les fractions molaires $x(\text{i})$ de chacun des constituants i avec $x(\text{i}) = n(\text{i}) / n_t$, n_t étant la quantité de matière totale.

$Q = [(n(\text{ester}) / n_t) \times (n(\text{eau}) / n_t)] / [n(\text{acide}) / n_t) \times n(\text{alcool}) / n_t)]$

$= [(n(\text{ester}) \times (n(\text{eau})] / [n(\text{acide}) \times n(\text{alcool})]$

Dans le cas où, comme ici, la quantité de matière formée est égale à la quantité de matière disparue et où tous les coefficients stœchiométriques sont unitaires, on peut remplacer directement les diverses activités par les quantités de matière correspondantes.

b) Si on effectue cette réaction avec 1 mol d'acide et 1 mol d'alcool on peut établir le tableau d'avancement suivant :

	CH_3CO_2H +	$CH_3CHOHCH_3$ $\underset{2}{\overset{1}{\rightleftharpoons}}$	$CH_3COOCH(CH_3)_2$ +	H_2O	
t_0	1	1	0	0	$n_t = 2$
t_{eq}	$1 - \xi$	$1 - \xi$	ξ	ξ	$n_t = 2$

À l'équilibre à 25 °C, le quotient des activités est égal à la constante d'équilibre, K.

À l'aide des données expérimentales, on a $1 - \xi = 0{,}4$ et on en déduit $\xi = 0{,}6$, on obtient :

$$Q_{eq} = K = (0{,}6)^2 / (0{,}4)^2 = 0{,}36 / 0{,}16 = 2{,}25$$

La valeur de l'enthalpie libre standard de réaction $\Delta_r G^o$ s'en déduit directement :

$$\Delta_r G^o = -RT \ln K = -8{,}314 \times 298 \times \ln 2{,}25 = -2\,009 \text{ J mol}^{-1}$$

Mais on ne connaît pas, *a priori*, l'enthalpie standard de la réaction $\Delta_r H^o$.

Remarque et généralisation

La réaction d'estérification est une réaction athermique et la température est donc sans influence sur la constante d'équilibre. Une augmentation de température favorise cependant la cinétique de la réaction.

Comme cela a été précisé dans l'en-tête de ce sous-paragraphe, la pression étant elle aussi sans influence sur l'état d'équilibre, les autres facteurs d'équilibre, les fractions molaires des réactifs et produits, peuvent être déterminés à l'aide de la stœchiométrie de la réaction et des données de l'énoncé : quantités de matière initiales d'acide et d'alcool et quantité de matière d'acide à l'équilibre.

Compte tenu de la relation $\Delta_r G^o = \Delta_r H^o - T\Delta_r S^o$ on peut donc écrire :

$$\Delta_r G^o = -T\Delta_r S^o$$

D'où $\Delta_r S^o = -\Delta_r G^o / T = R \ln K = 2\,009 / 298 = 6{,}74 \text{ J K}^{-1} \text{ mol}^{-1}$.

Cette entropie de réaction est faible car la réaction affecte très peu le désordre (conservation de la quantité de matière au sein d'une même et unique phase).

c) Si on fait la réaction en présence d'un excès d'acide, les activités seront modifiées mais la constante d'équilibre restera la même. Le nouveau tableau d'avancement est le suivant :

	acide	alcool	ester	eau	
t_0	4	1	0	0	$n_t = 5$
t_{eq}	$4 - \xi$	$1 - \xi$	ξ	ξ	$n_t = 5$

On peut écrire : $K = \xi^2 / [(4 - \xi)(1 - \xi)] = 2{,}25$ et $\xi^2 = 2{,}25\,(4 - 5\xi + \xi^2)$

Soit encore : $1{,}25\xi^2 - 11{,}25\xi + 9 = 0$

Cette équation a deux racines : 8,1 et 0,888.

Le réactif limitant étant l'alcool, ξ est obligatoirement inférieur à 1 et la racine à retenir est $\xi = 0{,}888$.

En mettant un excès d'acide on améliore le rendement de formation de l'ester puisqu'on passe de 0,6 mol à 0,888 mol d'ester, c'est-à-dire d'un rendement de 60 % à un rendement de 88,8 %.

Il s'agit ici d'un déplacement d'équilibre par excès d'un des réactifs d'après la règle de Le Chatelier.

d) Si à l'équilibre chimique atteint dans **b)** on ajoute 3 mol d'acide acétique, on déplace l'équilibre dans le sens de la consommation de l'acide mis en excès d'après la règle de Le Chatelier, selon le tableau d'avancement ci-après :

	acide	alcool	ester	eau	
$éq_1$	0,4	0,4	0,6	0,6	$n_t = 2$
t_0	3,4	0,4	0,6	0,6	$n_t = 5$
$éq_2$	$3{,}4 - \xi$	$0{,}4 - \xi$	$0{,}6 + \xi$	$0{,}6 + \xi$	$n_t = 5$

Le calcul du quotient des activités, au moment de l'addition des 3 moles d'eau, montre en effet que : $Q = 0{,}6^2 / (3{,}4 \times 0{,}4) = 0{,}26$ est inférieur à K, et $\Delta_r G = RT \ln Q / K < 0$.

La réaction se développe donc dans le sens 1.

On peut alors écrire : $K = (0{,}6 + \xi)^2 / [(3{,}4 - \xi)\,(0{,}4 - \xi)]$

ou encore $0{,}36 + \xi^2 + 1{,}2\,\xi = 2{,}25\,(1{,}36 - 3{,}8\,\xi + \xi^2)$

et $1{,}25\,\xi^2 - 9{,}75\,\xi + 2{,}70 = 0$

La résolution de l'équation du second degré conduit à deux racines, l'une ayant une signification physique, $\xi = 0{,}288$, est à retenir, et l'autre racine 7,51 est à exclure car l'avancement de la réaction est limité à 0,4 par la quantité initiale d'alcool.

On peut en déduire : $n(\text{ester}) = 0{,}6 + 0{,}288 = 0{,}888$ mol.

On retrouve la valeur précédente de **c)** pour la formation de l'ester ce qui est normal puisque les quantités totales d'alcool et d'acide sont les mêmes dans les deux cas, la seule différence étant que, dans ce dernier cas, l'acide est ajouté en 2 fois.

La composition à l'équilibre est alors : $n(\text{ester}) = n(\text{eau}) = 0{,}888$ mol

$n(\text{acide}) = 3{,}4 - 0{,}288 = 3{,}112$ mol

$n(\text{alcool}) = 0{,}4 - 0{,}288 = 0{,}112$ mol

Si à l'équilibre chimique atteint dans **b)** on ajoute cette fois 3 mol d'eau, on déplace l'équilibre, d'après Le Chatelier, dans le sens de la consommation de l'eau (sens 2) :

	acide	alcool	ester	eau
eq_1	0,4	0,4	0,6	0,6
t_0	0,4	0,4	0,6	3,6
eq_3	$0{,}4 + \xi$	$0{,}4 + \xi$	$(0{,}6 - \xi)$	$(3{,}6 - \xi)$

L'expression de la constante d'équilibre est alors :

$$K = (0{,}6 - \xi)\,(3{,}6 - \xi) / (0{,}4 + \xi)^2$$

L'équation correspondante du second degré : $1{,}25\,\xi^2 + 6\,\xi - 1{,}8 = 0$ conduit à une racine négative $\xi = -3{,}17$ qui n'a donc pas de signification physique et à une racine positive $\xi = 0{,}283$ mol, qui est la seule racine à retenir.

Le mélange final à l'équilibre se compose de :

0,683 mol d'acide et d'alcool, 0,317 mol d'ester et 3,317 mol d'eau

L'équilibre aura sensiblement rétrogradé ce qui est conforme à la loi de déplacement des équilibres puisqu'ici on a rajouté un excès de produit de réaction.

e) La constante d'équilibre d'hydrolyse K' correspond à la réaction dans le sens inverse et peut directement se calculer à partir de valeurs expérimentales trouvées précédemment :

$$K' = (0{,}683)^2 / (0{,}317)\,(3{,}317) = 0{,}444$$

On vérifie que K' correspond à la valeur de $1 / K = 1 / 2{,}25$.

Remarque et généralisation

On observe que l'excès d'acide acétique ou que l'excès d'eau perturbe l'équilibre initial de façon voisine (production supplémentaire de 0,288 mol d'ester dans le premier cas, diminution de 0,283 mol d'ester dans le deuxième cas). Ceci est dû au fait que *K* et *K'* sont du même ordre de grandeur (proche de 1). On pourrait vérifier que si la constante d'équilibre était égale à 1 on obtiendrait la même équation du second degré et la perturbation serait identique.

1.12 a)

Prérequis

Dans cet équilibre, à constante de dissociation très faible, il est indispensable avant de faire tout calcul de faire une approximation *a priori* légitime : considérer que la concentration en ions non dissociés reste pratiquement égale à la concentration initiale.

La constante de l'équilibre $2\ AlCl_4^- \underset{2}{\overset{1}{\rightleftharpoons}} Al_2Cl_7^- + Cl^-$ est reliée aux différentes fractions ioniques, assimilables aux activités, par la relation :

$$K = [x(Al_2Cl_7^-) \times x(Cl^-)] / [x(AlCl_4^-)]^2 = 4.10^{-7}$$

Compte tenu de la valeur de *K*, l'avancement de la réaction de dissociation est faible et nous pouvons considérer que la fraction ionique en $AlCl_4^-$ est peu différente de l'unité. On en déduit : $x(Al_2Cl_7^-) \times x(Cl^-) = 4.10^{-7}$, d'où, $x(Al_2Cl_7^-) = x(Cl^-) = 6{,}3.10^{-4}$.

Cette faible valeur de $x(Cl^-)$ et $x(Al_2Cl_7^-)$ justifie bien l'approximation (dissociation de l'ordre de 1 / 1 000).

Remarque et généralisation

Pour caractériser l'état d'équilibre du chloroaluminate fondu, on sait que la pression n'est pas un facteur d'équilibre, la constante de l'équilibre de dissociation de l'ion $AlCl_4^-$ étant connue, soit la température est connue, soit elle n'a pas d'influence, il suffit donc de connaître 3 relations entre les concentrations ioniques des 3 anions présents. On peut écrire que leur somme est égale à 1, et compte tenu de la stœchiométrie de la réaction à l'égalité des concentrations ioniques à l'équilibre $Al_2Cl_7^-$ et de Cl^-, l'hypothèse selon laquelle l'ion $AlCl_4^-$ est peu dissocié et sa fraction ionique voisine de 1, fournit la 3e équation nécessaire au calcul. Le même type de raisonnement sera utilisé pour résoudre la question **b)**.

b) Lorsqu'on ajoute du chlorure de sodium, l'équilibre se déplace vers la formation de $AlCl_4^-$ dont la fraction ionique demeure par conséquent très peu différente de l'unité. On peut écrire à nouveau : $x(Al_2Cl_7^-) \times x(Cl^-) = 4.10^{-7}$

De plus, le déplacement de la réaction montre que la quantité de matière en $Al_2Cl_7^-$ va diminuer. On fait l'hypothèse qu'elle est très faible devant celle en Cl^- correspondant à une dissociation totale de la quantité de NaCl rajoutée, d'où $n(Cl^-) \approx 0{,}1$.

On obtient la relation d'électroneutralité suivante, puisque les ions Na^+ présents proviennent d'une part de la dissociation de $NaAlCl_4$ et d'autre part de celle de NaCl :

$$n(AlCl_4^-) + n(Cl^-) + n(Al_2Cl_7^-) = n(Na^+) = 1{,}1$$

or $\quad x(Cl^-) = 0{,}1 / 1{,}1 = 0{,}091$

soit, en reportant dans K : $x(Al_2Cl_7^-) = 4.10^{-7} / 0{,}091 = 4{,}39.10^{-6}$.

La fraction molaire de $Al_2Cl_7^-$ est abaissée plus de 100 fois par rapport à la situation de la question a). L'addition d'ions Cl^- a fait régresser l'équilibre de dissociation de $AlCl_4^-$.

1.13 a)

Prérequis

Certains isomères stériques non superposables à leur image optique (chiralité) sont dotés d'un pouvoir rotatoire (capacité à faire tourner le plan de polarisation de la lumière). Le pouvoir rotatoire d'un mélange de composés optiquement actifs dépend de la composition du mélange de ces composés.

La variation du pouvoir rotatoire est liée à la transformation de la forme α en forme β ou de la forme β en forme α, dans une réaction d'équilibre :

$$\text{glucose } \alpha \underset{2}{\overset{1}{\rightleftharpoons}} \text{glucose } \beta$$

La constante d'équilibre s'exprime ainsi : $K = [\text{glucose } \beta] / [\text{glucose } \alpha]$

On pose : fraction molaire de la forme α à l'équilibre = x
fraction molaire de la forme β à l'équilibre = y

Le pouvoir rotatoire final dépend de ces fractions molaires. On peut écrire les deux relations données dans l'énoncé et caractériser l'état d'équilibre entre les 2 isomères :

$$112\,x + 19\,y = 54$$

$$x + y = 1$$

La résolution conduit à : $x = 0{,}38 \quad y = 0{,}62$.

Le tableau d'avancement est le suivant, en considérant que le volume réactionnel est constant et contient, par exemple, 1 mol de glucose α au départ :

	glucose α	glucose β
t_0	1	0
t_{eq}	$1 - \xi$	ξ

On a les relations : $1 - \xi = 0{,}38 \quad \xi = 0{,}62$.

En assimilant à nouveau les valeurs numériques des activités à celles des quantités de matière on obtient :

$$K = [\text{glucose } \beta] / [\text{glucose } \alpha] = \xi / (1 - \xi)$$

Soit : $$K = 0{,}62 / 0{,}38 = 1{,}63$$

Remarque et généralisation

Cette valeur correspond à l'écriture de l'équilibre glucose α $\underset{2}{\overset{1}{\rightleftharpoons}}$ glucose β. La mutarotation à partir du glucose β donnerait une valeur de K égale à 1 / 1,63 = 0,61.

b) Pour calculer l'entropie standard de la réaction il faut connaître l'enthalpie libre $\Delta_rG°$.

À l'équilibre : $\Delta_rG° = -RT \ln K = -(8{,}314 \times 298) \times \ln 1{,}63 = -1210$ J mol^{-1}

Par ailleurs on a : $\Delta_rG° = \Delta_rH° - T\Delta_rS°$

Soit finalement : $\Delta_rS° = (\Delta_rH° - \Delta_rG°) / T = (5 + 1210) / 298 = 4{,}08$ J mol^{-1}K^{-1}.

1.14 **a)** À l'équilibre il reste :

$n(HCOOH) = 1{,}53 / 46 = 0{,}033$ mol d'acide méthanoïque

$n(CH_3COOH) = 1{,}98 / 60 = 0{,}033$ mol d'acide éthanoïque

Les tableaux d'avancement des deux réactions d'estérification sont les suivants :

	$HCOOH$ +	CH_3OH →	$HCOOCH_3$ (A) +	H_2O
t_0	0,1	0,1	0	0
t_{eq}	$0{,}1 - \xi_1$	$0{,}1 - \xi_1$	ξ_1	ξ_1

	CH_3COOH +	$CH_3CH_2CH_2CH_2OH$ →	$CH_3COOCH_2CH_2CH_2CH_3$(B) +	H_2O
t_0	0,1	0,1	0	0
t_{eq}	$0{,}1 - \xi_2$	$0{,}1 - \xi_2$	ξ_2	ξ_2

On observe $0{,}1 - \xi_1 = 0{,}1 - \xi_2 = 0{,}033$ mol.

On en conclut $\xi_1 = \xi_2 = 0{,}067$ mol.

L'avancement à l'équilibre est le même dans les deux réactions.

La constante d'équilibre $K = \xi^2 / (0{,}1 - \xi)^2 = 4{,}12$ est identique pour les deux estérifications.

Remarque et généralisation

Il peut paraître surprenant que ces deux réactions d'estérification, qui s'opèrent à partir d'acides et d'alcools organiques différents, présentent la même constante d'équilibre. Les deux réactions sont en fait très voisines et mettent en œuvre toutes les deux un alcool primaire de forme RCH_2OH. La nature du groupe R joue un rôle très mineur.

b)

Prérequis

L'énoncé indique que l'avancement maximal obtenu à 80 °C est le même dans les parties B_1 et B_2 que celui obtenu à la température ambiante, même si l'équilibre est atteint plus rapidement dans la partie B_2 (en présence de H_2SO_4) ; la constante d'équilibre de la réaction d'estérification de CH_3COOH est donc indépendante de la température.

Dans la préparation de B, les parties B_1 et B_2 contiennent chacune, au départ, 0,1 mol d'acide éthanoïque et 0,1 mol de butanol. Au bout de 4 heures, la partie B_2, à 80 °C et en présence de 5 gouttes de H_2SO_4 en solution concentrée, atteint l'équilibre. En l'absence de H_2SO_4, et à la même température, cet équilibre n'est atteint qu'en une semaine. Un même avancement est obtenu à l'équilibre dans les deux cas.

L'acide sulfurique, sans modifier l'avancement à l'équilibre, permet de l'atteindre plus vite et accélère donc les vitesses de réaction directe et inverse. Son rôle est celui d'un catalyseur (*voir* cinétique chapitre 4 du tome 1).

Remarque et généralisation

Attention, ce cas d'une constante d'équilibre indépendante de la température ne doit pas être généralisé. Il est même plutôt exceptionnel car la constante d'équilibre est habituellement dépendante de la température (*voir* chapitre 3 du tome 1). C'est le caractère athermique de cette réaction d'estérification ($\Delta_r H = 0$) qui explique cette singularité.

c)

Prérequis

Pour résoudre cette question, il faut comparer la température à laquelle est menée la réaction avec les températures d'ébullition de chacun des composés, afin de vérifier quels sont ceux qui restent réellement dans le milieu et sont donc en mesure de réagir entre eux.

Dans la formation de la solution A, le milieu porté à 40 °C permet l'élimination de l'ester, au fur et à mesure de sa formation [$T_{eb}(HCOOCH_3) = 31,5$ °C] puisque c'est le seul composé dont la température d'ébullition est nettement inférieure à 40 °C. La réaction d'hydrolyse ne pourra donc pas intervenir et la réaction directe d'estérification sera totale.

Remarque et généralisation

Ceci ne signifie pas que les autres composés ne s'évaporent pas, mais la quantité de matière transformée est faible lorsque la température est inférieure à la température des composés par rapport au changement d'état intervenant à l'ébullition.

De même, lors de la formation de la solution B, le milieu porté à 105 °C permet d'éliminer l'eau [$T_{eb}(H_2O) = 100$ °C] du milieu réactionnel. L'ester formé, privé d'eau, ne peut donner la réaction d'hydrolyse et la réaction d'estérification sera, là encore, totale.

Dans les deux cas il s'agit d'un déplacement d'équilibre par élimination d'un des produits formés du milieu réactionnel.

Remarque et généralisation

Dans ce cas la température sert seulement à extraire l'un des produits du milieu réactionnel, et donc à déplacer l'équilibre, mais, comme nous l'avons vu plus haut, elle ne joue aucun rôle sur la valeur de la constante d'équilibre. On remarquera que si on dépasse 65 °C dans le premier cas et 117 °C dans le deuxième cas, la réaction, qui est lente, ne peut pas avoir lieu puisque l'un des réactifs est alors rapidement éliminé du milieu réactionnel.

Propriétés générales des solutions aqueuses

Dans cette partie, nous présenterons successivement les notions d'électroneutralité des solutions aqueuses, les notions d'équilibre liées à l'autoprotolyse de l'eau (*voir* essentiel 1.2) et enfin de transport d'ions dans l'eau.

Énoncés

Exercices d'application et de synthèse

1.15 ★★ Mélange d'électrolytes forts

On mélange 100 mL d'une solution de NaCl de concentration $c_1 = 0{,}1$ mol L^{-1} et 100 mL d'une solution de KBr de concentration $c_2 = 0{,}05$ mol L^{-1} et 300 mL d'une solution de $CaCl_2$ de concentration $c_3 = 0{,}15$ mol L^{-1}.

a) Déterminer la concentration de chacun des ions présents dans la solution obtenue.

b) Vérifier que l'électroneutralité de la solution est respectée.

1.16 ★★ Analyse d'une eau minérale

On peut lire sur l'étiquette d'une eau minérale la composition et les indications suivantes :

Magnésium	Mg^{2+}	0,035 g L^{-1}	Hydrogénocarbonate	HCO_3^-	0,402 g L^{-1}
Sodium	Na^+	0,003 g L^{-1}	Sulfate	SO_4^{2-}	0,286 g L^{-1}
Calcium	Ca^{2+}	0,202 g L^{-1}	Chlorure	Cl^-	illisible

pH 6,3

Calculer la concentration en mol L^{-1} de ces différents ions en négligeant les ions H_3O^+ et OH^-.

À quelle erreur sur Cl^- cette approximation conduit-elle à 25 °C, par rapport à une eau à pH rigoureusement neutre ?

1.17 ★★★ Autoprotolyse de l'eau

L'équilibre d'autoprotolyse de l'eau : $H_2O \underset{2}{\overset{1}{\rightleftharpoons}} H_3O^+ + OH^-$ est sensible à la température.

a) Donner l'expression de la constante d'autoprotolyse K_e.

b) Exprimer $\Delta_r G°$ de cette réaction d'autoprotolyse dans la gamme de température de 10 à 90 °C, en fonction des valeurs numériques de $\Delta_r H°$ et $\Delta_r S°$ à 298 K. On considérera que ces deux grandeurs thermodynamiques sont indépendantes de la température dans le domaine de température considéré. Les valeurs à 298 K de $\Delta_f H°$ et $S°$ des différents composés à 298 K sont les suivantes :

	H_3O^+	H_2O	OH^-
$\Delta_f H°$ (kJ mol^{-1})	– 285,9	– 285,9	– 230
$S°$ (J K^{-1} mol^{-1})	69,9	69,9	– 10,5

À partir de cette expression numérique montrer qu'on obtient la relation suivante entre K_e et T, dans le domaine 283 K à 363 K : $K_e = 6{,}31.10^{-5} \exp(- 6724/T)$.

c) Donner l'expression du pH de l'eau pure en fonction de pK_e défini comme étant égal à $-\log K_e$. Donner l'expression générale du pH de l'eau pure, en fonction de la température et donner les concentrations des ions H_3O^+, ainsi que le pH, aux températures suivantes : 10 °C, 20 °C, 37 °C, 40 °C, 80 °C et 90 °C.

d) Calculer la température pour laquelle le pH est égal à 7.

e) Déduire de c) le caractère acide ou basique des solutions suivantes dans lesquelles les concentrations sont exprimées en mol L^{-1} :

S_1	$[H_3O^+] = 8{,}2.10^{-8}$	à 10 °C	S_2	$[OH^-] = 10^{-6{,}9}$	à 20 °C
S_3	$[OH^-] = 1{,}8.10^{-7}$	à 37 °C	S_4	$[H_3O^+] = 3.10^{-7}$	à 90 °C

f) Une eau neutre, du point de vue acido-basique, est-elle obligatoirement pure et l'eau pure est-elle obligatoirement neutre ? Justifier.

1.18 ★★★ Évolution du pH de l'eau pure avec la température

a) Calculer le pourcentage des molécules d'eau dissociées dans l'eau liquide pure, à 0 °C, 25 °C et 30 °C sachant que les pH valent alors respectivement 7,45 ; 7,00 et 6,92. Commenter et indiquer si la réaction de dissociation de l'eau est favorisée par une augmentation de température.

b) Peut-on en déduire que l'eau pure, de pH = 7 à 25 °C, devient basique à une température inférieure, et acide à une température supérieure ?

c) À la température biologique humaine (37 °C) le pH de neutralité est de 6,81 (*voir* 1.17). En déduire la valeur du rapport $[OH^-] / [H_3O^+]$ chez l'homme dans le sang (pH = 7,35) et dans la salive (pH = 6,80).

1.19 ★★★ Conductivité de l'eau pure

On dispose d'une eau pure dont le pH, à 25 °C, est égal à 7.

a) Calculer la conductivité de cette eau, exprimée en S cm^{-1} (*voir* coefficients de diffusion dans l'essentiel 1.2).

b) Exprimer cette conductivité en S m^{-1}.

c) La mesure est effectuée entre deux électrodes planes, face à face, de surfaces égales. Le volume entre les deux électrodes est de 1 cm^3. Calculer la résistance mesurée si les électrodes sont des carrés de 1 cm de côté distants de 1 cm.

Effectuer ensuite le calcul dans le cas où le côté du carré est de 2 cm et la distance inter-électrodes de 0,25 cm, puis dans le cas où le côté est de 4 mm et la distance de 6,25 cm.

1.20 ★★★ Conductivité des solutions aqueuses

On dispose d'une solution de HCl 10^{-3} mol L^{-1} et d'une solution de NaOH de même concentration, à 25 °C.

a) Quelle est la conductivité de la solution de HCl ?

b) Quelle est celle de la solution de NaOH ?

c) On mélange ces deux solutions à volumes égaux. Calculer la conductivité de la solution obtenue. Commenter le résultat.

d) On effectue dans un bécher un dosage d'un volume V^o d'une solution de soude de concentration inconnue c_x. Pour cela, on introduit, à l'aide d'une burette, une solution d'acide de concentration c_a, le volume ajouté étant V_a (V_a varie de façon croissante lors du dosage). Exprimer la conductivité σ_1 de la solution tant que cette dernière reste assez fortement basique (c'est-à-dire avant la neutralisation, avec $[OH^-] \gg [H_3O^+]$). Déterminer ensuite l'expression de la conductivité σ_2 lorsque la solution est assez fortement acide (après la neutralisation).

Montrer que ces expressions sont des fonctions linéaires de V_a si $V_a \ll V^o$, en déduire l'allure de la courbe $\sigma = f(V_a)$. Montrer que les deux branches de courbe se croisent exactement au point de neutralisation.

Corrigés

Prérequis

Il convient ici de se référer à l'essentiel 1.2 qui concerne les propriétés générales des solutions aqueuses.

1.15 a) On calcule la concentration de chaque ion présent dans la nouvelle solution dont le volume total V_t est la somme des trois volumes c'est-à-dire 0,5 L.

On écrit la réaction totale de dissociation de chacun des composés ioniques dans l'eau :

$NaCl \rightarrow Na^+ + Cl^-$

$KBr \rightarrow K^+ + Br^-$

$CaCl_2 \rightarrow Ca^{2+} + 2\ Cl^-$

Chacun des cations est apporté par une seule solution. On écrit directement :

$[Na^+] = c_1V_1 / V_t = 0,1 \times 0,1 / 0,5 = 0,02$ mol L^{-1}

$[K^+] = c_2V_2 / V_t = 0,05 \times 0,1 / 0,5 = 0,01$ mol L^{-1}

$[Ca^{2+}] = c_3V_3 / V_t = 0,15 \times 0,3 / 0,5 = 0,09$ mol L^{-1}

L'anion Br^- est apporté par la seule solution 2 alors que l'anion Cl^- est apporté par les solutions 1 et 3, d'où :

$[Cl^-] = [(c_1V_1) + 2\ (c_3V_3)] / V_t = [0,01 + (2 \times 0,15 \times 0,3)] / 0,5 = 0,2$ mol L^{-1}

$[Br^-] = c_2V_2 / V_t = 0,05 \times 0,1 / 0,5 = 0,01$ mol L^{-1}.

b) La relation d'électroneutralité s'écrit : $[Na^+] + [K^+] + 2\ [Ca^{2+}] = [Cl^-] + [Br^-]$

L'application numérique donne :

$[Na^+] + [K^+] + 2\ [Ca^{2+}] = 0,21$ mol L^{-1}

$[Cl^-] + [Br^-] = 0,21$ mol L^{-1}

On vérifie bien que l'électroneutralité est respectée.

Remarque et généralisation

Attention aux erreurs fréquemment commises avec ces ions polychargés. À partir de $CaCl_2$, la concentration en ions Cl^- est le double de la concentration en ions Ca^{2+}.

1.16 On peut tout d'abord exprimer en mol L^{-1} les concentrations connues :

$[Mg^{2+}] = 35.10^{-3} / 24,3 = 1,44.10^{-3}$

$[Ca^{2+}] = 202.10^{-3} / 40,1 = 5,04.10^{-3}$

$[Na^+] = 3.10^{-3} / 23 = 0,13.10^{-3}$

$[SO_4^{2-}] = 286.10^{-3} / 96,1 = 2,98.10^{-3}$

$[HCO_3^-] = 402.10^{-3} / 61 = 6,59.10^{-3}$

La concentration en H_3O^+ égale à 5.10^{-7} (pH = 6,3) est négligeable devant les valeurs précédentes, celle en OH^- ($\approx 2.10^{-8}$) est 25 fois plus faible. La relation d'électroneutralité de la solution nous permet de déterminer la concentration inconnue en Cl^- :

$$[Na^+] + 2\,[Mg^{2+}] + 2\,[Ca^{2+}] = [Cl^-] + [HCO_3^-] + 2\,[SO_4^{2-}]$$

$$[Cl^-] = 10^{-3}\,[0,13 + (2 \times 1,44) + (2 \times 5,04) - 6,59 - (2 \times 2,98)] = 0,54.10^{-3} \text{ mol } L^{-1}$$

La concentration en H_3O^+ (5.10^{-7} mol L^{-1}) doit, en toute rigueur, intervenir dans le bilan d'électroneutralité : $[Cl^-] = 5\,400.10^{-7} + 5.10^{-7} = 5\,405.10^{-7}$ mol L^{-1}.

L'erreur commise, en négligeant H_3O^+ et OH^- est égale à $[H_3O^+] - [OH^-] = 4,8.10^{-7}$ mol L^{-1}.

Ceci entraîne une erreur relative, exprimée en pourcentage de : $(4,8.10^{-7} / 5,4.10^{-4}) \times 100 \approx 0,1$ %.

1.17 **a)** La constante de l'équilibre d'autoprotolyse peut s'écrire :

$$K_e = a(H_3O^+) \times a(OH^-) / a^2(H_2O) = [H_3O^+]\,[OH^-]$$

Rappelons que les activités de H_3O^+ et OH^- sont assimilables aux valeurs des concentrations, exprimées en mol L^{-1}, tandis que l'activité de l'eau, solvant, est égale à 1.

b) On détermine la constante K_e à partir de la valeur de $\Delta_r G^\circ$ de la réaction d'autoprotolyse en appliquant la relation : $\Delta_r G^\circ = \Delta_r G^\circ = \Delta_r H^\circ - T\Delta_r S^\circ = -RT \ln K_e$.

On obtient : $\Delta_r H^\circ = \Delta_f H^\circ(H_3O^+) + \Delta_f H^\circ(OH^-) - 2\,\Delta_f H^\circ(H_2O) = -285,9 - 230 + (2 \times 285,9) = 55,9$ kJ

$$\Delta_r S^\circ = S^\circ(H_3O^+) + S^\circ(OH^-) - 2S^\circ(H_2O) = 69,9 - 10,5 - (2 \times 69,9) = -80,4 \text{ J K}^{-1}$$

L'application numérique donne : $\Delta_r G^\circ = 55\,900 + 80,4\,T = -RT \ln K_e$

$$\ln K_e = -(55\,900 / RT) - (80,4 / R) = -(6\,724 / T) - 9,67$$

D'où : $K_e = 6,31.10^{-5} \exp(-6724 / T)$.

c) Dans le cas de l'eau pure, la relation d'électroneutralité impose $[H_3O^+] = [OH^-]$.

La constante d'équilibre s'écrit alors : $K_e = [H_3O^+]\,[OH^-] = [H_3O^+]^2$

et : $[H_3O^+] = K_e^{1/2}$ d'où $pH = -\log [H_3O^+] = -0,5 \log K_e$.

En utilisant les valeurs numériques de l'expression liant K_e à T on obtient le pH de l'eau pure qu'on appelle pH de neutralité pH_n :

$$pH_n = 2,10 + 1\,460 / T.$$

Pour les différentes températures on obtient alors :

Température en °C	10	20	37	40	80	90
pH_n	7,26	7,08	6,81	6,76	6,24	6,12
$[H_3O^+] \times 10^{-8}$	5,5	8,32	15,5	17,4	57,5	75,9

d) Pour $pH_n = 7$, on a la relation : $7{,}00 = 2{,}10 + 1\,460 / T$

$T = 1\,460 / (7 - 2{,}10) = 297{,}96$ K et $\theta = 25$ °C.

e) Les différentes valeurs de pH sont les suivantes :

10 °C	S_1	$[H_3O^+] = 8{,}2.10^{-8}$	pH = 7,09 < 7,26	solution acide
20 °C	S_2	$[OH^-] = 10^{-6{,}9} > 10^{-7{,}08}$	pOH = 6,9 < 7,08	solution basique
37 °C	S_3	$[OH^-] = 1{,}8.10^{-7}$	pOH = 6,7 < 6,81	solution basique
90 °C	S_4	$[H_3O^+] = 3.10^{-7}$	pH = 6,52 > 6,12	solution basique

Remarque et généralisation

Se méfier des réflexes dus à l'idée reçue que le pH de neutralité est toujours égal à 7 (valeur qui correspond à la température particulière de 25 °C). Ce réflexe conduirait à affirmer à tort que S_1 est basique et S_4 acide.

f) Une « eau neutre », c'est-à-dire une solution aqueuse neutre contient autant d'ions OH^- que d'ions H_3O^+. Elle peut cependant contenir des ions indifférents tels que Na^+, K^+, Cl^-, etc., qui ne réagissent pas avec l'eau. Une « eau neutre » n'est donc pas obligatoirement « pure ».

L'eau pure, au contraire, ne contient aucun ion étranger et ne comporte donc que des ions OH^- et H_3O^+ à parité (en concentration égale). Elle est donc obligatoirement neutre. On dit que c'est une eau plate. Le type en est l'eau distillée.

Remarque et généralisation

Du point de vue chimique, l'eau pure ne comporte que des molécules d'eau (avec l'équilibre d'autoprotolyse). Dans le sens commun, l'eau pure est une eau non polluée (au sens bactériologique ou chimique du terme) mais elle peut contenir différents ions qui la rendent impure pour les chimistes.

1.18 a) Un litre d'eau pure contient 1 000 / 18 = 55,6 mol. Les pourcentages des molécules d'eau dissociées (%) se déduisent aisément des valeurs de pH :

0 °C	$[H_3O^+] = 10^{-7{,}45} = 3{,}55.10^{-8}$ mol L^{-1}	% = 100 × 3,55.10^{-8} / 55,5 = 6,4.10^{-8}
25 °C	$[H_3O^+] = 10^{-7} = 10.10^{-8}$ mol L^{-1}	% = 100 × 10.10^{-8} / 55,5 = 18.10^{-8}
30 °C	$[H_3O^+] = 10^{-6{,}92} = 12.10^{-8}$ mol L^{-1}	% = 100 × 12.10^{-8} / 55,5 = 21,6.10^{-8}

On observe que ce pourcentage fait plus que tripler entre 0 °C et 30 °C.

b) Entre 25 et 0 °C, le nombre de molécules d'eau dissociées, et donc le nombre d'ions H_3O^+, est divisé par 3. Mais cette diminution affecte de la même façon le nombre d'ions OH^- et, bien que le pH augmente, la solution reste donc parfaitement neutre. Le raisonnement reste identique si on augmente la température : le pH s'abaisse mais l'égalité $[H_3O^+] = [OH^-]$ continue à persister. L'eau pure reste évidemment neutre à toute température.

c) Le pH de la salive humaine (pH = 6,80) est très proche de la neutralité (pH = 6,81, *voir* **1.17**) et le rapport $[OH^-] / [H_3O^+]$ est alors voisin de 1.

Dans le sang, qui présente un pH basique, ce rapport augmentera sensiblement. Pour le déterminer il faut connaître K_e à 37 °C. Une solution neutre à cette température répond à la relation :

$$K_e = [H_3O^+]^2 = (10^{-6,81})^2 = (1,55.10^{-7})^2 = 2,4.10^{-14}$$

Dans le sang on aura donc :

$$[H_3O^+] = 10^{-7,35} = 4,47.10^{-8} \text{ et } [OH^-] = 2,4.10^{-14} / 4,47.10^{-8} = 5,37.10^{-7}$$

d'où :
$$[OH^-] / [H_3O^+] = 53,7.10^{-8} / 4,47.10^{-8} = 12,02.$$

1.19

Prérequis

Les valeurs des coefficients de diffusion pris dans la table étant en $cm^2\ s^{-1}$ (*voir* essentiel 1.2), il convient d'exprimer les concentrations en $mol\ cm^{-3}$, ce qui donnera des valeurs de conductivité en $S\ cm^{-1}$.

a) Les seuls ions présents sont H_3O^+ et OH^-. La conductivité ionique sera donc : $\sigma = \sigma(H_3O)^+ + \sigma(OH)^-$

soit : $\sigma = \frac{F^2}{RT} \times \left[D(H_3O^+) \times [H_3O^+] + D(OH^-) \times [OH^-]\right] = \frac{F^2}{RT} \times \left[D(H_3O^+) + D(OH^-)\right] \times [H_3O^+]$

l'eau étant pure et de pH = 7 : $[H_3O^+] = [OH^-] = 10^{-7}\ mol\ L^{-1} = 10^{-10}\ mol\ cm^{-3}$, avec les valeurs des coefficients de diffusion données, on obtient :

$$\sigma = [(96\,490)^2 / (8,314 \times 298)]\ (9,31.10^{-5} + 5,28.10^{-5})\ 10^{-10} = 5,48.10^{-8}\ S\ cm^{-1}$$

b) On peut utiliser le résultat précédent en écrivant tout simplement que 1 cm = 10^{-2} m, d'où 1 $cm^{-1} = 10^2\ m^{-1}$. L'expression précédente devient alors :

$$\sigma = 5,48.10^{-8}\ S \times (10^2\ m^{-1}) = 5,48.10^{-6}\ S\ m^{-1}$$

On peut également reprendre le calcul en n'utilisant que des unités du système international, ce qui est plus long mais conduit au même résultat :

$[H_3O^+] = [OH^-] = 10^{-7}\ mol\ L^{-1} = 10^{-7}\ mol \times (10^{-3}\ m^3)^{-1} = 10^{-4}\ mol\ m^{-3}$

$D(H_3O^+) = 9,31.10^{-5}\ cm^2\ s^{-1} = 9,31.10^{-9}\ m^2\ s^{-1}$

$D(OH^-) = 5,28.10^{-5}\ cm^2\ s^{-1} = 5,28.10^{-9}\ m^2\ s^{-1}$

Soit finalement : $\sigma = [(96\,490)^2 / (8,314 \times 298)]\ (9,31.10^{-9} + 5,28.10^{-9}) 10^{-4} = 5,48.10^{-6}\ S\ m^{-1}$.

c) La résistance est donnée par la relation : $R = [(1/\sigma) \times l] / S$

Si σ est en $S\ cm^{-1}$, l doit être en cm et la surface S en cm^2.

Remarque et généralisation

Attention à ne pas confondre « S » Siemens et « *S* », la surface.

Dans le premier cas, on obtient : $R_1 = (1 / 5{,}48.10^{-8}) \times (1/1) = 1{,}82.10^7\ \Omega = 18{,}2\ \text{M}\Omega$.

Dans le deuxième cas : $R_2 = (1 / 5{,}48.10^{-8}) \times (0{,}25 / 2 \times 2) = 1{,}14.10^6\ \Omega = 1{,}1\ \text{M}\Omega$.

Et dans le troisième cas : $R_3 = (1 / 5{,}48.10^{-8}) \times (6{,}25 / 0{,}4 \times 0{,}4) = 7{,}13.10^8\ \Omega = 71\ \text{M}\Omega$.

1.20 **a)** Pour la solution de HCl, on peut négliger la contribution des ions OH^- ($[OH^-] = 10^{-11}$ mol L^{-1}). La conductivité vaut alors :

$$\sigma(HCl) = \sigma(H_3O^+) + \sigma(Cl^-) = (F^2 / RT)\ (D(H_3O^+) + D(Cl^-))\ [H_3O^+] = (F^2 / RT)\ (9{,}31 + 2{,}03).10^{-11}$$

Soit $\sigma(HCl) = (96\ 490^2 / 8{,}314 \times 298)\ (9{,}31 + 2{,}03) \times 10^{-11} = 4{,}26.10^{-4}$ S cm^{-1}.

b) Le même calcul pour la solution de soude, en négligeant la contribution des ions H_3O^+ conduit à :

$$\sigma(NaOH) = \sigma(Na^+) + \sigma(OH^-) = (96\ 490^2 / 8{,}314 \times 298)\ (1{,}33 + 5{,}28) \times (10^{-5} \times 10^{-6})$$

Soit $\sigma(NaOH) = 2{,}48.10^{-4}$ S cm^{-1}.

Remarque et généralisation

On notera que ces valeurs de conductivité sont environ 10 000 fois plus fortes que celle de l'eau pure (*voir* essentiel 1.2), ce qui est normal puisque la concentration en ion H_3O^+ (ou respectivement en OH^-) est 10 000 fois plus élevée. De plus, la solution acide est plus conductrice que la solution basique, à concentration égale, ce qui provient de la mobilité des ions H_3O^+ qui est plus élevée que celle des ions OH^-.

c) Lorsque l'on mélange des solutions de base forte (NaOH) et d'acide fort (HCl) de même concentration et en volumes égaux, cela conduit à une solution neutre (pH = 7 à 25°C). Les concentrations de H_3O^+ et OH^- valent alors : $[H_3O^+] = [OH^-] = 10^{-7} \times 10^{-3} = 10^{-10}$ mol cm^{-3}.

Celles des autres ions sont diminuées de moitié par rapport aux valeurs initiales, soit :

$$[Na^+] = [Cl^-] = 10^{-6} / 2 = 0{,}5.10^{-6}\ \text{mol cm}^{-3}$$

La conductivité de la solution obtenue est égale à :

$\sigma = \sigma(H_3O^+) + \sigma(OH^-) + \sigma(Na^+) + \sigma(CL^-)$

$\sigma = (96490^2 / 8{,}314 \times 298)\ [(9{,}31.10^{-10} + 5{,}28.10^{-10} + 1{,}33.10^{-6} / 2 + 2{,}03.10^{-6} / 2)] \times 10^{-5}$

$\sigma = 6{,}32.10^{-5}$ S cm^{-1}

Cette valeur est inférieure à chacune des valeurs précédentes puisque la réaction de neutralisation consomme en quantité égale les ions H_3O^+ et OH^-. La conductivité reste néanmoins plus forte que celle de l'eau pure, dont le pH est identique, car ici les ions Na^+ et Cl^- contribuent fortement à la conduction.

d) Dans le premier temps du dosage où le pH reste basique, on peut admettre que la concentration en H_3O^+ est négligeable et la contribution de cet ion à la conductivité sera très faible. Les concentrations des autres ions sont :

$[Na^+] = (c_x \times V^o) / (V^o + V_a)$ (dilution due à l'ajout de V_a)
$[Cl^-] = (c_a \times V_a) / (V^o + V_a)$ (introduction de V_a dans V^o)
$[OH^-] = (c_x \times V^o - c_a \times V_a) / (V^o + V_a)$ (consommation de OH^- par l'ajout d'acide)

Ce qui conduit à l'expression de la conductivité:

$$\sigma_1 = [F^2 / RT (V^o + V_a)] (V^o c_x D(Na^+) + c_a V_a D(Cl^-) + V^o c_x D(OH^-) - c_a V_a D(OH^-))$$

Si $V_a \ll V^o$, cette expression peut s'écrire: $\sigma_1 = A + (F^2 c_a V_a / RTV^o) (D(Cl^-) - D(OH^-))$
où A correspond à la conductivité initiale de la solution de soude: $A = (F^2 c_x / RT) (D(Na^+) + D(OH^-))$.

La fonction $\sigma_1 = f(V_a)$ est bien une fonction linéaire. Elle décroît lorsque V_a croit car $D(OH^-)$ est > $D(Cl^-)$.

Dans le deuxième temps du dosage, les ions H_3O^+ deviennent très majoritaires par rapport aux ions OH^-, que l'on néglige, les expressions des concentrations deviennent:

$[Na+] = (c_x V^o) / (V^o + V_a)$
$[Cl^-] = (c_a V_a) / (V^o + V_a)$
$[H_3O^+] = (c_a V_a - c_x V^o) / (V^o + V_a)$ (ajout d'acide dont une part a été consommée par la neutralisation de la base)

L'expression de la conductivité devient alors:

$$\sigma_2 = [F^2 / RT (V^o + V_a)] (V^o c_x D(Na^+) + c_a V_a D_{Cl^-} + c_a V_a D(H_3O^+) - c_x V^o D(H_3O^+))$$
$$\sigma_2 = [F^2 V^o c_x / RT (V^o + V_a)] (D(Na^+) - D(H_3O^+) + [F^2 c_a V_a / RT (V^o + V_a)] (D(Cl^-) + D(H_3O^+))$$

Si $V_a \ll V^o$, cette fonction est encore linéaire vis-à-vis de V_a, elle est croissante comme le montre l'expression suivante:

$$\sigma_2 = B + (F^2 c_a V_a / RT V^o) (D(Cl^-) + D(H_3O^+)) \text{ dans laquelle } B = (F^2 c_x / RT) (D(Na^+) - D(H_3O^+))$$

B est une constante négative (puisque le coefficient de diffusion de H_3O^+ est plus élevé) sans réel sens physique, contrairement à A.

Ces expressions de la conductivité avant et après la neutralisation de la soude correspondent à des droites de pentes opposées (négative puis positive). À l'intersection de ces courbes, on a la relation $\sigma_1 = \sigma_2$, ce qui conduit à:

$$V^o c_x (D(Na^+) + D(OH^-)) + c_a V_a (D(Cl^-) + D(OH^-)) = V^o c_x (D(Na^+) - D(H_3O^+)) + c_a V_a (D(Cl^-) + D(H_3O^+))$$

Soit $V^o c_x (D(OH^-) + D(H_3O^+)) = c_a V_a (D(OH^-) + D(H_3O^+))$.

Ce qui entraîne la relation de neutralisation (dite d'équivalence): $V^o c_x = c_a V_a$.

Cette relation permet de calculer la concentration inconnue c_x compte tenu de c_a connue et de V_a mesuré.

On remarquera que cette relation d'égalité est vraie même si V_a n'est pas très petit par rapport à V^o.

Remarque et généralisation

Dans la pratique, pour réaliser un dosage, on dilue fortement l'échantillon à analyser de façon à favoriser la précision du dosage et à obtenir la linéarité des graphes d'évolution de σ. La ▸▸▸

►►►

Dans la pratique, pour réaliser un dosage, on dilue fortement l'échantillon à analyser de façon à favoriser la précision du dosage et à obtenir la linéarité des graphes d'évolution de σ. La quantité de matière à doser n'est évidemment pas affectée par une telle dilution qui n'apporte que de l'eau. Avec la relation $v_a \ll V^o$, les courbes d'évolution de σ avec v_a étant alors des droites (au lieu de branches d'hyperboles), la détermination graphique du point de neutralisation est plus facile. On remarquera en effet que la quantité de matière $c_x V^o$ est aussi égale à $c_{échan} V_{échan}$. Il n'est donc pas utile de connaître V^o avec précision. En revanche il faut connaître le volume de l'échantillon d'analyte $V_{échan}$ très précisément.

■ *Équilibres homogènes en solution*

Cette partie est une introduction aux réactions acide/base, aux réactions de complexation et/ou d'oxydoréduction qui seront vues de manière détaillée dans les chapitres 2, 3 et 4 et qui seront alors uniquement relatifs aux solutions aqueuses.

Énoncés

► Exercices d'application et de synthèse

1.21 ★★ Attention aux conditions de validité des hypothèses simplificatrices

On dispose d'une solution A d'acide chlorhydrique, de concentration inconnue.

a) On en prélève 25 mL que l'on verse dans un erlenmeyer contenant déjà 300 mL d'eau pure. On obtient la solution B dont le pH mesuré est 4,5.

Écrire les relations liant les concentrations des espèces présentes dans A. Calculer les concentrations de ces espèces et le pH de la solution A.

b) On prend 5 mL de B que l'on verse dans un récipient vide. On porte le volume à 10 litres avec de l'eau pure. On appelle C la nouvelle solution obtenue. Donner les relations liant les concentrations des espèces contenues dans C. Calculer les concentrations de ces espèces et le pH de la solution C. Expliquer pourquoi la relation pH = – log *c* n'est alors plus applicable.

1.22 ★★ Complexes du cation Zn^{2+}

On trouve dans la littérature des valeurs du potentiel chimique standard des espèces mises en jeu dans la formation du premier complexe entre le cation Zn^{2+} et l'ion OH^- présent dans le solvant H_2O, à 298 K :

$\mu°(Zn^{2+}) = -147\,000$ J mol^{-1} ; $\mu°(OH^-) = -157\,100$ J mol^{-1} ; $\mu°(ZnOH^+) = -329\,000$ J mol^{-1}

a) Écrire la réaction de formation et donner le nom de ce complexe (*voir* essentiel 3.1).

b) Calculer la constante de formation β_1 de ce complexe.

c) En déduire la concentration en ce complexe pour une solution acide à pH = 2, dans laquelle on a introduit 1 mol de sel de zinc par litre.

d) Le cas d'un précipité de $Zn(OH)_2$ et la présence du second complexe $Zn(OH)_2$ entre le cation Zn^{2+} et l'ion OH^-, ne sont pas pris en considération dans cette partie (*voir* étude plus complète à l'exercice **3.5**). Connaissant les constantes de formation des autres complexes possibles $\beta_3 = 10^{14,4}$ et $\beta_4 = 10^{15,5}$, calculer la constante de stabilité K_4 (*voir* essentiel 3.2).

e) On se place dans le cas où la solution est basique (pH = 13). On introduit 1 mol de cation zinc par litre. On n'observe pas de formation de précipité et comme à la question précédente, on néglige la concentration du second complexe entre le cation Zn^{2+} et l'ion OH^-. Quelles sont *a priori* les espèces majoritaires du zinc ? Calculer leurs concentrations. Pouvait-on qualitativement prévoir le résultat ?

1.23 ★★★ Solutions de HCl dans différents solvants polaires

Par barbotage, on dissout 0,1 mol de HCl gazeux dans des solvants à caractère polaire, à 25 °C.

a) On introduit ainsi 0,1 mol de HCl dans 1 litre d'eau. L'équilibre de dissociation de HCl dissous dans ce solvant s'écrit : $HCl(aq) + H_2O \underset{2}{\overset{1}{\rightleftharpoons}} H_3O^+(aq) + Cl^-(aq)$.

Sachant que la constante d'équilibre est très forte et vaut $K_1 = 10^7$, déterminer la concentration résiduelle en HCl non dissocié en justifiant les approximations faites.

b) On introduit la même quantité de HCl dans 1 litre d'éthanol et on obtient une concentration en Cl^- de $2,45.10^{-2}$ mol L^{-1}. Écrire la réaction de dissociation de HCl dans ce solvant. Calculer la concentration en HCl résiduel puis en déduire la constante de dissociation K_2 de cet acide dans l'éthanol.

c) La constante de dissociation de HCl dans le méthanol valant $K_3 = 6,3.10^{-2}$, déterminer la concentration en HCl résiduel si on introduit la même quantité de HCl que précédemment dans ce solvant.

Corrigés

1.21 a) Le pH de la solution B est égal à 4,5. Pour l'acide chlorhydrique, acide fort, on peut écrire :

$$HCl + H_2O \rightarrow H_3O^+ + Cl^-$$

$$2\,H_2O \rightleftharpoons H_3O^+ + OH^-$$

Pour un pH $\leq$ 6,0 : $[H_3O^+] \gg [OH^-] \Rightarrow [H_3O^+] = [Cl^-] = c$.

La solution A a été diluée et on peut écrire $c_A V_A = c_B V_B$.

La concentration de la solution B obéit à la relation :

$$c_B = [H_3O^+]_B = 10^{-pH_B} = 10^{-4,5} = 3,16.10^{-5} \text{ mol } L^{-1}$$

Les volumes sont $V_B = 300 + 25 = 325$ mL et $V_A = 25$ mL.

D'où $c_A = c_B V_B / V_A = 3{,}16.10^{-5} \times 0{,}325 / 2{,}5.10^{-2} = 4{,}11.10^{-4}$ mol L^{-1}

et $[Cl^-]_A = 4{,}11.10^{-4}$ mol L^{-1} $[H_3O^+]_A = 4{,}11.10^{-4}$ mol L^{-1}

$pH_A = -\log c_A = 3{,}4$

b) La concentration en H_3O^+ de la solution C est :

$$c_C = c_B V_B / V_C = (3{,}16.10^{-5} \times 5.10^{-3}) / 10 = 1{,}58.10^{-8} \text{ mol L}^{-1}$$

Dans la solution C on peut écrire les diverses relations suivantes entre les concentrations :

– conservation de la matière : $c_C = [Cl^-]$;

– électroneutralité : $[Cl^-] + [OH^-] = [H_3O^+]$.

Si on négligeait $[OH^-]$ devant $[H_3O^+]$ on serait amené à écrire :

$$[Cl^-] = c = [H_3O^+] \text{ et } pH_C = -\log 1{,}58.10^{-8} = 7{,}80$$

Remarque et généralisation

Un tel résultat serait absurde. En aucun cas on ne peut obtenir un pH basique avec une solution acide même très fortement diluée. Le bon sens amène immédiatement à penser que, par dilution, nous nous rapprocherons du pH de neutralité mais sans pouvoir le dépasser.

On ne peut donc plus négliger $[OH^-]$ devant $[H_3O^+]$ et on obtient la relation générale :

$$[H_3O^+] = [Cl^-] + [OH^-] = c + 10^{-14} / [H_3O^+]$$

Cette relation donne l'équation du second degré suivante sachant que $c = 1{,}58.10^{-8}$ mol L^{-1} :

$$[H_3O^+]^2 - 1{,}58.10^{-8} [H_3O^+] - 10^{-14} = 0$$

La résolution de cette équation et le choix de la racine positive conduit à :

$$[H_3O^+] = 1{,}08.10^{-7} \text{ et } pH = 6{,}97$$

La solution acide est très diluée et son pH est très voisin de celui de l'eau pure dont le pH est égal à 7 à 25 °C.

Remarque et généralisation

Il est utile ici de se référer aux essentiels 1.2 et 1.3.

1.22 **a)** Le premier complexe entre Zn^{2+} et OH^- sera formé selon la réaction :

$$Zn^{2+} + OH^- \rightarrow ZnOH^+$$

Selon les règles de nomenclature (*voir* essentiel 3.1) il s'agit de l'ion hydroxozinc (II).

Remarque et généralisation

Par la suite, il faut faire appel au lien entre l'enthalpie libre de réaction et la constante d'équilibre.

b) La constante de formation est donnée par la constante de l'équilibre :

$$Zn^{2+} + OH^- \rightleftharpoons ZnOH^+$$

Pour établir le lien avec les potentiels chimiques standard, on peut utiliser la relation fondamentale :

$$\Delta_r G = \Delta_r G^\circ + RT \ln Q$$

qui à l'équilibre devient $0 = \Delta_r G^\circ + RT \ln K_{eq}$ soit ici $0 = \Delta_r G^\circ + RT \ln \beta_1$.

On obtient ainsi l'expression de la constante $\beta_1 = \exp(-\Delta_r G° / RT)$.

Avec le développement $\Delta_r G° = \mu°(ZnOH^+) - \mu°(Zn^{2+}) - \mu°(OH^-)$ et avec les valeurs numériques données, on obtient : $\beta_1 = \exp\{(329\,000 - 157\,100 - 147\,000) / (8{,}314 \times 298)\} = 23\,160 = 10^{4,36}$.

c)

Prérequis

Dans un problème où il faut calculer les concentrations des différentes espèces, on doit s'appuyer sur autant d'équations qu'il y a d'inconnues.

Dans ce cas, il y a 2 inconnues : les concentrations en Zn^{2+} et en $ZnOH^+$. Il faut donc disposer de 2 équations. On a déjà une équation donnée par la constante d'équilibre. La deuxième équation sera donnée par la conservation de la matière qui impose que la somme des concentrations en ions Zn(II) soit égale à 1 mol L^{-1}, soit $[Zn^{2+}] + [ZnOH^+] = 1$.

Si on pose $[ZnOH^+] = x$, avec $[OH^-] = 10^{-12}$ (à pH = 2) on peut alors écrire la constante d'équilibre :

$$10^{4,36} = (x) / [(1 - x) \times 10^{-12}]$$

Ce qui conduit à la valeur $x = 10^{-7,64}$. D'où les concentrations :

$$[ZnOH^+] = 2{,}3.10^{-8} \text{ mol L}^{-1} \text{ et } [Zn^{2+}] \approx 1 \text{ mol L}^{-1}$$

d) À partir des constantes β_3 et β_4, on peut déduire la constante de stabilité K_4, car par définition : $K_4 = \beta_4 / \beta_3$.

Il en résulte : $K_4 = 10^{15,5} / 10^{14,4} = 10^{1,1} = 12{,}6$.

e) À pH = 13, la solution a une assez forte concentration en ions OH^- ($[OH^-] = 10^{-1}$ mol L^{-1}), on peut prévoir que les ions Zn^{2+} et le complexe $ZnOH^+$ seront en très faibles concentrations (la valeur de β_1, c'est-à-dire K_1, étant relativement faible par rapport à β_3 et β_4). On peut donc *a priori* les négliger, ce qui ramère à un problème à 2 inconnues ($[Zn(OH)_4^{2-}]$ et $[Zn(OH)_3^-]$) et 2 équations, comme dans la question **b)** : la conservation de la matière qui implique : $[Zn(OH)_4^{2-}] + [Zn(OH)_3^-] = 1$ et la constante de stabilité K_4 qui s'écrit :

$$K_4 = [Zn(OH)_4^{2-}] / ([Zn(OH)_3^-] / 10^{-1})$$

En combinant ces deux équations on obtient :

$$[Zn(OH)_4^{2-}] = 10^{0,1} / (1 + 10^{0,1}) = 0{,}56 \text{ mol L}^{-1} \text{ et } [Zn(OH)_3^-] = 0{,}44 \text{ mol L}^{-1}$$

Les deux concentrations sont relativement proches, avec un rapport $[Zn(OH)_4^{2-}] / [Zn(OH)_3^-]$ légèrement supérieur à 1. Un tel résultat n'est pas étonnant dans la mesure où la constante $-\log K_4 = -1{,}1$ est relativement proche de pOH = –1.

Remarque et généralisation

On peut vérifier le bien-fondé de l'hypothèse simplificatrice en évaluant, à partir des constantes d'équilibres, la concentration des espèces qu'on a négligées. On obtient ainsi $[Zn^{2+}] = 1{,}8.10^{-11}$ mol L^{-1} et $[Zn(OH)^+] = 4.10^{-9}$ mol L^{-1}, concentrations que l'on peut considérer comme petites devant l'ordre de grandeur des concentrations des complexes tri et tétrahydroxo.

1.23 a)

Prérequis

Dans cet exercice, le solvant intervient également comme réactif dans la réaction de dissociation de HCl. On verra plus tard (*voir* chapitre 2) que ces solvants (plus particulièrement l'eau) ont un caractère amphi protonique (accepteur ou donneur d'ion H^+). Cependant, tant que les solutions sont suffisamment diluées, on peut considérer que la quantité de matière de solvant impliquée dans la réaction est négligeable par rapport à la quantité totale de solvant. Son activité peut donc être considérée comme égale à 1.

L'équilibre de dissociation de HCl dans l'eau est donc :

$$HCl(aq) + H_2O \rightleftharpoons H_3O^+(aq) + Cl^-(aq)$$

Puisqu'on considère que l'activité de H_2O est égale à 1, la constante d'équilibre correspondante est :

$$K_1 = a(H_3O^+) \times a(Cl^-) \,/\, a(HCl)$$

L'équation-bilan de dissociation montre aisément que les quantités de matière formée de H_3O^+ et de Cl^- sont égales. Leurs activités le sont donc aussi puisque ces espèces sont dissoutes dans le même milieu. On peut alors écrire : $a(HCl) = a^2(Cl^-) \,/\, K_1$.

Comme par ailleurs K_1 est très grand, cela signifie que HCl peut être considéré, en première approximation, comme entièrement dissocié. On obtient alors :

$$a(HCl) = (10^{-1})^2 \,/\, 10^7 = 10^{-9}$$

En assimilant activité et concentration on trouve $[HCl] = 10^{-9}$ mol L^{-1}. On voit donc ici que pour 0,1 mol de HCl introduite dans 1 L d'eau il ne demeure que 10^{-9} mol de HCl non dissociées. Il était donc bien légitime de considérer HCl comme entièrement dissocié.

b) L'équilibre de dissociation dans l'éthanol s'écrit : $HCl + C_2H_5OH \rightleftharpoons C_2H_5OH_2^+ + Cl^-$.

Dans ce cas C_2H_5OH est accepteur de proton H^+ (fonction basique) alors que HCl est donneur (fonction acide). Le tableau d'avancement de cette réaction est :

	HCl	$C_2H_5OH \rightleftharpoons$	$C_2H_5OH_2^+$	Cl^-
$t = 0$	0,1	solvant	0	0
$t =$	$0,1 - \xi$	solvant	ξ	ξ

La quantité de matière de HCl résiduel est donc :

$$0,1 - \xi = 0,1 - 2,45.10^{-2} = 7,55.10^{-2} \text{ mol}$$

On constate que la dissociation n'est pas totale ici, contrairement au cas précédent avec l'eau. Comme le volume de la solution est 1 litre et que la solution est relativement diluée, on peut assimiler les valeurs des quantités de matière aux activités, et calculer la constante d'équilibre :

$$K_2 = \xi^2 \,/\, (0,1 - \xi) = (2,45.10^{-2})^2 \,/\, (0,1 - 2,45.10^{-2}) = 7,95.10^{-3}.$$

c) Dans le cas du méthanol, on obtient une réaction tout à fait similaire à la précédente et on retrouve la même relation finale : $K_3 = \xi^2 \,/\, (0,1 - \xi)$, ce qui conduit à l'équation du second degré $\xi^2 + K_3\,\xi - 0{,}1\,K_3 = 0$, soit $\xi^2 + 6{,}3\ 10^{-2}\,\xi - 6{,}3.10^{-4} = 0$ dont la seule racine positive est $\xi = 5{,}4.10^{-2}$.

La quantité de matière de HCl résiduel vaut donc $0{,}1 - 5{,}4.10^{-2} = 4{,}6.10^{-2}$ mol. Comme le volume est de 1 litre, la concentration en HCl non dissocié est alors de $4{,}6.10^{-2}$ mol L^{-1}.

Remarque et généralisation

On peut observer que HCl est plus fortement dissocié dans l'eau que dans le méthanol ou l'éthanol. Ces solvants sont tous les trois polaires, donc à même de rompre la liaison H–Cl, mais l'eau l'est plus fortement ($\varepsilon_r = 78{,}5$) que le méthanol ($\varepsilon_r = 32{,}6$) ou que l'éthanol ($\varepsilon_r = 24{,}3$). Comme on le verra plus tard, HCl est un acide fort dans l'eau. En revanche, dans les autres solvants, il doit être considéré plutôt comme acide faible, plus spécialement dans le cas de l'éthanol.

■ *Équilibres entre un solide et une solution*

Les exercices **1.24** et **1.25** traitent d'équilibres hétérogènes de précipitation ou d'oxydoréduction dans lesquels des phases solides en équilibre avec une solution, apparaissent ou disparaissent.

Énoncés

▸ Exercices d'application et de synthèse

1.24 ★★ Concentrations ioniques et sels insolubles

On dispose des solutions aqueuses suivantes :

A : solution de chlorure de sodium NaCl à 0,2 mol L^{-1} ;

A' : solution de chlorure de sodium NaCl à 0,1 mol L^{-1} ;

A" : solution de chlorure de sodium NaCl à 5 mol L^{-1} ;

B : solution d'acétate de plomb $Pb(CH_3CO_2)_2$ à 0,1 mol L^{-1} ;

C : solution de nitrate de plomb $Pb(NO_3)_2$ à 0,1 mol L^{-1}.

a) L'addition de la solution A à la solution B, comme l'addition de la solution A à la solution C, conduisent à des précipitations immédiates. Écrire les équations ioniques des réactions observées. Quels sont les précipités obtenus ?

b) Après la précipitation obtenue par addition de 1 mL de A à 1 mL de C on filtre et on additionne à nouveau dans le filtrat 1 mL de A'. On observe qu'il ne se passe rien.

En revanche, après précipitation, par réaction de 1 mL de A' avec 1 mL de C, l'addition de 1 mL de A' au filtrat redonne un nouveau précipité.

Peut-on conclure que la réaction entre A et C était totale ?

c) On refait la même réaction entre 2 mL de A et 2 mL de C. Après filtration du précipité, le filtrat obtenu est divisé en 2 parties. Sur l'une des parties on ajoute des ions Ag^+ (1 mL de nitrate d'argent $AgNO_3$ à 0,2 mol L^{-1}). Sur l'autre partie on ajoute des ions I^- (1 mL d'iodure de potassium KI à 0,5 mol L^{-1}). On observe dans les deux cas la formation de légers précipités (troubles).

Écrire les réactions observées.

Que peut-on conclure en comparant les résultats des questions **b)** et **c)** ?

1.25 ★★★ Équilibre et/ou rupture d'équilibre

Écrire les réactions d'oxydoréduction qui ont lieu au cours de chacune des expériences suivantes, réalisées à 25 °C dans une solution désaérée d'acide nitrique dilué. Lorsqu'une réaction est possible elle se poursuit soit jusqu'à ce que l'équilibre soit atteint, soit jusqu'à ce que l'un des réactifs solides ait été entièrement consommé. Dans cet exercice, calculer les concentrations des espèces en solution et la masse d'argent métallique en fin de réaction.

Dans les conditions expérimentales fixées, on sait que ni les ions NO_3^- ni les ions H_3O^+ ne participent aux réactions.

a) On plonge une lame d'argent, de masse égale à 108 g, dans une solution de concentration 0,5 mol L^{-1} en ions Fe^{2+}.

b) Une plaque d'argent identique de masse égale à 108 g est immergée dans 1 litre de solution contenant 0,01 mol d'ions Fe^{2+} et 0,1 mol d'ions Fe^{3+}.

c) On réalise à nouveau l'expérience **b)**, mais la masse de la plaque d'argent utilisée est seulement de 3 g.

Corrigés

Prérequis

Il convient ici de connaître les bases fondamentales de l'essentiel 1.3.

1.24 a)

Prérequis

À partir de l'identification des ions présents dans les solutions mélangées, il convient de prévoir la nature des précipités qui peuvent se former, sachant que $NaCH_3CO_2$ et $NaNO_3$ sont très solubles dans l'eau.

L'addition de la solution A à la solution B conduit à la formation d'un précipité qui ne peut être que le chlorure de plomb $PbCl_2$, selon l'équation de réaction suivante :

$$2\,Cl^- + 2\,Na^+ + 2\,CH_3CO_2^- + Pb^{2+} \rightarrow PbCl_2(s) + 2\,Na^+ + 2\,CH_3CO_2^-$$

Si on néglige les ions « spectateurs » qui ne réagissent pas entre eux, l'équation peut se réduire à :

$$2\ Cl^-(aq) + Pb^{2+}(aq) \rightarrow PbCl_2(s)$$

L'addition de la solution A à la solution C conduit à la formation du même précipité $PbCl_2$ par la même équation ionique mais les ions « spectateurs » sont cette fois Na^+ et NO_3^-.

b) L'addition de 1 mL de A à 1 mL de C fournit les ions Cl^- et Pb^{2+} en proportion stœchiométrique pour donner la réaction de précipitation, puisque l'addition à ce filtrat d'ions Na^+ et Cl^- (1 mL de A') ne produit aucune réaction. On peut en conclure qu'il ne reste plus d'ions Pb^{2+} en quantité notable. Après filtration, il ne reste plus dans le filtrat que les ions spectateurs Na^+ et NO_3^-.

En revanche, une addition de 1 mL de A', solution plus diluée en NaCl (0,1 mol L^{-1}), à 1 mL de C, ne pourra provoquer la précipitation que de la moitié des ions Pb^{2+}. L'addition au filtrat d'une nouvelle quantité de A redonne la précipitation d'une nouvelle quantité de $PbCl_2$. L'hypothèse d'une réaction totale :

$$2\ Cl^-(aq) + Pb^{2+}(aq) \rightarrow PbCl_2(s)$$

est donc cohérente avec ces deux observations expérimentales :

– précipitation totale dans le premier cas à partir de quantités stœchiométriques ;

– précipitation partielle à partir d'un défaut d'ions Cl^- dans le second cas.

c) La précipitation précédente est refaite dans les proportions stœchiométriques et, sur la première part du filtrat obtenu, on observe une précipitation qui ne peut être que celle de AgCl :

$$Ag^+(aq) + Cl^-(aq) \rightarrow AgCl(s)$$

Ceci prouve que le filtrat, obtenu après précipitation de $PbCl_2$ par action des solutions de Cl^- (A) et Pb^{2+} (C), en proportion stœchiométrique, contient encore des ions Cl^- et, par voie de conséquence, Pb^{2+} (conservation de l'électroneutralité).

La réaction observée en **b)** à partir de quantités stœchiométriques n'était donc pas, contrairement à la conclusion énoncée, une réaction totale. Le chlorure de plomb solide n'est donc pas totalement insoluble dans l'eau et peut donner la réaction inverse de la réaction vue en **a)** et **b)** :

$$PbCl_2(s) \rightarrow 2\ Cl^-(aq) + Pb^{2+}(aq)$$

La réaction entre les ions Pb^{2+} et les ions Cl^- est un équilibre chimique rapidement atteint (coexistence entre la réaction directe de précipitation et la réaction inverse de dissolution) :

$$Pb^{2+}(aq) + 2\ Cl^-(aq) \rightleftharpoons PbCl_2(s)$$

La longueur inégale des flèches indique que l'avancement de la réaction est beaucoup plus important dans le sens direct que dans le sens inverse. La précipitation observée sur l'autre partie du filtrat correspond à la réaction :

$$Pb^{2+}(aq) + 2\ I^-(aq) \rightleftharpoons PbI_2(s)$$

À partir des deux expériences de **b)** et **c)** on peut conclure que PbI_2 est encore moins soluble que $PbCl_2$ (rapport des solubilités molaires de l'ordre de 1 à 14). L'équilibre est encore plus fortement déplacé dans le sens de la précipitation PbI_2.

1.25 a) Ag et Fe^{2+} sont les réducteurs des couples considérés, il n'y a donc pas de réaction d'oxydoréduction possible entre eux.

b) La solution ne contient pas d'ions Ag^+. Ag, réducteur du couple Ag^+/Ag, réagit avec Fe^{3+}, oxydant du couple Fe^{3+}/Fe^{2+}, selon la réaction : $Ag + Fe^{3+} \rightarrow Ag^+ + Fe^{2+}$.

Si on pose ξ l'avancement de la réaction,

$$\begin{array}{cccc} Ag & + Fe^{3+} & \rightarrow Ag^+ & + Fe^{2+} \\ 1 & 0,1 - \xi & \xi & 0,01 + \xi \end{array}$$

qui se poursuit jusqu'à ce que les potentiels des couples Ag^+/Ag et Fe^{3+}/Fe^{2+} soient égaux :

$$E°(Ag^+/Ag) + RT/F \ln [Ag^+] = E°(Fe^{3+}/Fe^{2+}) + RT/F \ln ([Fe^{3+}]/[Fe^{2+}])$$

Soit : $0,8 + RT/F \ln [Ag^+] = 0,77 + RT/F \ln [(0,1 - \xi)/(0,01 + \xi)]$

D'où :

$$0,03 = RT/F \ln [(0,1 - \xi)/(\xi)(0,01 + \xi)]$$

$$(0,1 - \xi)/[(\xi)(0,01 + \xi)] = 3,217$$

$$3,217\,\xi^2 + 1,032\,\xi - 0,1 = 0$$

Cette équation présente 2 solutions, mais une seule est positive et a une signification physique : $\xi = 0,078$.

À l'équilibre, les concentrations des ions sont donc :

$$[Ag^+] = 0,078 \text{ mol L}^{-1} ;\ [Fe^{2+}] = 0,088 \text{ mol L}^{-1} ;\ [Fe^{3+}] = 0,022 \text{ mol L}^{-1}$$

et la masse d'argent métallique non consommé est de : $m(Ag) = 10,8 - 0,078 \times 108 = 2,38$ g.

c) La comparaison à la question précédente montre que la masse d'argent métallique nécessaire pour que la réaction avec les ions Fe^{2+} (c'est-à-dire 0,078 mol (ou 0,078 × 108 = 8,42 g) se déroule jusqu'à ce que l'équilibre soit atteint, est supérieure à la masse d'argent dont on dispose. La réaction cessera donc lorsque tout l'argent métallique présent (3 g soit 3 mol / 108) aura été consommé.

Les concentrations fiales seront alors égales à :

$[Ag^+] = m(Ag)/M(Ag) = 3/108 = 0,028$ mol L^{-1}, $[Fe^{2+}] = 0,01 + 0,028 = 0,038$ mol L^{-1} ;

$[Fe^{3+}] = 0,1 - 0,028 = 0,072$ mol L^{-1} et $m(Ag) = 0$.

■ *Équilibres solide-gaz, déplacement et rupture d'équilibre*

Lorsqu'un système est à l'équilibre, une modification d'un facteur d'équilibre (changement de température, de pression, de composition...) perturbe cet équilibre qui réagit en avançant vers un nouvel état d'équilibre. Ce sont ces déplacements d'équilibre qui sont explicités dans cette partie. Nous examinerons aussi le cas, dans les équilibres hétérogènes, de la présence en quantité insuffisante d'une des phases solides, conduisant à un défaut de réactif.

Énoncés

Exercices d'application et de synthèse

1.26 ★★★ Équilibre hétérogène gaz-phases condensées. Déplacement et rupture d'équilibre

On étudie la réaction de réduction de dioxyde d'étain à 1 200 K :

$$SnO_2(s) + 2\,H_2(g) \rightleftharpoons Sn(l) + 2\,H_2O(g)$$

Dans le tableau ci-dessous figurent les données thermodynamiques à 1 200 K :

	$SnO_2(s)$	$H_2(g)$	$Sn(l)$	$H_2O(g)$
$\Delta_f H^o$ (kJ mol^{-1})	– 516,1	24,6	31,0	– 210,8
S^o (J K^{-1} mol^{-1})	152	168,5	102,35	234,4

a) Calculer $\Delta_r G^o$ et la constante de cet équilibre à 1 200 K.

b) Dans un réacteur fermé indéformable, on met en présence 1 mol de $SnO_2(s)$ et 2 mol de $H_2(g)$, sous la pression initiale de 1 bar. Calculer les quantités de matière et les pressions partielles des espèces à l'équilibre.

c) Comment évolue cet équilibre si on perturbe le système en y introduisant 2 mol de $SnO_2(s)$?

d) Dans le réacteur vu à la question **b)** on met en présence 1 mol de $H_2(g)$, sous la pression de 1 bar, mais cette fois-ci avec seulement 0,5 mol de $SnO_2(s)$. L'équilibre peut-il être atteint ? Quelles sont les quantités finales de matière en présence ? Que peut-on remarquer ?

e) Toujours dans le réacteur vu en **b)**, on met encore en présence 2 mol de $H_2(g)$, sous la pression de 1 bar, mais cette fois-ci avec seulement 0,5 mol de $SnO_2(s)$. L'équilibre peut-il être atteint ? Quelles sont les quantités finales de matière des différents composés en présence ? Que peut-on remarquer ?

f) Comment modifier la température pour que le système étudié à la question **e)** parvienne à l'équilibre ?

On prendra pour ce calcul les valeurs de $\Delta_r H^o$ et $\Delta_r S^o$ à 1 200 K, qu'on considèrera comme constantes dans le domaine de température du calcul.

1.27 ★★★ Équilibre hétérogène dans différentes conditions initiales

On considère l'équilibre suivant à volume constant et à la température $T = 400$ K :

$$Ni_2O_3(s) + 3\,H_2(g) \rightleftharpoons 2\,Ni(s) + 3\,H_2O(g)$$

Peut-on établir cet équilibre, à la même température avec introduction dans le réacteur des quantités de matière suivantes :

– *n* mol de Ni_2O_3 et *n* mol de H_2 (1)

– *n* mol de Ni et *n* mol de H_2O (2)

– *n* mol de Ni_2O_3 et *n* mol de Ni (3)

– *n* mol de Ni_2O_3, *n* mol de H_2 et *n* mol de Ni (4)

– *n* mol de H_2 et *n* mol de H_2O (5)

Dans quel cas le mélange à l'équilibre comportera-t-il le plus de Ni_2O_3 ?

1.28 ★★★ Équilibre hétérogène solides/gaz, déplacement et rupture d'équilibre

a) Dans un réacteur initialement sous vide, on place du carbonate de calcium solide à 600 °C. L'équilibre suivant s'installe : $CaCO_3(s) \rightleftharpoons CaO(s) + CO_2(g)$, la pression de CO_2 est alors égale à 0,01 bar.

Donner l'expression littérale de la constante d'équilibre K, puis calculer sa valeur à 600 °C.

Que se passerait-il si on amenait la pression, dans le réacteur, à une valeur supérieure à 0,01 bar, la température restant constante ?

Que se passerait-il si cette pression était amenée à une valeur inférieure à 0,01 bar ?

b) On introduit 1 mol de CO_2 gazeux dans un réacteur de 5 m^3 indéformable. Calculer la pression à l'intérieur du réacteur lorsque la température est fixée à 600 °C.

Que devient cette pression si on introduit également dans le réacteur 0,5 mol de CaO solide ? Quelles sont alors les différentes quantités de matière dans le réacteur ? Que deviennent ces quantités de matière si on n'introduit que 0,25 mol de CaO ?

c) Après avoir fait le vide dans le même réacteur indéformable, on y introduit 0,5 mol de $CaCO_3$ solide. La température est portée à 600 °C.

Quelle serait la pression de CO_2 si tout le carbonate de calcium introduit était dissocié ? Comparer avec la pression mesurée à la question a). Quelle conclusion peut-on en tirer ?

Corrigés

1.26 a) Puisque l'enthalpie libre $\Delta_r G°$ est égale à $\Delta_r H° - T\Delta_r S°$, on doit calculer les valeurs de $\Delta_r H°$ et $\Delta_r S°$. En appliquant la loi de Hess à 1 200 K, l'enthalpie et l'entropie de la réaction sont :

$$\Delta_r H° = 2\ \Delta_f H°(H_2O,g) + \Delta_f H°(Sn,l) - 2\ \Delta_f H°(H_2,g) - \Delta_f H°(SnO_2,s)$$
$$= 2\ (-\ 210{,}8) + 31{,}0 - 2 \times 24{,}6 - (-\ 516{,}1) = 76{,}3\ \text{kJ mol}^{-1} = 76\ 300\ \text{J mol}^{-1}$$

et

$$\Delta_r S° = 2\ S°(H_2O,\ g) + S°(Sn,l) - 2S°(H_2,g) - S°(SnO_2,s)$$
$$\Delta_r S° = (2 \times 234{,}4) + 102{,}35 - (2 \times 168{,}5) - 152 = 82{,}15\ \text{J K}^{-1}\ \text{mol}^{-1}$$

ce qui conduit à :

$$\Delta_r G° = 76\ 300 - 1\ 200 \times 82{,}15 = -\ 22\ 280\ \text{J mol}^{-1}$$

L'enthalpie libre standard étant reliée à la constante d'équilibre par la relation :

$$\ln K = -\ \Delta_r G° / RT = 22\ 280 / (8{,}314 \times 1\ 200)$$

On obtient alors $K = \exp(-\ \Delta_r G° / RT) = \exp[22\ 280 / (8{,}314 \times 1\ 200)] = 9{,}33$.

b) On dresse le tableau d'avancement de la réaction correspondant aux nouvelles conditions initiales :

	$SnO_2(s)$	+	$2\ H_2(g)$	$\rightleftharpoons$	$Sn(l)$	+	$2\ H_2O(g)$
t_0	1		2		0		0
t	$1 - \xi$		$2 - 2\ \xi$		ξ		$2\ \xi$

Le quotient des activités s'écrit : $Q = [a^2(H_2O,g)\ a(Sn,l)] / [a^2(H_2,g)\ a(SnO_2,s)]$.

L'activité des phases pures condensées, Sn(l) et SnO_2(s), est égale à l'unité d'où :

$$Q = a^2(H_2O,g) / a^2(H_2,g) = [P^2(H_2O) / P(O_2)] / [P^2(H_2) / P(O_2)]$$

$$= [x^2(H_2O,g) \times P_t^2]s / [x^2(H_2,g) \times P_t^2] = [n^2(H_2O,g) / n_t^2] / [n^2(H_2,g) / n_t^2] = 4\xi^2 / (2-2\xi)^2$$

et à l'équilibre $K = \xi^2_{eq} / (1-\xi_{eq})^2 = 9{,}33$

ce qui donne l'équation du 2nd degré : $8{,}33\ \xi^2_{eq} - 18{,}66\ \xi_{eq} + 9{,}33 = 0$.

Cette équation a deux racines positives (1,49 et 0,75) mais seule celle dont la valeur est inférieure à 1 est physiquement possible ($\xi_{max} = 1$ mol dans les conditions de l'expérience).

On a donc : $\xi_{eq} = 0{,}75$ mol.

Les quantités de matière en présence sont alors :

– pour les phases condensées :

$$n(Sn,l) = \xi_{eq} = 0{,}75 \text{ mol}$$

$$n(SnO_2,s) = 1 - \xi_{eq} = 0{,}25 \text{ mol}$$

– pour la phase gazeuse :

$$n(H_2O,g) = 2\ \xi_{eq} = 1{,}50 \text{ mol}$$

$$n(H_2,g) = 2 - 2\ \xi_{eq} = 0{,}5 \text{ mol}$$

Dans cet équilibre, la quantité totale de matière gazeuse n_t reste constante (2 mol), la pression totale P_t ne dépend donc pas du déplacement de l'équilibre et elle reste égale à 1 bar. Les pressions partielles P(i) étant reliées aux fractions molaires par la relation $P(i) = x(i)\ P_t$ avec $x(i) = n(i) / n_t$, on obtient ainsi :

$$P(H_2) = x(H_2) \times P_t = 0{,}5 / 2 = 0{,}25 \text{ bar}$$

$$P(H_2O) = x(H_2O) \times P_t = 1{,}5 / 2 = 0{,}75 \text{ bar}$$

c) La modification de la quantité de matière de SnO_2(s) ne modifie pas l'état d'équilibre puisque l'activité de ce solide reste unitaire. Les pressions partielles des espèces gazeuses ne seront pas modifiées, l'avancement sera le même et la quantité de Sn(l) sera identique. Néanmoins on remarquera qu'il restera davantage de SnO_2(s), soit 2 + 0,25 = 2,25 mol.

d) Dans ces nouvelles conditions expérimentales, le tableau d'avancement de la réaction est :

	SnO_2(s)	+	$2\ H_2$(g)	$\rightleftharpoons$	Sn(l)	+	$2\ H_2O$(g)
t_0	0,5		1		0		0
t	$0{,}5 - \xi$		$1 - 2\ \xi$		ξ		$2\ \xi$

La relation d'équilibre s'écrit alors : $4\xi^2 / (1-2\xi)^2 = 9{,}33$ d'où $2\xi / (1-2\xi) = (9{,}33)^{1/2}$ et $\xi_{eq} = 0{,}377$ mol.

À l'équilibre on est donc en présence de :

$n(SnO_2,s) = 0{,}5 - 0{,}377 = 0{,}123 \approx 0{,}12$ mol

$n(Sn,l) = 0{,}377 \approx 0{,}38$ mol

$n(H_2,g) = 1 - 2 \times 0{,}377 = 0{,}246$ mol $\quad P(H_2) = 0{,}25$ bar

$n(H_2O,g) = 2 \times 0{,}377 = 0{,}754$ mol $\quad P(H_2O) = 0{,}75$ bar

On remarquera que les conditions initiales sont dans ce cas encore dans les proportions stœchiométriques. Les quantités de matière initiales étant divisées par 2, l'avancement est aussi divisé par 2 (aux arrondis de calcul près). Les proportions finales de toutes les quantités de matière restent donc dans le même rapport. Les pressions partielles sont alors identiques puisque $P(\text{i}) = x(\text{i})\ P_t = n(\text{i})\ /\ n_t$.

e) Pour cet autre cas, le tableau d'avancement devient :

	SnO_2 (s)	+	2 H_2 (g)	⇌	Sn (l)	+	2 H_2O (g)
t_0	0,5		2		0		0
t	$0{,}5 - \xi$		$2 - 2\,\xi$		ξ		$2\,\xi$

et la relation d'équilibre correspondante est : $4\xi^2 / (2 - 2\xi)^2 = 9{,}33$.

On obtient la même équation que dans la question **b)** et donc la même racine, $\xi_{eq} = 0{,}75$ mol. Cependant, dans ce cas, comme la valeur de ξ_{max}, fixée par le réactif déficitaire (SnO_2), est égale à 0,5 mol, l'état d'équilibre ne peut pas être atteint. La réaction est donc totale et les quantités de matière obtenues dans l'état final sont des fonctions de ξ_{max}, soit :

$$n(SnO_2,s) = 0{,}5 - \xi_{max} = 0 \text{ mol}$$
$$n(Sn,l) = \xi_{max} = 0{,}5 \text{ mol}$$
$$n(H_2,g) = 2 - 2\,\xi_{max} = 1 \text{ mol} \qquad P(H_2) = 0{,}5 \text{ bar}$$
$$n(H_2O,g) = 2\,\xi_{max} = 1 \text{ mol} \qquad P(H_2O) = 0{,}5 \text{ bar}$$

Les proportions finales se retrouvent dans les rapports de stœchiométrie au niveau des espèces gazeuses, avec disparition du réactif en défaut (SnO_2).

f) Pour que l'équilibre puisse être réalisé il faut que $\xi_{eq} \leq 0{,}5$ mol.

Si on pose par exemple $\xi_{eq} = 0{,}5 - \varepsilon$ (où ε est très petit et positif), on a alors la relation :

$$K = (1 - 2\varepsilon)^2 / (1 - 2\varepsilon)^2 = 1$$

Avec la relation $\Delta_r G° = -\,RT \ln K$, la température recherchée est celle pour laquelle $\Delta_r G° = 0$.

En utilisant les valeurs numériques obtenues en **a)**, $\Delta_r H° = 76\,300$ J mol^{-1} et $\Delta_r S° = 82{,}15$ J mol^{-1} K^{-1}, on peut calculer la température limite par la relation : $76\,300 - 82{,}15\ T > 0$.

Soit $T < 76\,300 / 82{,}15 \leq 928{,}78$ K, c'est-à-dire : $T \leq 929$ K.

Remarque et généralisation

Lorsqu'un constituant solide ou liquide, seul dans sa phase, intervient dans un équilibre, la quantité de matière de ce constituant n'est pas un facteur d'équilibre. Un excès de ce constituant n'affecte pas l'état d'équilibre (l'équilibre n'est pas déplacé), toutefois il est nécessaire, pour que l'équilibre existe, que la quantité initiale de matière de ce constituant soit suffisante pour que ce dernier reste en excès.

1.27

Prérequis

Il s'agit ici d'un équilibre chimique hétérogène dans lequel il est important de préciser le rôle des composés solides. S'il l'un d'eux est en excès, l'équilibre peut s'installer mais cet excès ne peut pas déplacer l'équilibre, puisque l'activité de ce solide est égale à 1. En revanche, si l'un d'eux est en défaut l'équilibre ne peut pas exister.

Dans ce problème, où les quantités de matière mises en jeu sont variables, on fera l'approximation que les variations de volume des phases solides (Ni et Ni_2O_3) restent infiniment négligeables devant celles des phases gazeuses.

Les situations (3) et (5) comportent un seul des couples Ni_2O_3 / Ni ou H_2 / H_2O. Ces situations ne permettront donc pas l'établissement de l'équilibre.

Pour comparer les situations (1), (2) et (4), dressons les tableaux d'avancement correspondants :

		$Ni_2O_3(s)$ +	$3\,H_2(g)$ ⇌	$2\,Ni(s)$	$+ 3\,H_2O(g)$
(1)	t_0	n	n	0	0
	t_{eq}	$n - \xi_1$	$n - 3\,\xi_1$	$2\,\xi_1$	$3\,\xi_1$
(2)	t_0	0	0	n	n
	t_{eq}	ξ_2	$3\,\xi_2$	$n - 2\,\xi_2$	$n - 3\,\xi_2$
(4)	t_0	n	n	n	0
	t_{eq}	$n - \xi_4$	$n - 3\,\xi_4$	$n + 2\,\xi_4$	$3\,\xi_4$

Dans les cas (1) et (4), les phases solides Ni et Ni_2O_3 sont présentes (activités = 1) lorsque l'équilibre est atteint. Le rapport des pressions partielles de H_2O et H_2 se déduit de la constante d'équilibre :

$$P(H_2O) / P(H_2) = K^{1/3}$$

Il peut aussi s'exprimer en fonction de l'avancement :

$$(3\,\xi_1) / (n - 3\,\xi_1) = K^{1/3} = 3\,\xi_4 / (n - 3\,\xi_4)$$

Cela montre que l'avancement est le même lorsque l'équilibre est atteint, $\xi_1 = \xi_4$. On obtient :

$$\xi_1 = \xi_4 = (n / 3)\,[(K^{1/3}) / (1 + K^{1/3})]$$

La quantité de Ni_2O_3, égale à $n - \xi_1 = n - \xi_4$ est donc la même :

$$n_1(Ni_2O_3) = n_4(Ni_2O_3) = (n / 3)\,[(3 + 2\,K^{1/3}) / (1 + K^{1/3})]$$

Dans le cas (2), la relation d'équilibre est : $(n - 3\,\xi_2) / 3\,\xi_2 = K^{1/3}$.

Ce qui entraîne : $\xi_2 = (n / 3)\,[1 / (1 + K^{1/3})]$.

La quantité de matière en Ni_2O_3 à l'équilibre est : $n_2(Ni_2O_3) = \xi_2 = (n / 3)\,[1 / (1 + K^{1/3})]$.

La comparaison entre les expressions de $n_2(Ni_2O_3)$ à $n_1(Ni_2O_3)$ ou $n_4(Ni_2O_3)$ montre que la quantité de Ni_2O_3 est plus faible dans le cas (2) que dans les cas (1) et (4).

Remarque et généralisation

On peut remarquer qu'*a priori*, au cours de l'avancement de la réaction, le nombre de moles gazeuses n'évolue pas, et que, comme l'on néglige les variations de volume des phases solides (Ni et Ni_2O_3) devant celles des phases gazeuses, la pression totale ne varie pas au cours de la réaction, elle n'est pas un facteur d'équilibre. Le calcul de pressions partielles de H_2 et H_2O permet également d'estimer les quantités relatives de Ni_2O_3 dans les cas (1), (2) et (4).

1.28 **a)** La constante de l'équilibre de dissociation du carbonate de calcium :

$$CaCO_3(s) \rightleftharpoons CaO(s) + CO_2(g)$$

s'exprime simplement en fonction de la pression de CO_2 et de la pression standard $P° = 1$ bar, car les autres constituants présents sont solides et sont dans leur état standard (activité égale à 1) :

$$K = P(CO_2) / P° \quad \text{soit, à 600 °C, } K = 0{,}01$$

La température étant maintenue à 600 °C, si la pression fixée présente une valeur différente de sa valeur à l'équilibre, cet équilibre est déplacé car le quotient des activités est alors différent de la constante d'équilibre. Ce déplacement se poursuit tant que $P(CO_2)$ est différent de 0,01 bar.

Si la pression imposée est supérieure à 0,01 bar, le quotient des activités Q est supérieur à K et on observe la formation du carbonate de calcium.

Si la pression imposée est inférieure à 0,01 bar, le quotient des activités Q devient inférieur à K et la perturbation de l'équilibre se manifeste par une décomposition plus importante du carbonate de calcium. Elle avance jusqu'à atteindre l'état d'équilibre initial avec $P(CO_2) = 0{,}01$ bar, mais à condition qu'il y ait suffisamment de $CaCO_3$ solide.

b) La pression au sein du réacteur est obtenue en appliquant le modèle du gaz parfait :

$$P = nRT / V = [1 \times 8{,}314 \times (600 + 273)] / 5 = 1\,451{,}6 \text{ Pa}$$

Si l'équilibre est atteint, la pression de CO_2 est égale à 0,01 bar ce qui correspond à :

$$n(CO_2) = 10^3 \times 5 / (8{,}314 \times 873) = 0{,}69 \text{ mol}$$

La quantité de CO_2 consommée est donc de $1 - 0{,}69 = 0{,}31$ mol.

La quantité de CaO consommée correspond à celle de CO_2 consommée soit 0,31 mol. Il reste donc :

$$n(CaO) = 0{,}5 - 0{,}31 = 0{,}19 \text{ mol}$$

L'équilibre sera atteint puisque la quantité de CaO est suffisante.

Dans le cas où la quantité initiale de CaO n'est que de 0,25 mol, celle-ci est insuffisante pour que l'équilibre s'établisse ($0{,}25 < 0{,}31$). La réaction de consommation de CO_2 et CaO (production de $CaCO_3$) s'arrête lorsque tout le CaO est consommé.

On a alors $n(CO_2) = 1 - 0{,}25 = 0{,}75$ mol

$P(CO_2) = n\,RT / V = 0{,}75 \times 8{,}314 \times 873 / 5 = 1\,089 \text{ Pa} = 0{,}0109$ bar

$n(CaO) = 0$

$n(CaCO_3) = 0{,}25$ mol.

c) Si tout le carbonate de calcium était décomposé, le four contiendrait 0,5 mol de CO_2 gazeux et 0,5 mol de CaO solide. Le volume de CaO solide étant négligeable devant celui de CO_2 gazeux, la pression au sein du four serait 1 451,6 / 2 = 725,8 Pa.

La pression à l'équilibre, mesurée à la question **a)** est égale à 0,01 bar, soit 1 000 Pa.

La pression atteinte au sein du four, dans l'hypothèse où tout le carbonate de calcium serait décomposé, resterait donc inférieure à la pression d'équilibre entre les deux solides ($CaCO_3$ et CaO) et CO_2 gazeux à la même température.

On peut donc en déduire que $CaCO_3$ est complètement décomposé et que l'équilibre n'est pas atteint par suite d'un défaut de carbonate de calcium solide.

Remarque et généralisation

Avec cette même quantité initiale de $CaCO_3$ on peut atteindre l'état d'équilibre, à la même température, si on réduit le volume, ce qui a pour conséquence d'augmenter la pression et permet d'atteindre l'équilibre à la pression : $P(CO_2)$ = 0,01 bar.

Réactions acido-basiques 2

LES SAVOIRS CLÉS

Essentiel 2.1

Les couples acido-basiques

■ Définitions des acides et des bases

La première définition précise due à Arrhenius (1859-1927), chimiste suédois, a été formulée en 1875 et ne s'applique qu'aux solutions aqueuses :

- les acides fournissent des ions H^+ (HCl, HNO_3 par ex.) ;
- les bases fournissent des ions OH^- (NaOH, KOH par ex.).

La seconde définition, plus générale, est celle de Brønsted (1879-1947) et Lowry (1874-1936) :

- un acide est une espèce, ion ou molécule, susceptible de céder un ion H^+, de la façon suivante :

$$AH \rightarrow A^- + H^+$$
$$AH^- \rightarrow A^{2-} + H^+$$
$$AH^+ \rightarrow A + H^+$$

Exemples $H-Cl \rightarrow H^+ + Cl^-$

$H-CN \rightarrow H^+ + CN^-$

- une base est une espèce, molécule ou ion, susceptible de fixer un ion H^+ :

$$A + H^+ \rightarrow AH^+$$
$$A^- + H^+ \rightarrow AH$$

Remarque

Ce modèle n'est qu'une écriture car H^+ ne peut rester isolé (par exemple dans l'eau il s'agit de H_3O^+).

Pour fixer un ion H^+, la base doit nécessairement posséder un doublet non liant capable de constituer une liaison avec H^+ ; par exemple :

$$\overline{N}H_3 + H^+ \rightleftharpoons NH_4^+$$

Les hydroxydes métalliques tels que NaOH ou KOH, bases d'Arrhenius puisque après dissociation dans l'eau ils libèrent des ions OH^-, sont également des bases selon Brønsted et Lowry, car ces ions sont capables de fixer des protons :

$$OH^- + H^+ \rightleftharpoons H_2O$$

La troisième définition, encore plus générale, est due à Lewis (1875-1946) et ne se réfère plus à la fixation ou à la fourniture d'une espèce particulière dans un solvant donné. Elle ne tient compte que de la structure générale de l'espèce :

- est acide une espèce capable de fixer un doublet non liant d'une autre espèce par liaison donneur-accepteur. Un acide doit donc comporter une case vacante, dans sa couche de valence :

$$\square AlCl_3 + \overline{C}l^- \rightleftharpoons [AlCl_4]^-$$

- est basique toute espèce possédant un doublet non liant et capable de réagir avec une espèce à case vacante :

$$\overline{N}H_3 + H^+ \rightleftharpoons NH_4^+$$

On remarque qu'une base selon Brønsted doit nécessairement posséder un doublet non liant capable de constituer une liaison avec H^+, c'est donc aussi une base selon Lewis.

Une base réagit ainsi toujours avec un acide et conduit à un complexe de Lewis.

Dans cette définition, on voit que H^+ est un acide et OH^- une base.

La définition de Lux est plus particulière et concerne les oxydes : une base est un donneur d'ions O^{2-} et un acide un accepteur d'ions O^{2-}.

Les oxydes peuvent ainsi être soit acides (P_2O_5, CO_2) soit basiques (CaO, MgO) soit, selon le partenaire, acides ou basiques (ZnO, Al_2O_3).

Notion de couples acido-basiques

Dans les définitions générales (Brønsted, Lewis), comme dans les définitions plus particulières, on voit qu'à tout acide correspond une base et inversement. On obtient ainsi des couples acido-basiques.

L'acide et la base d'un même couple sont dits conjugués et on représente le couple en figurant successivement l'espèce acide puis l'espèce basique. Le couple est le plus souvent représenté en utilisant la définition de Brønsted :

$$HNO_3 / NO_3^- ;\ NH_4^+ / NH_3 ;\ H_2O / OH^- ;$$
$$H_2SO_4 / HSO_4^- ;\ HCO_3^- / CO_3^{2-} ;\ HCOOH / HCOO^-$$

Espèces amphotères

Certaines espèces peuvent à la fois libérer un proton (caractère acide) et posséder un ou plusieurs doublets non liants leur permettant de réagir comme base.

En fonction du partenaire avec lequel elles réagissent, elles pourront donc se comporter soit comme des acides ou comme des bases, soit à la fois comme acide et comme base. On dit que ces espèces sont des amphotères ou des ampholytes.

Exemples

– Dans les couples NH_4^+ / NH_3 et NH_3 / NH_2^- le composé NH_3 joue le rôle de base dans le premier couple et le rôle d'acide dans le second couple.

– Dans les couples HCO_3^- / CO_3^{2-} et (H_2O + CO_2) / HCO_3^-, l'ion hydrogénocarbonate HCO_3^- joue successivement le rôle d'acide dans le premier couple et le rôle de base dans le second couple.

Essentiel 2.2

Force relative des couples acide-base

■ Caractérisation des couples

Les acides et bases faibles, en solution dans l'eau, donnent les équilibres suivants :

(1) $AH + H_2O \rightleftharpoons H_3O^+ + A^-$ AH = acide A^- = base conjuguée

(2) $A^- + H_2O \rightleftharpoons AH + OH^-$

La caractérisation du couple AH / A^- selon Brønsted sera donnée par la constante de dissociation acide K_a :

$$K_a = \frac{a(H_3O^+)\,a(A^-)}{a(AH)\,a(H_2O)} = \frac{a(H_3O^+)\,a(A^-)}{a(AH)}$$ (avec $a(H_2O) \approx 1$ en tant que solvant)

En solution diluée $K_a = [H_3O^+]\,[A^-] / [AH]$ (3) avec $pK_a = -\log K_a$

K_a est la constante d'acidité du couple AH / A^-. Plus l'acide est fort, plus le pK_a est faible.

On pourrait écrire de la même façon la constante d'équilibre appliquée à la réaction de la base (2) :

$$K_b = [AH]\,[OH^-] / [A^-] = [AH]\,[OH^-]\,[H_3O^+] / ([A^-]\,[H_3O^+]) = K_e / K_a$$

Cependant K_a suffira à caractériser aussi bien la forme acide que la forme basique.

■ Domaine de prédominance

À partir de l'expression (3) on peut écrire pour le couple AH / A^- :

$$pK_a = pH + \log \frac{[AH]}{[A^-]} \quad \text{ou encore} \quad pH = pK_a + \log \frac{[A^-]}{[AH]}$$

Les relations entre le pH et le pK_a figurent sur l'axe suivant sur lequel on définit des domaines de prédominance :

$pH = pK_a \Rightarrow [A^-] = [AH]$

$pH < pK_a \Rightarrow [AH] > [A^-]$

$pH > pK_a \Rightarrow [A^-] > [AH]$

$[AH] \gg [A^-]$ ——— $pK_a - 1$: $[AH] = 10[A^-]$ ——— pK_a ——— $pK_a + 1$: $[A^-] = 10[AH]$ ——— $[A^-] \gg [AH]$ → pH

■ Échelle de force

On compare la force des couples A_1H / A_1^- et A_2H / A_2^- par l'étude de l'équilibre suivant :

$$A_1H + A_2^- \rightleftharpoons A_1^- + A_2H \quad \text{avec} \quad K_a = \frac{[A_1^-]\,[A_2H]}{[A_1H]\,[A_2^-]}$$

Si $K > 1$, réaction dans le sens direct, A_1H est un acide plus fort que A_2H ; A_2^- est une base plus forte que A_1^-.

Si $K < 1$, réaction dans le sens inverse, A_1H est un acide moins fort que A_2H ; A_2^- est une base moins forte que A_1^-.

De façon générale, l'équilibre est toujours déplacé dans le sens qui correspond à la formation de l'acide le plus faible et de la base la plus faible :

$$\underset{\text{acide le plus fort}}{A_1H} + \underset{\text{base la plus forte}}{A_2^-} \rightleftharpoons \underset{\text{acide le plus faible}}{A_1^-} + \underset{\text{base la plus faible}}{A_2H} \qquad (4)$$

Si, dans cet équilibre, A_2H / A_2^- représente le couple de référence H_3O^+ / H_2O, la réaction (4) s'écrit :

$$A_1H + H_2O \rightleftharpoons A_1^- + H_3O^+ \qquad (5)$$

On peut alors définir une échelle de force telle que :

$$K_a = [A_1^-]\,[H_3O^+] / [A_1H] \quad \text{et} \quad pK_a = -\log K_a$$

On voit bien que, dans l'équilibre (5), plus l'acide est fort, plus $[A_1^-]$ / $[A_1H]$ est grand et plus K_a est élevé.

Table de pK_a de quelques couples acido-basiques classés par force décroissante, dans le solvant H_2O à 25 °C

Couple	pK_a	Couple	pK_a
$HClO_4$ / ClO_4^-	–10	CH_3COOH / CH_3COO^-	4,7
HCl / Cl^-	–7	Pyridinium / pyridine	5
H_2SO_4 / HSO_4^-	–2	CO_2(dissous) / HCO_3^-	6,35
H_3O^+ / H_2O	0	H_2S / HS^-	7
NH_2SO_3H / $NH_2SO_3^-$	1	$H_2PO_4^-$ / HPO_4^{2-}	7,2
H_2SO_3 / HSO_3^-	1,8	HSO_3^- / SO_3^{2-}	7,2
HSO_4^- / SO_4^{2-}	1,9	$HClO$ / ClO^-	7,5
H_3PO_4 / $H_2PO_4^-$	2,1	NH_4^+ / NH_3	9,2
Acide citrique / citrate	3,1	$C_2H_5OH_2^+$ / C_2H_5OH	9,9
HF / F^-	3,2	HCO_3^- / CO_3^{2-}	10,3
HNO_2 / NO_2^-	3,3	$C_2H_5NH_3^+$ / $C_2H_5NH_2$	10,8
$HCNO$ / $HCNO^-$	3,35	HPO_4^{2-} / PO_4^{3-}	12,3
$HCNO$ / $HCNO^-$	3,5	H_2O / OH^-	14
$HCOOH$ / $HCOO^-$	3,8		

Essentiel 2.3

Relations pH-concentration

■ Acides AH (couples AH / A⁻)

Relation générale

$AH + H_2O \rightleftharpoons A^- + H_3O^+$

$2\ H_2O \rightleftharpoons H_3O^+ + OH^-$

$K_a = [A^-]\ [H_3O^+]\ /\ [AH]$ (1)

$K_e = [H_3O^+]\ [OH^-] \Rightarrow [OH^-] = K_e\ /\ [H_3O^+]$ (2)

Conservation de la matière : $c_0 = [AH] + [A^-]$ (3)

Électroneutralité : $[H_3O^+] = [A^-] + [OH^-] = [A^-] + K_e\ /\ [H_3O^+]$ (4)

Il s'agit d'exprimer $[A^-]$ et $[AH]$, en fonction de $[H_3O^+]$, c_0 et K_e dans l'expression (1) :

(4) $\Rightarrow$ $[A^-] = [H_3O^+] - K_e\ /\ [H_3O^+]$ (5)

(3) $\Rightarrow$ $[AH] = c_0 - [A^-] = c_0 - [H_3O^+] + K_e\ /\ [H_3O^+]$ (6)

(1) $\Rightarrow$ $K_a = \dfrac{[H_3O^+]^2 - K_a}{c_0 - [H_3O^+] + K_a\ /[H_3O^+]}$

ou encore $[H_3O^+]^2 - K_e = K_a c_0 - K_a\ [H_3O^+] + K_a K_e\ /\ [H_3O^+]$

Cette relation donne l'équation générale du 3e degré :

$$[H_3O^+]^3 + K_a\ [H_3O^+]^2 - (K_e + K_a\, c_0)\ [H_3O^+] - K_a K_e = 0$$

Cette équation peut le plus souvent se simplifier en utilisant des approximations répondant à chaque situation expérimentale.

Approximations

1re approximation = milieu acide (on néglige $[OH^-]$ devant $[H_3O^+]$)

(4) $\Rightarrow$ $[H_3O^+] = [A^-]$

(3) $\Rightarrow$ $[AH] = c_0 - [H_3O^+]$

(1) $\Rightarrow$ $K_a = [H_3O^+]^2\ /\ (c_0 - [H_3O^+])$

soit $[H_3O^+]^2 + K_a\ [H_3O^+] - K_a\ c_0 = 0$

2e approximation = acides forts (AH est totalement dissocié)

(3) $\Rightarrow$ $c_0 = [A^-]$

(4) $\Rightarrow$ $[H_3O^+] = c_0$ en appliquant la première approximation

d'où $pH = -\log c_0$.

Attention : cette relation n'est valable que si $[OH^-] \ll [H_3O^+]$ c'est-à-dire si le milieu n'est pas trop dilué (applicable seulement si $c_0 \geq 10^{-6}$ mol L^{-1}).

3e approximation = acides faibles

La dissociation est faible si l'acide n'est pas trop dilué $[A^-] \ll [AH]$.

(3) $\Rightarrow$ $c_0 = [AH]$

(4) $\Rightarrow$ $[A^-] = [H_3O^+]$ en appliquant la première approximation

d'où $K_a = [H_3O^+]^2\ /\ c_0 \Rightarrow [H_3O^+] = K_a^{1/2}\ c_0^{1/2}$

d'où $pH = \frac{1}{2}\ pK_a - \frac{1}{2}\log c_0 = \frac{1}{2}(pK_a - \log c_0)$.

Attention : à forte dilution un acide faible se dissocie de plus en plus et tend à se comporter comme un acide fort. La 3e approximation n'est alors plus valable.

La validité de cette 3e approximation est obtenue pour :

$[A^-] / [AH] < 10^{-1}$ soit $[H_3O^+] / c_0 < 10^{-1}$ et $[H_3O^+]^2 / c_0^{\,2} < 10^{-2}$

ou encore $K_a c_0 / c_0^2 = K_a / c_0 < 10^{-2}$ et $c_0 > 100\ K_a$

Pour des solutions suffisamment diluées pour permettre d'assimiler les activités aux concentrations ($c_0 \ll 10^{-1}$ M), cette condition n'est pas toujours remplie avec des acides de force moyenne (pK_a de 2 à 5).

■ Bases A^- (couple AH / A^-)

Relation générale

$$A^- + H_2O \rightleftharpoons AH + OH^- \quad (A^- \text{ est associé à un ion } M^+)$$

$$2\,H_2O \rightleftharpoons H_3O^+ + OH^-$$

En utilisant la constante d'acidité K_a du même couple et en tenant compte de la nouvelle relation d'électroneutralité ($[A^-] + [OH^-] = [H_3O^+] + [M^+] = [H_3O^+] + c_0$), la même démarche conduit à :

$$[H_3O^+]^3 + (K_a + c_0)\,[H_3O^+]^2 - K_e\,[H_3O^+] - K_aK_e = 0$$

Approximations

1re approximation = milieu basique ($[H_3O^+] \ll [OH^-]$)

$$c_0\,[H_3O^+] - K_e\,[H_3O^+] - K_aK_e = 0$$

2e approximation = bases fortes

$$pH = 14 + \log c_0 \text{ (non valable pour } c_0 < 10^{-6} \text{ M)}$$

3e approximation = bases faibles

$$pH = 7 + \frac{1}{2}\,(pK_a - \log c_0)$$

valable seulement si $c_0 > K_e / 10^{-2}\,K_a$ soit $c_0 > K_b / 10^{-2}$.

Remarque

Les expressions simplifiées figurant dans cet encadré sont valables quelle que soit la formulation de l'acide : AH, NH_4^+... ou de la base : NH_3, $CH_3CO_2^-$...

Le pH d'une solution d'acide ou de base ne dépend que du pK_a et de la concentration, et pas du fait que l'espèce se trouve sous forme neutre ou ionique.

Essentiel 2.4

Solutions ioniques acido-basiques et dosages

En solution aqueuse, toute espèce chimique neutre ou ionique peut être considérée, d'après ses propriétés acido-basiques, comme un acide (fort, faible ou de force nulle) ou une base (forte, faible ou de force nulle). On trouve aussi bien des acides (CH_3CO_2H, HCl) que des bases (NH_3) parmi les espèces neutres, les espèces cationiques sont généralement des acides (NH_4^+, Cr^{3+}) alors que les espèces anioniques sont généralement des bases (Cl^-, $CH_3CO_2^-$).

Une solution aqueuse quelconque peut donc être considérée comme constituée d'un mélange d'acides et de bases ou encore comme issue de la réaction d'acides et de bases.

■ Exemples de solutions ioniques

Dosage acide fort-base forte (exemple de NaCl)

Une solution de chlorure de sodium contient des ions Na^+ (acide de force nulle) et Cl^- (base de force nulle, conjuguée de l'acide fort HCl) :

$$NaCl \rightarrow Na^+ + Cl^-$$

Globalement, il n'y a pas de réaction sur l'eau et il existe un seul équilibre :

$$2\,H_2O \rightleftharpoons H_3O^+ + OH^- \quad \text{d'où pH} = 7$$

Il revient au même de dire que NaCl est le sel (le produit du dosage à l'équivalence) de l'acide fort HCl et de la base forte NaOH. Notons qu'on obtient la même solution en dissolvant NaCl ou en faisant le dosage.

Dosage acide fort-base faible (exemple de NH_4Cl)

Une solution de chlorure d'ammonium contient des ions NH_4^+ (acide faible) et Cl^- (base de force nulle) :

$$NH_4Cl \rightarrow NH_4^+ + Cl^-$$

$$NH_4^+ + H_2O \rightleftharpoons NH_3 + H_3O^+ \quad \text{d'où pH} < 7$$

Il revient au même de dire que NH_4Cl est le sel de l'acide fort HCl et de la base faible NH_3. Le pH d'une telle solution sera donc celui d'une solution d'acide faible.

Dosage acide faible-base forte (exemple de $NaCH_3CO_2$)

Une solution d'acétate (éthanoate) de sodium contient des ions Na^+ (acide de force nulle) et $CH_3CO_2^-$ (base faible conjuguée de l'acide CH_3CO_2H) :

$$CH_3COONa \rightarrow CH_3COO^- + Na^+$$

$$CH_3COO^- + H_2O \rightleftharpoons CH_3COOH + OH^- \quad \text{d'où pH} > 7$$

On peut aussi dire que $NaCH_3CO_2$ est le sel de l'acide faible CH_3CO_2H et de la base forte NaOH. Le pH d'une telle solution sera donc celui d'une solution de base faible.

Dosage acide faible-base faible (exemple de $NH_4CH_3CO_2$)

Une solution d'acétate d'ammonium contient des ions NH_4^+ (acide faible, pK_{a1}) et $CH_3CO_2^-$ (base faible, pK_{a2}) :

$$CH_3COONH_4 \rightarrow CH_3COO^- + NH_4^+$$

Le pH d'une telle solution sera donc celui d'un mélange équimolaire d'acide faible et de base faible dont la valeur, souvent proche de la neutralité, sera donnée approximativement par l'expression : pH = (pK_{a1} + pK_{a2}) / 2.

Cela revient au même de dire que $NH_4CH_3CO_2$ est le sel de l'acide faible CH_3CO_2H et de la base faible NH_3.

Remarque

Des solutions de $Cr(NO_3)_3$, $Fe(NO_3)_3$, $Al(NO_3)_3$ sont également acides car les cations Cr^{3+}, Fe^{3+}, Al^{3+} sont des acides dont les bases conjuguées sont respectivement $Cr(OH)^{2+}$, $Fe(OH)^{2+}$, $Al(OH)^{2+}$.

Dosages acido-basiques

Les observations ci-dessus peuvent être mises à profit pour construire et commenter l'allure des courbes de dosage d'un acide par une base. Les courbes ci-après pH = $f(x)$ sont établies pour le cas d'une concentration molaire en acide et en négligeant les variations de volume dues au mélange des solutions (cela revient à supposer qu'on ajoute la base sous une forme très concentrée). Sur ces diagrammes, x = quantité de matière de base ajoutée / quantité de matière initiale d'acide (ce rapport est égal à 1 à l'équivalence).

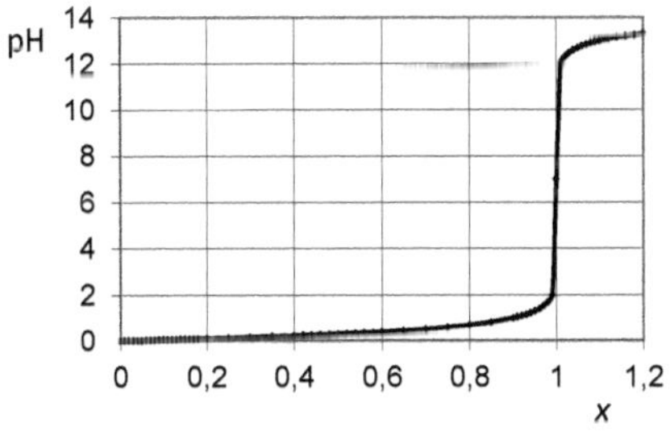

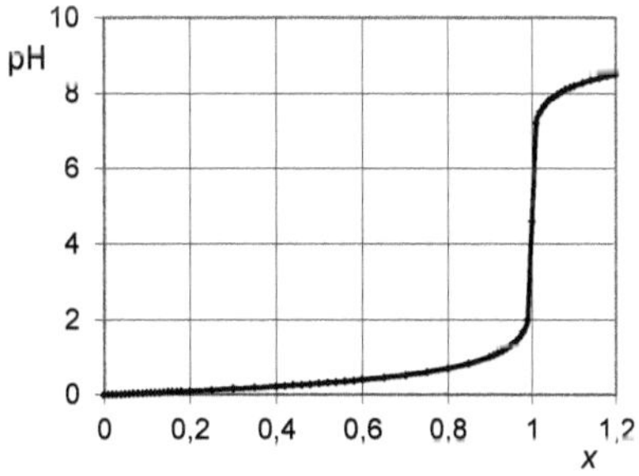

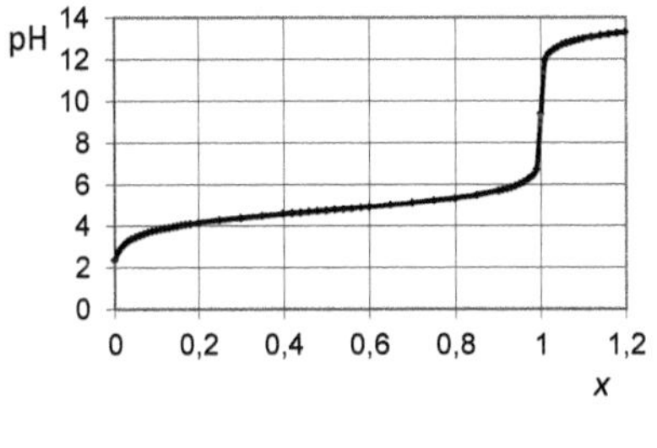

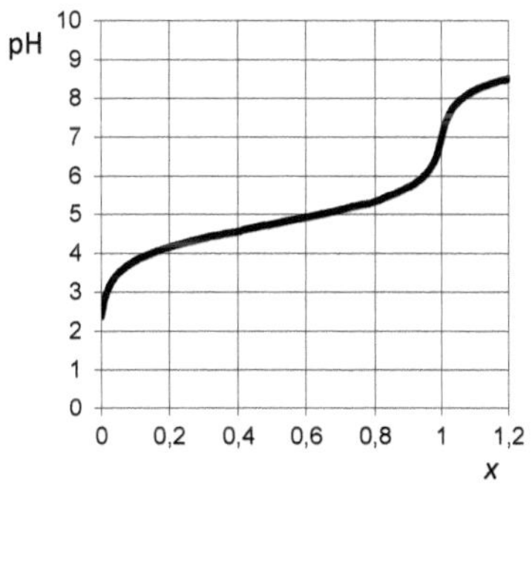

S'ENTRAÎNER ET RÉSOUDRE

Notion de couples acido-basiques

La notion d'acides et de bases, qui a été introduite dès 1875 par Arrhenius, vaut seulement pour les milieux aqueux (fourniture d'ions H^+ et OH^-). On présentera dans cette première partie les généralisations qui ont suivi : successivement celle de Brønsted (donneur et accepteur d'ions H^+) puis de Lewis (accepteur et donneur de doublets). On évoquera également la définition de Lux limitée aux oxydes (*voir* essentiel 2.1).

Bien entendu, à tout acide correspond une base : à tout donneur de H^+ ou accepteur de doublet d'électrons correspond l'accepteur ou le donneur complémentaire. Les couples partenaires correspondants sont dits conjugués.

Énoncés

Exercices d'application et de synthèse

2.1 ★★ Couples acido-basiques

a) Quelle est la base conjuguée de chacun des acides suivants selon la théorie de Brønsted : HF; HNO_2; $H_2PO_4^-$; HCN; HCOOH; C_2H_5OH; H_2O ?

b) Quel est l'acide conjugué de chacune des bases suivantes selon la même théorie : Br^-; NO_3^-; $H_2PO_4^-$; CO_3^{2-}; H_2O; OH^-; HPO_4^{2-}?

c) Les espèces suivantes : HCO_3^-; $H_2PO_4^-$; HPO_4^{2-} et H_2O sont amphotères (caractère à la fois acide et basique). Écrire les équilibres mettant en évidence ce caractère dans le solvant H_2O. Exprimer les constantes de ces équilibres en fonction des constantes d'équilibre K_a et K_e.

2.2 ★★ Caractère acido-basique de quelques molécules

Indiquer si les solutions aqueuses des composés suivants sont acides ou basiques, sachant que les ions alcalins K^+ et Na^+ n'ont aucun caractère acide significatif : CH_3COOH; HNO_2; KOH; HCl; NaF; HF; $NaNO_2$.

2.3 ★★ Propriétés acido-basiques de l'ammoniac liquide

L'ammoniac liquide (que l'on ne doit pas confondre avec une solution aqueuse d'ammoniac dite parfois « ammoniaque ») donne lieu à une réaction de dissociation analogue à celle de l'eau, selon l'équation-bilan :

$$2\ NH_3 \rightleftharpoons NH_4^+ + NH_2^-$$

a) Indiquer quel est l'ion (NH_4^+ ou NH_2^-) qui joue, dans l'ammoniac liquide, un rôle analogue à celui de l'ion oxonium (H_3O^+) dans la dissociation de l'eau.

b) Définir le pH dans l'ammoniac liquide par analogie avec le pH dans l'eau.

c) Calculer la valeur du pH de l'ammoniac liquide pur à –35 °C sachant qu'à cette température son produit ionique est égal à 10^{-32}.

2.4 ★★ Écriture de réactions en modèle de Lux

Dans le modèle acide / base de Lux, la particule échangée est l'ion oxyde O^{2-} : une base est un donneur d'ions O^{2-}, un acide est un accepteur d'ions O^{2-}.

Ce modèle est utilisé pour caractériser les propriétés acido-basiques des oxydes à l'état solide ou fondu.

a) Écrire les réactions mettant en évidence le caractère basique de l'oxyde de calcium CaO et le caractère acide du dioxyde de carbone CO_2, en utilisant le modèle de Lux.

b) L'oxyde de zinc ZnO est un oxyde amphotère selon le modèle de Lux. Écrire des réactions mettant en évidence ce caractère.

c) Écrire les réactions entre l'oxyde de zinc (acide) et l'oxyde de calcium (base) d'une part, l'oxyde de zinc (base) et l'oxyde de phosphore P_2O_5 (acide) d'autre part.

Corrigés

Prérequis

Les définitions qu'il est nécessaire de connaître pour répondre à ces questions sont données dans l'essentiel 2.1.

2.1 a) D'après la théorie de Brønsted les espèces acides sont capables de fournir des protons selon la réaction suivante :

$$AH \rightarrow A^- + H^+$$

A^- est la base conjuguée de AH et réciproquement AH l'acide conjugué de A^- (échange d'un proton).

À titre d'exemple, écrivons la dissociation du fluorure d'hydrogène :

$$HF \rightarrow F^- + H^+$$

Remarque et généralisation

En écrivant une telle réaction, on écrit seulement une demi-réaction formelle car, pour que cette dissociation se produise, il faut un couple partenaire qui accepte le proton H^+. Par exemple, dans l'eau, on aurait la réaction globale suivante :

$$HF \rightarrow F^- + H^+$$

$$H_2O + H^+ \rightarrow H_3O^+$$

$$\overline{HF + H_2O \rightarrow F^- + H_3O^+}$$

Les réactions globales peuvent se dérouler en sens inverse : il s'agit en fait d'équilibres.

Nous n'envisagerons dans la suite, sauf exception, que le cas usuel des solutions aqueuses.

L'écriture de telles réactions permet de dresser la liste suivante des couples :

Acide	HF	HNO_2	$H_2PO_4^-$	HCN	$HCOOH$	C_2H_5OH	H_2O
Base conjuguée	F^-	NO_2^-	HPO_4^{2-}	CN^-	$HCOO^-$	$C_2H_5O^-$	OH^-

b) Écrivons la demi-réaction impliquant A^- et son acide conjugué :

$$A^- + H^+ \rightarrow HA \qquad \text{(HA est l'acide conjugué de } A^-\text{)}$$

L'écriture de tels échanges acido-basiques permet de dresser la liste suivante des couples :

Base	Br^-	NO_3^-	$H_2PO_4^-$	CO_3^{2-}	H_2O	OH^-	HPO_4^{2-}
Acide conjugué	HBr	HNO_3	H_3PO_4	HCO_3^-	H_3O^+	H_2O	$H_2PO_4^-$

c) Une espèce amphotère présente à la fois un caractère acide et un caractère basique selon qu'elle cède ou accepte un proton. Les espèces indiquées participent donc aux équilibres suivants dans l'eau :

(1) $HCO_3^- + H_2O \rightleftharpoons CO_3^{2-} + H_3O^+$ — HCO_3^- acide

(2) $HCO_3^- + H_2O \rightleftharpoons H_2CO_3 (= CO_2 + H_2O) + OH^-$ — HCO_3^- base

(3) $H_2PO_4^- + H_2O \rightleftharpoons HPO_4^{2-} + H_3O^+$ — $H_2PO_4^-$ acide

(4) $H_2PO_4^- + H_2O \rightleftharpoons H_3PO_4 + OH^-$ — $H_2PO_4^-$ base

(5) $HPO_4^{2-} + H_2O \rightleftharpoons PO_4^{3-} + H_3O^+$ — HPO_4^{2-} acide

(6) $HPO_4^{2-} + H_2O \rightleftharpoons H_2PO_4^- + OH^-$ — HPO_4^{2-} base

(7) $H_2O + H_2O \rightleftharpoons OH^- + H_3O^+$ — H_2O acide et base

On a ici des équilibres dans l'eau, où sont associées les espèces acides et bases de deux couples (dont un couple de l'eau). La constante de chacun de ces équilibres est appelée la constante d'acidité écrite ci-dessous dans le cas général du couple AH / A^- :

$$K_a = a(A^-)\, a(H_3O^+) / \{a(AH)\, a(H_2O)\}$$

Dans ce cas $a(H_2O) = 1$ (solvant) et on obtient en solution diluée :

$$K_a = [A^-]\,[H_3O^+] / ([AH]\, c°)$$

Comme $c° = 1$ mol L^{-1} on écrit généralement $K_a = [A^-]\,[H_3O^+] / [AH]$.

Dans le cas particulier de l'eau la constante s'écrit tout simplement :

$$K_e = [OH^-]\,[H_3O^+]$$

Les constantes des équilibres envisagés, dans l'eau, sont donc les suivantes :

$$K_1 = [CO_3^{2-}]\,[H_3O^+] / [HCO_3^-] = K_{a1}$$

$$K_2 = [H_2CO_3]\,[OH^-] / [HCO_3^-] = [H_2CO_3]\,[OH^-]\,[H_3O^+] / ([HCO_3^-]\,[H_3O^+]) = K_e / K_{a2}$$

De la même façon :

$$K_3 = K_{a3}$$

$$K_4 = K_e / K_{a4}$$

$$K_5 = K_{a5}$$

$$K_6 = K_e / K_{a6}$$

$$K_7 = K_e$$

2.2 Les composés susceptibles de fournir un proton à l'eau sont : CH_3COOH; HNO_2; HCl; HF.

Par exemple : $CH_3COOH + H_2O \rightleftharpoons CH_3COO^- + H_3O^+$.

Les solutions aqueuses de ces composés sont donc acides.

Les composés susceptibles de prendre un proton à l'eau sont : NaF et $NaNO_2$, puisque F^- et NO_2^- sont des bases (*voir* **2.1**), et KOH, puisque :

$$KOH + H_3O^+ \rightleftharpoons K^+ + 2\,H_2O$$

Cet équilibre, fortement déplacé vers la droite, peut aussi s'écrire comme la somme des deux réactions suivantes :

$$KOH \rightarrow K^+ + OH^-$$

$$OH^- + H_3O^+ \rightleftharpoons 2\,H_2O$$

2.3 a) La dissociation de l'ammoniac liquide est la somme des deux réactions :

$$NH_3 + H^+ \rightarrow NH_4^+ \text{ (caractère basique de } NH_3\text{)}$$

$$NH_3 \rightarrow NH_2^- + H^+ \text{ (caractère acide de } NH_3\text{)}$$

L'ion NH_4^+ représente ici le proton solvaté et joue le même rôle que l'ion oxonium dans la dissociation de l'eau.

b) Dans l'ammoniac liquide le pH est défini par la relation :

$$pH = -\log\,[NH_4^+]$$

c) La réaction d'auto-ionisation de l'ammoniac pur liquide conduit à des quantités égales de NH_4^+ et de NH_2^- :

$$2\,NH_3(l) \rightleftharpoons NH_4^+ + NH_2^-$$

La constante d'ionisation s'écrit donc :

$$K_{NH_3} = [NH_4^+]\,[NH_2^-] = [NH_4^+]^2$$

D'où le calcul du pH à −35 °C :

$$pH = -\log\,[NH_4^+] = -1/2\,\log K_{NH_3} = 16$$

2.4 a)

Prérequis

Il est indispensable d'observer que l'ion O^{2-} est une base très forte dans l'eau qui réagit selon la réaction totale : $O^{2-} + H_2O \rightarrow 2\,OH^-$.

Ceci explique que le formalisme de Lux n'est applicable qu'en phase solide ou liquide anhydre (oxydes et sels fondus).

L'oxyde de calcium CaO, base, est donc donneur d'ions O^{2-} :

$$CaO \rightarrow Ca^{2+} + O^{2-}$$

Le dioxyde de carbone, acide, est donc accepteur d'ions O^{2-} :

$$CO_2 + O^{2-} \rightarrow CO_3^{2-}$$

b) Puisque l'oxyde de zinc est amphotère, il peut, selon le caractère acide ou basique du composé avec lequel il réagit, se comporter comme donneur ou accepteur d'ions O^{2-} :

$$ZnO\ (base) \rightarrow Zn^{2+}\ (acide) + O^{2-}$$

$$ZnO\ (acide) + O^{2-} \rightarrow ZnO_2^{2-}\ (base)$$

c) L'oxyde de zinc se comporte comme un acide de Lux vis-à-vis de l'oxyde de calcium :

$$\underset{\text{Acide 1 de Lux}}{ZnO} + \underset{\text{Base 2 de Lux}}{CaO} \rightarrow \underset{\text{(acide 2 + base 1)}}{CaZnO_2\ (= Ca^{2+} + ZnO_2^{2-})}$$

L'oxyde de phosphore acide réagit selon la réaction ci-dessous :

$$P_2O_5 + 3\ O^{2-} \rightarrow 2\ PO_4^{3-}$$

L'oxyde de zinc se comporte comme une base vis-à-vis de cet oxyde de phosphore :

$$\underset{\text{Base 1}}{3\ ZnO} + \underset{\text{Acide 2}}{P_2O_5} \rightarrow \underset{\text{(acide 1 + base 2)}}{Zn_3(PO_4)_2\ (= 3\ Zn^{2+} + 2\ PO_4^{3-})}$$

■ *Force des couples acido-basiques*

Cette partie présente la notion de force relative des couples acido-basiques dans l'eau (en se limitant au modèle de Brønsted) donnée par la constante de l'équilibre de dissociation acide K_a du couple considéré et le pK_a correspondant (pK_a = –log K_a).

Énoncés

▶ Exercices d'application et de synthèse

2.5 ★★ Caractéristiques de quelques couples acido-basiques et espèces prédominantes selon le pH

On donne le tableau suivant concernant des acides et des bases selon Brønsted :

	Couple 1	Couple 2	Couple 3	Couple 4
Forme acide	HSO_3^-	C_6H_5COOH		
Forme basique			HSO_3^-	HS^-
K_a à 25 °C	$6{,}33.10^{-8}$	2.10^{-5}	$1{,}6.10^{-2}$	10^{-7}

a) Compléter ce tableau et déterminer le pK_a de chaque couple.

b) Quelles sont les espèces amphotères ?

c) Pour le couple 1 déterminer le rapport $[A^-] / [AH]$ pour des valeurs de pH successivement égales à 3, puis 7, puis 11.

d) Pour chaque couple, déterminer le rapport $[A^-] / [AH]$ et en déduire l'espèce prédominante à pH = 3, à pH = 7 et à pH = 11.

2.6 ★★ Caractéristiques de quelques couples et calcul d'une constante d'équilibre

On donne le tableau suivant concernant les acides et les bases selon Brønsted :

	Couple 1	Couple 2	Couple 3	Couple 4
Forme acide		HNO_2	H_3PO_4	$H_2PO_4^-$
Forme basique	CNO^-			
pK_a	3,50	3,35	2,1	7,2

a) Compléter ce tableau et expliciter les formules semi-développées de chacun des couples.

b) Expliquer le caractère particulier que présente l'ion $H_2PO_4^-$.

c) On fait réagir l'acide nitreux HNO_2 avec la base CNO^- (cyanate) en solution aqueuse et à même concentration. Écrire l'équilibre correspondant. Quelle est la valeur de la constante de cet équilibre ? Préciser quelles sont les espèces prédominantes.

2.7 ★★ Quelques réactions acido-basiques d'intérêt « domestique »

a) La levure chimique, utilisée en pâtisserie, est constituée d'un mélange d'hydrogéno-carbonate de sodium de pK_a (CO_2 dissous / HCO_3^-) égal à 6,35, d'acide citrique (3 acidités différentes dont les pK_a sont respectivement 3,1 ; 4,8 et 6,4) et enfin d'amidon.

Quelle est la réaction qui intervient lors du pétrissage de la pâte en présence de lait ou d'eau ? Quel est l'intérêt de la levure en pâtisserie ?

b) L'aspirine vitaminée C effervescente contient, à côté de l'acide acétylsalicylique (pK_a = 3,5), le principe actif de la vitamine C qui est l'acide ascorbique (diacide dont la première acidité présente un pK_a égal à 4,05) et de l'hydrogénocarbonate de sodium. Indiquer quel est le mécanisme de l'effervescence et quel est son intérêt.

2.8 ★★★ Calcul thermodynamique de la constante d'un couple à plusieurs températures

On étudie la force du couple CH_3COOH / CH_3COO^- dans l'eau.

Les données thermodynamiques suivantes sont fournies à 298 K :

	CH_3COOH	H_2O	CH_3COO^-	H_3O^+
$\Delta_f H°$ (kJ mol^{-1})	– 488,44	– 285,83	–488,86	– 285,83
$S°$ (J mol^{-1} K^{-1})	+ 179,34	+ 69,95	+86,83	+ 69,95

a) Déterminer la constante d'acidité K_a de l'acide éthanoïque CH_3COOH (couramment appelé acide acétique) à 25 °C. En déduire le pK_a.

b) Que devient cette constante à 70 °C en faisant l'approximation que les enthalpies de formation et les entropies sont indépendantes de la température entre 25 et 70 °C ?

Corrigés

2.5

Prérequis

Connaissant la définition de K_a, précisée dans l'essentiel 2.2, on peut définir la force d'un couple acide AH / A⁻, dans l'eau, par la notion de pK_a avec la relation :

$$pK_a = -\log K_a = -\log \frac{[A^-][H_3O^+]}{[AH]}$$

a) L'écriture de l'équilibre entre un couple acide-base et le couple H_3O^+ / H_2O du solvant permet d'obtenir la base conjuguée de l'acide, lorsque celui-ci est connu, et l'acide conjugué de la base, lorsque c'est la base qui est connue.

L'équilibre entre le couple HSO_3^- / SO_3^{2-} et le couple H_3O^+ / H_2O est donné à titre d'exemple :

$$HSO_3^- + H_2O \rightleftharpoons SO_3^{2-} + H_3O^+$$

$$\text{Acide + Base} \rightleftharpoons \text{Base + Acide}$$

Le tableau complété figure ci-dessous :

	Couple 1	Couple 2	Couple 3	Couple 4
Forme acide	HSO_3^-	C_6H_5COOH	H_2SO_3	H_2S
Forme basique	SO_3^{2-}	$C_6H_5COO^-$	HSO_3^-	HS^-
K_a à 25 °C	$6{,}33.10^{-8}$	2.10^{-5}	$1{,}6.10^{-2}$	10^{-7}
pK_a	7,2	4,7	1,8	7

b) L'espèce HSO_3^-, forme acide du couple HSO_3^- / SO_3^{2-} et forme basique du couple H_2SO_3 / HSO_3^-, est une espèce amphotère.

L'espèce HS^-, forme basique du couple H_2S / HS^- et forme acide du couple HS^- / S^{2-}, qui ne figure pas dans le tableau, est également une espèce amphotère.

c) À partir de la définition de $K_a = [SO_3^{2-}]\,[H_3O^+] / HSO_3^-]$ on peut déduire :

pour pH = 3 $[H_3O^+] = 10^{-3}$ mol L⁻¹

On obtient donc : $[SO_3^{2-}] / [HSO_3^-] = 6{,}33.10^{-8} / 10^{-3} = 6{,}33.10^{-5}$.

Pour pH = 7 ce rapport passe à $6{,}33.10^{-1}$ et pour pH = 11 il devient égal à $6{,}33.10^{3}$.

Le rapport $[SO_3^{2-}] / [HSO_3^-]$ sera égal à 1 lorsque $[H_3O^+] = K_a$ ce qui entraîne alors pH = pK_a = 7,2.

d) À partir des résultats de c) on remarque que, d'une part, l'espèce acide est l'espèce prédominante lorsque le pH est inférieur au pK_a du couple acide-base et que, d'autre part, l'espèce basique est l'espèce prédominante lorsque le pH est supérieur au pK_a du couple acide-base.

Les valeurs du pK_a et la nature de l'espèce prédominante, pour chacun des couples et à chacun des pH considérés, sont reportées dans le tableau ci-après :

	Couple 1	Couple 2	Couple 3	Couple 4
pK_a	7,2	4,7	1,8	7
à pH = 3	HSO_3^-	C_6H_5COOH	HSO_3^-	H_2S
à pH = 7	HSO_3^-	$C_6H_5COO^-$	HSO_3^-	$[H_2S] = [HS^-]$
à pH = 11	SO_3^{2-}	$C_6H_5COO^-$	HSO_3^-	HS^-

Remarque et généralisation

Nous avons choisi de caractériser, de façon très générale, un couple acide-base par sa constante d'acidité K_a. On pourrait aussi formellement le caractériser par sa constante de basicité K_b relative à l'équilibre :

$$A^- + H_2O \rightleftharpoons AH + OH^-$$

avec $K_b = [AH]\,[OH^-] / [A^-] = [AH]\,[OH^-][H_3O^+] / ([A^-][H_3O^+]) = [AH]\,K_e / ([A^-][H_3O^+]) = K_e / K_a$.

La relation $K_e = K_aK_b$ permettrait ainsi, pour tout couple, d'utiliser indifféremment K_a ou K_b et montre que ces 2 constantes évoluent en sens inverse (à K_a fort correspond un K_b faible et réciproquement).

Ce concept de K_b n'est cependant plus utilisé.

2.6 a) Le tableau complété figure ci-dessous :

	Couple 1	Couple 2	Couple 3	Couple 4
Forme acide	HCNO	HNO_2	H_3PO_4	$H_2PO_4^-$
Forme basique	CNO^-	NO_2^-	$H_2PO_4^-$	HPO_4^{2-}

Dans chacun de ces cas, la forme acide présente un groupe OH qui perd un proton en donnant la forme basique. Les formules des différents couples sont les suivantes :

– couple 1 N≡C–OH / N≡C–O$^-$ ou O=C=NH / O=C=N$^-$

– couple 2 O=N–OH / O=N–O$^-$

– couple 3 O=P(OH)$_3$ / O=P(OH)$_2$–O$^-$

– couple 4 O=P(OH)$_2$–O$^-$ / O=P(OH)(O$^-$)$_2$

Remarque et généralisation

On pourrait aussi considérer, à la place du couple 1 (acide cyanique / cyanate) un autre couple O=C=NH / O=C=N$^-$ (acide isocyanique / isocyanate) dont le pK_a est différent.

b) L'ion dihydrogénophosphate $H_2PO_4^-$ présente un caractère acide par rapport à l'ion monohydrogénophosphate HPO_4^{2-} et un caractère basique par rapport à l'acide phosphorique H_3PO_4 ; c'est un composé amphotère :

$$2\ H_2PO_4^- \rightleftharpoons HPO_4^{2-} + H_3PO_4$$

c) On observe l'équilibre suivant :

$$HNO_2 + CNO^- \rightleftharpoons NO_2^- + HCNO$$

En comparant les pK_a, on constate que l'acide le plus fort est l'acide nitreux HNO_2 et la base la plus forte est l'ion cyanate CNO^-. L'équilibre ci-dessus est favorisé dans le sens direct.

La constante de cet équilibre s'écrit :

$$K = [HCNO]\,[NO_2^-] / ([CNO^-]\,[HNO_2])$$

Pour calculer la valeur de la constante d'équilibre, on décompose la réaction précédente en considérant les deux réactions d'ionisation dans l'eau des deux acides mis en jeu :

$$HCNO + H_2O \rightleftharpoons CNO^- + H_3O^+$$

$$K_{a1} = [CNO^-]\,[H_3O^+] / [HCNO]$$

$$HNO_2 + H_2O \rightleftharpoons NO_2^- + H_3O^+$$

$$K_{a2} = [NO_2^-]\,[H_3O^+] / [HNO_2]$$

On obtient finalement :

$$K = K_{a2} / K_{a1}$$

$$K_{a1} = 3{,}162.10^{-4}$$

$$K_{a2} = 4{,}467.10^{-4}$$

$$K = 4{,}467.10^{-4} / 3{,}162.10^{-4} = 1{,}41$$

Si on pose x = concentration en chacun des produits ($[NO_2^-] = [HCNO] = x$) on obtient $K = x^2 / (a-x)^2 = 1{,}41$ où a est la concentration initiale de chacun des réactifs. Le rapport $x / (a - x)$ est le reflet des espèces dominantes. Il vaut $K^{1/2} = 1{,}19$. La concentration des produits sera légèrement supérieure à celle des réactifs puisque la constante est légèrement supérieure à 1.

Remarque et généralisation

On voit donc que, dans l'équilibre ci-dessus, la proximité des valeurs des pK_a fait que la réaction dans le sens direct n'est que faiblement dominante. C'est avec un choix de couples présentant des écarts de pK_a plus importants qu'on pourrait obtenir des réactions plus complètes.

2.7 a) Le pétrissage de la pâte en milieu aqueux et en présence de levure chimique se manifeste par l'émission de bulles. Ces bulles ne peuvent être que du dioxyde de carbone formé par réaction acido-basique entre la forme acide du couple acide citrique / citrate et la forme basique du couple ($CO_2 + H_2O$) / HCO_3^- :

$$\text{acide citrique} + HCO_3^- \rightleftharpoons \text{citrate} + CO_2 + H_2O$$

L'équilibre est déplacé vers la droite puisque les pK_a montrent que l'acide citrique (pK_a = 3,1) est un acide nettement plus fort que le mélange $CO_2 + H_2O$ (pK_a = 6,35).

L'intérêt de la levure est de permettre ainsi la formation régulière de CO_2 tout au long du pétrissage et d'alléger la pâte. Les microbulles emprisonnées pourront être éliminées à la cuisson avec formation d'une structure poreuse.

Remarque et généralisation

L'acide citrique est un acide non toxique suffisamment fort pour permettre l'émission de CO_2 et son utilisation en boulangerie. On ne considère pas ici la fonction acide de HCO_3^-, bien plus faible que celle de l'acide citrique.

b) L'effervescence est également due ici à la formation de dioxyde de carbone, par réaction acide-base en milieu aqueux, lors de la mise en solution du médicament. L'hydrogénocarbonate de sodium réagit sur l'acide acétylsalicylique et l'acide ascorbique, acides plus forts que CO_2 dissous.

Cette réaction d'effervescence présente un double intérêt :

- d'une part, elle permet de remplacer des acides relativement forts et agressifs pour la paroi de l'estomac en bases conjuguées et en CO_2 facilement éliminable ;
- d'autre part, la formation de CO_2 à partir de l'hydrogénocarbonate, répartie de façon homogène dans les comprimés, permet de bien les disperser dans l'eau et de favoriser leur dissolution.

2.8

Prérequis

Dans les données fournies on observe que les grandeurs thermodynamiques relatives à H_2O et H_3O^+ sont les mêmes. En effet, selon la réaction :

$$H_2O + H^+ \longrightarrow H_3O^+$$

les données thermodynamiques relatives à H^+ sont égales à 0 par convention fixant l'origine ($\Delta_f H°\ (H^+) = 0$ et $S°(H^+) = 0$).

a) Écrivons la réaction de l'acide acétique avec l'eau :

$$CH_3COOH + H_2O \rightleftharpoons CH_3COO^- + H_3O^+$$

La condition générale d'équilibre s'écrit :

$$\Delta_r G = 0 = \Delta_r G° + RT \ln K_a$$

avec, à 25 °C (298 K) : $\Delta_r G° = \Delta_r H° - T\Delta_r S°$

$$\Delta_r H° = \Delta_f H°(H_3O^+) + \Delta_f H°(CH_3COO^-) - \Delta_f H°(H_2O) - \Delta_f H°(CH_3COOH)$$
$$= (-488{,}86 + 488{,}44)\ 10^3 = -420\ \text{J mol}^{-1}$$

et :

$$\Delta_r S° = S°(H_3O^+) + S°(CH_3COO^-) - S°(CH_3COOH) - S°(H_2O)$$
$$= (86{,}83 - 179{,}34) = -92{,}51\ \text{J K}^{-1}\ \text{mol}^{-1}$$

d'où : $K_a = \exp(-\Delta_r G° / RT)$ avec : $\Delta_r G° = -420 + (298 \times 92{,}51)\ \text{J mol}^{-1}$

Soit : $K_a(298\ \text{K}) = \exp\{-[-420 + (298 \times 92{,}51)] / (298 \times 8{,}314)\} \approx 1{,}74.10^{-5}$

Ce qui conduit à $pK_a = -\log K_a = 4{,}76$.

b) En faisant l'approximation que les enthalpies et les entropies sont indépendantes de la température, la constante K_a peut être calculée à 70 °C (343 K), à l'aide de la formule utilisée ci-dessous :

$$K_a(343\text{ K}) = \exp - [- 420 + (343 \times 92{,}51)] / (343 \times 8{,}314) \approx 1{,}70.10^{-5}]$$

On voit que la constante d'équilibre varie très peu avec la température dans ce cas. Ceci est dû à la faible valeur de $\Delta_r H°$: on est proche des conditions d'une réaction athermique pour laquelle la constante d'équilibre K ne dépend pas de la température (relation de Gibbs-Helmoltz).

■ *Relations pH-concentration*

Cette partie aborde le problème majeur de l'acido-basicité : connaître le pH d'une solution, c'est-à-dire son caractère plus ou moins acide, en fonction de la concentration des espèces en solution aqueuse et de la force des couples considérés.

Pour obtenir une valeur précise du pH, il est nécessaire de recourir, en particulier dans le cas des acides ou des bases faibles, à des relations conduisant à des équations du *n*-ième degré. On peut cependant faire des approximations légitimes, à justifier, qui permettent de simplifier le calcul. Les diagrammes représentant les concentrations des espèces en fonction du pH sont de bons outils permettant de trouver très rapidement les approximations raisonnables.

Énoncés

▶ Exercices d'application et de synthèse

2.9 ★★ Calculs simples de pH de solutions d'acides forts

a) On prélève 60 mL de HCl gazeux à la pression de 1 bar et à la température de 25 °C. On dissout totalement ce gaz dans 500 mL d'eau sans variation sensible de volume. Écrire la réaction qui intervient lors de la dissolution de HCl. Sachant que le pK_a du couple HCl / Cl^- est égal à –7, montrer que HCl peut être considéré comme entièrement dissocié. Calculer la concentration des différentes espèces en solution. Quel est le pH de la solution ?

b) L'acide nitrique dans l'eau est considéré comme un acide fort. Quel volume d'acide nitrique pur (liquide), de masse volumique $\rho = 1{,}63$ g cm^{-3}, faudrait-il ajouter à 500 mL d'eau pour obtenir une solution de même pH qu'en a) ?

c) Quel volume d'eau distillée faut-il ajouter à 1 mL de la solution précédente pour obtenir une nouvelle solution d'acide nitrique de pH égal à 5,6 ?

d) On dilue 100 fois la solution de pH égal à 5,6. Quel est le nouveau pH ?

2.10 ★★ Quelques réactions en chimie organique

On introduit 0,23 g de sodium dans 50 mL d'éthanol anhydre pur. À 25 °C et sous $P = 1$ bar on obtient finalement un dégagement de H_2 de volume $V = 124$ mL et une solution alcoolique A d'éthanolate de sodium.

a) Montrer que la formation de l'éthanolate est totale. Sachant que l'éthanolate est une base forte vis-à-vis de l'eau, expliquer pourquoi il ne peut pas être formé par action directe de la soude sur l'éthanol.

b) Les 50 mL de la solution A sont étendus à un litre à l'aide d'eau distillée. On obtient ainsi une solution B. Déterminer les concentrations des espèces chimiques présentes dans B. En déduire la valeur du pH.

c) Quelle masse théorique de $Ca(OH)_2$, base forte, faudrait-il dissoudre dans un litre d'eau pure pour aboutir à une solution de même pH ?

2.11 ★★★ Utilisation des expressions approchées du pH de solutions d'acides faibles

a) Une solution d'acide chlorhydrique (acide fort) de concentration c_0 présente un pH de 2,5. Quel volume exact d'eau doit-on rajouter à 30 mL de cette solution pour obtenir un pH de 3,5 ? un pH de 4,5 ?

b) Une solution d'acide éthanoïque ($pK_a = 4,75$) de concentration c_0 présente également un pH de 2,5. En utilisant l'expression approchée donnant le pH des acides faibles, évaluer le volume d'eau qu'il faudrait rajouter à 50 mL de cette solution pour obtenir un pH de 3, un pH de 3,5, un pH de 4. On prêtera particulièrement attention, dans ce dernier cas, à la proximité des valeurs du pH et du pK_a.

c) Comparer et discuter la relation pH-concentration dans le cas d'un acide fort et d'un acide faible. Dans le cas des acides faibles, comparer la validité de la relation approchée pour le calcul des pH d'une part et pour la détermination des volumes à rajouter à la dilution d'autre part.

2.12 ★★★ Rôle de la dissolution de CO_2 dans l'eau

a) L'eau fraîchement distillée, conservée à l'abri de l'air, est au pH de neutralité. Pourtant, après mise en contact avec l'atmosphère du laboratoire, et à l'issue d'un certain nombre de transvasements et de manipulations, son pH s'abaisse et tend vers une limite. Comment peut-on expliquer ce phénomène ?

b) On s'intéresse à l'équilibre de dissolution du dioxyde de carbone dans l'eau :

$$CO_2(gaz) \rightleftharpoons CO_2(aq)$$

Écrire l'expression de la constante de cet équilibre en utilisant des grandeurs pertinentes caractérisant les deux états du dioxyde de carbone.

c) La valeur de cette constante à 25 °C est $K = 3,36.10^{-2}$. En supposant que la pression de l'air du laboratoire vaut un bar, que sa teneur en dioxyde de carbone est 0,033 % en quantité de matière et que sa température est de 25 °C, calculer le pH limite auquel s'abaisse l'eau distillée au contact avec l'air.

d) On dissout 0,1 mol d'éthanoate de sodium dans un litre d'eau fraîchement distillée. Calculer le pH de la solution obtenue.

e) Si la solution d'éthanoate de sodium est préparée à partir de l'eau distillée du laboratoire devenue acide, son pH se fixe à 7,9. Quelle est la réaction acido-basique qui explique cette observation ? Calculer sa constante d'équilibre.

Données : $pK_{a1}(CO_2(aq)) = 6,35$; $pK_{a2}(HCO_3^-) = 10,3$; $pK_a(CH_3CO_2H) = 4,75$.

2.13 ★★★ Dilution de solutions d'acides faibles

On se propose d'étudier l'évolution de la dissociation, en fonction de la dilution, de deux acides faibles de force très différente : acide nitreux HNO_2 ($pK_a = 3,3$) et phénol C_6H_5OH ($pK_a = 9,9$).

a) Déterminer le cœfficient de dissociation, α, de chaque acide, si la concentration en acide mis en solution dans l'eau est de 1 mol L^{-1} (solutions 1 et 1'), puis de 0,1 mol L^{-1} (solutions 2 et 2'), et enfin 0,01 mol L^{-1} (solutions 3 et 3').

b) En déduire l'évolution du coefficient de dissociation avec la concentration. Tout acide faible peut-il devenir fort à dilution infinie dans H_2O ?

c) Pour laquelle des 3 concentrations précédentes la solution aqueuse acide conduit-elle le mieux le courant électrique et pourquoi ?

Problèmes

2.14 ★★★★ Coefficients de dissociation dans des mélanges d'acides

On se propose de déterminer le pourcentage de dissociation d'un acide faible dans une solution pouvant contenir également un acide fort.

a) On mélange 100 mL d'une solution de HCl ($c_1 = 0,05$ mol L^{-1}) avec 100 mL d'une solution de HNO_2 ($c_2 = 0,5$ mol L^{-1}) de $pK_a = 3,3$.

- Quel est le pH de la solution obtenue ?
- Quel est le degré de dissociation de l'acide nitreux dans cette solution en comparaison avec le cas de l'acide nitreux seul à la même concentration ?

b) Mêmes questions si on mélange 100 mL d'une solution de HCl ($c_1 = 0,05$ mol L^{-1}) avec 100 mL d'une solution de HNO_2 plus diluée ($c_2 = 0,05$ mol L^{-1}).

c) Mêmes questions si on mélange 100 mL d'une solution de HCl ($c_1 = 0,05$ mol L^{-1}) et 100 mL d'une solution de HNO_2 encore plus diluée ($c_2 = 0,005$ mol L^{-1}).

2.15 ★★★★ Force des couples de l'acide sulfurique

L'acide sulfurique H_2SO_4 est un diacide dont la première acidité est forte et la deuxième acidité (HSO_4^- / SO_4^{2-}) présente un pK de 1,9.

On prépare une solution d'acide sulfurique de concentration c.

a) Écrire l'équation de neutralité électrique.

b) Calculer le pH des solutions obtenues pour c = 1 mol L^{-1}, 10^{-1} mol L^{-1}, 10^{-2} mol L^{-1}, 10^{-3} mol L^{-1}, 10^{-4} mol L^{-1}. En déduire le domaine de concentration dans lequel l'acide sulfurique mis seul en solution se comporte comme un diacide fort.

2.16 ★★★★ Détermination du pH de solutions simples par la méthode graphique

Déterminer par résolution graphique (diagramme log c / pH), le pH des solutions suivantes.

a) Chlorure de pyridinium 10^{-3} mol L^{-1} puis 10^{-6} mol L^{-1}.

b) Pyridine 10^{-3} mol L^{-1} puis 10^{-6} mol L^{-1}.

Données pour le couple pyridinium / pyridine : $pK_a = 5$.

2.17 ★★★★ Détermination du pH de solutions contenant plusieurs acides ou bases par la méthode graphique

On considère des solutions aqueuses d'halogénures d'ammonium, sels très solubles, de concentration c. On prendra pKa (NH_4^+ / NH_3) = 9,2.

a) Dans un premier cas, l'halogénure est le chlorure NH_4Cl. Donner le diagramme des concentrations des diverses espèces présentes en solution. Déterminer le pH de cette solution pour c = 0,1 mol L^{-1} par la méthode graphique puis le calculer par résolution analytique.

b) On considère maintenant une solution aqueuse de NH_4F (pK_a(HF / F^-) = 3,2).

Trouver une relation linéaire simple entre $[F^-]$, $[H_3O^+]$, $[OH^-]$ et $[NH_3]$.

En déduire, par résolution graphique, la valeur du pH de cette solution pour $c = 10^{-1}$ mol L^{-1}, 10^{-2} mol L^{-1} et montrer que ce pH est numériquement égal à $(pK_{a1} + pK_{a2}) / 2$ où pK_{a1} et pK_{a2} sont respectivement les pK_a des couples NH_4^+ / NH_3 et HF / F^-.

c) Effectuer à nouveau cette résolution graphique pour $c = 10^{-4}$ mol L^{-1} puis $c = 10^{-5}$ mol L^{-1} et discuter sa précision. Proposer une résolution analytique s'appuyant sur des approximations tirées des diagrammes. Discuter les limites de validité de l'expression :

$$pH = (pK_{a1} + pK_{a2}) / 2$$

2.18 ★★★★ Déterminations de pH par la méthode graphique dans le cas des couples de l'acide phosphorique

On considère le système de l'acide phosphorique H_3PO_4, triacide dont les pK_a valent respectivement : $pK_{a1} = 2,1$; $pK_{a2} = 7,2$; $pK_{a3} = 12,3$ dans l'eau. Le calcul du pH nécessitant dans un tel cas de résoudre une équation de degré élevé, il est plus facile de procéder à des approximations conduisant à la simplification de cette équation. On peut, pour cela, s'aider de diagrammes log $c = f$(pH) qui représentent la distribution des concentrations des diverses espèces chimiques en équilibre en fonction du pH et offrent en outre une méthode alternative graphique de résolution. On donne le diagramme pour la solution de ce triacide dans de l'eau pure, pour une concentration de 1 mol L^{-1}.

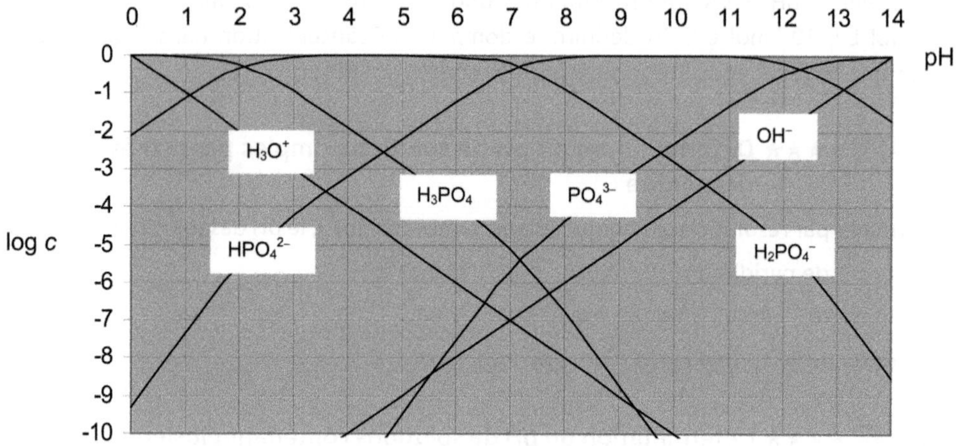

Diagramme log $c = f$(pH) de l'acide phosphorique.
Concentration totale : 1 M

a) Dresser l'inventaire des espèces mises en jeu dans ce système puis écrire les équations permettant la résolution du problème.

b) En s'aidant du diagramme donné pour une concentration c d'acide phosphorique de 1 mol L^{-1}, déduire les diagrammes pour des concentrations de 10^{-2} mol L^{-1} puis 10^{-4} mol L^{-1}.

c) En s'appuyant sur les diagrammes établis, prévoir les approximations simplificatrices et trouver le pH de solutions contenant 1 mol L^{-1}, 10^{-2} mol L^{-1} puis 10^{-4} mol L^{-1} d'acide phosphorique, par une détermination graphique puis par un calcul analytique.

d) Calculer la concentration d'une solution d'acide phosphorique dont le pH est égal à 1,7. En déduire la concentration de toutes les espèces présentes.

e) Même question que c) pour des solutions de phosphate de sodium Na_3PO_4.

f) Même question que c) mais pour des solutions de dihydrogénophosphate de sodium NaH_2PO_4.

g) Même question que c) pour des solutions de monohydrogénophosphate de sodium Na_2HPO_4.

Corrigés

2.9 a) Par application de la loi du gaz parfait on calcule d'abord la quantité de matière de HCl gazeux :

$$n = PV / RT$$

La pression P étant exprimée en Pa et le volume du gaz V en m^3 avec :

$R = 8{,}314$ (J mol^{-1} K^{-1}), on obtient :

$n = 10^5 \times 6.10^{-5} / (8{,}314 \times 298) = 2{,}42.10^{-3}$ mol.

Cette quantité de matière est dissoute dans un volume de 500 mL d'eau, d'où une concentration :

$$c = n / V = 2{,}42.10^{-3} / 0{,}5 = 4{,}84.10^{-3} \text{ mol L}^{-1}$$

Le chlorure d'hydrogène réagit avec l'eau et s'ionise selon la réaction suivante :

$$HCl + H_2O \rightleftharpoons Cl^- + H_3O^+$$

La constante de cet équilibre :

$$K_a = [Cl^-]\,[H_3O^+] / [HCl] = 10^{-pK_a} = 10^7$$

entraîne la relation $[Cl^-]^2 / [HCl] = 10^7$ si on fait l'hypothèse que $[Cl^-] = [H_3O^+]$ c'est-à-dire que $[OH^-]$ est négligeable car on est en milieu acide.

Dans la solution, les différentes espèces ioniques présentes sont les suivantes :

$$Cl^-;\ H_3O^+;\ OH^-$$

On calcule la composition en chacun de ces ions.

La constante K_a étant très grande on peut négliger la concentration en HCl devant celle de Cl^- et on peut écrire :

$$[Cl^-] = 4{,}84.10^{-3} \text{ mol L}^{-1}$$

ce qui entraîne $[HCl] = (4{,}84.10^{-3})^2 \times 10^{-7} = 2{,}3.10^{-12}$ mol L^{-1}.

Ce résultat est effectivement cohérent avec $[HCl] \ll [Cl^-]$ ce qui valide l'approximation.

On peut dire que HCl est totalement dissocié, c'est un acide fort.

La dissociation étant totale, on peut donc écrire :

$$[Cl^-] = [H_3O^+] = 4{,}84.10^{-3} \text{ mol L}^{-1}$$

$$[OH^-] = K_e / [H_3O^+] = 10^{-14} / 4{,}84.10^{-3} = 2{,}07.10^{-12} \text{ mol L}^{-1}$$

Remarque et généralisation

On vérifie que, dans le cas envisagé, $[OH^-]$ est ultra-minoritaire par rapport à $[H_3O^+]$.

Pour les solutions acides, la concentration en ions hydroxyde OH^- devant la concentration en ions oxonium H_3O^+ est toujours négligeable pour des pH < 6 pour lesquels $[H_3O^+] > 10^2\,[OH^-]$ c'est-à-dire $[H_3O^+] \gg [OH^-]$ (approximation inférieure à 1 %).

Dans le cas présent, la relation d'électroneutralité $[H_3O^+] = [Cl^-] + [OH^-]$ se réduit à :

$$[H_3O^+] = [Cl^-] = c \quad \text{et} \quad pH = -\log c = 2{,}3$$

b) Dans le solvant H_2O, l'acide nitrique, acide fort, s'ionise selon la réaction totale :

$$HNO_3 + H_2O \rightarrow NO_3^- + H_3O^+$$

$$pH = -\log c = 2{,}3 \quad \text{et} \quad c = [H_3O^+] = [NO_3^-] = 4{,}84.10^{-3} \text{ mol L}^{-1}$$

$$n = c \times V = 4{,}84.10^{-3} \times 0{,}5 = 2{,}42.10^{-3} \text{ mol}$$

Cette quantité correspond à une masse d'acide nitrique de :

$$m = n \times M = 2{,}42.10^{-3} \times 63 = 1{,}525.10^{-1} \text{ g}$$

Le volume du liquide correspondant à cette masse est :

$$V = m / \rho = 1{,}525.10^{-1} / 1{,}63 = 9{,}35.10^{-2} \text{ mL}$$

Ce volume est négligeable devant les 500 mL de la solution.

L'erreur introduite est de $100 \times 9{,}35.10^{-2} / 500 = 0{,}187$ %.

c) Compte tenu de la remarque faite en a) puisque le pH est inférieur à 6, on peut assimiler la concentration initiale en acide fort à celle en H_3O^+. Pour obtenir un pH de 5,6 il faut réaliser une solution de concentration :

$$c_1 = 10^{-5{,}6} = 2{,}51.10^{-6} \text{ mol L}^{-1}$$

Dans l'opération de dilution la conservation de la matière implique la relation :

$$c_0 V_0 = c_1 V_1$$

$c_0 = 4{,}84.10^{-3}$ mol L^{-1} $\qquad V_0 = 1.10^{-3}$ L $\qquad c_1 = 2{,}51.10^{-6}$ mol L^{-1}

$$V_1 = 4{,}84.10^{-3} \times 1.10^{-3} / 2{,}51.10^{-6} = 1{,}928 \text{ L} = 1\,928 \text{ mL}$$

Le volume d'eau à rajouter à 1 mL de la solution est :

$$V_{eau} = 1\,928 - 1 = 1\,927 \text{ mL}$$

d) Si la solution précédente est diluée 100 fois, la nouvelle concentration en ions NO_3^- devient :

$$c_2 = 2{,}51.10^{-8} \text{ mol L}^{-1}$$

On ne peut plus appliquer la relation pH = – log c_2 qui conduirait à pH = 7,6 ce qui est évidemment absurde pour une solution d'acide.

Il convient, dans le cas de cette solution très diluée, d'utiliser l'équation d'électroneutralité sans aucune approximation et la constante d'ionisation de l'eau. On arrive à une équation générale du second degré :

$$[H_3O^+] = [NO_3^-] + [OH^-] = [NO_3^-] + (K_e / [H_3O^+])$$

soit $[H_3O^+]^2 - 2{,}51.10^{-8}\,[H_3O^+] - 10^{-14} = 0$.

On en tire : $[H_3O^+] = 1{,}13.10^{-7}$ mol L^{-1} $\quad \Rightarrow \quad$ pH = 6,95

La forte dilution nous rapproche du pH de neutralité.

2.10 a) On écrit l'équation-bilan de la réaction :

$$Na + C_2H_5OH \rightarrow C_2H_5O^- + Na^+ + 0{,}5\ H_2$$

$$n(H_2) = PV / RT = 10^5 \times 1{,}24.10^{-4} / 8{,}314 \times 298 = 5.10^{-3} \text{ mol}$$

Cette quantité de dihydrogène correspond, d'après l'équation de réaction, à la consommation de $2 \times 5.10^{-3} = 0{,}01$ mol de Na, soit une masse égale à :

$0{,}01 \times 23 = 0{,}23$ g, c'est-à-dire à la consommation de la totalité du sodium ajouté aux 50 mL d'éthanol anhydre. La transformation est donc totale.

La formation directe de l'éthanolate de sodium par action de la soude sur l'éthanol, si elle était possible, se ferait selon :

$$C_2H_5OH + NaOH \rightarrow C_2H_5O^- + Na^+ + H_2O$$

Puisque l'éthanolate est une base forte vis-à-vis de l'eau il se produirait la réaction acide-base inverse :

$$C_2H_5O^- + H_2O \rightarrow C_2H_5OH + OH^-$$

En effet, l'eau est un acide plus fort que l'éthanol et $C_2H_5O^-$ est une base plus forte que l'eau.

b)

Prérequis

La quantité d'alcool consommée par le sodium étant très faible, on peut considérer que la réaction n'affecte pas celle-ci.

La solution B de concentration de 0,01 mol L^{-1} en alcoolate libère 0,01 mol d'ions OH^- :

$$C_2H_5O^- + Na^+ + H_2O \rightarrow C_2H_5OH + Na^+ + OH^-$$

On peut écrire, en considérant que la concentration dans l'eau n'est guère affectée par la présence initiale des 50 mL d'éthanol :

$$c = [Na^+] = 0{,}01 \text{ mol L}^{-1}$$

$$\text{et} \quad [OH^-] = [Na^+] + [H_3O^+]$$

D'une façon symétrique à celle des acides on peut avec les bases, dans des zones de pH > 8, négliger $[H_3O^+]$ devant $[OH^-]$.

On a alors : $[OH^-] = [Na^+] = c = 10^{-14} / [H_3O^+]$

$$pH = 14 + \log c = 14 + \log 0{,}01 = 12$$

c) L'hydroxyde de calcium est une dibase forte totalement dissociée :

$$Ca(OH)_2 \rightarrow Ca^{2+} + 2\ OH^-$$

La relation d'électroneutralité donne :

$$2\,[Ca^{2+}] + [H_3O^+] = [OH^-] \quad \text{avec :} \quad [H_3O^+] \ll [OH^-]$$

La conservation de la matière permet d'écrire :

$$c = [Ca^{2+}] \quad \Rightarrow \quad 2\,c = [OH^-] = 0{,}01 \text{ mol L}^{-1}$$

On en tire $c = 0{,}01 / 2 = 5.10^{-3}$ mol L^{-1} et $n = 5.10^{-3}$ mol de $Ca(OH)_2$

soit $m = n \times M = 5.10^{-3} \times 74 = 0{,}37$ g.

Remarque et généralisation

Sachant que $Ca(OH)_2$ est peu soluble dans l'eau : $K_s = 8.10^{-6}$, il faut vérifier que, dans le cas présent, la précipitation n'a pas lieu. Comme $[Ca^{2+}] = 5.10^{-3}$ mol L^{-1} et $[OH^-] = 0{,}01$ mol L^{-1}, $[Ca^{2+}]\,[OH^-]^2 = 5.10^{-7}$, valeur inférieure à celle du produit de solubilité.

2.11 a) La solution mère et les deux solutions envisagées présentent toutes les trois un pH très acide; on peut donc leur appliquer la relation relative aux acides forts (pH = – log *c*, *voir* **2.10** et essentiel 2.3).

Une augmentation de pH d'une unité implique alors une dilution par un facteur 10 :

- pH 3,5 ⇒ dilution 10 fois de la solution mère
  ⇒ il faut rajouter (30 × 10 – 30) = 270 mL d'eau;
- pH 4,5 ⇒ dilution 100 fois de la solution mère
  ⇒ il faut rajouter 2 970 mL = 2,97 L d'eau.

b) Il s'agit cette fois-ci d'un acide faible qui donne lieu à l'équilibre suivant :

$$CH_3CO_2H + H_2O \rightleftharpoons CH_3CO_2^- + H_3O^+$$

Là encore, les trois solutions envisagées sont nettement acides et on peut négliger $[OH^-]$ devant $[H_3O^+]$ dans la relation d'électroneutralité :

$$[H_3O^+] = [CH_3CO_2^-] + [OH^-] \Rightarrow [H_3O^+] = [CH_3CO_2^-]$$

La conservation de la matière permet d'écrire :

$$c_0 = [CH_3CO_2H] + [CH_3CO_2^-] = [CH_3CO_2H] + [H_3O^+]$$

On en déduit : $K_a = [CH_3CO_2^-]\,[H_3O^+] / [CH_3CO_2H] = [H_3O^+]^2 / (c_0 - [H_3O^+])$.

Si la dissociation est suffisamment faible ($pH \leq pK_a - 1$), on peut négliger $[CH_3CO_2^-]$, donc $[H_3O^+]$, devant c_0 et la relation devient :

$$[H_3O^+]^2 = K_a c_0 \quad \Rightarrow \quad pH = (pK_a - \log c_0) / 2$$

Dans un tel cas, l'application de cette formule permettrait de conclure qu'une augmentation de pH d'une demi-unité accompagnerait une dilution d'un facteur 10 puisque le pH varie comme $-0{,}5 \log c_0$.

La solution mère de pH 2,5 étant une solution de volume égal à 50 mL, on en tirerait les conclusions suivantes :

- pH 3 $\Rightarrow$ dilution 10 fois de la solution mère ($V_{final} = 5.10^2$ mL)
  $\Rightarrow$ il faudrait rajouter $(5.10^2 - 5.10^1) = 450$ mL d'eau;
- pH 3,5 $\Rightarrow$ dilution 100 fois de la solution mère ($V_{final} = 5.10^3$ mL)
  $\Rightarrow$ il faudrait rajouter $(5.10^3 - 5.10^1) = 4\,950$ mL $= 4{,}95$ L d'eau;
- pH 4 $\Rightarrow$ dilution 1 000 fois de la solution mère ($V_{final} = 5.10^4$ mL).
  $\Rightarrow$ il faudrait rajouter $(5.10^4 - 5.10^1) = 49\,950$ mL $= 49{,}95$ L d'eau.

Ces résultats sont d'autant plus approchés que la solution devient plus diluée, car la dissociation de l'acide faible devient de moins en moins négligeable (le calcul rigoureux par résolution de l'équation $K_a = [H_3O^+]^2 / (c_0 - [H_3O^+]$, *voir* essentiel 2.3) conduirait respectivement à des volumes d'eau ajoutés de 444, 4 710 et 42 640 mL). On voit donc que l'écart entre valeur approchée et valeur exacte augmente au fur et à mesure que le pH recherché se rapproche du pK_a.

c) On observe que, dans le cas étudié, la dilution par 10 d'un acide fort augmente le pH de 1 tandis que la même dilution d'un acide faible ne l'augmente que de 0,5.

Cette observation reste valable dans le cas des acides forts tant que le pH reste ≤ 6.

Remarque et généralisation

Dans le cas des acides faibles, ce résultat reste valable tant que la dissociation reste faible (inférieure à 10 % par exemple). Cette condition est remplie dès lors que $[A^-] / [AH] \leq 0{,}1$, soit $pH \leq pK_a - 1$ (*voir* essentiel 2.3).

Les calculs rigoureux de concentrations montrent, en revanche, que les écarts de volumes à rajouter, lors des dilutions, sont beaucoup plus importants mais n'ont que de faibles répercussions sur le pH comme on le voit sur les exemples précédents.

Remarque et généralisation

L'expression logarithmique du pH en fonction de la concentration amortit les évolutions de pH par rapport aux évolutions de concentration.

2.12 a) L'air, et donc l'atmosphère du laboratoire, contient du dioxyde de carbone capable de se dissoudre dans l'eau. En solution aqueuse, le dioxyde de carbone est un diacide qui réagit avec l'eau jusqu'à ce que les équilibres acide-base soient atteints :

$$CO_2(aq) + 2\,H_2O \rightleftharpoons HCO_3^- + H_3O^+ \qquad (1) \qquad K_{a1}$$

$$HCO_3^- + H_2O \rightleftharpoons CO_3^{2-} + H_3O^+ \qquad (2) \qquad K_{a2}$$

La concentration en H_3O^+ va donc augmenter et le pH de l'eau distillée s'abaisser au fur et à mesure de la dissolution et de la réaction du dioxyde de carbone avec l'eau. Lorsque l'équilibre thermodynamique est atteint, on obtient le pH limite.

Prérequis

La dissolution d'un gaz dans un liquide donne lieu à un équilibre régi par la loi dite de Henry, qui exprime la proportionnalité entre les activités du gaz et de sa forme dissoute.

b) Indépendamment des équilibres acido-basiques précédents, le dioxyde de carbone, contenu dans l'atmosphère du laboratoire, est en équilibre avec le dioxyde de carbone dissous :

$$CO_2(\text{gaz}) \rightleftharpoons CO_2(\text{aqueux})$$

$$K = a(CO_2(\text{aqueux})) \,/\, a(CO_2(\text{gaz})) \qquad \text{(Loi de Henry)}$$

En solution aqueuse l'activité du dioxyde de carbone, dissous en faible concentration, est donnée par :

$$a(CO_2(\text{aqueux})) = c(CO_2(\text{aqueux})) \,/\, c°$$

avec $c°$ concentration molaire de référence = 1 mol L^{-1}.

Pour le dioxyde de carbone gazeux sous faible pression, on a :

$$a(CO_2(\text{gaz})) = P(CO_2(\text{gaz})) \,/\, P° \text{ avec } P° \text{ pression de référence} = 1 \text{ bar} = 10^5 \text{ Pa}$$

En exprimant $c(CO_2)$ en mol L^{-1} et $P(CO_2)$ en bar l'expression de la constante d'équilibre devient :

$$K = c(CO_2) \,/\, P(CO_2)$$

c) Si on considère l'air comme un mélange de gaz parfaits, on peut écrire :

$$P(CO_2) = P_t \times n(CO_2) \,/\, n_{\text{total}} = 1 \times 0{,}033 \,/\, 100 = 3{,}3.10^{-4} \text{ bar}$$

La connaissance de la valeur numérique de K permet de calculer la concentration en CO_2 dissous à l'équilibre :

$$c(CO_2) = c_0 = K \times P(CO_2) = 3{,}36.10^{-2} \times 3{,}3.10^{-4} = 1{,}11.10^{-5} \text{ mol L}^{-1}$$

Le pH limite correspond à cette concentration c_0 en CO_2 dissous.

Compte tenu de la valeur de la constante relative à la seconde acidité de l'acide carbonique dissous dans l'eau, on peut négliger cette seconde acidité et, par conséquent, considérer que la concentration en CO_3^{2-} est également négligeable devant celle de HCO_3^-. En effet, en milieu acide avec :

$$[CO_3^{2-}] = [HCO_3^-] \times K_{a2} / [H_3O^+]$$

$$[H_3O^+] > 10^{-7} \quad \text{et} \quad K_{a2} = 10^{-10,3}$$

on vérifie que $$[CO_3^{2-}] / [H_3O^+] < 10^{-3,3} < 10^{-3}$$

Les relations entre les diverses concentrations s'écrivent :

- électroneutralité $[H_3O^+] = [HCO_3^-] + [OH^-]$;
- conservation de la matière $[HCO_3^-] + [CO_2(aq)] = c_0$.

En considérant que $[HCO_3^-]$ est négligeable devant $[CO_2(aq)]$ (acide faible) et que $[OH^-]$ est négligeable devant $[H_3O^+]$ (nous sommes en milieu acide) on obtient :

$$K_{a1} = 4{,}5.10^{-7} = [H_3O^+]^2 / c_0 = [H_3O^+]^2 / 1{,}11.10^{-5}$$

et : $$[H_3O^+] = 2{,}23.10^{-6} \text{ mol L}^{-1} \Rightarrow \quad pH = 5{,}65$$

On retrouve évidemment le même résultat en appliquant $pH = (pK_a - \log c_0) / 2$, formule générale valable pour les acides faibles pas trop dilués.

Le résultat proposé permet de vérifier que $[OH^-] = 10^{-14} / 2{,}23.10^{-6} = 4{,}5.10^{-9}$ est négligeable devant $[H_3O^+]$ et que $[HCO_3^-]$ est par conséquent voisin de $[H_3O^+]$. Dans l'équation de conservation de la matière $[HCO_3^-]$ est environ 5 fois plus faible que $[CO_2(aq)]$. Une telle approximation est validée comme le montre la résolution de l'équation exacte du second degré :

$$[H_3O^+]^2 + K_{a1}\,[H_3O^+] - K_{a1}\,c_0 = 0$$

qui conduit à :

$$pH = 5{,}70 \text{ et } [HCO_3^-] / [CO_2(aq)] = 0{,}22$$

d) L'éthanoate de sodium CH_3CO_2Na dissous dans l'eau (concentration $c_0 = 0{,}1$ mol L^{-1}) se dissocie et l'ion éthanoate donne un équilibre acido-basique avec l'eau :

$$CH_3CO_2Na \rightarrow CH_3CO_2^- + Na^+$$

$$CH_3CO_2^- + H_2O \rightleftharpoons CH_3CO_2H + OH^-$$

$$2\,H_2O \rightleftharpoons H_3O^+ + OH^-$$

L'ion éthanoate est donc une espèce basique qui va consommer des ions H_3O^+ et augmenter le pH. On écrit les relations habituelles entre les concentrations des diverses espèces :

- conservation de la matière $c_0 = [CH_3CO_2^-] + [CH_3CO_2H] = [Na^+]$ (1)
- électroneutralité $[H_3O^+] + [Na^+] = [CH_3CO_2^-] + [OH^-]$ (2)
- autoprotolyse de l'eau $[H_3O^+] \times [OH^-] = K_e = 10^{-14}$ à 25 °C (3)

La solution est basique et $[H_3O^+]$ est négligeable devant $[OH^-]$ dans (2).

L'ion $CH_3CO_2^-$ est une base faible et $[CH_3CO_2H]$ est négligeable devant $[CH_3CO_2^-]$ dans (1).

(1) $\Rightarrow$ $[CH_3CO_2H] = c_0 - [CH_3CO_2^-]$

(2) $\Rightarrow$ $[OH^-] = c_0 - [CH_3CO_2^-]$

On en tire l'égalité $[CH_3CO_2H] = [OH^-]$.

D'où : $K_a = [H_3O^+]\ [CH_3CO_2^-] / [CH_3CO_2H]$

$= [H_3O^+]\ [CH_3CO_2^-] / [OH^-] = [H_3O^+]^2\ [CH_3CO_2^-] / K_e$

et : $[H_3O^+]^2 = K_eK_a / c_0$

Finalement, pour les bases faibles relativement concentrées (les bases faibles fortement diluées se comporteraient comme des bases fortes), le pH est donné par la relation :

$$pH = 0{,}5\ (pK_e + pK_a + \log c_0)$$

soit ici : $pH = (14 + 4{,}75 - 1) / 2 = 8{,}88.$

On vérifie bien que $[H_3O^+]$ est négligeable devant $[OH^-]$.

e) Avec l'eau distillée, acidifiée par la solubilisation du dioxyde de carbone, l'ion éthanoate en solution dans l'eau réagit par réaction acide-base avec l'acide $CO_2(aq)$:

$$CH_3CO_2^- + CO_2(aq) + H_2O \rightleftharpoons HCO_3^- + CH_3CO_2H \qquad K_x$$

Tout se passe comme si on avait ajouté CO_2 à la solution basique d'éthanoate. Le pH ne peut donc que diminuer. Cette réaction est la somme des deux réactions acido-basiques ci-dessous :

$$CO_2(aq) + 2\ H_2O \rightleftharpoons HCO_3^- + H_3O^+ \qquad K_{a1} = 4{,}5.10^{-7}$$

$$CH_3CO_2^- + H_3O^+ \rightleftharpoons CH_3CO_2H + H_2O \qquad K = 1 / K_a = 1 / 1{,}78.10^{-5}$$

La constante d'équilibre de cette réaction globale est donc :

$$K_x = K_{a1} / K_a = 4{,}5.10^{-7} / 1{,}78.10^{-5} = 2{,}53.10^{-2}$$

2.13 a) On écrit la réaction et on dresse le tableau de l'avancement qui correspond à la dissociation de la quantité de matière contenue dans 1 litre de solution d'acide AH :

	AH	+	H_2O	$\rightleftharpoons$	H_3O^+	+	A^-
t_0	c_0		en excès				0
t	$c_0\ (1-\alpha)$						$c_0\ \alpha$

L'équation de neutralité électrique s'écrit : $[H_3O^+] = [A^-] + [OH^-]$.

Le milieu étant acide, on peut, sous réserve de vérification ultérieure, simplifier cette expression :

$$[H_3O^+] = [A^-],\ \text{d'où}\ c_0\ \alpha = [A^-] = [H_3O^+]$$

$$\alpha = [H_3O^+] / c_0$$

On sait par ailleurs que, pour pH < 6 (*voir* essentiel 2.3), $[H_3O^+]$ est la racine de l'équation du second degré :

$$[H_3O^+]^2 + K_a\ [H_3O^+] - K_a\ c_0 = 0.$$

On en déduit l'expression $\alpha = [-K_a + (K_a^2 + 4\ K_a\ c_0)^{1/2}] / (2c_0)$

Les valeurs de α, pour les deux acides, sont portées, avec les valeurs du pH et du pourcentage de dissociation d, dans les deux tableaux ci-après :

c_0 (mol L^{-1})	1	0,1	0,01
α	0,022	0,068	0,20
d (%)	2,2	6,8	20
H_3O^+	$2,21.10^{-2}$	$6,83.10^{-2}$	2.10^{-3}
pH	1,65	2,17	2,70

Acide nitreux ($pK_a = 3,3$)

c_0 (mol L^{-1})	1	0,1	0,01
α	$1,12.10^{-5}$	$3,55.10^{-5}$	$1,12.10^{-4}$
d (%)	$1,12.10^{-3}$	$3,55.10^{-3}$	$1,12.10^{-2}$
H_3O^+	$1,12.10^{-5}$	$3,55.10^{-6}$	$1,12.10^{-6}$
pH	4,95	5,45	5,95

Phénol ($pK_a = 9,9$)

On vérifie bien que, dans le domaine de pH observé, l'approximation consistant à négliger $[OH^-]$ est acceptable.

b) Le coefficient de dissociation de chacun des deux acides faibles considérés augmente avec la dilution : plus on dilue les solutions, plus ces acides deviennent forts. En effet, plus la dilution augmente, plus le pH augmente et, par conséquent, plus le rapport $[A^-] / [AH] = 10^{(pH - pKa)}$ augmente.

Cette observation vaut pour tous les acides faibles.

La valeur de ce rapport, tout comme le pH, tend toutefois vers une valeur limite correspondant au pH neutre de la solution infiniment diluée :

$$\{[A^-] / [AH]\}_{max} = 10^{(7 - pK_a)}$$

Par conséquent, pour les acides faibles dont le pK_a est supérieur à 7, le coefficient de dissociation ne pourra pas excéder la valeur 0,5 à dilution infinie. Les acides faibles de pK_a inférieur ou égal à 6 se comportent pratiquement comme des acides forts à dilution infinie. En effet, si $pK_a = 6$, $[A^-] / [AH] = 10$ à dilution infinie.

c)

Prérequis

Les notions de conductivité ionique et les relations correspondantes sont données dans l'essentiel 1.2.

La conductivité électrique résulte des contributions additives de chaque espèce chargée. La contribution de chaque type d'ions est proportionnelle à la charge (en valeur absolue), à la mobilité et à la concentration en espèce considérée.

En première approximation, on peut dire que les mobilités des ions concernés ici sont peu différentes les unes des autres, sauf dans le cas du proton, 10 fois plus mobile que les autres et, dans une moindre mesure, de l'ion OH^-.

Les tableaux donnés en a) montrent que pour les deux acides, même s'ils se dissocient moins lorsqu'on augmente la concentration, c'est pour celle de 1 mol L^{-1} que les concentrations ioniques, en particulier celle de H_3O^+, sont les plus élevées. Par conséquent, c'est dans le cas des solutions les plus concentrées que la conductivité électrique sera la plus élevée.

Remarque et généralisation

Le raisonnement du c) a une valeur très générale pour ce qui concerne les concentrations. Toutefois, les mobilités ioniques décroissent lorsque les concentrations ioniques deviennent trop élevées à cause des interactions accrues entre les différents ions. De plus, une augmentation de la viscosité du milieu contribue également à la diminution des mobilités, donc de la conductivité. C'est ainsi, par exemple, que la conductivité des solutions d'acide sulfurique des accumulateurs au plomb passe par un maximum, à température ordinaire, pour une concentration de 4 mol L^{-1} environ.

2.14 a) Les réactions mises en jeu sont les suivantes :

$$HCl + H_2O \rightarrow Cl^- + H_3O^+$$

$$HNO_2 + H_2O \rightleftharpoons NO_2^- + H_3O^+$$

$$2\,H_2O \rightleftharpoons H_3O^+ + OH^-$$

Dans la solution finale, c'est-à-dire après mélange des deux solutions conduisant à un volume total double, c'est-à-dire de 200 mL, la relation de conservation de la matière donne :

$$[Cl^-] = c'_1 = c_1 / 2 = 0{,}025 \text{ mol L}^{-1}$$

$$[NO_2^-] + [HNO_2] = c'_2 = c_2 / 2 = 0{,}25 \text{ mol L}^{-1}$$

La relation d'électroneutralité peut s'écrire :

$$[H_3O^+] = [NO_2^-] + [Cl^-] + [OH^-]$$

Le milieu étant acide (mélange de deux acides), on néglige dans la relation d'électroneutralité $[OH^-]$ devant les autres termes d'où :

$$[H_3O^+] = [NO_2^-] + [Cl^-] = [NO_2^-] + c'_1$$

L'écriture de la constante d'acidité donne :

$$K_a = [NO_2^-]\,[H_3O^+] / [HNO_2] = 10^{-3,3} = 5{,}01.10^{-4}$$

Compte tenu de la concentration en acide fort (c'_1 = 0,025 mol L^{-1}), on sait que le pH est inférieur à – log c'_1 c'est-à-dire à 1,6. Dans ces conditions l'acide nitreux se comporte comme un acide faible très peu dissocié et on peut négliger $[NO_2^-]$ devant $[HNO_2]$ (deuxième approximation). On obtient donc :

$$c'_2 = [HNO_2]$$

Cela permet d'écrire :

$$K_a = ([H_3O^+] - c'_1)\,[H_3O^+] / c'_2 = 5.10^{-4}$$

ou encore :

$$[H_3O^+]^2 - c'_1\,[H_3O^+] - 5{,}01.10^{-4}\,c'_2 = 0$$

$$[H_3O^+]^2 - 0{,}025\,[H_3O^+] - 1{,}25.10^{-4} = 0$$

On garde la racine positive qui donne la concentration en H_3O^+ :

$$[H_3O^+] = 0{,}0293 \text{ mol L}^{-1}$$

soit pH = 1,53.

Le pH est à peine inférieur au pH de la solution de HCl de même concentration.

Il est nécessaire de vérifier la validité des approximations.

Première approximation :

$$\text{pH} = 1{,}53 \Rightarrow [H_3O^+] = 0{,}0293 \text{ mol L}^{-1} \text{ et } [OH^-] = 10^{-14} / 0{,}0293 = 3{,}41.10^{-13} \text{ mol L}^{-1}$$

$$[H_3O^+] \gg [OH^-]$$

Cette approximation est validée.

Deuxième approximation :

$$[NO_2^-] = [H_3O^+] - [Cl^-] = 0{,}0293 - 0{,}025 = 4{,}3.10^{-3} \text{ mol L}^{-1}$$

$$[HNO_2] = c'_2 - [NO_2^-] = 0{,}25 - 4{,}3.10^{-3} = 0{,}2457 \approx 0{,}25 \text{ mol L}^{-1}$$

$$[HNO_2] \gg [NO_2^-]$$

Cette approximation est valable à environ 2 % près.

Le coefficient de dissociation α est égal au rapport entre la quantité d'acide nitreux dissocié et la quantité d'acide de départ :

$$\alpha = [NO_2^-] / c'_2 = 4{,}3.10^{-3} / 0{,}25 = 0{,}017$$

On compare cette dissociation avec la dissociation du même acide à la même concentration, sans présence de HCl. La constante d'acidité s'écrit alors :

$$K_a = [H_3O^+]^2 / c'_2 - [H_3O^+]$$

soit $$[H_3O^+]^2 + K_a\,[H_3O^+] - c'_2\,K_a = 0$$

comme $$[H_3O^+] = [NO_2^-] = 0{,}011$$

$$\alpha = [NO_2^-] / c'_2 = 0{,}011 / 0{,}25 = 0{,}04$$

La dissociation est environ deux fois et demie plus importante sans la présence de HCl puisque le pH est alors plus élevé.

b) Après mélange de la solution inchangée de HCl et d'une solution 10 fois plus diluée de HNO_2 par rapport à **a)**, avec un volume total de 200 mL, la relation de conservation de la matière donne :

$$[Cl^-] = c'_1 = c_1 / 2 = 0{,}05 / 2 = 0{,}025 \text{ mol L}^{-1}$$

$$[NO_2^-] + [HNO_2] = c'_2 = c_2 / 2 = 0{,}05 / 2 = 0{,}025 \text{ mol L}^{-1}$$

La relation d'électroneutralité peut s'écrire :

$$[H_3O^+] = [NO_2^-] + [Cl^-] + [OH^-]$$

Le milieu étant acide, on peut toujours négliger, dans la relation d'électroneutralité, $[OH^-]$ devant les autres termes d'où :

$$[H_3O^+] = [NO_2^-] + [Cl^-] = [NO_2^-] + c'_1$$

Pour les mêmes raisons qu'en a) on néglige la concentration de l'acide dissocié devant la concentration de l'acide non dissocié et on effectue une deuxième approximation :

$$c'_2 = [HNO_2] = 0{,}025 \text{ mol L}^{-1}$$

On obtient l'équation du second degré :

$$[H_3O^+]^2 - c'_1\,[H_3O^+] - 5{,}01.10^{-4}\,c'_2 = 0$$

$$[H_3O^+]^2 - 0{,}025\,[H_3O^+] - 1{,}25.10^{-5} = 0$$

On garde la racine positive qui donne la concentration en H_3O^+ :

$$[H_3O^+] = 0{,}0255 \text{ mol L}^{-1}$$

soit pH = 1,59.

L'introduction d'un même volume d'acide faible de même concentration n'abaisse pratiquement pas le pH de la solution chlorhydrique.

On vérifie la validité des approximations et on constate que $[H_3O^+] \gg [OH^-]$.

Par ailleurs, comme $[NO_2^-] = [H_3O^+] - [Cl^-] = 0{,}0255 - 0{,}025 = 5.10^{-4}$ mol L^{-1}

$$[HNO_2] = c'_2 - [NO_2^-] = 0{,}025 - 5.10^{-4} = 0{,}0245 \approx 0{,}025 \text{ mol L}^{-1}$$

$$[HNO_2] \gg [NO_2^-]$$

L'approximation est ici un peu meilleure que dans la question a).

Le coefficient de dissociation α est égal au rapport entre la quantité d'acide nitreux dissocié et la quantité d'acide de départ :

$$\alpha = [NO_2^-] / c'_2 = 5.10^{-4} / 0{,}025 = 0{,}020$$

On compare cette dissociation avec la dissociation du même acide à la même concentration.

Le pH d'une solution d'acide nitreux à la concentration de 0,025 mol L^{-1} répond, comme précédemment, à l'expression :

$$[H_3O^+]^2 + K_a\,[H_3O^+] - c'_2 K_a - 0$$

On obtient : $[H_3O^+] = [NO_2^-] = 3{,}297.10^{-3}$

$$\alpha = [NO_2^-] / c'_2 = 3{,}297.10^{-3} / 0{,}025 = 0{,}13$$

La dissociation est environ 6,5 fois plus importante sans la présence de HCl.

c) Après mélange de la solution inchangée de HCl et d'une solution 100 fois plus diluée de HNO_2 par rapport à a), toujours dans un volume total de 200 mL, la relation de conservation de la matière donne :

$$[Cl^-] = c'_1 = c_1 / 2 = 0{,}05 / 2 = 0{,}025 \text{ mol L}^{-1}$$

$$[NO_2^-] + [HNO_2] = c'_2 = c_2 / 2 = 0{,}005 / 2 = 0{,}0025 \text{ mol L}^{-1}$$

La relation d'électroneutralité peut s'écrire :

$$[H_3O^+] = [NO_2^-] + [Cl^-] + [OH^-]$$

Le milieu étant acide on peut toujours négliger $[OH^-]$ devant les autres termes dans la relation d'électroneutralité, d'où :

$$[H_3O^+] = [NO_2^-] + [Cl^-] = [NO_2^-] + c'_1$$

Pour les mêmes raisons que précédemment, on néglige la concentration de l'acide dissocié devant la concentration de l'acide non dissocié et on effectue une deuxième approximation :

$$c'_2 = [HNO_2] = 0{,}0025 \text{ mol L}^{-1}$$

On obtient l'équation du second degré :

$$[H_3O^+]^2 - c'_1\,[H_3O^+] - 5{,}01.10^{-4}\,c'_2 = 0$$

$$[H_3O^+]^2 - 0{,}025\,[H_3O^+] - 1{,}252.10^{-6} = 0$$

On garde la racine positive qui donne la concentration en H_3O^+ :

$$[H_3O^+] = 0{,}025 \text{ mol L}^{-1}$$

soit pH = 1,6.

On vérifie la validité des approximations et on constate que :

$$[H_3O^+] \gg [OH^-]$$

$$[NO_2^-] = [H_3O^+] - [Cl^-] = 0{,}02505 - 0{,}025 = 0{,}00005 \text{ mol L}^{-1}$$

$$[HNO_2] = c'_2$$

$$\alpha = 5.10^{-5} / 2{,}5.10^{-3} = 2.10^{-2} = 0{,}02$$

La dissociation de HNO_2 n'est pas modifiée par rapport à a).

Remarque et généralisation

On voit ainsi que, puisque le pH est fixé (1,6 ici), la dissociation de l'acide faible HNO_2 ne dépend pas de la concentration en cet acide faible contrairement au cas où cet acide faible serait seul en solution.

On va comparer encore une fois cette dissociation avec la dissociation de l'acide nitreux à la concentration de 0,0025 mol L^{-1}.

$$[H_3O^+]^2 + K_a\,[H_3O^+] - c'_2\,K_a = 0$$

On obtient $[H_3O^+] = [NO_2^-] = 3{,}297.10^{-3}$

Une solution d'acide nitreux à la concentration de 0,0025 mol L^{-1} a un pH de :

$$pH = (pK_a - \log c) / 2 = (3{,}3 + 2{,}6) / 2 = 2{,}95$$

comme $[H_3O^+] = [NO_2^-] = 1{,}12.10^{-3}$

$$\alpha = [NO_2^-] / c'_2 = 1{,}12.10^{-3} / 0{,}0025 = 0{,}448$$

La dissociation est nettement plus importante sans la présence de HCl.

2.15 a) Les deux réactions de dissociation acide sont les suivantes :

$$H_2SO_4 + H_2O \rightleftharpoons HSO_4^- + H_3O^+$$

$$HSO_4^- + H_2O \rightleftharpoons SO_4^{2-} + H_3O^+$$

L'équation de neutralité électrique s'écrit :

$$[H_3O^+] = [HSO_4^-] + 2\,[SO_4^{2-}] + [OH^-] \qquad (1)$$

Remarque et généralisation

Attention au coefficient de $[SO_4^{2-}]$, souvent est faite l'erreur de prendre le coefficient 0,5 parce que l'ion sulfate est porteur de 2 charges unitaires. C'est évidemment faux puisque c'est précisément en fonction de cette charge multiple, dont la conséquence est d'abaisser la concentration correspondante, qu'il faut appliquer le coefficient 2.

b) En plus de l'équation de neutralité électrique (1) on peut écrire l'équation de conservation de la matière :

$$[HSO_4^-] + [SO_4^{2-}] = c \qquad (2)$$

Le milieu étant acide on peut négliger $[OH^-]$ dans l'équation (1). La somme des équations (1) + (2) conduit alors à :

$$[H_3O^+] = [SO_4^{2-}] + c$$

On en déduit : $[SO_4^{2-}] = [H_3O^+] - c$

puis, d'après (2) $[HSO_4^-] = 2\,c - [H_3O^+]$

d'où $K_a = [H_3O^+]\,[SO_4^{2-}] / [HSO_4^-] = [H_3O^+]\,([H_3O^+] - c) / (2\,c - [H_3O^+])$.

On en tire l'équation du second degré :

$$[H_3O^+]^2 - (c - K_a)\,[H_3O^+] - 2\,cK_a = 0$$

La résolution de cette équation conduit aux résultats figurant dans la deuxième ligne du tableau ci-dessous.

c (mol L^{-1})	1	10^{-1}	10^{-2}	10^{-3}	10^{-4}
pH calculé	0,00	0,96	1,83	2,73	3,70
– log 2c	– 0,30	0,70	1,70	2,70	3,70

La troisième ligne du tableau présente les valeurs pH = – log 2c correspondant au cas où les deux acidités de l'acide sulfurique seraient fortes : on voit que l'écart entre le pH calculé et – log 2c s'annule pratiquement dès $c = 10^{-3}$ mol L^{-1}. La deuxième acidité de l'acide sulfurique est forte pour les concentrations inférieures à 10^{-3} mol L^{-1}.

2.16 a) La méthode graphique (diagramme log c/pH) est commode et rapide. Elle repose sur les mêmes considérations que la méthode algébrique (explicitée dans l'essentiel 2.3).

Le diagramme utilisé comporte la représentation graphique des relations donnant log c en fonction de c_0, du pK_a et du pH pour les espèces H_3O^+, OH^-, AH, A^- :

– pour H_3O^+ la définition du pH conduit à $\log [H_3O^+] = -pH$ (1)

– pour OH^- le produit ionique de l'eau conduit à $\log [OH^-] = pH - 14$ (2)

– pour AH l'expression de K_a et de la conservation de la matière conduit à 2 relations :

si $pH < pK_a - 1$ $\quad \log [AH] = \log c_0$ (3)

si $pH > pK_a + 1$ $\quad \log [AH] = \log c_0 + pK_a - pH$ (4)

– pour A^- l'expression de K_a et de la conservation de la matière conduit à 2 relations :

si $pH < pK_a - 1$ $\quad \log [A^-] = \log c_0 - pK_a + pH$ (5)

si $pH > pK_a + 1$ $\quad \log [A^-] = \log c_0$ (6)

Les droites d'équations (1) et (2) sont invariantes quels que soient les couples acido-basiques envisagés et traduisent les propriétés du solvant H_2O. Elles sont construites une fois pour toutes.

Les autres graphes dépendent de ces couples par c_0 et pK_a :

– les droites horizontales (3) et (6), indépendantes du pH ne dépendent que de c_0; elles sont raccordées respectivement aux droites (4) et (5);

– les droites (1) et (4) d'une part, (2) et (5) d'autre part, sont parallèles.

Les droites (3), (4), (5) et (6) traduisent la nature du couple et la quantité de matière utilisée ($c_0 = [A^-] + [AH]$) indépendamment du rapport $[A^-] / [AH]$ introduit initialement. Cet ensemble de droites peut également être construit une fois pour toutes sur papier transparent et il suffira de déplacer ce transparent latéralement au niveau du pK_a adéquat et en hauteur au niveau de la concentration expérimentale.

Le problème est totalement défini dès lors qu'est appliquée la relation de neutralité électrique.

Cas général d'un acide AH

Les espèces en solution sont AH, A^-, H_3O^+, OH^- et la relation de neutralité électrique s'écrit :

$$[H_3O^+] = [A^-] + [OH^-] \quad (7)$$

Dans le premier cas considéré (pK_a = 5, $c_0 = 10^{-3}$ mol L^{-1}) cette relation est satisfaite pour le point A (figure 1) et la valeur du pH s'établit à 4.

Dans le deuxième cas considéré (pK_a = 5, $c_0 = 10^{-6}$ mol L^{-1}), la valeur du pH s'établit à 6 (point A', figure 2).

Cas du chlorure de pyridinium (Py^+,Cl^-) dont la base conjuguée est la pyridine (Py) :

la neutralité électrique : $[Py^+] + [H_3O^+] = [Cl^-] + [OH^-] = c_0 + [OH^-]$

additionnée à la conservation de la matière : $c_0 = [Py^+] + [Py]$

donne :

$$[H_3O^+] = [Py] + [OH^-] \quad (8)$$

Les relations (7) et (8) sont de forme identique et la relation (8) est satisfaite pour les mêmes valeurs 4 et 6 du pH.

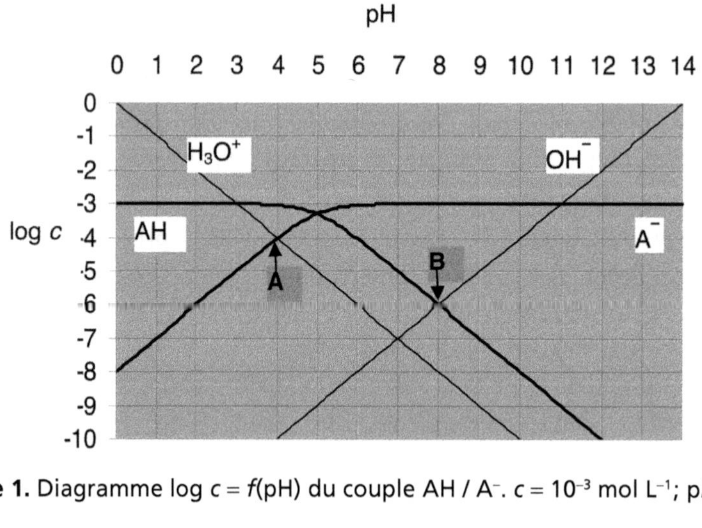

Figure 1. Diagramme log $c = f$(pH) du couple AH / A^-. $c = 10^{-3}$ mol L^{-1}; pK_a = 5.

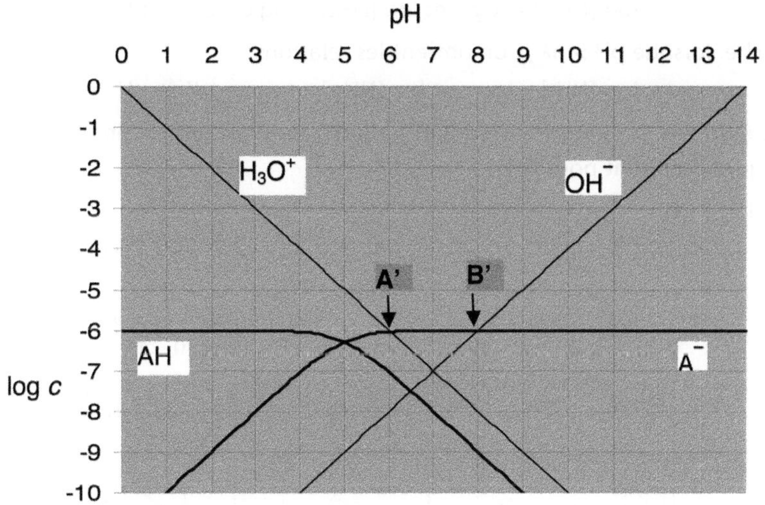

Figure 2. Diagramme log $c = f(\text{pH})$ du couple AH / A^-. $c = 10^{-6}$ mol L^{-1} ; $pK_a = 5$.

b) Dans le cas de la solution de pyridine, l'équation de neutralité électrique s'écrit :

$$[Py^+] + [H_3O^+] = [OH^-]$$

Elle est vérifiée sur les diagrammes aux points B (pH = 8) et B' (pH = 7) correspondant respectivement à $c_0 = 10^{-3}$ mol L^{-1} et $c_0 = 10^{-6}$ mol L^{-1}.

2.17

Prérequis

Pour ce problème il faut comparer la force des acides conjugués correspondant aux bases que sont les ions halogénure. Pour cela il faut se référer aux valeurs de pK_a. La valeur du pK_a de HCl, qui vaut –7, montre que l'ion Cl^- est une base très faible qui ne capture pas les ions H_3O^+ dans l'eau. En revanche, F^- est une base moins faible qui est susceptible de réagir avec les ions H_3O^+ pour former l'acide conjugué ($pK_{a2} = 3{,}2$).

a) Les espèces présentes en solution sont Cl^-, H_3O^+, OH^-, NH_4^+ et sa base conjuguée NH_3. En effet, NH_4Cl est entièrement dissocié en ions Cl^- et NH_4^+. La base conjuguée, Cl^-, de l'acide fort HCl ($pK_a = -7$) est très faible et ne réagit pas avec H_3O^+, tandis que NH_4^+, acide faible conjugué de la base NH_3, est suffisamment fort ($pK_{a1} = 9{,}2$) pour réagir avec H_2O. La concentration en Cl^- est donc toujours égale à *c*. En coordonnées logarithmiques, on a $\log [Cl^-] = \log c$ dans tout le domaine de pH.

La condition de conservation de la matière s'écrit :

$$c = [NH_4^+] + [NH_3]$$

Pour un pH inférieur à $pK_{a1} = 9{,}2$ (couple NH_4^+ / NH_3) on peut admettre, pour simplifier, que $[NH_4^+] \approx c$, d'où $[NH_3] \approx K_{a1}\, c / [H_3O^+]$, ce qui entraîne :

$$\log [NH_4^+] \approx \log c \text{ et } \log [NH_3] \approx \log c - pK_{a1} + pH$$

En revanche, lorsque pH > pK_{a1}, on obtient les relations :

$$\log [NH_3] \approx \log c \text{ et } \log [NH_4^+] \approx \log c + pK_{a1} - pH$$

Les courbes log $[H_3O^+] = f(\text{pH})$ et log $[OH^-] = f(\text{pH})$ sont des droites de pentes respectives –1 et +1 qui se coupent pour pH = 7.

La droite log $[H_3O^+] = f(\text{pH})$ passe par l'origine alors que la droite log $[OH^-] = f(\text{pH})$ a pour ordonnée à l'origine la valeur –14. Le diagramme correspondant est donné ci-dessous :

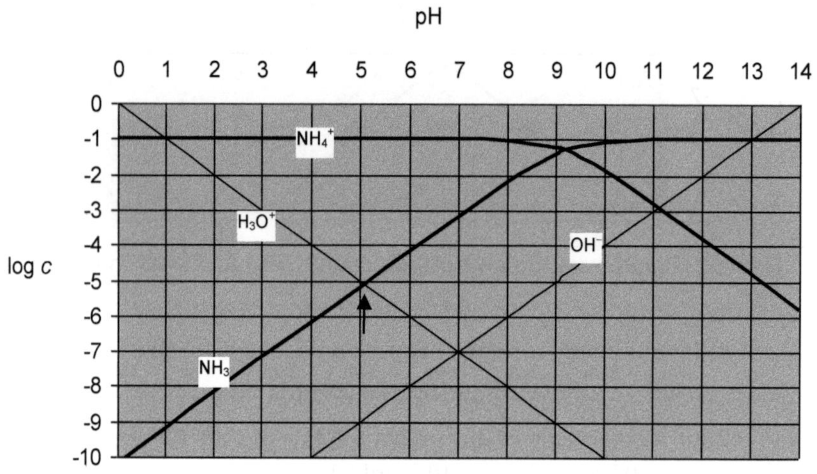

Diagramme log $c = f(\text{pH})$ du couple de NH_4^+/NH_3.
Concentration totale : 10^{-1} M

Pour calculer le pH il faut faire appel à l'équation de neutralité électrique :

$$[H_3O^+] + [NH_4^+] = [OH^-] + [Cl^-]$$

Comme NH_4^+ est un acide faible, on peut admettre *a priori* que la solution est acide et on peut négliger la concentration des ions OH^- dans la relation. En utilisant la conservation de la matière $[NH_4^+] = c - [NH_3]$ et comme $[Cl^-] = c$, l'équation de neutralité électrique se réduit à : $[H_3O^+] = [NH_3]$.

La solution sera donnée graphiquement au point d'intersection des droites log $[H_3O^+]$ et log $[NH_3] = f(\text{pH})$ repéré par une flèche. On trouve pH ≈ 5.

Pour la résolution analytique, on admet également *a priori* que la solution est acide, puis on utilise la constante d'acidité et la relation $[H_3O^+] = [NH_3]$, ce qui conduit à :

$$K_{a1} = [NH_3]\,[H_3O^+] / [NH_4^+] = [H_3O^+]^2 / (c - [H_3O^+])$$

puis à
$$[H_3O^+]^2 + K_{a1}\,[H_3O^+] - cK_{a1} = 0$$

La racine positive donne $[H_3O^+] = 7{,}9.10^{-6}$ mol L^{-1} soit finalement pH = 5,1.

b) Les espèces présentes dans cette nouvelle solution sont H_3O^+, OH^-, NH_4^+ et sa base conjuguée NH_3, F^- ainsi que son acide conjugué HF puisque, compte tenu de leur pK_a, les deux couples acide faible / base faible, NH_4^+ / NH_3 et HF / F^- sont en équilibre entre eux et avec le solvant.

Les équations de neutralité électrique et de conservation de la matière

$$[H_3O^+] + [NH_4^+] = [OH^-] + [F^-]$$

$$c = [NH_4^+] + [NH_3]$$

$$c = [F^-] + [HF]$$

conduisent à l'expression caractéristique :

$$[HF] + [H_3O^+] = [NH_3] + [OH^-]$$

Le diagramme se trace comme dans le cas précédent, mais en introduisant les courbes log [HF] et log [F⁻] qui se coupent pour pH = pK_{a2} = 3,2.

Pour $c = 10^{-1}$ mol L^{-1} et $c = 10^{-2}$ mol L^{-1}, on voit que l'expression caractéristique trouvée ci-dessus est vérifiée pour pH ≈ 6,2. Dans cette zone centrale où [HF] ≫ $[H_3O^+]$ (d'au moins un facteur 10) et $[NH_3]$ ≫ $[OH^-]$ (d'au moins un facteur 100), l'expression caractéristique permettant le calcul du pH se réduit à [HF] = $[NH_3]$ et par conséquent le pH est celui du point d'intersection des deux droites (pour pH ≈ 6,2).

On peut remarquer que l'expression caractéristique [HF] = $[NH_3]$ donnant le pH s'écrit également, $[F^-] = [NH_4^+]$, compte tenu de la conservation de la matière ($c = [NH_3] + [NH_4^+]$ $= [HF] + [F^-]$). Dans ces conditions, le produit des constantes d'acidité :

$$K_{a1} \times K_{a2} = [H_3O^+]^2 \times [NH_3] \times [F^-] / ([NH_4^+] \times [HF])$$

se réduit à $K_{a1} \times K_{a2}$ $[H_3O^+]^2$ et on obtient : pH = (pK_{a1} + pK_{a2}) / 2 = (9,2 + 3,2) / 2 = 6,2.

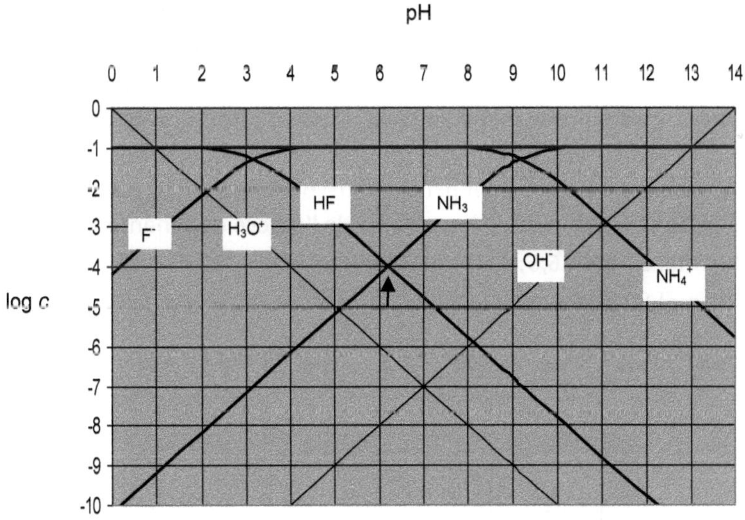

Diagramme log $c = f$(pH) pour les couples NH_4^+/NH_3 et HF/F^-.
Concentration globale pour chaque couple : 10^{-1} M

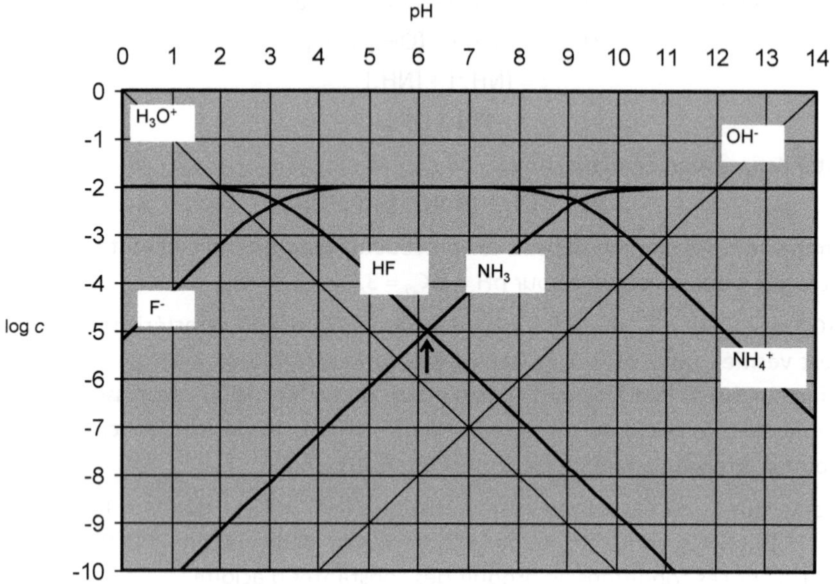

Diagramme log $c = f$(pH) pour les couples NH_4^+/NH_3 et HF/F^-.
Concentration globale pour chaque couple : 10^{-2} M

c) Lorsque la concentration c diminue encore, les termes [HF] et [NH_3] décroissent également et ne sont plus dominants vis-à-vis de H_3O^+ et OH^-. Les espèces dominantes sont H_3O^+ et NH_3 pour $c = 10^{-4}$ mol L^{-1} et H_3O^+ et OH^- pour $c = 10^{-5}$ mol L^{-1} mais ceci sans un excès permettant qu'on puisse négliger les autres. La résolution graphique n'est donc qu'approximative si on utilise les points d'intersection des espèces dominantes sans corriger des autres espèces. La correction peut se faire par lecture de l'écart entre les droites et introduction de cet écart dans le logarithme de l'espèce dominante. On obtient ainsi :

- pour $c = 10^{-4}$ mol L^{-1} pH $\approx$ 6,6 ;
- pour $c = 10^{-5}$ mol L^{-1} pH $\approx$ 6,9.

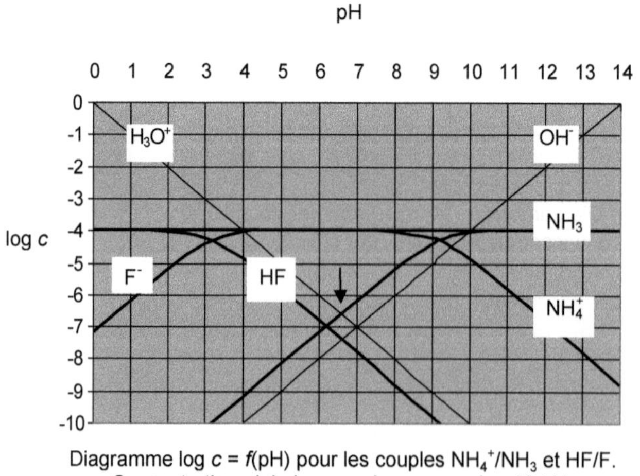

Diagramme log $c = f$(pH) pour les couples NH_4^+/NH_3 et HF/F.
Concentration globale pour chaque couple : 10^{-4} M

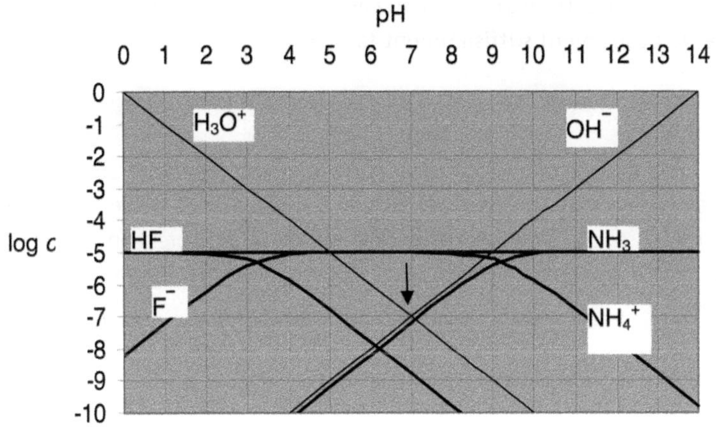

Diagramme log c = f(pH) pour les couples NH_4^+ / NH_3 et HF / F^-.
Concentration globale pour chaque couple : 10^{-5} mol L^{-1}

Pour déterminer le pH dans ces cas où la lecture des diagrammes est moins précise, on peut effectuer une résolution analytique en s'aidant du diagramme. On constate que dans la zone de pH voisin de 7, les espèces NH_4^+ et F^- sont très fortement majoritaires et leurs concentrations sont très proches de c. En utilisant les constantes d'acidité, on peut calculer les concentrations des espèces conjuguées. On trouve ainsi :

$$[NH_3] = 10^{-9,2}\, c \,/\, [H_3O^+]$$

$$[HF] = c\, [H_3O^+] \,/\, 10^{-3,2}$$

L'expression caractéristique devient alors :

$$[H_3O^+] + c\,[H_3O^+] \,/\, 10^{-3,2} = 10^{-9,2}\, c \,/\, [H_3O^+] + 10^{-14} \,/\, [H_3O^+]$$

ce qui conduit à l'équation du 2e degré :

$$[H_3O^+]^2\, (1 + c \,/\, 10^{-3,2}) = 10^{-9,2}\, c + 10^{-14}$$

Les racines positives sont :

– pour $c = 10^{-4}$ mol L^{-1} $[H_3O^+] = 2{,}5.10^{-7}$ mol L^{-1} soit pH = 6,6 ;

– pour $c = 10^{-5}$ mol L^{-1} $[H_3O^+] = 1{,}267.10^{-7}$ mol L^{-1} soit pH = 6,9.

Remarque et généralisation

On peut également effectuer une résolution graphique précise en prenant quelques valeurs de pH autour de 7. Pour cela, on calcule les concentrations des autres espèces dominantes, puis on trace les droites log ([HF] + $[H_3O^+]$) = f(pH) et log ($[NH_3]$ + $[OH^-]$) = f(pH). Leur intersection donne la valeur du pH cherchée.

La résolution des cas précédents montre qu'il n'est pas toujours possible de simplifier l'expression caractéristique [HF] + $[H_3O^+]$ = $[NH_3]$ + $[OH^-]$ et on doit tenir compte de plusieurs espèces. L'expression pH = (pK_{a1} + pK_{a2}) / 2 correspond seulement aux cas où [HF] $\gg$ $[H_3O^+]$ et $[NH_3]$ $\gg$ $[OH^-]$.

Elle est donc réservée à des solutions suffisamment concentrées.

Si on veut généraliser cette expression au cas d'autres sels, il faudra, de plus, veiller à ce que l'acide et la base soient suffisamment faibles.

Remarque et généralisation

L'expression pH = (pK_{a1} + pK_{a2}) / 2 donne, dans certaines conditions sur les concentrations et les pKa, le pH d'un mélange en quantités équivalentes d'acide faible et de base faible, ou encore le pH d'un sel d'acide faible et de base faible. Cette expression donne également le pH d'une solution d'amphotère puisque une espèce amphotère présente à la fois un caractère acide et basique.

2.18

Prérequis

La difficulté principale de cet exercice est le choix des approximations à faire pour pouvoir résoudre avec la meilleure précision. Le diagramme log(*c*)-pH ne permet de déterminer les valeurs que de façon assez approchée selon la précision du tracé. Il est cependant un très bon outil pour visualiser très rapidement les espèces majoritaires et celles qui pourront être négligées dans les équations linéaires (conservation de la matière et électroneutralité).

a) Les espèces mises en jeu dans la solution d'acide phosphorique sont :

$$H_3O^+, OH^-, H_3PO_4, H_2PO_4^-, HPO_4^{2-}, PO_4^{3-}$$

Les équations de dissociation acide sont les suivantes :

$$H_3PO_4 + H_2O \rightleftharpoons H_2PO_4^- + H_3O^+ \qquad K_{a1} = [H_2PO_4^-]\,[H_3O^+] / [H_3PO_4] = 10^{-2,1} \quad (1)$$

$$H_2PO_4^- + H_2O \rightleftharpoons HPO_4^{2-} + H_3O^+ \qquad K_{a2} = [HPO_4^{2-}]\,[H_3O^+] / H_2PO_4^-] = 10^{-7,2} \quad (2)$$

$$HPO_4^{2-} + H_2O \rightleftharpoons PO_4^{3-} + H_3O^+ \qquad K_{a3} = [PO_4^{3-}]\,[H_3O^+] / [HPO_4^{2-}] = 10^{-12,3} \quad (3)$$

Il faut leur adjoindre la dissociation de l'eau :

$$K_e = [H_3O^+]\,[OH^-] = 10^{-14} \quad (4)$$

les expressions de la conservation de la matière :

$$c = [H_3PO_4] + [H_2PO_4^-] + [HPO_4^{2-}] + [PO_4^{3-}] \quad (5)$$

et de la neutralité électrique (électroneutralité) :

$$[H_3O^+] = [H_2PO_4^-] + 2\,[HPO_4^{2-}] + 3\,[PO_4^{3-}] + [OH^-] \quad (6)$$

b) Le diagramme pour une concentration *c* quelconque peut se déduire de celui qui est donné pour le cas où $c = 1$ mol L^{-1}, par une simple translation dans l'échelle logarithmique des ordonnées pour toutes les espèces issues de l'acide phosphorique. Pour $c = 10^{-2}$ mol L^{-1}, les courbes log [H_3PO_4], log [$H_2PO_4^-$], log [HPO_4^{2-}] et log [PO_4^{3-}] sont décalées vers le bas de 2 unités et pour $c = 10^{-4}$ mol L^{-1} de 4 unités.

En revanche, les droites log [H_3O^+] = *f*(pH) et log [OH^-] = *f*(pH) restent inchangées.

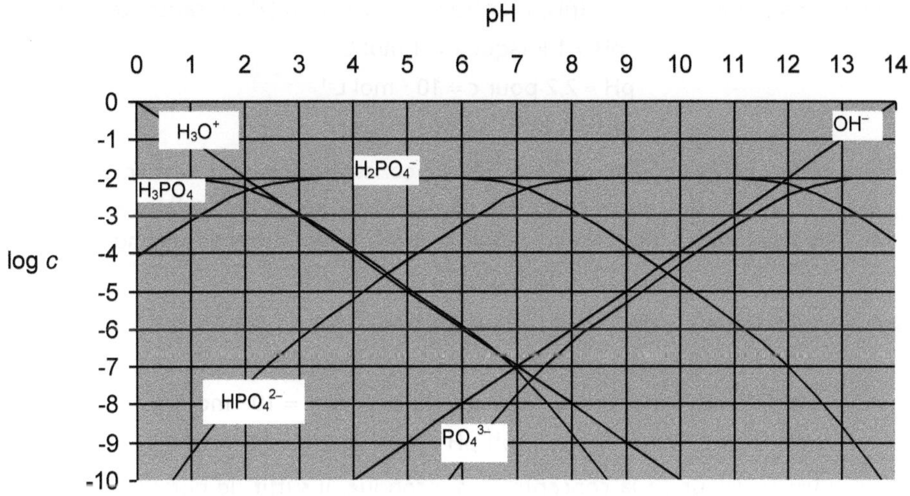

Diagramme log $c = f$(pH) de l'acide phosphorique.
Concentration totale : 10^{-2} M

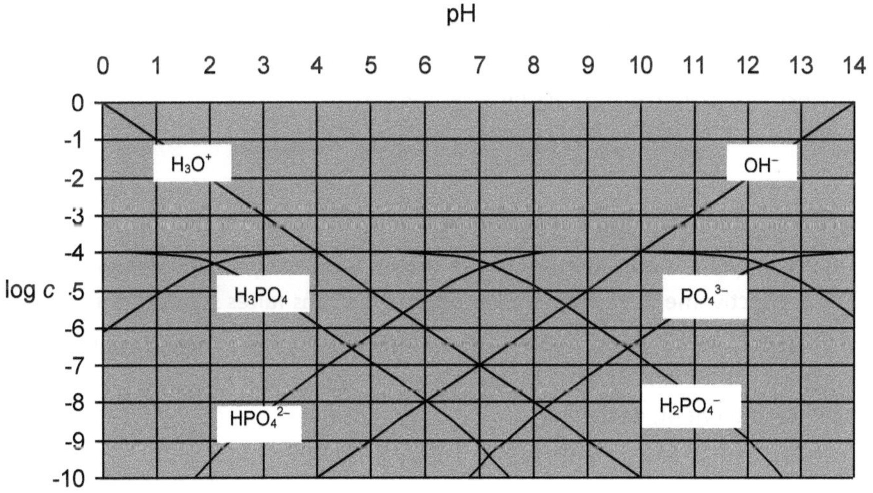

Diagramme log $c = f$(pH) de l'acide phosphorique.
Concentration totale : 10^{-4} M

c) Dans le cas de solutions d'acide phosphorique de concentration c, le milieu étant obligatoirement acide, on peut négliger la contribution des ions OH^- dans la condition d'électroneutralité (6). De plus, si le pH est inférieur à 6, les diagrammes montrent que $[H_2PO_4^-]$ est majoritaire devant les autres ions issus de la dissociation du triacide. La relation (6) se simplifie alors en :

$$[H_3O^+] \approx [H_2PO_4^-] \qquad (7)$$

L'examen du diagramme log(c) = f(pH) montre que la relation (7) est satisfaite pour :

$$pH \approx 1 \text{ lorsque } c = 1 \text{ mol L}^{-1}$$
$$pH \approx 2{,}2 \text{ pour } c = 10^{-2} \text{ mol L}^{-1}$$
$$pH \approx 4 \text{ pour } c = 10^{-4} \text{ mol L-1}$$

On notera que pour ces valeurs les espèces en concentration significative sont H_3O^+, $H_2PO_4^-$ et H_3PO_4. Pour effectuer le calcul, on néglige donc les concentrations en [HPO_4^{2-}], [PO_4^{3-}] et [OH^-] dans (5) et (6), ce qui conduit, avec (1), à l'équation du second degré :

$$[H_3O^+]^2 + 10^{-2,1}\,[H_3O^+] - 10^{-2,1}\,c = 0$$

La résolution conduit aux valeurs suivantes du pH :

$$[H_3O^+] = 8{,}52.10^{-2} \text{ mol L}^{-1}\text{, soit pH} = 1{,}07 \text{ pour } c = 1 \text{ mol L}^{-1},$$
$$[H_3O^+] = 5{,}79.10^{-3} \text{ mol L}^{-1}\text{, soit pH} = 2{,}24 \text{ pour } c = 10^{-2} \text{ mol L}^{-1},$$
$$[H_3O^+] = 9{,}88.10^{-5} \text{ mol L}^{-1}\text{, soit pH} = 4{,}01 \text{ pour } c = 10^{-4} \text{ mol L}^{-1}$$

d) Pour trouver la valeur de la concentration inconnue, il suffit de porter la valeur de [H_3O^+] correspondant à pH = 1,7 (soit [H_3O^+] = 0,02 mol L^{-1}) dans l'équation du 2e degré précédente, puisqu'elle est vraie pour tout pH < 6. On obtient alors :

$$c = (4.10^{-4} + 2.10^{-2} \times 10^{-2,1}) / 10^{-2,1} = 0{,}07 \text{ mol L}^{-1}$$

La concentration en $H_2PO_4^-$ est très proche de celle de H_3O^+, soit [$H_2PO_4^-$] ≈ 2.10^{-2} mol L^{-1}.

Celle de H_3PO_4 se déduit de la relation (1), soit :

$$[H_3PO_4] \approx 4.10^{-4} / 10^{-2,1} = 5.10^{-2} \text{ mol L}^{-1}$$

Celle de HPO_4^{2-} se déduit ensuite de (2) ce qui donne :

$$[HPO_4^{2-}] \approx 10^{-7,2} = 6{,}3.10^{-8} \text{ mol L}^{-1}$$

Quant à la concentration en PO_4^{3-}, elle découle de la relation (3), compte tenu des résultats précédents, soit [PO_4^{3-}] ≈ 6,3.10^{-8} × 10$^{-12,3}$ / 2.10^{-2} = 1,6.10^{-18} mol L^{-1}.

On vérifie bien que la neutralité électrique est respectée et par ailleurs que [HPO_4^{2-}] et [PO_4^{3-}] sont effectivement très faibles. Les approximations faites sont donc justifiées.

e) Dans le cas de solutions de phosphate de sodium (Na_3PO_4) de concentration c, le sel est entièrement dissocié, donc [Na^+] = 3c. La relation de neutralité électrique, où la concentration en Na^+ intervient, devient :

$$3c + [H_3O^+] = [H_2PO_4^-] + 2\,[HPO_4^{2-}] + 3\,[PO_4^{3-}] + [OH^-] \qquad (8)$$

Les relations (5) et (8) conduisent alors à :

$$[H_3O^+] + 3\,[H_3PO_4] + 2\,[H_2PO_4^-] + [HPO_4^{2-}] = [OH^-] \qquad (9)$$

La solution étant basique puisque PO_4^{3-} est une base, on peut négliger la contribution de H_3O^+ et, si le pH est supérieur à 10, les diagrammes montrent que l'on peut négliger aussi [$H_2PO_4^-$] et [H_3PO_4]. La relation (9) devient alors plus simplement [HPO_4^{2-}] ≈ [OH^-].

L'examen du diagramme log(c) = f(pH) montre que cette dernière condition est satisfaite pour :

$$pH \approx 13{,}1 \text{ pour } c = 1 \text{ mol L}^{-1}$$
$$pH \approx 11{,}8 \text{ pour } c = 10^{-2} \text{ mol L}^{-1}$$
$$pH \approx 10{,}0 \text{ pour } c = 10^{-4} \text{ mol L}^{-1}$$

Pour effectuer le calcul et avoir un résultat plus précis, on néglige les termes $[H_3PO_4]$, et $[H_2PO_4^-]$ dans la relation de conservation de la matière (5), ce qui conduit, avec les constantes d'équilibre (3) et (4), à l'équation du second degré :

$$c\,[H_3O^+]^2 - 10^{-14}\,[H_3O^+] - 5{,}01.10^{-27} = 0$$

Sa résolution conduit aux valeurs suivantes du pH :

pH = 13,12 pour c = 1 mol L^{-1}

pH = 11,86 pour $c = 10^{-2}$ mol L^{-1}

pH = 10,00 pour $c = 10^{-4}$ mol L^{-1}

f) Le dihydrogénophosphate de sodium se dissocie entièrement dans l'eau, libérant les ions Na^+ (acides de force nulle) et $H_2PO_4^-$ (amphotères), ces derniers ayant à la fois des propriétés basiques (équation (1)) et acides (équation (2)). Le pH de la solution sera donc le pH imposé par l'espèce amphotère $H_2PO_4^-$. On notera cependant que, bien qu'on ne puisse pas prévoir la valeur du pH, on s'attend à ce qu'il ait une valeur pas très éloignée de la neutralité, et plus précisément celle d'un milieu faiblement acide. Selon les diagrammes, on attend une valeur du pH comprise entre 3 et 6 (on peut donc négliger les ions OH^-).

Dans ce cas, la relation de neutralité électrique devient :

$$c + [H_3O^+] = [H_2PO_4^-] + 2\,[HPO_4^{2-}] + 3\,[PO_4^{3-}] \qquad (10)$$

expression qui conduit, compte tenu de l'équation de conservation de la matière (5), à :

$$[H_3O^+] + [H_3PO_4] = [HPO_4^{2-}] + 2\,[PO_4^{3-}] \qquad (11)$$

On pourra négliger la contribution des ions phosphate si le milieu est plutôt acide. La relation (11) devient alors tout simplement :

$$[H_3PO_4] + [H_3O^+] \approx [HPO_4^{2-}] \qquad (12)$$

Pour déterminer la valeur, on prendra sur le diagramme log(c) = f(pH) l'intersection entre la courbe log $[HPO_4^{2-}]$ et log $[H_3PO_4]$ ou log $[H_3O^+]$ selon celle qui est la plus élevée dans le diagramme. Lorsqu'elles sont très proches (cas de $c = 10^{-2}$ mol L^{-1}) il faut décaler le point d'intersection de log 2 = 0,3. La relation (12) est satisfaite lorsque :

pH ≈ 4,6 pour c = 1 mol L^{-1}

pH ≈ 4,8 pour $c = 10^{-2}$ mol L^{-1}

pH ≈ 5,6 pour $c = 10^{-4}$ mol L^{-1}

Pour procéder au calcul, il faut donc résoudre le système suivant :

$$[H_3O^+] + [H_3PO_4] = [HPO_4^{2-}] \qquad (12)$$

$$[H_3PO_4] + [H_2PO_4^-] + [HPO_4^{2-}] = c \qquad (5\ bis)$$

$$K_{a1} = [H_2PO_4^-]\,[H_3O^+] / [H_3PO_4] = 10^{-2,1} \qquad (1)$$

$$K_{a2} = [HPO_4^{2-}]\,[H_3O^+] / H_2PO_4^-] = 10^{-7,2} \qquad (2)$$

La résolution de ce système conduit à l'équation du 3e degré :

$$[H_3O^+]^3 + (10^{-2,1} + c)\,[H_3O^+]^2 + 10^{-9,3}\,[H_3O^+] - 10^{-9,3}\,c = 0$$

Le terme $[H_3O^+]^3$ est négligeable (de l'ordre de 10^{-15}) dans les trois cas étudiés puisque le pH est compris entre 4,6 et 5,6 dans ces trois cas.

La solution de l'équation du 2e degré alors obtenue, pour les trois valeurs de c, donne :

$$\text{pH} = 4{,}65 \text{ pour } c = 1 \text{ mol L}^{-1},$$
$$\text{pH} = 4{,}78 \text{ pour } c = 10^{-2} \text{ mol L}^{-1}$$
$$\text{pH} = 5{,}61 \text{ pour } c = 10^{-4} \text{ mol L}^{-1}$$

Remarque et généralisation

L'examen des diagrammes montre que l'on peut aussi faire l'approximation $[H_2PO_4^-] \approx c$ dans les zones de pH concernées (le diagramme montre que c'est plus discutable pour $c = 10^{-4}$ mol L^{-1}). L'équation trouvée, en combinant cette approximation avec les relations (1), (2) et (5 *bis*), conduit à l'équation : $[H_3O^+]^2 = (K_{a1}\, K_{a2}\, c) / (c + K_{a1})$ ce qui correspond à l'équation du 2e degré précédente si on néglige K_{a2} devant K_{a1} (approximation très raisonnable). Les résultats numériques sont identiques.

g) Le monohydrogénophosphate de sodium Na_2HPO_4 se dissocie également entièrement dans l'eau, libérant les ions Na^+ (acides de force nulle), à une concentration $2c$, et HPO_4^{2-} (amphotères) qui, comme les ions $H_2PO_4^-$, ont à la fois des propriétés basique (équation (2) et acide (équation (3)). Le pH de la solution sera imposé par l'espèce amphotère HPO_4^{2-}.

Dans ce cas, la condition d'électroneutralité devient :

$$2\,c + [H_3O^+] = [H_2PO_4^-] + 2\,[HPO_4^{2-}] + 3\,[PO_4^{3-}] + [OH^-] \qquad (13)$$

expression qui conduit, compte tenu de l'équation de conservation de la matière (5), à :

$$[H_3O^+] + 2\,[H_3PO_4] + [H_2PO_4^-] = [PO_4^{3-}] + [OH^-] \qquad (14)$$

On peut s'attendre à une solution basique (d'après les diagrammes pH compris entre 8,2 et 11,3). On peut donc *a priori* négliger les ions H_3O^+ ainsi que H_3PO_4.

Dans le cas où $c = 1$ mol L^{-1}, les ions OH^- sont minoritaires devant les ions PO_4^{3-}. La relation (14) devient alors plus simplement $[H_2PO_4^-] \approx [PO_4^{3-}]$.

Dans le cas où $c = 10^{-2}$ mol L^{-1} les ions OH^- deviennent légèrement prépondérants, la relation (14) devient $[H_2PO_4^-] \approx [OH^-]$ et dans le cas où $c = 10^{-4}$ mol L^{-1} cette relation devient moins approximative.

À partir de l'examen des diagrammes on obtient alors les valeurs :

$$\text{pH} \approx 9{,}7 \text{ pour } c = 1 \text{ mol L}^{-1}$$
$$\text{pH} \approx 9{,}6 \text{ pour } c = 10^{-2} \text{ mol L}^{-1}$$
$$\text{pH} \approx 8{,}6 \text{ pour } c = 10^{-4} \text{ mol L}^{-1}$$

Dans ces trois cas les seules espèces en concentration significative issues de l'acide phosphorique sont $H_2PO_4^-$, HPO_4^{2-} et PO_4^{3-}. L'expression (14) se réduit donc ici à :

$$[H_2PO_4^-] = [PO_4^{3-}] + [OH^-] \qquad (15)$$

Pour obtenir une valeur plus précise par le calcul, le système à résoudre devient le suivant :

$$[H_2PO_4^-] = [PO_4^{3-}] + [OH^-]$$
$$[H_2PO_4^-] + [HPO_4^{2-}] + [PO_4^{3-}] = c$$
$$K_{a2} = [HPO_4^{2-}]\,[H_3O^+] / [H_2PO_4^-] = 10^{-7,2}$$
$$K_{a3} = [PO_4^{3-}]\,[H_3O^+] / [HPO_4^{2-}] = 10^{-12,3}$$

Comme dans la question précédente, la résolution de ce système conduit à une équation du 3e degré :

$$c\,[H_3O^+]^3 - 10^{-14}\,[H_3O^+]^2 - (10^{-19,5}c + 10^{-21,2})\,[H_3O^+] - 10^{-33,5} = 0$$

On ne peut plus négliger *a priori* le terme en $[H_3O^+]^3$. On peut cependant résoudre cette équation numériquement (utilisation d'un tableur ou d'un petit programme de calcul). On constate alors que le premier membre de l'expression s'annule (changement de signe) pour :

$$9{,}74 < pH < 9{,}75 \text{ pour } c = 1 \text{ mol L}^{-1}$$
$$9{,}51 < pH < 9{,}52 \text{ pour } c = 10^{-2} \text{ mol L}^{-1}$$
$$8{,}59 < pH < 8{,}60 \text{ pour } c = 10^{-4} \text{ mol L}^{-1}$$

On remarquera néanmoins que si on fait, similairement au cas précédent, l'approximation $[HPO_4^{2-}] \approx c$, on est conduit à l'équation du 2e degré suivante :

$$[H_3O^+]^2 \approx K_{a2}\,K_{a3} + (K_{a2}\,K_e\,/\,c)$$

La résolution conduit alors à :

$$pH \approx 9{,}75 \text{ pour } c = 1 \text{ mol L}^{-1}$$
$$pH \approx 9{,}51 \text{ pour } c = 10^{-2} \text{ mol L}^{-1}$$
$$pH \approx 8{,}60 \text{ pour } c = 10^{-4} \text{ mol L}^{-1}$$

Remarque et généralisation

La résolution mathématique est toujours simple mais parfois pénible, surtout dans les cas **f)** et **g)** où il est difficile de prévoir si le milieu sera acide ou basique. En revanche, une fois le diagramme log (c) = *f*(pH) tracé et la bonne équation écrite, la résolution graphique est très simple. Elle peut être très précise si on apporte le soin approprié à la construction des courbes (ici log $\{[H_3O^+] + [H_3PO_4]\}$ ou log $\{[PO_4^{3-}] + [OH^-]\}$ en fonction du pH).

■ *Dosages acido-basiques – Solutions tampons*

On envisage, dans cette dernière partie, les dosages acido-basiques ou dosages volumétriques, qui permettent de comparer entre elles des solutions titrées (de concentration bien définie), et les solutions tampons dont la composition permet d'amortir les variations de pH dues à une addition d'acide ou de base à cette solution.

Énoncés

▶ Exercices d'application et de synthèse

2.19 ★★ Comparaison de caractéristiques de courbes de dosage d'un acide fort par une base forte ou une base faible

On mélange 20 mL d'une solution d'acide perchlorique $HClO_4$ (acide fort) et 40 mL d'une solution de soude de même concentration c_0. Le pH du mélange est égal à 12,2.

a) Quelles sont les concentrations, dans ce mélange, des ions H_3O^+, OH^-, Na^+, ClO_4^- ?

b) Quelles sont les concentrations initiales c_0 en $HClO_4$ et NaOH des solutions mères utilisées ?

c) On dose 20 mL de la solution de soude précédente par du phénol C_6H_5OH ($pK_a = 9,9$). À l'équivalence on a ajouté 23,8 mL de solution de phénol.

Calculer la concentration initiale en phénol, le pH d'équivalence et le pH de demi-équivalence.

2.20 ★★ Calculs de dosages et solutions tampons

Trois solutions basiques contiennent respectivement de l'hydroxyde de sodium NaOH, de l'hydroxyde de calcium $Ca(OH)_2$ (base forte) et de l'éthylamine $C_2H_5NH_2$ (base faible) ; ces trois solutions présentent le même pH. Il faut 12,6 mL d'une solution 10^{-2} mol L^{-1} d'acide chlorhydrique HCl pour neutraliser 200 mL de la solution d'hydroxyde de sodium, alors qu'il faut 12,6 mL de la même solution d'acide chlorhydrique 10^{-2} mol L^{-1} pour neutraliser 100 mL de la solution d'éthylamine.

a) Calculer la concentration de chacune de ces trois solutions de bases et situer le pH au point d'équivalence pour chacun de ces dosages.

b) Quel est le pH commun aux trois solutions ?

c) Déterminer la constante d'acidité du couple $C_2H_5NH_3^+$ / $C_2H_5NH_2$.

d) La solution d'éthylamine permet-elle de réaliser une solution tampon ? Si oui, indiquer dans quelles conditions et à quel pH.

2.21 ★★ Réalisation de solutions tampons

On dispose des solutions aqueuses suivantes :

A	Acide benzoïque C_6H_5COOH	0,2 mol L^{-1}
B	Benzoate de sodium C_6H_5COONa	0,15 mol L^{-1}
C	Hydroxyde de sodium NaOH	0,15 mol L^{-1}
D	Acide chlorhydrique HCl	0,08 mol L^{-1}
E	Méthylamine CH_3NH_2	0,1 mol L^{-1}

a) Quel volume de solution B faut-il ajouter à 100 mL de la solution A pour obtenir une solution tampon ?

b) Quel volume de solution C faut-il ajouter à 100 mL de la solution A pour obtenir une solution tampon ?

c) Quel volume de solution C faut-il ajouter à 2 L de la solution D pour obtenir une solution tampon ?

d) Quel volume de solution D faut-il ajouter à 400 mL de la solution E pour obtenir une solution tampon ?

e) Quel volume de solution C faut-il ajouter à 400 mL de la solution E pour obtenir une solution tampon ?

2.22 ★★ Système régulant le pH du sang humain

a) Le pH du sang humain reste compris entre les valeurs 7,2 et 7,6 qui constituent des limites au-delà desquelles la vie n'est plus possible. Lors des échanges protoniques liés au métabolisme, c'est un système carboné (CO_2 dissous, HCO_3^-, CO_3^{2-}) qui constitue le tampon chimique principal et fixe normalement le pH à la valeur 7,4.

Quelles sont à pH = 7,4 les formes prédominantes de ce système carboné ?

Donner les valeurs des rapports [CO_2 dissous] / [HCO_3^-] et [CO_3^{2-}] / [HCO_3^-].

Données : valeurs de constantes :

$$pK_a(CO_2 \text{ dissous} / HCO_3^-) = 6{,}4 ;\ pK_a(HCO_3^- / CO_3^{2-}) = 10{,}3$$

b) Quel est, dans ce système, le couple le mieux adapté pour agir comme tampon au pH considéré ? Ce couple devrait-il être choisi pour tamponner une solution à la valeur pH = 7,4 lors d'une expérience de chimie au laboratoire ?

c) En réalité ce système n'est pas fermé et la « réserve » d'acide constituée par CO_2 dissous est aussi régulée, lors de la respiration, par l'échange au niveau des alvéoles pulmonaires, qui évacue CO_2 dans l'air expiré. C'est le rythme respiratoire qui constitue le deuxième volet du mécanisme de régulation du pH sanguin.

Imaginer comment ce rythme respiratoire réagit lors d'un afflux de protons dans le sang, ou bien lors d'un départ de protons.

▶ Problèmes

2.23 ★★★★ Détermination du pH de solutions tampons. Limites de validité de l'expression pH = pK_a

On réalise une solution tampon en mélangeant 0,5 L de solution aqueuse d'acide AH, de concentration *c*, et 500 mL de solution aqueuse de sa base conjuguée de même concentration *c*, sous la forme du sel de sodium ANa par exemple.

a) En utilisant les lois de neutralité électrique et de conservation de la matière, trouver la relation (1) liant [H_3O^+], [OH^-], [AH] et [A^-].

b) On cherche les valeurs du pH de solutions tampons correspondant à divers couples AH / A^-, avec $c = 10^{-3}$ M. Déterminer, au moyen de la relation (1) et d'un diagramme log $c = f$(pH), le pH des solutions obtenues pour des couples de $pK_a = 1$, $pK_a = 5$, $pK_a = 7$, $pK_a = 9$ et $pK_a = 12$. Examiner la validité de l'expression pH = pK_a pour ces différentes solutions tampons.

c) Quelles sont, pour $c = 10^{-3}$ mol L^{-1}, les valeurs limites de pK_a entre lesquelles on peut admettre que le pH de la solution tampon est donné par l'expression pH = pK_a ? Pour simplifier la résolution graphique, on négligera, dans l'équation (1), la concentration c_i en espèce *i* devant la concentration c_j en espèce *j* dès lors que $c_i \leq c_j / 10$.

d) On fait maintenant varier pK_a et *c*. Indiquer, sur un graphe log $c = f$(pH), le domaine de validité de l'expression pH = pK_a.

2.24 ★★★★ Examen des qualités de solutions tampons et du pouvoir tampon

Une solution tampon garde un pH pratiquement constant si on la dilue (addition d'eau), ou si on lui ajoute des quantités raisonnables d'acide ou de base. Une manière d'obtenir un tel effet tampon est d'introduire en solution des quantités égales d'un acide faible et de sa base conjuguée. Une solution d'acide faible, au cours de son dosage par une base forte, contient les formes acide et basique du couple, dans un rapport qui diminue au fur et à mesure de l'avancement du dosage. La figure ci-dessous donne les courbes de dosage de solutions d'acide AH ($pK_a = 4,6$) de diverses concentrations c_0 par de la soude solide (pas de variation de volume en cours de dosage).

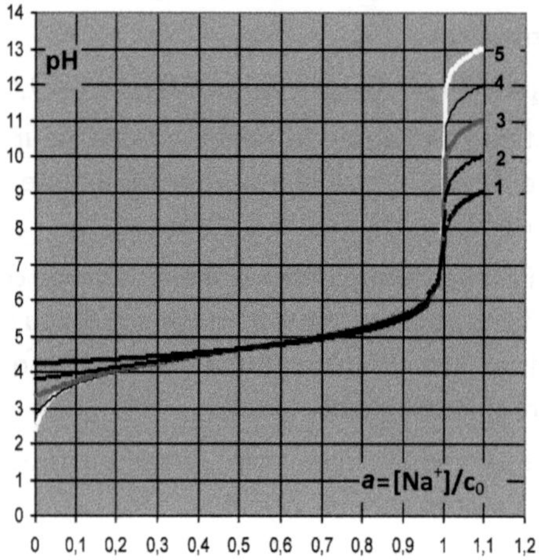

Courbes de dosage d'un acide faible ($pK_a = 4,6$) de concentration c_0 par de la soude, sans variation de volume.
1 : $c_0 = 10^{-4}$ mol L^{-1} ; **2** : $c_0 = 10^{-3}$ mol L^{-1} ; **3** : $c_0 = 10^{-2}$ mol L^{-1}
4 : $c_0 = 10^{-1}$ mol L^{-1} ; **5** : $c_0 = 1$ mol L^{-1}

a) Commenter la forme des courbes et indiquer qualitativement dans quel domaine on pourra attendre un effet tampon.

b) On appelle x la fraction molaire en forme basique A^- :

$$x = [A^-] / ([A^-] + [AH])$$

$$1 - x = [AH] / ([A^-]+[AH])$$

Donner une relation simple entre le pH, x et pK_a.

Exprimer la relation entre la concentration en soude ajoutée, la fraction molaire x et c_0 ; on considèrera, dans la relation de neutralité électrique, que les concentrations en H_3O^+ et OH^- peuvent être négligées devant celles des autres espèces en solution.

c) Le pouvoir tampon de la solution vaut $\beta = d[Na^+] / dpH$: plus β est élevé, plus la variation de pH consécutive à une addition de soude est faible.

Montrer, à partir de la relation trouvée en **b)**, que $\beta = x(1 - x)\,c_0$.

Pour quelle valeur de x le pouvoir tampon est-il maximum ?

Commenter l'influence de la concentration c_0 sur le pouvoir tampon. Tracer l'allure de la courbe correspondante.

d) On tient maintenant compte de la variation de volume au cours du dosage, effectué par une solution de soude. Soit V_0 le volume initial de solution à doser, et V le volume de solution de soude ajoutée au point considéré. Exprimer β en fonction de x, c_0, V_0 et V. Commenter. Parmi les solutions présentées sur la figure, laquelle présentera le meilleur pouvoir tampon et pour quelle valeur de $a = n(NaOH) / n_0(AH)$?

Corrigés

2.19 a) On écrit d'abord les équations des réactions chimiques qui ont lieu en solution :

$$HClO_4 + H_2O \rightarrow ClO_4^- + H_3O^+$$

$$NaOH \rightarrow Na^+ + OH^-$$

$$2\,H_2O \rightleftharpoons H_3O^+ + OH^-$$

Au départ, dans chaque solution mère on peut écrire :

$$[ClO_4^-]_0 = c_0 = [Na^+]_0$$

On écrit les différentes relations qui existent entre les concentrations des ions :

– électroneutralité : $[H_3O^+] + [Na^+] = [ClO_4^-] + [OH^-]$;

– conservation de la matière : $[ClO_4^-] = c_0 \times 2.10^{-2} / 6.10^{-2} = c_0 / 3$

$$[Na^+] = c_0 \times 4.10^{-2} / 6.10^{-2} = 2\,c_0 / 3 = 2\,[ClO_4^-]$$

À partir des relations précédentes, la connaissance du pH permet de déterminer les diverses concentrations :

$$pH = 12{,}2 \Rightarrow [H_3O^+] = 10^{-12{,}2} = 6{,}31.10^{-13}\ mol\ L^{-1}$$

$$[OH^-] = 10^{-14} / [H_3O^+] = 10^{-14} / 6{,}31.10^{-13} = 1{,}58.10^{-2}\ mol\ L^{-1}$$

Compte tenu de la valeur élevée du pH on peut négliger $[H_3O^+]$ devant les autres termes dans la relation d'électroneutralité :

$$[Na^+] = [ClO_4^-] + [OH^-]$$

$$2\,[ClO_4^-] - [ClO_4^-] = [OH^-]$$

$$[ClO_4^-] = [OH^-] = 1{,}58.10^{-2}\ mol\ L^{-1}$$

$$[Na^+] = 1{,}58.10^{-2} \times 2 = 3{,}16.10^{-2}\ mol\ L^{-1}$$

b) La concentration de départ dans les deux solutions mères était égale à :

$$c_0 = 3\,[ClO_4^-] = 3/2\,[Na^+] = 4{,}74.10^{-2}\ mol\ L^{-1}$$

c) Le phénol, acide faible ($pK_a = 9{,}9$), est dosé par la soude, base forte. À l'équivalence, le pH sera basique et l'application de la relation $c_A V_A = c_B V_B$ conduit à :

$$c_A = c_B V_B / V_A = 4{,}74.10^{-2} \times 20 / 23{,}8 = 3{,}98.10^{-2}\ mol\ L^{-1}$$

Le pH d'équivalence est le pH d'une solution de phénate de sodium ($C_6H_5O^-$, Na^+), base faible, présentant une concentration égale, compte tenu de la dilution, à $3{,}98.10^{-2} \times 23{,}8 / 43{,}8 = 2{,}16.10^{-2}$ mol L^{-1}.

On peut appliquer la relation donnant le pH des bases faibles :

$$pH = 7 + 1/2\,(pK_a + \log c)$$

soit $$pH = 7 + 1/2\,(9{,}9 - 1{,}67) \approx 11{,}1$$

Cette valeur est suffisamment éloignée de la valeur du pK_a pour que la formule appliquée soit valable.

À la demi-équivalence, on aura des quantités égales d'acide C_6H_5OH et de base $C_6H_5O^-$ avec :

$$pH = pK_a + \log([C_6H_5O^-] / [C_6H_5OH]) = pK_a = 9{,}9$$

Remarque et généralisation

On voit que, dans un pareil dosage d'un acide faible par une base forte, les points de demi-équivalence et d'équivalence sont déplacés vers les pH plus élevés (milieu basique) par rapport à un dosage acide fort-base forte. De la même façon, les points de demi-équivalence et d'équivalence seraient déplacés vers les pH moins élevés (milieu acide) dans le dosage d'une base faible par un acide fort, par rapport à un dosage acide fort-base forte.

2.20 a) Au moment de la neutralisation, c'est-à-dire au point d'équivalence, la quantité d'acide ajouté est égale à la quantité initiale de base :

$$n_A = n_B \quad \Rightarrow \quad c_A V_A = c_B V_B$$

L'acide chlorhydrique est un acide fort, il s'ionise donc complètement dans l'eau selon la réaction :

$$HCl + H_2O \rightarrow Cl^- + H_3O^+$$

La solution d'hydroxyde de sodium, base forte, se dissocie selon la réaction totale :

$$NaOH \rightarrow OH^- + Na^+$$

La réaction de neutralisation peut s'écrire :

$$Cl^- + H_3O^+ + OH^- + Na^+ \rightarrow Cl^- + 2\ H_2O + Na^+$$

Comme Na^+ et Cl^- sont respectivement un acide et une base de force nulle, la réaction se ramène en fait à :

$$H_3O^+ + OH^- \rightarrow 2\ H_2O$$

Au point équivalent $[H_3O^+] + [Na^+] = [OH^-] + [Cl^-] \quad \Rightarrow \quad pH = 7$

$$c_B = c_A V_A / V_B = 10^{-2} \times 12,6 / 200 = 6,3.10^{-4}\ mol\ L^{-1}$$

L'hydroxyde de calcium est également une base forte, sa réaction de dissociation dans l'eau s'écrit :

$$Ca(OH)_2 \rightarrow 2\ OH^- + Ca^{2+}$$

Le pH de cette solution étant égal à celui de la solution $6,3.10^{-4}$ mol L^{-1} de NaOH, la concentration de cette solution d'hydroxyde de calcium, qui est une dibase forte, vaut $c_B / 2 = 3,15.10^{-4}$ mol L^{-1}

Si on effectuait un dosage de cette solution par HCl on obtiendrait encore pH = 7 au point d'équivalence.

En revanche, l'éthylamine en solution est une base faible, elle réagit donc avec l'eau selon l'équilibre suivant :

$$Et\text{–}NH_2 + H_2O \rightleftharpoons Et\text{–}NH_3^+ + OH^-$$

La neutralité électrique s'écrit :

$$[H_3O^+] + [Et\text{–}NH_3^+] = [OH^-] + [Cl^-]$$

Au point équivalent $[Cl^-] = [Et\text{–}NH_3^+] + [Et\text{–}NH_2]$

et $[H_3O^+] > [OH^-] \Rightarrow pH < 7$

$$c'_B = c_A V_A / V'_B = 10^{-2} \times 12,6 / 100 = 1,26.10^{-3}\ mol\ L^{-1}$$

On peut également remarquer que le pH du point équivalent est celui d'une solution d'acide Et–NH_3^+ de concentration

$$1{,}26.10^{-3} \times 100 / 112{,}6 = 1{,}12.10^{-3} \text{ mol L}^{-1}$$

Il sera donc inférieur à pH = 7.

b) Le pH commun se calcule facilement en considérant la monobase forte (ici la soude) :

$$\text{pH} = 14 + \log c_B = 14 + \log (6{,}3.10^{-4}) = 14 - 3{,}2 = 10{,}8$$

Remarque et généralisation

La relation pH = 14 + log *c* n'est valable que pour les pH > 8. Cette approximation est donc bien appropriée dans le cas étudié.

c) La constante d'acidité du couple est relative à la réaction écrite selon l'équation :

$$\text{Et–NH}_3^+ + H_2O \rightleftharpoons \text{Et–NH}_2 + H_3O^+$$

$$K_a = \frac{[\text{Et}-\text{NH}_2]\,[H_3O^+]}{[\text{Et}-\text{NH}_3^+]}$$

D'après la question précédente, on sait que pH = 10,8 $\Rightarrow [H_3O^+] = 1{,}58.10^{-11}$ mol L^{-1}.

Par ailleurs, la relation d'électroneutralité permet d'écrire :

$$[H_3O^+] + [\text{Et–NH}_3^+] = [OH^-] = 10^{-14} / 1{,}58.10^{-11} = 6{,}31.10^{-4} \text{ mol L}^{-1}$$

Enfin, la conservation de la matière donne :

$$[\text{Et–NH}_3^+] + [\text{Et–NH}_2] = c'_B = 1{,}26.10^{-3} \text{ mol L}^{-1}$$

$$[\text{Et–NH}_3^+] = 6{,}31.10^{-4} \text{ mol L}^{-1}$$

$$[\text{Et–NH}_2] = 1{,}26.10^{-3} - 6{,}31.10^{-4} = 6{,}29.10^{-4} \text{ mol L}^{-1}$$

Ces valeurs, portées dans l'expression de la constante d'équilibre du couple acido-basique conduisent à :

$$K_a = \frac{[\text{Et}-\text{NH}_2]\,[H_3O^+]}{[\text{Et}-\text{NH}_3^+]} = (6{,}29.10^{-4} \times 1{,}58.10^{-11}) / 6{,}31.10^{-4} = 1{,}58.10^{-11}$$

d'où $\text{p}K_a = 10{,}8$

Remarque et généralisation

Ce résultat est remarquable puisque le pH de la solution de base est pratiquement éqal au pK_a du couple. Il est dû au fait que cette base est plutôt forte et que sa concentration est faible : l'avancement de sa réaction sur l'eau est tel qu'il y a autant de forme basique que de forme acide.

d) Pour obtenir une solution tampon, il faut une quantité égale d'éthylamine et d'éthylammonium, ce qui entraîne pH = pK_a. C'est le cas de la solution d'éthylamine donnée en **a)** (pH = pK_a = 10,8).

C'est en effet au voisinage du point de demi-équivalence que le pH de la solution varie le plus lentement lors d'un dosage (addition d'acide ou de base). On peut le constater sur l'allure de la courbe de dosage : lorsque pH = pK_a la courbe pH = $f(V)$ présente une inflexion de faible pente. C'est cet effet d'amortissement de la variation du pH qui est appelé effet tampon. La force d'un tampon se mesure par le faible écart de pH résultant d'un ajout d'acide ou de base. Cette force dépend donc, dans le cas envisagé, de la quantité d'éthylamine et d'éthylammonium introduite dans la solution tampon.

On a bien, dans le cas du tampon considéré, des quantités égales de base et d'éthylammonium mais en concentrations ($1,26.10^{-3}$ / 2) beaucoup trop faibles pour que le tampon puisse agir efficacement.

Pour disposer d'un tampon efficace à ce pH de 10,8, il conviendrait d'utiliser une solution plus concentrée à laquelle il faudrait ajouter la quantité nécessaire de HCl pour obtenir la demi-équivalence. On pourrait aussi mélanger en quantité égale éthylamine et chlorure d'éthylammonium.

2.21 a)

Prérequis

Il est nécessaire de consulter l'échelle des acidités pour connaître la force relative des couples acide-base (*voir* essentiel 2.2).

La solution A est une solution d'acide benzoïque, acide faible; la solution B est une solution de benzoate de sodium, base conjuguée de cet acide faible. Si on mélange, en même quantité, un acide faible et sa base conjuguée on obtient une solution tampon, sous réserve de certaines conditions, avec pH = pK_a :

$$C_6H_5COOH + H_2O \rightleftharpoons C_6H_5COO^- + H_3O^+$$

$$C_6H_5COONa \rightarrow C_6H_5COO^- + Na^+$$

$$C_6H_5COO^- + H_2O \rightleftharpoons C_6H_5COOH + OH^-$$

$$pH = pK_a + \log \frac{[C_6H_5COO^-]}{[C_6H_5COOH]}$$

Dans ces conditions $[C_6H_5COOH] = [C_6H_5COO^-] \Rightarrow pH = pK_a$.

$$V_B = c_A V_A / c_B = 100 \times 0,2 / 0,15 = 133,33 \text{ mL}$$

b) La solution C est une base forte. La solution d'une base forte avec un acide faible au point de demi-équivalence constitue une solution tampon. Le volume de C à la demi-équivalence est :

$$V_C = (c_A V_A / c_C) / 2 = (100 \times 0,2 / 0,15) / 2 = 66,67 \text{ mL}$$

c) On ne peut pas obtenir de solution tampon par mélange de solutions de base forte et d'acide fort : le mélange en quantités équivalentes des solutions de NaOH et de HCl conduira à un pH neutre (mélange d'ions indifférents), tout écart à l'équivalence se traduira par un excès d'acide fort ou de base forte et une forte évolution du pH. C'est, dans ce cas, la zone où la courbe pH = $f(V)$ d'un dosage présente une partie verticale à très forte pente.

d) La solution E est une base faible, conjuguée de la forme acide $CH_3NH_3^+$, et l'addition de l'acide fort HCl en quantité correspondant à la demi-équivalence permet d'obtenir une solution tampon car la concentration est suffisante :

$$V_D = (c_E V_E \,/\, c_D) / 2 = (400 \times 0{,}1 / 0{,}08) / 2 = 250 \text{ mL}$$

e) Les deux solutions sont des solutions basiques et on ne peut donc pas obtenir de solution tampon en mélangeant ces dernières.

2.22 a) Le dioxyde de carbone est un diacide, en équilibre d'isoconcentration avec sa base conjuguée HCO_3^- à pH = 6,4. L'ion HCO_3^-, amphotère, est aussi l'acide conjugué de la base CO_3^{2-}, avec laquelle il est en équilibre d'isoconcentration à pH = 10,3.

Par conséquent, c'est l'ion HCO_3^- qui est l'espèce prédominante à pH = 7,4. Les valeurs des rapports cherchés sont :

$$[CO_2 \text{ dissous}] / [HCO_3^-] = 10^{(6,4 - 7,4)} = 10^{-1}$$

$$[CO_3^{2-}] / [HCO_3^-] = 10^{(7,4 - 10,3)} \approx 1{,}25.10^{-3}$$

b) Compte tenu des quantités relatives d'espèces acido-basiques présentes dans chaque couple, et de la nécessaire proximité des valeurs du pK_a du couple constituant le tampon et du pH = 7,4 recherché, c'est le couple CO_2 dissous / HCO_3^- qui est le plus adapté.

Cependant, ce couple aurait l'efficacité maximale vis-à-vis des acides ou des bases à pH = pK_a = 6,4. Sur une courbe de dosage de CO_2 par une base forte par exemple, la pente de la courbe pH = f(concentration en base ajoutée) serait en effet minimale au point de demi-équivalence situé à pH = 6,4.

À pH = 7,4 la courbure du graphe est déjà prononcée puisque 90 % de l'acide CO_2 est déjà « dosé ». Par conséquent, le couple HCO_3^- / CO_2 dissous ne peut pas agir comme un tampon *stricto sensu* et, si on avait le choix, il vaudrait mieux sélectionner un autre couple dont le pK_a serait plus proche de 7,4.

c) En cas d'afflux de protons, l'équilibre :

$$HCO_3^- + H_3O^+ \rightleftharpoons CO_2 + H_2O$$

est déplacé vers la droite.

Pour évacuer l'excès de CO_2 produit par la réaction du tampon écrite ci-dessus la respiration s'accélère.

En revanche, en cas d'afflux d'espèces basiques, le rythme respiratoire doit diminuer. Ainsi la pression partielle du dioxyde de carbone au niveau des alvéoles pulmonaires croît et l'acidité du sang peut être rétablie.

Remarque et généralisation

Dans certaines situations d'angoisse, on est sujet à une respiration accélérée qui entraîne une tétanie due à une alcalose. L'alcalose correspond à une légère augmentation du pH sanguin par baisse de pression partielle en CO_2 due, dans le cas présent (alcalose respiratoire) à l'excès de ventilation. C'est une affection relativement bénigne et il est préconisé, en soin d'urgence, de faire respirer le patient dans un sac (papier ou plastique). D'un point de vue psychologique, cela contraint le patient à se concentrer sur sa respiration et le calme. D'un point de vue chimique, cela permet d'augmenter la pression partielle en CO_2 dans les alvéoles pulmonaires et par conséquent de diminuer le pH sanguin par déplacement de l'équilibre vers la gauche. Bien entendu cette intervention ne doit pas conduire le patient à un évanouissement par manque d'oxygène. Il faut donc, comme pour tous les médicaments, en user avec modération.

2.23 a) On écrit les relations exprimant la neutralité électrique et la conservation de la matière.

Neutralité électrique : $[H_3O^+] + [Na^+] = [OH^-] + [A^-]$ (2)

Conservation de l'élément A : $[A^-] + [AH] = c$ (3)

En observant que $[Na^+] = c / 2$, on ajoute membre à membre les équations (3) et (2) $\times$ 2 pour obtenir l'équation (1) recherchée :

$$2\,[H_3O^+] + [AH] = 2\,[OH^-] + [A^-] \quad (1)$$

b) On trace sur papier millimétré les droites représentant 2 $[H_3O^+]$ et 2 $[OH^-]$. Il suffit pour cela de translater vers le haut d'une distance égale à log 2 = 0,3, les droites représentant $[H_3O^+]$ et $[OH^-]$. On trace par ailleurs les asymptotes de log [AH] et log $[A^-]$ par rapport à log c. On remarque qu'elles se coupent au point pH = pK_a et que les courbes réelles se coupent pour le même pH mais en un point décalé vers le bas de la valeur 0,3 par rapport à l'horizontale log c. On cherche ensuite au moyen du diagramme le point pour lequel l'expression (1) est vérifiée en négligeant les concentrations des espèces minoritaires. Le schéma ci-dessous donne le modèle de construction pour pK_a = 12.

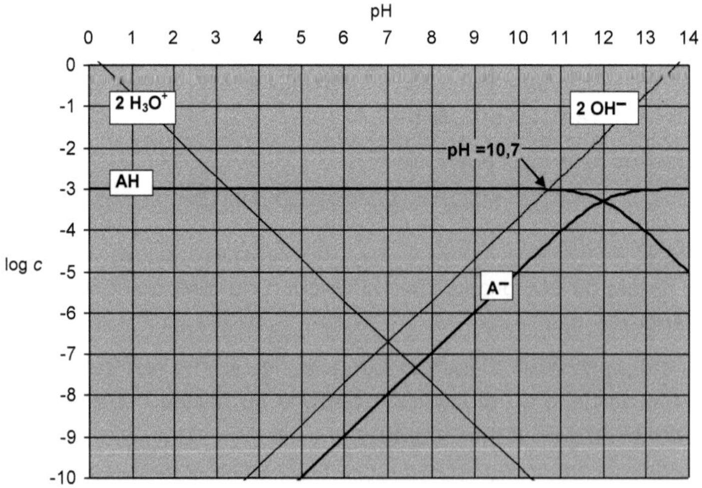

Détermination graphique du pH d'un mélange équimolaire de formes acide et basique (concentration globale 10^{-3} M) d'un couple de pK_a = 12

Dans ce cas, on peut voir que 2 $[H_3O^+] \ll [AH]$, et comme $[A^-] \ll 2\,[OH^-]$ on peut simplifier l'équation (1) en écrivant $[AH] \approx 2\,[OH^-]$.

On trouve pH = 10,7.

Les valeurs de pH obtenues pour les autres couples, par la même méthode, sont les suivantes :

pK_a	1	5	7	9	12
pH	3,3	5	7	9	10,7
Approximation	$2\,[H_3O^+] \approx [A^-]$	$[AH] \approx [A^-]$	$[AH] \approx [A^-]$	$[AH] \approx [A^-]$	$[AH] \approx 2\,[OH^-]$

Nous observons que pour la concentration donnée l'expression pH = pK_a n'est plus vérifiée lorsque le pK_a du couple est trop fort ou trop faible.

c) L'expression pH = pK_a est vérifiée dès lors que l'équation (1) se réduit à $[AH] = [A^-]$. Pour tout autre cas qu'une solution neutre cette expression est vérifiée en première approximation si $2\,[H_3O^+] \leq [AH]/10$ et $2\,[OH^-] \leq [A^-]/10$ (hypothèse de l'énoncé).

On sait que pour pH = pK_a les concentrations en formes acide et basique sont égales :

$$[A^-] = [AH] = c\,/\,2$$

Les valeurs limites de pK_a recherchées peuvent donc se trouver graphiquement ou par le calcul par la méthode suivante :

- la limite inférieure de pK_a correspond à la condition $2\,[H_3O^+] = [AH]/10 = c/20$ d'où l'on déduit $[H_3O^+] = c/40 \Rightarrow \text{pH} = -\log c + 1{,}6 = 4{,}6 \Rightarrow \text{p}K_a = 4{,}6$;
- concernant la limite supérieure la condition devient $2\,[OH^-] = [A^-]/10$ et en utilisant la constante de dissociation de l'eau, on trouve pH = 14 – log 40 + log *c*, on obtient alors pK_a = 9,4.

d) On peut renouveler cette détermination des valeurs limites de pK_a en choisissant d'autres valeurs de la concentration dans le domaine de $c = 1$ mol L^{-1}, à $c = 10^{-14}$ mol L^{-1}.

Le point d'intersection entre les courbes réelles log [AH] et log $[A^-]$ doit se situer à une unité (log 10) au-dessus de la courbe log ($2\,[H_3O^+]$), c'est-à-dire à log 20 (2 unités) par rapport à l'intersection des asymptotes log [AH] et log $[A^-]$.

D'après la question c) on voit que les limites du domaine sont définies par les expressions pH = – log *c* + log 40 et pH = 14 + log *c* – log 40, soit :

$$\text{p}K_a = -\log c + 1{,}6 \qquad \text{et} \qquad \text{p}K_a = 12{,}4 + \log c$$

Si on porte les droites log *c* = – pH + 1,6 et log *c* = pH – 12,4 on obtient le diagramme ci-dessous qui permet de délimiter la validité de l'expression pH = pK_a.

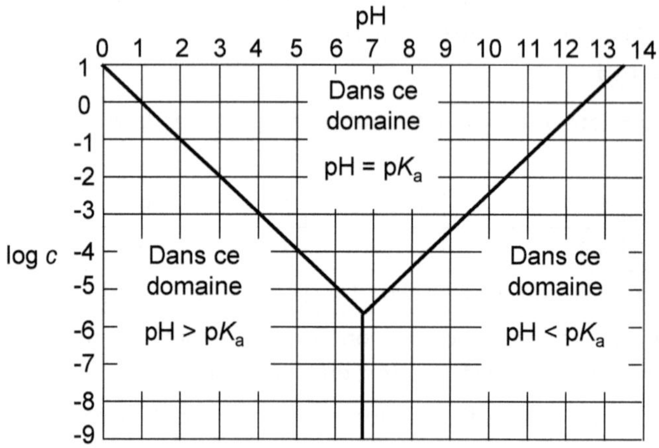

Diagramme pH = $f(\log c)$ montrant le domaine de validité de l'expression pH = pK_a pour un mélange tampon équimolaire de formes acide et basique d'un couple acide-base faible.

2.24 **a)** Chacune des courbes comporte un palier de pente modérée encadré par une partie à forte pente dans la première partie du dosage (sauf pour les deux concentrations les plus faibles), et une partie à forte pente au voisinage du point équivalent. On notera aussi qu'à la demi-équivalence, pH = pK_a, sauf pour la concentration la plus faible. C'est donc dans la partie de courbe comprise entre $a = 0{,}1$ et $a = 0{,}9$, où la pente de la courbe est la plus faible, qu'on peut attendre un effet tampon, tant pour l'addition d'un acide que pour l'addition d'une base.

b) On utilise la forme logarithmique de la loi d'action de masse relative à la réaction :

$$AH + OH^- \rightarrow A^- + H_2O$$

On obtient :

$$pH = pK_a + \log [A^-] / [AH] \quad \text{avec } [A^-] = x\, c_0 \text{ et } [AH] = (1-x)\, c_0$$

d'où la relation demandée : $pH = pK_a + \log x / (1 - x)$ (1)

La soude ajoutée se dissocie totalement, donc $[NaOH]_{ajoutée} = [Na^+]$

La relation de neutralité électrique s'écrit $[H_3O^+] + [Na^+] = [A^-] + [OH^-]$.

Si la concentration c_0 est suffisante pour la valeur du K_a donné, on peut négliger $[H_3O^+]$ et $[OH^-]$. On peut alors écrire $[Na^+] = [A^-] = x\, c_0$ (x et a sont alors confondus).

c) D'après (1), on obtient par dérivation :

$$2{,}3\ dpH / dx = 1 / x + 1 / (1 - x) = 1 / [x\,(1 - x)]$$

$$dpH / d[Na^+] = (dpH / dx)\,(dx / d[Na^+]) = (dpH / dx) / c_0$$

On en déduit l'expression cherchée du pouvoir tampon :

$$\beta = d[Na^+] / dpH = 2{,}3\, x\,(1 - x)\, c_0$$

La courbe $y = x\,(1-x)$, représentée ci-après, présente un maximum pour $x = 0{,}5$, ou encore $pH = pK_a$.

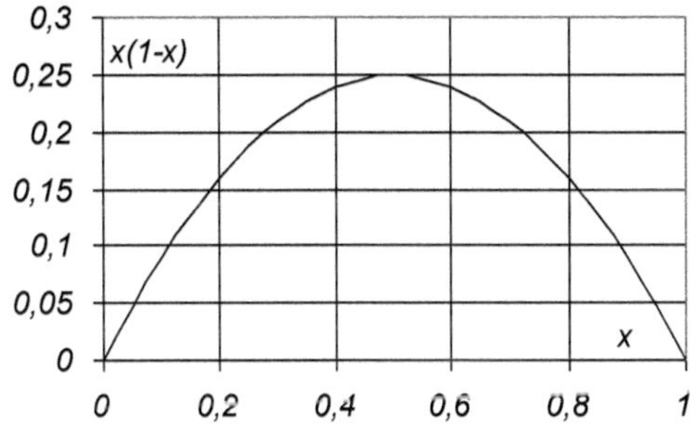

Par ailleurs, le pouvoir tampon est proportionnel à la concentration totale $[AH] + [A^-] = c_0$.

Ce résultat est logique, puisque plus la quantité de formes AH et A^- est grande, moins une introduction de base ou d'acide fera varier le pH.

d) La variation de volume en cours du dosage affecte toutes les concentrations, donc $[Na^+]$, d'un facteur $V_0 / (V_0 + V)$. L'expression complète du pouvoir tampon est donc :

$$\beta = d[Na^+] / dpH = 2{,}3\,x\,(1-x)\,c_0\,V_0 / (V_0 + V)$$

Par conséquent, pour une quantité de base donnée, plus la concentration de solution basique sera faible, plus la variation de pH sera élevée (l'effet tampon sera plus faible).

Parmi les solutions présentées dans la figure de l'énoncé, c'est la plus concentrée qui aura, pour x (ou a) $= 0{,}5$, le pouvoir tampon le plus élevé. Si on se contentait de comparer les pentes des courbes normées de cette figure, on conclurait que c'est la solution à 10^{-4} mol L^{-1} qui est la plus efficace, ce qui est faux puisqu'il faut tenir compte de la concentration.

Remarque et généralisation

En pratique, on ne choisira pas une concentration supérieure à 0,1 mol L^{-1}, afin d'éviter des corrections de coefficient d'activité. La figure donnant le domaine de validité de l'expression $pH = pK_a$ (exercice **2.23**) montre qu'on peut alors tamponner des solutions en choisissant des couples dont le pK_a est compris entre 2,6 et 11,4.

Équilibres de complexation 3

LES SAVOIRS CLÉS

Essentiel 3.1

Notion de complexe et nomenclature

Un complexe est le produit de la réaction entre un acide de Lewis, qui possède une ou plusieurs orbitales vacantes, et une base de Lewis, qui possède un ou plusieurs doublets libres.

Les acides de Lewis concernés sont très souvent des cations métalliques tels que : Ag^+, Cu^+, Au^+, Cu^{2+}, Mg^{2+}, Ca^{2+}, Fe^{2+}, Fe^{3+}, Al^{3+}, Au^{3+}, etc., mais on trouve aussi des molécules neutres telles que I_2, $AlCl_3$, etc.

Les bases de Lewis sont le plus souvent des anions tels que : Cl^-, F^-, SCN^-, CN^-, OH^-, S^{2-}, SO_4^{2-}, etc., mais aussi parfois des molécules non chargées. En effet, si tout anion possède nécessairement au moins un doublet non engagé, il en est de même de certaines molécules neutres, telles que H_2O, NH_3, CO, $C_2H_4(NH_2)_2$ (éthylène-diamine) ou encore des dérivés acides amino-carboxyliques comme l'EDTA (acide diamine tétracétique $C_{10}H_{16}N_2O_8$), ou hydroxy-carboxyliques $C_6H_8O_7$ (acide citrique), etc.

Le cation métallique sera appelé atome central, la base de Lewis étant le ligand (ou coordinat). Le nombre maximal de ligands possibles, pour un atome central donné, dépend de la configuration électronique de ce dernier, et en particulier de sa capacité à accueillir des doublets libres : il est généralement égal à 2 pour Ag^+, Cu^+, Au^+, à 4 pour Ni^{2+}, Cu^{2+}, Pb^{2+}, Al^{3+}, à 6 pour Co^{3+}, Cr^{3+}, Fe^{2+}, Fe^{3+}.

Les règles de nomenclature sont résumées ci-dessous :

- le nom de chaque ligand est indiqué avant celui de l'atome central;
- le nom d'un ligand négatif se termine souvent par « o » : nous avons vu cyano pour CN^-. Il en va de même pour chloro avec Cl^-, sulfato avec SO_4^{2-}, hydroxo avec OH^-, etc.;
- pour les ligands neutres les plus courants, les noms seront ammine pour NH_3, aqua pour H_2O, carbonyl pour CO;

- les nombres de coordination correspondant à chaque ligand sont indiqués par des préfixes grecs : mono (généralement pas utilisé), di, tri, tétra, etc. ;
- afin que le complexe soit complètement décrit sans ambiguïté, il faut enfin indiquer le nombre d'oxydation de l'élément central (en chiffres romains entre parenthèses à la fin du nom) ;
- l'ordre dans lequel sont indiqués les éventuels ligands différents est alphabétique ;
- pour les complexes à charge positive (cations) ou nulle, on se contente de donner le nombre d'oxydation (sans suffixe sur le nom de l'élément central). Pour les anions on ajoute le suffixe « ate ».

Ainsi, un complexe entre le fer(III) et le cyanure est l'ion $Fe(CN)_6^{3-}$, résultant de la réaction :

$$Fe^{3+} + 6\ CN^- \rightarrow Fe(CN)_6^{3-}$$

Conformément aux règles de nomenclature, l'anion $Fe(CN)_6^{3-}$ s'appelle hexacyanoferrate(III), puisque c'est un anion (ate), avec comme atome central le fer (ferrate), il comporte 6 ligands cyano (hexacyano), et enfin l'élément central a pour degré d'oxydation III. Le complexe $Fe(CN)_2^+$, s'il existe, s'appellera dicyanofer(III), et l'ion $Fe(CN)_4^{2-}$ le tétracyanoferrate(II).

Autre exemple : le complexe $Cu(H_2O)_2(NH_3)_2^{2+}$ est le cation diamminediaquacuivre(II).

Essentiel 3.2

Stabilité des complexes, constantes de complexation

■ Constante de stabilité, cas d'un complexe unique

Écrivons la réaction de formation d'un complexe de la manière suivante (généralisée à la mise en œuvre de *n* ligands) :

$$\text{Cation métallique} + n \text{ ligands} \rightarrow \text{complexe}$$

Dans le cas général, il se produit un équilibre :

$$\text{Cation métallique} + n \text{ ligands} \rightleftharpoons \text{complexe}$$

La constante de cet équilibre est appelée constante globale de formation du complexe (ou en raccourci constante de complexation) :

$$\beta_n = \frac{[\text{complexe}]}{[\text{cation}]\,[\text{ligand}]^n}$$

Plus la constante β est élevée (plus $p\beta = -\log \beta$ est faible), plus le complexe est stable. Attention, on raisonne aussi fréquemment sur la constante de dissociation qui vaut alors $1/\beta$.

Remarque

Dans certains ouvrages, cette constante est notée *K*, mais une telle écriture prête à confusion avec la constante de stabilité (*voir* ci-dessous). Pour éviter les confusions il aurait été préférable de noter cette constante β_f afin de bien identifier qu'il s'agit de la formation du complexe, mais par cohérence avec les données de la littérature, il a été choisi de simplifier son écriture.

Dans le cas du complexe hexacyanoferrate(III), on a donc (on écrit ici que les 6 ligands réagissent simultanément) :

$$Fe^{3+} + 6\,CN^- \rightleftharpoons Fe(CN)_6^{3-}$$

avec la constante :

$$\beta_6 = \frac{[Fe(CN)_6^{3-}]}{[Fe^{3+}]\,[CN^-]^6} = 10^{31} \qquad \text{et} \qquad p\beta = -31$$

d'où :

$$\log \frac{[Fe(CN)_6^{3-}]}{[Fe^{3+}]} = 31 + \log[CN^-] = 31 - 6\,pCN$$

Cette expression montre que lorsque $pCN < 5{,}17$ (31 / 6), c'est-à-dire pour les fortes concentration en CN^-, $[Fe(CN)_6^{3-}] > [Fe^{3+}]$.

On en déduit la représentation axiale classique de prédominance des formes en fonction de pCN

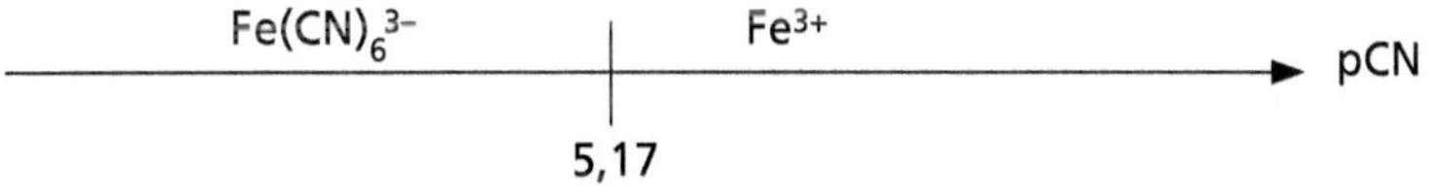

On voit ici que, dès que la concentration en ions cyanure à l'équilibre dépasse 10^{-5} mol L^{-1}, le complexe prédomine. En d'autres termes, on peut considérer que cette réaction est totale dans ces conditions. Au voisinage de 5,17, les concentrations en ces deux formes sont proches.

Constantes de stabilité, cas de complexes successifs

Pour simplifier, la réaction de complexation peut être écrite sous la forme (*voir* essentiel 3.1) :

$$M + n\,L \rightleftharpoons ML_n$$

En réalité, cette réaction résulte de la somme de réactions successives au cours desquelles un seul ligand est échangé :

$M + L \rightleftharpoons ML$	avec la constante K_1
$ML + L \rightleftharpoons ML_2$	avec K_2
$ML_{i-1} + L \rightleftharpoons ML_i$	avec K_i
$ML_{n-1} + L \rightleftharpoons ML_n$	avec K_n

On peut relier ces constantes avec β_n la constante de formation globale pour n ligands :

$$\beta_n = \frac{[ML_n]}{[M]\,[L]^n}$$

avec :

$$\beta_n = K_1\, K_2 \ldots K_i \ldots\, K_n$$

On a aussi la relation :

$$K_n = \beta_n / \beta_{n-1}$$

avec le cas particulier :

$$K_1 = \beta_1$$

Rappelons que les K_i sont les constantes de stabilité successives, relatives à l'échange entre le complexe de rang $i-1$ et celui de rang i. Cette caractéristique thermodynamique est importante pour la définition des domaines de prédominance (*voir* ci-dessous).

Domaines de prédominance

Le diagramme axial de prédominance le plus simple à imaginer est le suivant :

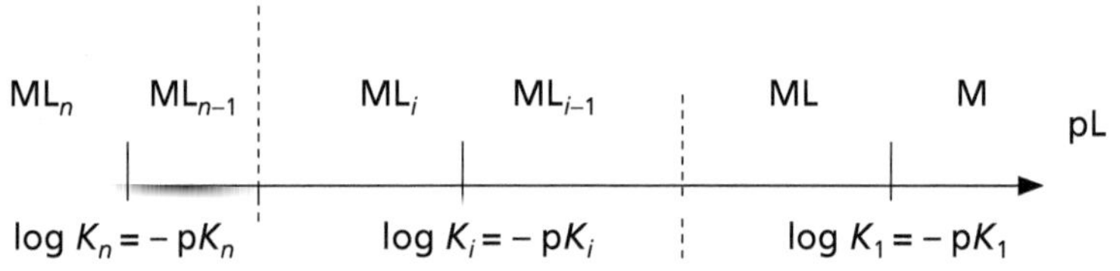

Remarque

Dans ce type de diagramme, ce sont les opposés des pK (*i.e.* les valeurs de log K) qui sont portés en abscisse, contrairement au cas des diagrammes de prédominance des formes acido-basiques, où ce sont les pK_a qui sont portés. Cette différence est due au fait que les réactions ne sont pas écrites dans le même sens (*voir* exercice **3.14**), la particule échangée figurant parmi les produits dans un cas, parmi les réactifs dans l'autre :

$$\text{Acide} \rightleftharpoons \text{base} + H^+$$

$$M + L \rightleftharpoons ML$$

Dans le cas de ce diagramme, les constantes de stabilité successives décroissent quand le nombre de coordination augmente : $K_{i-1} > K_i$, ($\log K_{i-1} > \log K_i$) ou encore $pK_{i-1} < pK_i$.

Dans ces conditions, chacun des complexes a un domaine de prédominance. C'est par exemple le cas des chlorocomplexes de l'ion Zn^{2+} : $pK_1 = 0{,}2$; $pK_2 = 0{,}4$; $pK_3 = 0{,}45$.

En revanche, si $K_{i-1} < K_i < K_{i+1}$, le complexe de rang i n'a pas de domaine de prédominance : il existe, mais ne peut jamais être prédominant (*voir* exercices **3.5** et **3.8**). C'est le cas, par exemple, des complexes ammine de l'ion Ag^+ ($Ag(NH_3)^+$ et $Ag(NH_3)_2^+$: $pK_1 = -3{,}3$ et $pK_2 = -3{,}9$ donc $K_2 > K_1$). Par analogie avec les réactions d'oxydoréduction, on dit alors que le complexe $Ag(NH_3)^+$ se dismute, selon la réaction :

$$2\ Ag(NH_3)^+ \rightleftharpoons Ag(NH_3)_2^+ + Ag^+$$

Essentiel 3.3

Diagrammes de répartition ou distribution

Dans ces diagrammes, qui sont plus complets que les représentations axiales des domaines de prédominance, on représente, en fonction du cologarithme de la concentration en ligand, la fraction de chaque espèce présente. Cela revient à calculer les concentrations de chacune des espèces. Pour ce faire, on écrira les équations classiques de conservation de la matière et les relations d'équilibre.

Prenons tout d'abord le cas, le plus simple, d'un complexe très stable :

$$M + L \rightleftharpoons ML \qquad (K_1 = 10^4)$$

$$\frac{[ML]}{[M]\,[L]} = K_1$$

$$[ML] = K_1\,[M][L], \text{ avec } [M] + [ML] = c_0.$$

D'où l'équation donnant [M] :

$$[M](1 + K_1\,[L]) = c_0,$$

soit, en définissant le coefficient $\alpha(M) = [M] / c_0$

$$\alpha(M) = (1 + K_1\,[L])^{-1}$$

et

$$\alpha(ML) = 1 - \alpha(M)$$

On en déduit, en prenant $K_1 = 10^4$, la courbe de répartition ci-dessous, qui ne dépend que de la valeur de K_1, et pas de la concentration globale c_0.

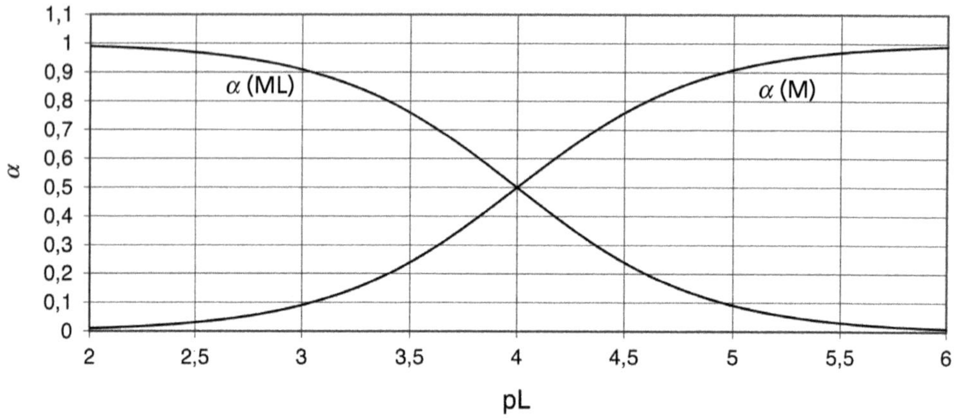

On retrouve sur cette représentation la valeur frontière $pL = -pK_1$ pour laquelle les deux formes M et ML sont en concentrations égales. La forme M est prédominante pour $pL > 4$ ($[L] < 10^{-4}$ mol L^{-1}), alors que c'est la forme ML qui prédomine pour $pL < 4$.

Compliquons un peu le système en tenant compte de la formation d'un deuxième complexe ML_2 (K_2) :

$$ML + L \rightleftharpoons ML_2$$

$$\frac{[ML_2]}{[ML]\,[L]} = K_2$$

On a les relations :

$[ML] = K_1 [M] [L]$; $[ML_2] = K_1[ML] [L]$, avec $[M] + [ML] + [ML_2] = C_0$

d'où l'équation donnant [M] :

$$[M](1 + K_1[L] + K_1K_2[L]^2) = C_0$$

soit :

$$\alpha(M) = [M] / C_0 = (1 + K_1[L] + K_1K_2[L]^2)^{-1}$$

On en déduit, avec $K_1 = 10^4$ et, par exemple, $K_2 = 10^2$ (le deuxième complexe est donc nettement moins stable que le premier), la courbe de répartition ci-dessous, qui ne dépend que des valeurs de K_1 et K_2, et pas de la concentration globale C_0.

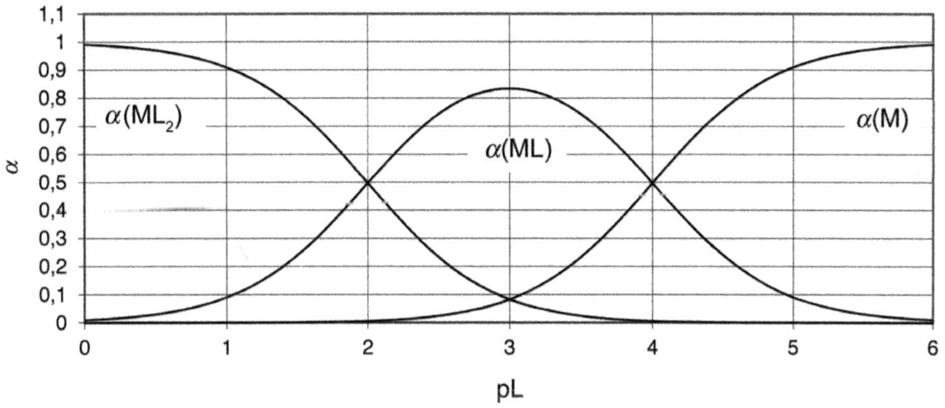

On retrouve les valeurs frontières pL = –pK_1 = 4 et pL = –pK_2 = 2, pour lesquelles les deux formes prépondérantes sont en concentrations égales. Le complexe ML est prépondérant pour les valeurs de pL comprises entre 2 et 4, mais sa fraction n'atteint jamais l'unité. Les formes M et ML_2 sont prépondérantes respectivement pour pL > 4 et pL < 2.

Les caractéristiques de ces courbes de répartition, qui dépendent des valeurs respectives des constantes de stabilité, seront détaillées et illustrées dans les exercices **3.7** et **3.8**.

Essentiel 3.4

Déplacement de complexes

Examinons la complexation d'une même espèce M par deux ligands différents, Lx et Ly. Prises séparément, ces complexations correspondent respectivement aux réactions :

$$M + Lx \rightleftharpoons MLx$$

avec :

$$\frac{[MLx]}{[M]\,[Lx]} = K$$

et

$$M + Ly \rightleftharpoons MLy$$

avec :

$$\frac{[MLy]}{[M]\,[Ly]} = K'$$

Considérons maintenant le complexe MLx mis en présence du ligand Ly. On envisage alors la réaction de déplacement suivante :

$$MLx + Ly \rightleftharpoons MLy + Lx$$

La constante de cet équilibre correspond au rapport des précédentes :

$$\frac{[MLy]\,[Lx]}{[MLx]\,[Ly]} = \frac{[MLy]\,[M]\,[Lx]}{[MLx]\,[M]\,[Ly]} = \frac{K'}{K}$$

Cette relation peut aussi s'écrire :

$$\frac{[MLy]}{[MLx]} = \frac{K'[Ly]}{K[Lx]}$$

Cette expression montre que, pour une même concentration en ligand Lx et Ly, on aura la relation [MLy] > [MLx] si $K' > K$. En d'autres termes, le ligand Ly dont la constante de complexation est la plus élevée, tend à remplacer le ligand Lx dans le complexe. On dit que le ligand Lx est labile vis-à-vis de Ly.

■ Écriture de la constante

Dans ce type d'équilibre, on prendra dans cet ouvrage la convention d'écriture suivante :

- le premier indice, à gauche, identifie le ligand initialement fixé;
- l'indice de droite correspond au ligand qui se substitue.

On peut donc dans le cas précédent écrire :

$$K_{Lx,Ly} = \frac{K'}{K}$$

Exemple : en présence d'ion OH^- en concentration importante (au moins égale à celle de SO_4^{2-}), le complexe sulfatolanthane(III) est labile car la constante de l'équilibre :

$$LaSO_4^+ + OH^- \rightleftharpoons LaOH^{2+} + SO_4^{2-}$$

est égale à $K_{SO_4,OH} = 10^{3,9} / 10^{1,4} = 10^{2,5} = 316$. Le rapport $[LaOH^{2+}] / [LaSO_4^+]$ est donc très grand devant 1.

Mais si $[OH^-] < 10^{-3}\,[SO_4^{2-}]$, alors la tendance s'inverse, le sulfatolanthane(III) est stable.

Essentiel 3.5

Constante conditionnelle de complexation

Ce concept est utile lorsque la composition de la solution a une influence sur la concentration en ligands, et donc sur la stabilité du complexe.

On peut l'illustrer par l'exemple simple du ligand F^- dans le cas de la réaction de complexation suivante :

$$Fe^{3+} + F^- \rightleftharpoons FeF^{2+} \qquad \beta_1 = 10^{5,2}$$

On sait que, plus la constante de complexation β_1 est élevée, plus le complexe est stable. La loi de déplacement des équilibres nous indique que si, à partir d'une situation d'équilibre donnée, on diminue la concentration en ligand $[F^-]$, la réaction se déplace vers la gauche. Le complexe devient donc moins stable. On peut diminuer $[F^-]$, donc diminuer la stabilité du complexe, en diluant la solution, ou en consommant l'ion F^- par une réaction, telle qu'une réaction acido-basique, une réaction de précipitation ou autre. Prenons le cas de la réaction acido-basique, puisque l'ion fluorure est la forme basique de l'acide faible HF :

$$HF \rightleftharpoons H^+ + F^- \qquad \text{avec} \qquad K_a = ([H^+]\,[F^-]) \,/\, [HF] = 10^{-3,3}$$

Si la concentration globale en espèce fluor est c_0, on a :

$$[F^-] + [HF] = [F^-]\,(1 + [H^+] \,/\, K_A) = c_0$$

La concentration en F^- est donc fonction du pH, par l'expression $[F^-] = c_0\,K_a \,/\, (K_a + [H^+])$.

La stabilité d'un complexe dont le ligand est F^- dépend donc également du pH.

On définit la fraction en ligand F^- : $\alpha = [F^-] \,/\, c_0 = K_a \,/\, (K_a + [H^+])$.

Remplaçons $[F^-]$ par $\alpha\,c_0$ dans l'expression de la constante d'équilibre :

$$\beta = [FeF^{2+}] \,/\, ([Fe^{3}]\,[F^-] = [FeF^{2+}] \,/\, ([Fe^{3+}]\,\alpha\,c_0)$$

Nous cherchons à caractériser la stabilité du complexe à un pH donné, la concentration globale en élément fluor dans la solution complexante étant donnée. Nous en déduisons l'expression d'une constante, appelée constante conditionnelle β_{cond}, qui permet d'évaluer la stabilité du complexe qui intègre la fraction α en ligand, et qui est donc fonction du pH. On peut écrire :

$$\beta_{cond} = \alpha \times \beta = [FeF^{2+}] \,/\, ([Fe^{3+}]\,c_0)$$

Les variations de la constante conditionnelle en fonction du pH répondent à l'expression :

$$\beta_{cond} = \beta\,K_a \,/\, (K_a + [H^+]) = 10^{5,2} \times 10^{-3,3} \,/\, (10^{-3,3} + [H^+])$$

Elles sont représentées ci-dessous :

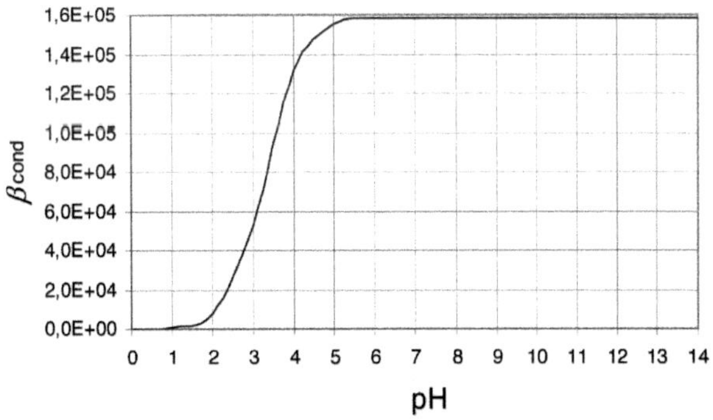

β_{cond} est égal à 79 quand le pH est égal à 0, vaut $\beta/2$ pour pH = pK_a et tend vers $\beta = 10^{5,2}$ lorsque le pH augmente.

Dans le cas plus complexe où le ligand Y^{4-} est fourni par l'EDTA, qui possède quatre fonctions acide, on montre aisément que :

$$\alpha = \frac{1}{1 + \frac{[H^+]}{K_{a4}} + \frac{[H^+]^2}{K_{a4}K_{a3}} + \frac{[H^+]^3}{K_{a4}K_{a3}K_{a2}} + \frac{[H^+]^4}{K_{a4}K_{a3}K_{a2}K_{a1}}}$$

avec les valeurs : pK_{a1} = 2 ; pK_{a2} = 2,7 ; pK_{a3} = 6,4 ; pK_{a4} = 10,2.

Les représentations des variations de β_{cond} en fonction du pH sont données ci-dessous, dans le cas de CaY^{2-} complexe très stable ($\beta = 10^{11}$).

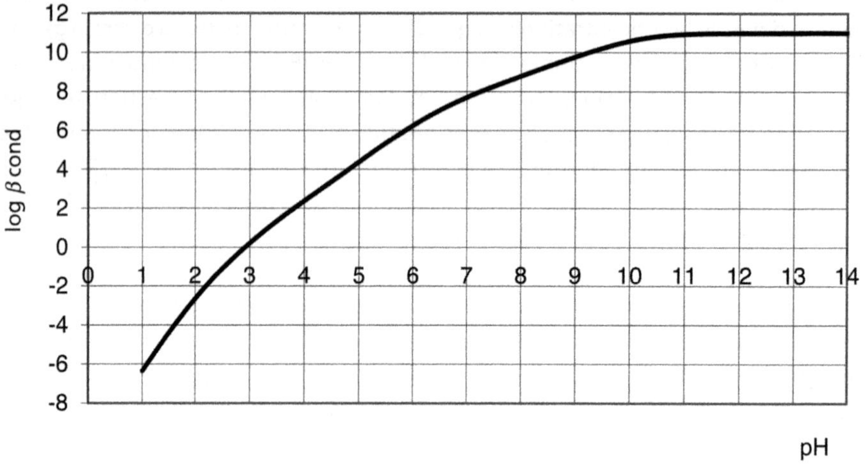

On voit sur cette figure que la stabilité de ce complexe diminue considérablement quand le pH diminue, avec des ruptures de pente. En pratique, l'ion calcium ne sera dosable par l'EDTA que pour pH > 5,5, si l'on admet que la réaction est complètement déplacée si $\beta_{cond} > 10^5$.

Essentiel 3.6

Dosages complexométriques

■ Principe

On effectue une réaction de complexation d'un cation métallique, M^{n+} par exemple, par une solution titrée contenant un ligand approprié. Le point équivalent se traduit par une variation brutale de concentration en ligand, généralement sans variation de pH. Ce dernier est d'ailleurs généralement imposé et maintenu constant au moyen d'un tampon. Il convient donc de disposer d'un indicateur adéquat, qui change de couleur au point équivalent. Comme, au point équivalent du dosage, la concentration en cation libre M^{n+} chute brutalement, on peut utiliser comme indicateur une espèce In, en petite quantité, dont le complexe formé avec M^{n+} a une certaine couleur. Ce complexe coloré est détruit au point équivalent, à condition qu'il soit moins stable que le complexe formé entre M^{n+} et le ligand utilisé pour le dosage. L'espèce In ainsi libérée peut être incolore ou prendre une couleur qui dépend généralement du pH. C'est le cas, par exemple, de l'indicateur calmagite (noté ici In), utilisé classiquement dans le cas du dosage du magnésium par l'EDTA (éthylène diamine tétracétique) notée H_4Y. On aura alors :

$$Mg^{2+} + Y^{4-} \rightleftharpoons MgY^{2-} \qquad \beta(Mg) = 10^{11}$$

$$Mg^{2+} + In \rightleftharpoons MgIn^{2+} \qquad \beta'(Mg) = 4{,}9.10^{5}$$

MgY^{2-} est incolore, $MgIn^{2+}$ est bleu et In est rose-violet en milieu basique à pH 10.

Par conséquent, la solution à doser, qui contient Mg^{2+} et un peu de In, donc de $MgIn^{2+}$, sera rose-violet. Elle virera au bleu au point équivalent. Les indicateurs colorés sont très nombreux et il faut choisir, pour chaque dosage, l'indicateur approprié, selon la nature des cations à doser et le pH opérationnel. On peut aussi utiliser la spectrophotométrie.

Beaucoup d'ions métalliques sont dosables par complexométrie (Ca, Mg, Cu, Ni, Pb, Ag, Hg, Zn, Al, etc.). On connaît généralement bien les dosages des cations alcalino-terreux Ca et Mg, dans le cadre de la détermination de la dureté d'une eau par l'EDTA (acide diamine tétracétique) dans des conditions de pH bien définies (*voir* exercice 3.16). Ces dosages sont pédagogiquement intéressants car ils combinent les notions de complexation et d'acido-basicité. Les anions susceptibles d'entrer dans des complexes peuvent également être dosés par complexométrie. C'est le cas, en particulier, des anions chlorure, cyanure.

■ Simulation de dosage, justification du choix de l'indicateur coloré

Reprenons la réaction de dosage :

$$M^{2+} + Y^{4-} \rightleftharpoons MY^{2-} \qquad \text{de constante } \beta$$

Avant le point équivalent du dosage l'indicateur In est complexé par M^{2+} dans la solution. À partir du point équivalent, $[M^{2+}]$ devenant très faible, l'indicateur se retrouve sous sa forme libre, de couleur différente. Il est donc nécessaire que la constante de stabilité du complexe InM^{2+} soit nettement inférieure à celle du complexe MY^{2-}.

Pour la simulation du dosage du cation magnésium on prendra les valeurs : $c_0 = 10^{-2}$ mol L^{-1}, pH = 10, $\beta = 5.10^8$, donc $\beta_{cond} = \alpha \times \beta = 0{,}39 \times \beta = 1{,}95.10^8$ (le calcul de la valeur de α de façon générale figure dans l'exercice **3.14**). La solution d'EDTA ajoutée au cours du dosage a une concentration $c_0 = 5.10^{-2}$ mol L^{-1}. La prise d'essai v_0 est de 4 mL.

L'indicateur de fin de réaction est le camalgite ($\beta_{camalgite} = 4{,}9.10^5$, qui est effectivement très inférieure à $\beta = 5.10^8$).

Nous nous proposons ici de tracer la courbe pMg = $f(v)$ où v est le volume de solution d'EDTA ajoutée. Le calcul, sans approximation, se fait par utilisation des expressions de la constante d'équilibre et des conservations de Mg :

$[Mg^{2+}] + [MgY^{2-}] = c_0v_0 / (v + v_0)$ d'où $[MgY^{2-}] = c_0v_0 / (v + v_0) - [Mg^{2+}]$

et de Y :

$$[Y^{4-}] + [HY^{3-}] + [H_2Y^{2-}] + [H_3Y^-] + [H_4Y] + [MgY^{2-}] = c_0v / (v + v_0)$$

ou

$$[Y^{4-}]\{1 + [H K_{a4} + [H^+]^2 / K_{a3}K_{a4} + [H^+]^3 / K_{a2}K_{a3}K_{a4} + [H^+]^4 / K_{a1}K_{a2}K_{a3}K_{a4}\} + [MgY^{2-}] = c_0v / (v + v_0)$$

D'après la définition de α (*voir* essentiel 3.5) et la relation de conservation de Mg ci-dessus, on peut aussi écrire :

$$[Y^{4-}] / \alpha = c_0v / (v + v_0) - c_0v_0 / (v + v_0) + [Mg^{2+}]$$

La constante conditionnelle $\beta_{cond} = \beta\,\alpha$ correspond à :

$$\beta_{cond} = \frac{[MgY^{2-}]\alpha}{[Mg^{2+}]\,[Y^{4-}]}$$

et on obtient, à partir des relations précédentes :

$$\beta_{cond} = \frac{\dfrac{c_0v_0}{v+v_0} - [Mg^{2+}]}{[Mg^{2+}]\left([Mg^{2+}] + \dfrac{c_0(v-v_0)}{v+v_0}\right)}$$

En posant, pour simplifier l'écriture, $r_0 = c_0v_0 / (v + v_0)$ et $r_1 = c_0(v - v_0) / (v + v_0)$, on obtient l'équation du second degré :

$$\beta_{cond}\,[Mg^{2+}]^2 + (1 + \beta_{cond}\,r_1)\,[Mg^{2+}] - r_0 = 0$$

On résout cette équation du second degré en faisant par exemple varier v par bonds de 5.10^{-2} mL (volume d'une goutte de solution dosante). À l'aide d'un tableur on obtient la courbe de dosage ci-dessous :

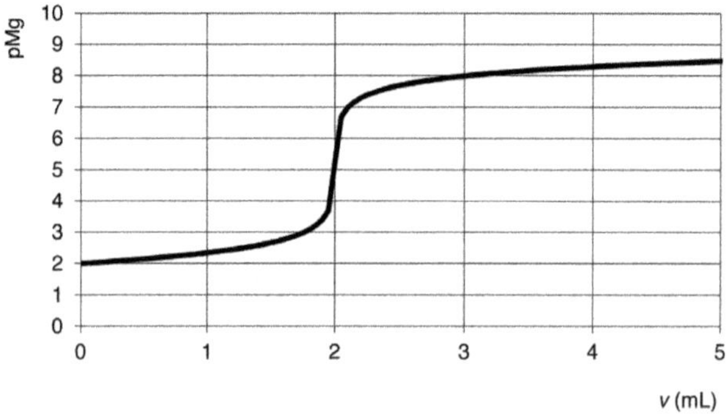

Courbe de dosage de Mg^{2+} par l'EDTA

On voit que le volume équivalent est égal à 2 mL. Le saut de pMg est net.

Si on admet que le changement de couleur, qui doit se produire au point équivalent, est complet dès que [In] / $[MgIn^{2+}]$ = 10, on obtient la condition suivante entre β(camalgite) et pMg :

$$pMg = 1 + \log \beta(\text{camalgite}) = 6{,}7$$

Cette valeur est pratiquement encadrée par les variations de pMg au cours du saut de pH au point équivalent. L'indicateur camalgite est bien adapté à ce dosage.

S'ENTRAÎNER ET RÉSOUDRE

■ *Notion de couple donneur accepteur, nomenclature*

On aborde ici les concepts fondamentaux sur la définition des complexes, mais en se limitant au minimum pour ne pas trop déborder du cadre de l'ouvrage, en l'occurrence une approche thermodynamique. On n'abordera donc que très peu les aspects concernant la structure électronique des complexes ou leur géométrie. Pour davantage de développement sur ces points, le lecteur devra s'orienter vers des ouvrages plus spécialisés dans le domaine.

Énoncés

Questions de cours et connaissances de base

3.1 ★ Nomenclature des complexes

a) Donner les formules des ions complexes ci-dessous :
hexafluoroaluminate(III) ; octocyanomolybdate(IV) ; hexacyanoferrate(II) ; tetrafluorodioxodialuminate(III) ; diaquatetraamminecuivre(II).

b) Donner les noms des complexes dont les formules sont indiquées ci-après :
$Ag(CN)_2^-$; $CoCl_2(NH_3)_4^+$; $Fe(H_2O)_6^{2+}$; $Cu(NH_3)_5^{2+}$; $Fe(CN)_6^{3-}$.

3.2 ★★ Détermination de la charge de l'ion central

Déterminer la charge de l'élément central dans les complexes $Pt(NH_3)_3Cl_3^+$, $Al(H_2O)_4(OH)_2^+$, $RuCl_3(H_2O)_3$ et $CoSO_4(NH_3)_5^+$, puis déterminer le nom de ces complexes.

3.3 ★★ Relation avec les propriétés d'acido-basicité

a) Justifier le caractère acide de Lewis de BF_3 et le caractère base de Lewis de NH_3. Écrire la réaction acido-basique entre NH_3 et BF_3.

b) Justifier le caractère acide de Lewis des cations Ca^{2+} et Ag^+.

Écrire la réaction entre NH_3 et l'ion simple Ag^+, conduisant à un complexe de Lewis $Ag(NH_3)_2^+$.

c) Écrire la réaction de formation de l'anion complexe $CuCl_4^{2-}$ à partir des ions Cu^{2+} et Cl^-. Préciser la nature d'acide, de base ou de complexe de Lewis de ces espèces.

d) L'addition d'une solution de chlorure de sodium (NaCl) à une solution de nitrate d'argent ($AgNO_3$) provoque la précipitation du chlorure d'argent (AgCl).

L'addition d'une solution d'ammoniac provoque ensuite la redissolution du précipité de AgCl.

Montrer que ces réactions peuvent s'interpréter soit comme des réactions entre acides et bases de Lewis, soit comme des réactions de déplacement d'une base de Lewis de son complexe par une base plus forte.

e) L'addition d'un excès de chlorure, par exemple avec KCl, dans la solution saturée de AgCl provoque la redissolution du précipité. Donner une interprétation.

3.4 ★★ Couples donneur-accepteur

a) Si l'on met en contact les gaz ammoniac et chlorure d'hydrogène, on obtient une fumée constituée de chlorure d'ammonium. Ce composé possède un caractère ionique. Interpréter cette observation par le concept d'acido-basicité de Lewis.

b) Le composé SiF_4 possède un caractère acide de Lewis, ce qui n'est pas le cas de CF_4. Comment l'expliquer, sachant que Si et C appartiennent à la même colonne de la classification périodique ?

c) Les ions Zn^{2+} dans une solution aqueuse de $ZnCl_2$ sont complexés par addition d'ammoniac sous forme $Zn(NH_3)_4^{2+}$. Interpréter cette complexation par le concept d'acido-basicité de Lewis.

Corrigés

3.1 a) Selon les règles de nomenclature données dans l'essentiel 3.1, on peut déduire la formule du complexe à partir de son nom : hexafluoroaluminate(III) : il comporte 6 F^- et 1 aluminium, d'où la stœchiométrie AlF_6. Le degré d'oxydation de l'aluminium indiqué est +III. La charge de l'ion est donc égale à $+3 - 6 = -3$, d'où la formule AlF_6^{3-}. Comme c'est un anion, le nom se termine par ate.

Par le même mode de détermination on trouve :
- octacyanomolybdate(IV) : $Mo(CN)_8^{4-}$;
- hexacyanoferrate(II) : $Fe(CN)_6^{4-}$;
- tetrafluorodioxodialuminate(III) : $Al_2F_4O_2^{2-}$;
- diaquatetraamminecuivre(II) : $Cu(H_2O)_2(NH_3)_4^{2+}$.

Dans le dernier cas, comme c'est un cation, le nom de l'élément central est conservé.

b) Réciproquement, on peut écrire le nom à partir des formules :
- $Ag(CN)_2^-$: dicyanoargentate(I);
- $CoCl_2(NH_3)_4^+$: tetraamminedichlorocobalt(III);
- $Fe(H_2O)_6^{2+}$: hexaaquafer(II);
- $Cu(NH_3)_5^{2+}$: pentaamminecuivre(II);
- $Fe(CN)_6^{3-}$: hexacyanoferrate(III).

3.2

Prérequis

Il faut savoir que les ligands NH_3 et H_2O sont des bases de Lewis non chargées, mais qu'en revanche les ligands Cl^- et OH^- sont des bases de Lewis chargées négativement.

Dans le premier complexe $Pt(NH_3)_3Cl_3^+$, si z est le nombre de charge du platine, on a la relation de bilan de charges :

$$z + 3 \times (-1) = +1$$

donc $z = +4$. Le platine dans ce complexe est sous la forme Pt^{4+}.

Son nom, selon les règles de la nomenclature, est triamminetrichloroplatine(IV).

Dans le second complexe $Al(H_2O)_4(OH)_2^+$, la relation de bilan de charges devient :

$$z' + 2 \times (-1) = +1$$

donc $z' = +3$. L'aluminium est sous la forme Al^{3+}.

Le nom de ce complexe est tetraaquadihydroxoaluminium(III).

Le troisième complexe $RuCl_3(H_2O)_3$ a une charge globale nulle. La relation de bilan de charges est alors :

$$z'' + 3 \times (-1) = 0$$

donc $z'' = +3$. Le ruthénium est sous la forme Ru^{3+}.

Le nom de ce complexe est triaquatrichlororuthenium(III).

Enfin concernant le quatrième complexe $CoSO_4(NH_3)_5^+$, la relation de bilan de charges est :

$$z''' + 1 \times (-2) = +1$$

donc $z''' = +3$. Le cobalt est sous sa forme Co^{3+}.

Le nom de ce complexe est pentaamminesulfatocobalt(III).

3.3

Prérequis

Pour résoudre cet exercice, il faut se référer à la configuration électronique des éléments concernés. Les concepts d'acide et base de Lewis sont donnés dans les essentiels 2.1 et 3.1.

a) L'atome de bore de la molécule BF_3 a pour configuration électronique [He] $2s^2 2p^1$. Sa liaison avec les 3 atomes de fluor ([He] $2s^2 2p^5$) ne donne que 6 électrons dans la couche de valence. Il possède donc une case quantique vide susceptible d'accueillir un doublet électronique.

BF_3 est donc, par définition, un acide de Lewis. L'atome d'azote dans la molécule d'ammoniac possède un doublet libre susceptible d'être cédé (*voir* la configuration électronique de N : [He] $2s^2 2p^3$). L'ammoniac est donc une base de Lewis et la réaction entre NH_3 donneur et BF_3 accepteur s'écrit :

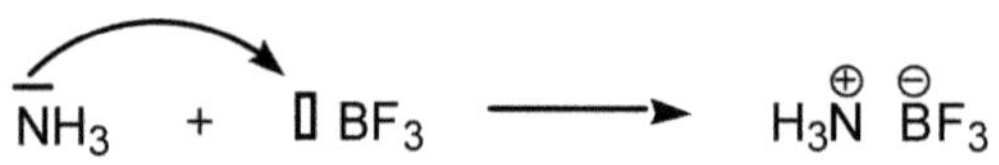

b) Le cation Ca^{2+} ([Ar] $4s^0$) possède la case quantique 4s vide qui est susceptible d'accepter un doublet électronique. C'est donc un acide de Lewis.

Le cation Ag ([Kr] $4d^{10}$ $5s^0 5p^0$) possède plusieurs cases quantiques vides susceptibles d'accueillir des doublets électroniques. C'est donc un acide de Lewis capable de réagir avec la base NH_3 :

$2\ NH_3$	+	Ag^+	→	$Ag(NH_3)_2^+$
Base de Lewis	+	Acide de Lewis	→	Complexe de Lewis

c) Le cation Cu^{2+} ([Ar] $3d^9 4s^0 4p^0$) est un acide de Lewis.

L'anion Cl^- ([Ne] $3s^2 3p^6$) possède plusieurs doublets non liants sur sa couche de valence, c'est une base de Lewis. La réaction entre Cu^{2+} et Cl^- s'écrit :

Cu^{2+}	+	$4\ Cl^-$	→	$CuCl_4^{2-}$		
Acide de Lewis	+	Base de Lewis	→	Complexe de Lewis		

d) Écrivons la réaction de précipitation de AgCl :

Ag^+	+	Cl^-	→	AgCl(s)
Acide de Lewis	+	Base de Lewis	→	Complexe de Lewis

La réaction de AgCl solide avec NH_3 conduit à un complexe de Lewis soluble :

AgCl(s)	+	$2\ NH_3$	→	$Ag(NH_3)_2^+$	+	Cl^-
Complexe I	+	Base 2	→	Complexe II	+	Base 1

La base de Lewis NH_3 est donc plus forte que Cl^- puisqu'elle remplace Cl^- dans son complexe.

e) Puisque le cation Ag^+ possède 4 cases quantiques vides dans sa couche externe ($5s^0 5p^0$), il est susceptible d'accueillir plusieurs ions chlorure pour donner plusieurs complexes chloro, par exemple $AgCl_2^-$, etc., ce qui conduit à la consommation du précipité de AgCl.

3.4 a) Le chlorure d'ammonium a pour formule NH_4Cl. La réaction peut s'écrire :

$$NH_3 + HCl \rightarrow NH_4Cl(s) \quad \text{(rappel : s = solide)}$$

NH_4Cl étant un composé ionique, on peut aussi l'écrire NH_4^+, Cl^-. L'ion H^+ est un acide de Lewis (accepteur d'un doublet). NH_3 est une base de Lewis (un doublet non liant sur l'azote, *voir* 3.3) au même titre que Cl^- (4 doublets). Si la réaction de déplacement se déroule, cela signifie que NH_3 est une base de Lewis plus forte que Cl^-, autrement dit que Cl^- est une base moins forte que NH_3.

b) La configuration électronique de C, comme celle de Si est de type s^2p^2 (ou en hybridation sp^4). Ces éléments peuvent donc donner lieu à 4 liaisons covalentes avec des halogènes. En ce qui concerne CF_4, toutes les liaisons faisant intervenir les orbitales de la couche externe du carbone sont saturées, alors qu'avec SiF_4 les orbitales 3d restent vides. Ces dernières sont donc *a priori* accepteuses de doublets, ce qui leur confère effectivement un caractère acide, selon Lewis.

c) La configuration électronique de Zn est $3d^{10}4s^2$, celle de l'ion Zn^{2+} est donc $3d^{10}$. Les orbitales 4s et 4p sont alors vides et peuvent accueillir des doublets non liants de ligands. Zn^{2+} a donc un caractère acide (accepteur de doublets). Il peut accueillir *a priori* 4 ligands s'ils ne sont pas trop volumineux. NH_3 est un ligand ayant un caractère basique fort, plus fort que Cl^- (*voir* question a), il n'est donc pas étonnant que le complexe soit formé avec 4 ligands.

Remarque et généralisation

On voit ici 3 types de réactions « donneur/accepteur » électroniques, qui donnent lieu à différents types de composés : a) ionique, b) covalent, c) complexe.

■ *Constantes de stabilité, diagrammes de distribution, calculs de concentrations à l'équilibre*

Cette partie est consacrée à l'étude thermodynamique des équilibres de complexation d'un ligand avec un élément central pouvant donner lieu à la formation de plusieurs complexes. La stabilité de chacun est fonction des conditions expérimentales, notamment de la concentration en ligand du milieu environnant. Le diagramme de prédominance permet de visualiser rapidement quelles sont les complexes majoritaires (essentiel 3.2). Une vision plus quantitative est donnée par les courbes de répartitions (essentiel 3.3). Cette partie a pour objectif de savoir tracer ces représentations.

Énoncés

▶ Exercices d'application et de synthèse

3.5 ★★★ Complexes du zinc en solution aqueuse. Lien avec les grandeurs thermodynamiques

L'ion Zn^{2+} peut former des complexes en solution aqueuse en s'associant avec 1 à 4 ligands OH^-, selon la valeur du pH.

a) Donner le nom de ces complexes.

b) Donner, à partir d'un raisonnement qualitatif, les zones de prédominance *a priori* de ces complexes en fonction du pH.

c) Calculer les constantes de stabilité successives. Y a-t-il cohérence de résultats avec la question b) ?

d) En réalité $Zn(OH)_2$ forme un précipité en milieu neutre. Évaluer, pour une solution de sel de zinc à 1 mol L^{-1} à pH = 7, les ordres de grandeur de concentration des différentes formes sous lesquelles on retrouve l'espèce zinc.

Données à 298 K : $\mu°(Zn^{2+}) = -147\,000$ J mol^{-1} ; $\mu°(ZnOH^+) = -329\,000$ J mol^{-1} ; $\mu°(Zn(OH)_2(s)) = -558\,000$ J mol^{-1} ; $\mu°(Zn(OH)_3^-) = -700\,000$ J mol^{-1} ; $\mu°(Zn(OH)_4^{2-}) = -864\,000$ J mol^{-1} ; $\mu°(OH^-) = -157\,100$ J mol^{-1}.

Constante de solubilité de $Zn(OH)_2(s)$ en $Zn(OH)_2$: $pK_s = 4{,}5$.

3.6 ★★★ Constante de stabilité et diagramme de prédominance

On dissout une mole d'ammoniac, NH_3, dans un litre d'une solution aqueuse de sulfate de cuivre(II) à 10^{-3} mol L^{-1}. Il se forme ainsi des complexes ammine, comportant de 1 à 4 ligands par Cu^{2+}.

a) Identifier l'acide et la base de Lewis dans ces complexes.

b) Les constantes d'équilibre de formation des complexes sont définies selon la relation :

$$\beta_n = \frac{[Cu(NH_3)_n{}^{2+}]}{[Cu^{2+}]\,[NH_3]^n}$$

Elles valent respectivement : $\beta_1 = 1{,}35.10^4$, $\beta_2 = 4{,}1.10^7$, $\beta_3 = 3.10^{10}$ et $\beta_4 = 3{,}9.\ 10^{12}$.

Calculer les constantes successives de stabilité K_n et tracer le diagramme axial de prédominance.

En précisant les approximations faites, déterminer les concentrations (mol L^{-1}) des espèces dissoutes (on ne se préoccupera pas des ions H_3O^+ et OH^-). Pouvait-on *a priori* prévoir quelle serait la forme de complexe ammine prépondérante ?

3.7 ★★★ Diagrammes de répartition : cas d'espèces stables

Tracer le diagramme de distribution des espèces Cu^{2+}, $CuCl^+$ et $CuCl_2$. On ne considèrera que ces deux premiers chlorocomplexes, avec les constantes successives de stabilité suivantes :

$$K_1 = 1{,}26 ; K_2 = 0{,}25.$$

▶ Problème

3.8 ★★★★ Diagrammes de répartition : existence de réactions de dismutation

Tracer le diagramme de distribution des espèces Ag^+, $Ag(NH_3)^+$ et $Ag(NH_3)_2^+$, sachant que les constantes successives de stabilité, croissantes, de ces deux complexes sont les suivantes :

$$K_1 = 10^{3,3} ; K_2 = 10^{3,9}.$$

Montrer que le complexe $Ag(NH_3)^+$ n'a pas de domaine de prépondérance. On dit qu'il se dismute. Écrire la réaction correspondante.

Corrigés

3.5 a) Le premier complexe entre Zn^{2+} et OH^- est le cation $ZnOH^+$. Selon les règles de nomenclature (*voir* essentiel 3.1) il est désigné par hydroxozinc(II).

Le deuxième complexe $Zn(OH)_2$ est neutre. Il se nomme comme un cation, c'est-à-dire dihydroxozinc(II).

Le 3e complexe $Zn(OH)_3^-$ et le 4e $Zn(OH)_4^-$ sont des anions. Ils sont désignés respectivement trihydroxozincate(II) et tetrahydroxozincate(II).

b) En raisonnant tout simplement sur l'écriture des équilibres, on s'attend à ce que plus le milieu est riche en OH^- (donc plus le pH est élevé) et plus on tend à former les complexes à fort taux de ligands. De ce raisonnement qualitatif on peut prévoir que le complexe à 1 ligand, l'hydroxozinc(II) se trouvera en milieu un peu acide (moins acide que le domaine où on trouverait majoritairement Zn^{2+}), le trihydroxozincate(II) et le tetrahydroxozincate(II) en milieu basique (très basique pour le tetra). Quant à $Zn(OH)_2$, on l'attend logiquement en milieu neutre.

Remarque et généralisation

Dans tout ce qui suit, on fera l'approximation qui consiste à prendre pour valeur de l'activité d'une espèce, la valeur de sa concentration molaire (notée entre crochets). En effet, l'activité de *i* correspond au rapport de [*i*] sur la concentration standard de 1 mol L^{-1}. C'est une légère approximation seulement dans le cas des solutions très peu concentrées.

c) Le premier complexe entre Zn^{2+} et OH^- est formé selon la réaction :

$$Zn^{2+} + OH^- \rightleftharpoons ZnOH^+$$

dont la constante d'équilibre est à la fois la constante de formation et celle de stabilité donnée par :

$$\beta_1 = \frac{[ZnOH^+]}{[Zn^{2+}][OH^-]}$$

Le lien avec l'enthalpie libre de formation est donné par (*voir* exercice **1.23**) :

$$\beta_1 = \exp\,(-\Delta_r G°_{(1)} / RT)$$

La relation entre $\Delta_r G°_{(1)}$ et les potentiels chimiques standard des espèces concernées est :

$$\Delta_r G°_{(1)} = \mu°(ZnOH^+) - \mu°(Zn^{2+}) - \mu°(OH^-)$$

Avec les valeurs numériques données, elle conduit à :

$$\beta_1 = \exp\frac{329\,000 - 157\,100 - 147\,000}{8{,}314 \times 298}$$

soit :

$$K_1 = \beta_1 = 23\,160 = 10^{4,4}$$

On ne dispose pas du potentiel chimique standard du complexe $Zn(OH)_2$, mais du potentiel chimique standard du précipité $Zn(OH)_2(s)$ et de la constante d'équilibre entre le précipité et $Zn(OH)_2$ en phase dissoute. Pour résoudre le problème, on peut par exemple calculer la valeur du potentiel chimique du complexe $Zn(OH)_2$ en écrivant l'équilibre :

$$Zn(OH)_2(s) \rightleftharpoons Zn(OH)_2 \qquad \text{avec } K_s = 10^{-4,5}$$

et la relation :

$$\Delta_r G°_{(\text{solubilité})} = \mu°(Zn(OH)_2) - \mu°(Zn(OH)_2(s)) = -RT \ln K_s$$

on en tire alors :

$$\mu°(Zn(OH)_2) = -532\,300 \text{ J mol}^{-1}$$

À partir de l'équilibre de stabilité du 2e complexe :

$$ZnOH^+ + OH^- \rightleftharpoons Zn(OH)_2$$

avec :

$$\Delta_r G°_{(2)} = \mu°(Zn(OH)_2) - \mu°(ZnOH^+) - \mu°(OH^-)$$

on calcule la constante $K_2 = \exp\,(-\Delta_r G°_{(2)} / RT)$ et on trouve $K_2 \approx 10^8$.

Remarque et généralisation

On aurait aussi pu faire le calcul de la constante d'équilibre entre $Zn(OH)_2(s)$ et $ZnOH^+$ à partir des potentiels chimiques standard et la combiner ensuite avec K_s pour obtenir ce résultat.

Pour les constantes K_3 et K_4 on peut faire le calcul à partir des valeurs des potentiels chimiques des complexes en écrivant les équilibres de stabilité successifs :

$$Zn(OH)_2 + OH^- \rightleftharpoons Zn(OH)_3^-$$

$$Zn(OH)_4 + OH^- \rightleftharpoons Zn(OH)_4^{2-}$$

On obtient ainsi, avec les valeurs obtenues :

$$K_3 = \exp\frac{700\,000 - 157\,100 - 532\,300}{8{,}314 \times 298} = 72 = 10^{1{,}86}$$

De même, on trouve :

$$K_4 = \exp\frac{864\,000 - 157\,100 - 700\,000}{8{,}314 \times 298} = 2{,}8 = 10^{0{,}44}$$

La hiérarchie obtenue dans les valeurs des constantes de stabilité est alors :

$$K_4 < K_3 < K_1 < K_2$$

En portant ces valeurs sur l'axe de pOH, on peut alors prévoir les zones de prédominance des complexes (*voir* essentiel 3.2).

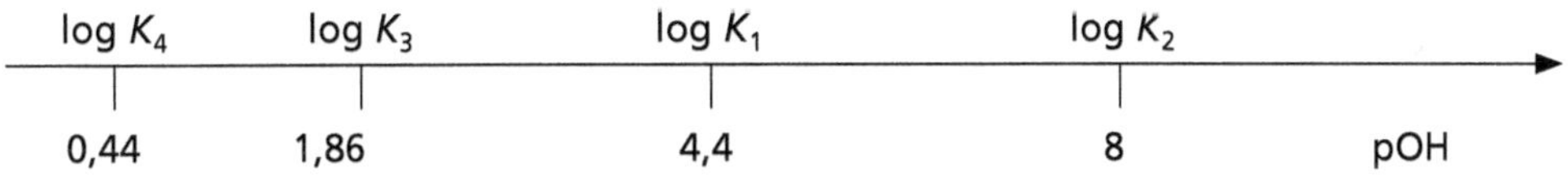

On voit alors que, si les positions relatives de K_4, K_3 et K_2 sont cohérentes avec les domaines de prédominance des complexes, celle de la constante K_1 par rapport à K_2 montre qu'il n'y a pas de domaine de prédominance du complexe $ZnOH^+$. On peut alors prévoir une dismutation de celui-ci, selon la réaction :

$$2\,ZnOH^+ \rightleftharpoons Zn^{2+} + Zn(OH)_2$$

Les prévisions qualitatives faites dans la question précédente ne sont donc pas rigoureuses. Elles permettent seulement de prévoir les domaines où un complexe est à sa concentration maximale, mais cela ne signifie pas qu'il est prépondérant devant les autres.

Remarque et généralisation

Cet aspect est développé plus quantitativement dans l'exercice **3.8**.

d) L'hydroxyde de zinc est une phase solide, son activité est donc égale à 1. La concentration en espèce $Zn(OH)_2$ soluble en solution est donnée directement par la constante K_s. On obtient :

$$[Zn(OH)_2] = 1 \times 10^{-4{,}5} = 3{,}2.10^{-3} \text{ mol L}^{-1}$$

Pour calculer les autres concentrations, on peut par exemple les déduire des constantes de stabilité établies dans la question précédente.

Pour $ZnOH^+$, on obtient ainsi, comme $[OH^-] = 10^{-7}$ mol L^{-1}.

$$[ZnOH^+] = 10^{-4{,}5} / (10^{-8} \times 10^{-7}) = 10^{-5{,}5} = 3{,}16.10^{-6} \text{ mol L}^{-1}$$

On peut aussi faire le calcul par l'équilibre suivant, en utilisant les potentiels chimiques :

$$ZnOH^+ + OH^- \rightleftharpoons Zn(OH)_2(s)$$

La condition d'équilibre conduit à la relation :

$$\mu(ZnOH^+) + \mu(OH^-) = \mu(Zn(OH)_2(s))$$

soit, puisque l'activité de $Zn(OH)_2(s)$ est égale à 1 et que l'activité de OH^- est égale à 10^{-7}

$$\mu°(ZnOH^+) + RT \ln [ZnOH^+] + \mu°(OH^-) + RT \ln 10^{-7} = \mu°(Zn(OH)_2(s))$$

Avec les valeurs numériques données, on obtient :

$$RT \ln [ZnOH^+] = -558\,000 + 329\,000 + 157\,100 - 8,314 \times 298 \ln 10^{-7}$$

d'où la valeur :

$$[ZnOH^+] = 2,5.10^{-6} \text{ mol L}^{-1}$$

Les deux valeurs trouvées sont du même ordre de grandeur (aux approximations de calcul près).

La deuxième méthode de calcul évite de cumuler les approximations en cascade. Pour la suite on utilisera donc la deuxième méthode (plus lourde mais plus précise).

Pour le complexe $Zn(OH)_3^-$, on peut procéder de même avec l'équilibre :

$$Zn(OH)_2(s) + OH^- \rightleftharpoons Zn(OH)_3^-$$

On obtient alors :

$$RT \ln [Zn(OH)_3^-] = 700\,000 - 558\,000 - 157\,100 + RT \ln 10^{-7}$$

$$[Zn(OH)_3^-] = 2,25.10^{-10} \text{ mol L}^{-1}$$

La concentration en Zn^{2+} peut être évaluée à partir de l'équilibre :

$$Zn^{2+} + 2\ OH^- \rightleftharpoons Zn(OH)_2(s)$$

On obtient :

$$RT \ln [Zn^{2+}] = 147\,000 - 558\,000 + 2 \times 157\,100 - 2\ RT \ln 10^{-7}$$

$$[Zn^{2+}] = 10^{-3} \text{ mol L}^{-1}$$

Enfin, celle de $Zn(OH)_4^{2-}$ peut se déduire de l'équilibre :

$$Zn(OH)_2(s) + 2\ OH^- \rightleftharpoons Zn(OH)_4^{2-}$$

qui conduit à :

$$RT \ln [Zn(OH)_4^{2-}] = 864\,000 - 558\,000 - 2 \times 157\,100 + 2\ RT \ln 10^{-7}$$

$$[Zn(OH)_4^{2-}] = 3,7.10^{-16} \text{ mol L}^{-1}$$

Remarque et généralisation

On peut remarquer que la somme des concentrations en différentes espèces contenant le zinc est égale à environ 10^{-3} mol L^{-1}. Il apparaît alors clairement ici que l'équation de conservation de la matière ne peut plus être utilisée pour le bilan en concentration des espèces solubles du zinc, puisque la plus grande partie de cet élément se retrouve dans le précipité $Zn(OH)_2(s)$. L'ordre de grandeur de la quantité de $Zn(OH)_2$ qui a précipité est proche de 1 mol pour 1 litre de solution.

3.6 a) La molécule NH_3 possède un doublet libre, ce qui lui confère un caractère basique selon Lewis. Le cation Cu^{2+} a un caractère acide car il est accepteur de doublets, car les orbitales 4s et 4p sont libres. Le cation Cu^{2+} peut donc s'entourer de plusieurs ligands (neutres ou chargés) selon la place disponible, la taille des ligands et leur éventuel effet répulsif.

b)

Prérequis

Pour la détermination des domaines de prédominance des différents complexes, on peut se référer à l'essentiel 3.2. On prendra garde aux définitions des constantes β_n et K_n qu'il ne faut pas confondre, l'espèce prise comme origine de la réaction (réactant) étant différente.

On peut écrire la relation générale de complexation des ions Cu^{2+} en milieu ammoniacal :

$$Cu^{2+} + n\ NH_3 \rightleftharpoons Cu(NH_3)_n{}^{2+}$$

avec la constante générale d'équilibre :

$$\beta_n = \frac{[Cu(NH_3)_n^{2+}]}{[Cu^{2+}]\ [NH_3]^n}$$

Dans cette écriture, on fait l'approximation vue précédemment (*voir* exercice **3.5**) de confondre, pour chaque espèce, la valeur de l'activité avec celle de la concentration molaire. Dans le cas de NH_3, molécule neutre, bien que sa concentration soit assez élevée, on étendra cette approximation pour simplifier les calculs tout en gardant l'esprit de la résolution. On a :

$$K_1 = \frac{[Cu(NH_3)^{2+}]}{[Cu^{2+}]\ [NH_3]} = \beta_1 = 1{,}35.10^4 \qquad K_2 = \frac{[Cu(NH_3)_2^{2+}]}{[Cu(NH_3)^{2+}]\ [NH_3]} = \frac{\beta_2}{\beta_1} = 3{,}04.10^3$$

$$K_3 = \frac{[Cu(NH_3)_3^{2+}]}{[Cu(NH_3)_2^{2+}]\ [NH_3]} = \frac{\beta_3}{\beta_2} = 7{,}3.10^2 \qquad K_4 = \frac{[Cu(NH_3)_4^{2+}]}{[Cu(NH_3)_3^{3+}]\ [NH_3]} = \frac{\beta_4}{\beta_3} = 1{,}3.10^2$$

On en déduit le diagramme axial de prédominance ci-dessous :

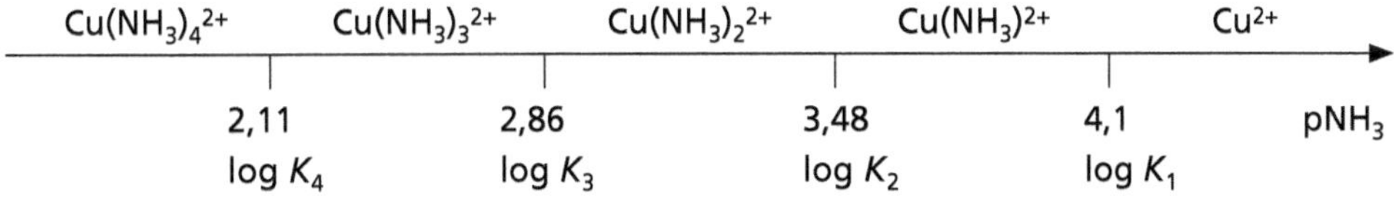

Remarque et généralisation

On rappelle ici qu'avec la définition $pNH_3 = -\log [NH_3]$, le domaine de forte concentration en ammoniac se situe sur la gauche du diagramme.

Dans le cas examiné, la concentration en NH_3 est forte (1 mol L^{-1}) devant celle de la solution de cuivre (10^{-3} mol L^{-1} au total). On peut donc admettre qu'après complexation la concentration en NH_3 est sensiblement la même, sa valeur minimale pouvant atteindre 0,996 mol L^{-1} pour une complexation totale avec 4 ligands. Sans faire de calcul, on peut prévoir que le complexe avec 4 ligands ammine [tétraamminecuivre(II)] est prépondérant. Le diagramme ci-dessus montre en effet que pour $[NH_3] > 10^{-2,11}$ mol L^{-1} (c'est-à-dire $7,8.10^{-3}$ mol L^{-1}) c'est ce complexe tétraammine qui est prépondérant.

La concentration totale en Cu^{2+} libre ou complexé peut s'écrire (bilan de matière) :

$$10^{-3} = [Cu^{2+}] + [CuNH_3{}^{2+}] + [Cu(NH_3)_2{}^{2+}] + [Cu(NH_3)_3{}^{2+}] + [Cu(NH_3)_4{}^{2+}]$$

Les concentrations des complexes peuvent s'exprimer en fonction des constantes de formation des complexes, en prenant $[NH_3] \approx 1$ mol L^{-1}, on obtient alors les relations suivantes :

$$[CuNH_3{}^{2+}] = \beta_1\,[Cu^{2+}] \qquad [Cu(NH_3)_2{}^{2+}] = \beta_2\,[Cu^{2+}]$$

$$[Cu(NH_3)_3{}^{2+}] = \beta_3\,[Cu^{2+}] \qquad [Cu(NH_3)_4{}^{2+}] = \beta_4\,[Cu^{2+}]$$

ce qui entraîne :

$$10^{-3} = [Cu^{2+}](1 + \beta_1 + \beta_2 + \beta_3 + \beta_4) \approx [Cu^{2+}] \times 3,93.10^{12}$$

On en tire les valeurs de concentrations :

$$[Cu^{2+}] = 2,5.10^{-16} \text{ mol L}^{-1} \qquad [CuNH_3{}^{2+}] = 3,4.10^{-12} \text{ mol L}^{-1}$$

$$[Cu(NH_3)_2{}^{2+}] = 10^{-8} \text{ mol L}^{-1} \qquad [Cu(NH_3)_3{}^{2+}] = 7,6.10^{-6} \text{ mol L}^{-1}$$

$$[Cu(NH_3)_4{}^{2+}] = 10^{-3} \text{ mol L}^{-1}$$

3.7

Prérequis

La définition du diagramme de distribution est donnée dans l'essentiel 3.3. On rappelle qu'on ne représente pas la concentration, mais la proportion de chaque espèce.

Considérons ce cas très simple de l'ion Cu^{2+} en présence du ligand Cl^-, avec deux complexes successifs de constantes de stabilité décroissantes ($K_1 > K_2$) : $K_1 = 1,26$; $K_2 = 0,25$.

$$Cu^{2+} + Cl^- \rightleftharpoons CuCl^+ \qquad \text{avec} \qquad \frac{[CuCl^+]}{[Cu^{2+}][Cl^-]} = 1,26$$

et

$$CuCl^+ + Cl^- \rightleftharpoons CuCl_2 \qquad \text{avec} \qquad \frac{[CuCl_2]}{[CuCl^+][Cl^-]} = 0,25$$

Si la concentration globale en espèce cuivre vaut c_0, en introduisant les constantes de complexation β qui lient les concentrations en complexes à celle de Cu^{2+}, le bilan de matière conduit à :

$$[Cu^{2+}] + [CuCl^+] + [CuCl_2] = [Cu^{2+}](1 + 1,26\,[Cl^-] + 1,26 \times 0,25\,[Cl^-]^2) = c_0$$

D'où l'expression de la fraction α en ions Cu^{2+} :

$$\alpha(Cu^{2+}) = \frac{[Cu^{2+}]}{c_0} = \frac{1}{1 + 1,26[Cl^-] + 0,315[Cl^-]^2}$$

Les expressions de $[CuCl^+] / c_0$ et $[CuCl_2] / c_0$ résultent immédiatement de cette expression et des constantes d'équilibre. On obtient :

$$\alpha(CuCl^+) = \frac{[CuCl^+]}{c_0} = \frac{1,26[Cl^-]}{1 + 1,26[Cl^-] + 0,315[Cl^-]^2}$$

et

$$\alpha(\mathrm{CuCl_2}) = \frac{[\mathrm{CuCl_2}]}{c_0} = \alpha(\mathrm{CuCl^+}) \times 0,25[\mathrm{Cl^-}] = \frac{0,315[\mathrm{Cl^-}]^2}{1+1,26[\mathrm{Cl^-}]+0,315[\mathrm{Cl^-}]^2}$$

On en déduit par calcul numérique (point par point ou par utilisation d'un tableur) le diagramme de distribution ci-dessous :

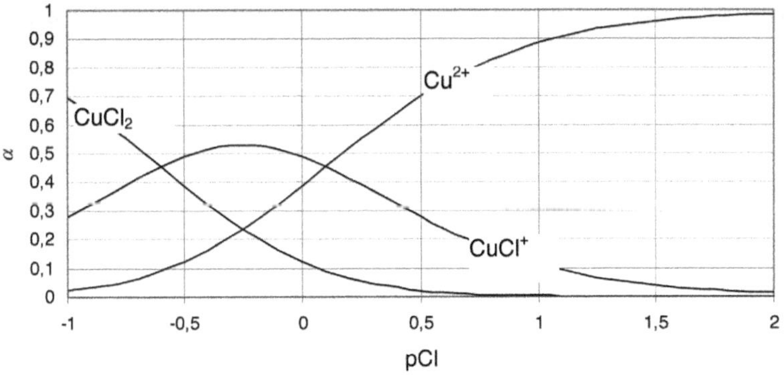

On retrouve sur ce diagramme que $[Cu^{2+}] = [CuCl^+]$ (intersection des courbes) pour pCl = log K_1 = 0,1, et que $[CuCl_2] = [CuCl^+]$ pour pCl = log K_2 = –0,6.

Les domaines de prédominance sont donc les suivants :

pCl > 0,1 pour Cu^{2+} –0,6 > pCl < 0,1 pour $CuCl^+$ pCl < –0,6 pour $CuCl_2$.

Chacune des deux espèces, Cu^{2+} et $CuCl_2$, atteint une fraction quasiment unitaire respectivement quand la concentration en ion chlorure est inférieure à 10^{-2} mol L^{-1} (zone de droite du diagramme) ou supérieure à 10 mol L^{-1} (zone de gauche du diagramme). En revanche, la fraction en $CuCl^+$, dans son domaine de prédominance, n'excède guère ici la valeur 0,5.

Remarque et généralisation

L'asymptote aux fortes concentrations $\alpha = 1$ ne peut pas être atteinte physiquement, la valeur des concentrations étant trop importante. Ce graphique n'a de sens que qualitatif dans ce domaine, d'autant plus qu'on ne peut plus assimiler activité et concentration pour les fortes valeurs (même à partir de 10^{-1} mol L^{-1} l'approximation devient grossière).

La représentation axiale classique est donnée ci-dessous :

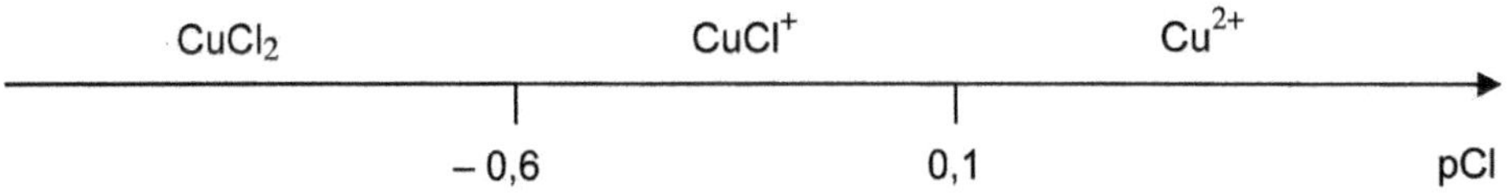

Remarque et généralisation

Dans cet exercice, comme dans beaucoup d'autres, on considère, pour simplifier, les cations simples Cu^{2+}. Or, en solution aqueuse, ces cations sont complexés par la base de Lewis H_2O qui constitue le solvant. Il ne faut pas oublier que, par exemple, la réaction :

$$Cu^{2+} + Cl^- \rightleftharpoons CuCl^+$$

▸▸▸

▸▸▸

devrait, en toute rigueur, s'écrire :

$$Cu(H_2O)_6^{2+} + Cl^- \rightleftharpoons Cu(H_2O)_5Cl^+ + H_2O$$

Cela signifie que la fixation d'un ligand sur l'ion central est en réalité le remplacement d'une molécule H_2O par ce ligand.

3.8 L'équilibre de formation du premier complexe, qui est aussi celui de sa stabilité, s'écrit :

$$Ag^+ + NH_3 \rightleftharpoons Ag(NH_3)^+$$

avec :

$$\frac{[Ag(NH_3)^+]}{[Ag^+]\,[NH_3]} = K_1 = 10^{3,3}$$

Pour le deuxième complexe, l'équilibre de stabilité est :

$$Ag(NH_3)^+ + NH_3 \rightleftharpoons Ag(NH_3)_2^+$$

avec :

$$\frac{[Ag(NH_3)_2^+]}{[Ag(NH_3)^+]\,[NH_3]} = K_2 = 10^{3,9}$$

On en déduit la relation de conservation de la matière :

$$[Ag^+] + [Ag(NH_3)^+] + [Ag(NH_3)_2]^+ = c_0 = [Ag^+](1 + 10^{3,3}\,[NH_3] + 10^{3,3} \times 10^{3,9}\,[NH_3]^2)$$

D'où l'expression de la fraction de concentration molaire en Ag^+ :

$$\alpha(Ag^+) = \frac{[Ag^+]}{c_0} = \frac{1}{1 + 10^{3,3}[NH_3] + 10^{7,2}[NH_3]^2}$$

En utilisant les constantes d'équilibres ci-dessus, on obtient :

$$\alpha(Ag(NH_3)^+) = 10^{3,3}\,[NH_3]\alpha(Ag^+) \qquad \alpha(Ag(NH_3)_2^+) = 10^{7,2}\,[NH_3]^2\,\alpha(Ag^+)$$

On en déduit les courbes de répartition ci-dessous :

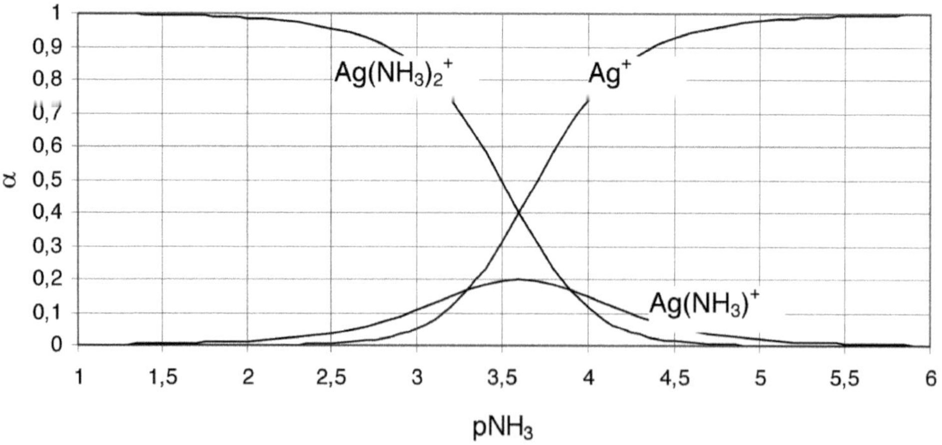

On retrouve que $[Ag^+] = [Ag(NH_3)^+]$ pour $pNH_3 = -pK_1 = 3{,}3$, et que $[Ag(NH_3)^+] = [Ag(NH_3)_2]^+$ pour $pNH_3 = -pK_2 = 3{,}9$. Le complexe $Ag(NH_3)^+$ n'a aucun domaine de prédominance. Il est donc instable et soumis à un équilibre de dismutation (ainsi appelé par analogie avec la dismutation en oxydoréduction) :

$$2\ Ag(NH_3)^+ \rightleftharpoons Ag(NH_3)_2^+ + Ag^+$$

Le diagramme de répartition montre que $[Ag^+] = [Ag(NH_3)_2^+]$ pour $pNH_3 = (pK_1 + pK_2)/2 = 3{,}6$. C'est pour cette valeur de pNH_3 que la fraction $Ag(NH_3)^+$ est maximale.

La représentation axiale classique des domaines de prédominance, qui ne donne aucun domaine à l'ion $Ag(NH_3)^+$, est la suivante :

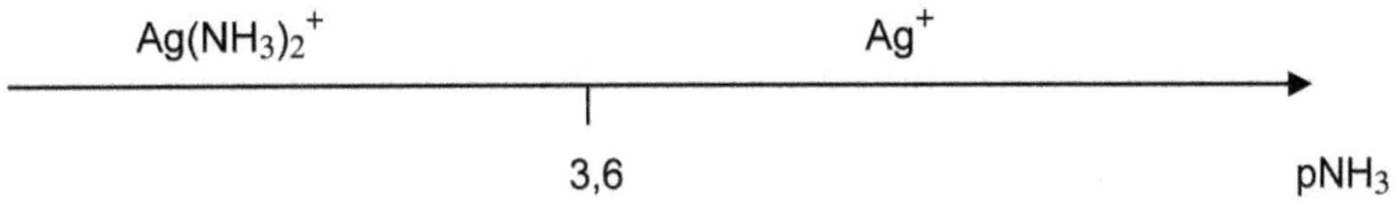

Ces résultats montrent que, bien qu'il n'existe pas de domaine de prédominance pour le complexe $Ag(NH_3)^+$, sa concentration n'en n'est pas pour autant nulle, ni même toujours négligeable. Les courbes de répartition montrent qu'il se situe en deuxième position pour les domaines de $[NH_3] < 10^{-3,9}$ et $[NH_3] > 10^{-3,3}$.

Remarque et généralisation

Comme dans l'exercice précédent, il convient de remarquer que les ions Ag^+ sont en réalité complexés par les molécules d'eau du solvant. La fixation d'un ligand sur l'ion central étant le remplacement d'une molécule H_2O par ce ligand. C'est ce type de phénomène qui permet d'expliquer que certains complexes, tels que $Ag(NH_3)_2^+$, soient plus stables que le complexe d'indice de coordination inférieur $Ag(NH_3)^+$. Il devrait en effet être plus difficile, *a priori*, de fixer deux ligands NH_3 qu'un seul.

■ *Déplacements de complexes – Dosages complexométriques*

Dans la partie précédente, la substitution des ligands H_2O des cations par d'autres ligands a été évoquée. Ce type de réaction sera davantage développé de façon quantitative sur des cas plus généraux. Pour cela, on utilisera les propriétés de force relative des bases de Lewis qui interviendront dans les réactions de déplacement des complexes.

Énoncés

▶ Questions de cours et connaissances de base

3.9 ★ Observation qualitative

Les solutions aqueuses de sulfate de cuivre et de chlorure de cuivre ont la même couleur bleu-turquoise. Cette couleur est inchangée si le solvant, au lieu d'être de l'eau pure, est une solution aqueuse de Na_2SO_4.

Lorsqu'on introduit un excès d'ammoniac, la solution vire à un bleu très intense. Interpréter ce changement de couleur.

Exercices d'application et de synthèse

3.10 ★★ Comparaison de la force de ligands

On dissout 10^{-3} mol de $CuCl_2$ dans 1 litre de solution de KCl à 10^{-1} mol L^{-1}. Les ions Cu^{2+} forment des complexes en milieu chlorure.

a) Sachant que les constantes de formation des complexes avec 1 et 2 ligands Cl^- (chloro) valent respectivement $\beta_1 = 1,26$ et $\beta_2 = 0,315$, calculer les concentrations en ions cuivre (II) sous leurs diverses formes (on admettra que l'excès de chlorure permet de conserver une concentration constante $[Cl^-] = 0,1$ mol L^{-1}).

b) On supposera, en première approximation, que le seul chloro-complexe présent est $CuCl^+$. Les constantes de première complexation par d'autres ligands tels que F^-, SCN^- et NH_3 valent respectivement $\beta'_1 = 5$, $\beta''_1 = 50$ et $\beta'''_1 = 1,35.10^4$. On mélange des volumes égaux de solution a) et de KF, ou de KSCN ou de NH_3, dont les concentrations sont également de 10^{-1} mol L^{-1}. Prévoir le sens de réaction et en déduire une hiérarchie de force de ces bases de Lewis.

3.11 ★★★ Prévisions de déplacement de complexes

On dispose d'une solution de Ca^{2+} dont l'anion n'est pas complexant. On introduit des ions phosphate PO_4^{3-} et il se forme le complexe $CaPO_4^-$.

a) On introduit ensuite des cations Mn^{2+} (sel dont l'anion est non complexant). Écrire la réaction de déplacement de complexe envisageable. En supposant toutes les activités égales, prévoir si la réaction est *a priori* possible en s'appuyant sur l'expression de ΔG.

b) La concentration initiale en $CaPO_4^-$ est égale à 10^{-4} mol L^{-1}. On admettra que la concentration en ion phosphate est suffisante pour qu'il ne réside plus d'ion Ca^{2+}, c'est-à-dire que la réaction de complexation a été totale. Calculer la concentration finale en ce complexe si on introduit une quantité de 10^{-4} mol de Mn^{2+} par litre de solution. Donner le pourcentage de dissolution de ce complexe.

c) Même question que ci-dessus, mais cette fois en introduisant 10^{-3} mol de Mn^{2+} par litre de solution.

d) Même question que ci-dessus, mais cette fois en introduisant 10^{-5} mol de Mn^{2+} par litre de solution.

e) Même question que b), mais cette fois en inversant la situation, c'est-à-dire en introduisant 10^{-4} mol de Ca^{2+} par litre d'une solution qui contient initialement 10^{-4} mol de $MnPO_4^-$.

Données : $K_{1,Ca} = 10^{1,7}$ et $K_{1,Mn} = 10^{2,6}$.

3.12 ★★★ Déplacement de complexes, influence sur la solubilité (fixateur en photo argentique)

L'iodure d'argent AgI a été très utilisé dans les papiers argentiques pour la photographie. Il est très peu soluble. Pour fixer l'image qui a été révélée (formation de grains d'argent sous l'effet de la lumière, accentuée ensuite par le révélateur), il faut dissoudre ce qui reste de AgI dans le papier, sinon il noircit avec le temps et l'image sur la photographie se dégrade. Pour cela on utilise des réactions de complexation.

a) Comparer la concentration en ions argent (libres ou complexés) dans l'eau pure et dans une solution contenant un excès d'ion iodure (par exemple avec ajout de KI), à une concentration de 1 mol L^{-1}.

b) Même question, mais cette fois en comparant avec une solution de thiosulfate (autrefois appelé hyposulfite), par exemple $S_2O_3Na_2$, utilisée dans les fixateurs. On supposera également que ce réactif est en excès, à une concentration de 1 mol L^{-1}. Montrer auparavant que le complexe disulfatoargentate(I) est plus probable que le monosulfatoargentate(I).

Données :

- constante de solubilité de AgI : $K_s = 10^{-16}$;
- constante de formation du complexe AgI^{2-} : $\beta_2 = 10^{13,7}$;
- constante de formation du complexe $Ag(S_2O_3)^-$: $\beta'_1 = 10^{8,8}$;
- constante de formation du complexe $Ag(S_2O_3)_2^{-3}$: $\beta'_2 = 10^{13,5}$.

3.13 ★★★ Compétition entre différents ligands ou entre différents ions centraux

On réalise une solution contenant 10^{-4} mol L^{-1} de nitrate ferrique et 1 mol L^{-1} de thiocyanate de sodium NaSCN (indicateur de présence de Fe^{3+} par la formation d'un complexe rouge vif).

a) Écrire la réaction de complexation qui se produit et calculer les concentrations en espèces à l'équilibre.

b) Compétition de ligands entre SCN^- et F^-.

On ajoute à la solution a) du fluorure de sodium. Écrire la réaction qui se produit et déterminer la constante d'équilibre de déplacement de complexe.

c) Compétition d'élément central entre Fe^{3+} et Ag^+.

On reprend la solution a) à laquelle on ajoute du nitrate d'argent. Écrire la réaction qui se produit et déterminer la constante d'équilibre de déplacement de complexe.

d) Calculer, dans les cas b) et c), les quantités minimales de fluorure de sodium et de nitrate d'argent qu'il faut ajouter pour décolorer la solution a). On admettra que la couleur n'est perceptible que si $[Fe(SCN)^{2+}] > 10^{-6}$ mol L^{-1}.

Données :	$Fe(SCN)^{2+}$	FeF^{2+}	$Ag(SCN)(s)$
log *K*	2,3	5,2	12

3.14 ★★★ Constante de stabilité conditionnelle ; influence du pH sur les titrages complexométriques

L'EDTA H_4Y, de formule $(HO_2C–CH_2)_2–N–(CH_2)_2–N–(CH_2–CO_2H)_2$, possède 4 fonctions acide avec les constantes $pK_{a1} = 2$; $pK_{a2} = 2,7$; $pK_{a3} = 6,4$; $pK_{a4} = 10,2$.

a) Tracer l'axe des domaines de prédominance des 5 espèces acido-basiques, puis exprimer la fraction α de Y^{4-} dans une solution d'EDTA de concentration c_0 en fonction du pH. Donner les valeurs de α sous forme de tableau.

b) On se place, par exemple, à pH = 8. Quelle est la forme prédominante de l'EDTA ? Écrire alors la réaction-bilan de complexation du calcium.

c) Exprimer la constante conditionnelle de complexation d'un cation M^{2+} en fonction de β et α.

Faire l'application numérique dans le cas des ions Ca^{2+}, pour pH = 0 ; pH = 5 ; pH = 10 ; pH = 14.

Le dosage de Ca^{2+} par l'EDTA est-il possible à toute valeur de pH ? Quelles sont les limitations ?

Données : $\beta(CaY^{2-}) = 10^{11}$ $K_s(Ca(OH)_2) = 8.10^{-6}$

3.15 ★★★ Sélectivité d'un dosage selon le pH

On considère une solution contenant des nitrates de magnésium, de bismuth et de plomb.

a) On effectue le dosage des trois métaux au moyen d'une solution titrée de Na_2H_2Y de concentration 10^{-2} mol L^{-1}, sur une seule prise d'essai de 20 mL de la solution à doser. Le mode opératoire est le suivant :

1. la solution étant tamponnée à pH = 1, le volume de solution d'EDTA nécessaire pour obtenir le virage de l'indicateur approprié est 10 mL ;
2. on tamponne ensuite cette même solution à pH = 2 et on reprend le dosage. Il faut ajouter un volume supplémentaire de solution d'EDTA de 6 mL pour obtenir le deuxième point équivalent ;
3. on tamponne enfin le pH à 8. Il faut une dernière addition de 15 mL de solution d'EDTA pour terminer le dosage.

Expliquer le dosage en donnant les réactions de complexation pertinentes pour chaque valeur du pH. Calculer les concentrations en espèces Zn, Bi et Pb dans la solution.

b) Il est très difficile de trouver un système d'indicateurs colorés introduits présents simultanément dans la prise d'essai et dont les couleurs variées ne se masquent pas. Comment modifier le mode opératoire pour éviter cette difficulté ?

Données :

L'EDTA (acide diamine tétracétique) H_4Y possède quatre acidités :

$$pK_{a1} = 2 ; pK_{a2} = 2,7 ; pK_{a3} = 6,4 ; pK_{a4} = 10,2$$

Les constantes de complexation des cations sont :

$$\beta(MgY^{2-}) = 10^{8,7} ; \beta(PbY^{2-}) = 10^{18} ; \beta(BiY^{2-}) = 10^{28}$$

Les fractions de Y^{4-} sont les suivantes :

pH1	1	2	8
$\alpha(Y^{4-})$	$4,5.10^{-20}$	$2,2.10^{-14}$	$6,1.10^{-3}$

Problème

3.16 ★★★★ Dosages complexométriques des alcalino-terreux dans l'eau

On se propose de doser le calcium et le magnésium dans une eau minérale naturelle dont l'étiquette indique les teneurs suivantes :

Ca 253 mg L^{-1}; Mg 11 mg L^{-1}; Na 7 mg L^{-1}; K 3 mg L^{-1}

Hydrogénocarbonates (appelés bicarbonates) 820 mg L^{-1}; sulfates 25 mg L^{-1}; chlorures 4 mg L^{-1}; nitrates < 1 mg L^{-1}

a) Ces chiffres sont-ils cohérents sur le plan chimique ?

b) On utilise pour le dosage de Ca et Mg le réactif complexant EDTA noté H_4Y. Pour ce faire, on introduit dans la burette une solution contenant 10^{-2} mol L^{-1} de sel disodique de l'EDTA (Na_2H_2Y). On introduit dans un erlenmeyer 20 ml d'eau à doser, un tampon de pH = 10 et quelques gouttes d'indicateur coloré calmagite, noté In. On fait couler goutte à goutte la solution de la burette dans le contenu du bécher. Écrire les réactions qui se produisent, expliquer pourquoi et comment la fin du dosage se manifestera.

c) Un changement de couleur se produit pour un volume versé de 13,5 mL de solution dosante. Que vaut la concentration molaire totale Ca + Mg ?

d) Ce changement de couleur n'est pas très net, et il est recommandé de recommencer le dosage en ajoutant à la solution du bécher quelques gouttes de Na_2MgY. Comment cela peut-il améliorer le changement de couleur ? Cet ajout modifiera-t-il le résultat du dosage ?

e) Quelle est à votre avis l'influence du pH de la solution à doser sur la qualité du dosage ? Pourquoi a-t-on choisi un pH voisin de 10 ?

f) Pour doser le calcium seul, on reprend la solution vue en b), mais on lui ajoute cette fois-ci un tampon de pH 12,5. Le dosage est par ailleurs identique au précédent, avec l'indicateur coloré murexide.

Expliquer pourquoi c'est seulement le calcium qui est dosé, en montrant par exemple que la concentration $[MgY^{2-}]$, au point équivalent, est suffisamment faible devant la concentration initiale en ions Mg^{2+}.

g) Les résultats du dosage sont-ils compatibles avec ce qui est écrit sur l'étiquette de la bouteille, sachant qu'il a fallu ajouter 12,6 mL de solution d'EDTA pour obtenir le virage du murexide du rouge au bleu ?

Données :

H_4Y possède quatre acidités : $pK_{a1} = 2$; $pK_{a2} = 2,7$; $pK_{a3} = 6,4$; $pK_{a4} = 10,2$.

L'EDTA forme avec les ions calcium et magnésium des complexes incolores CaY^{2-} et MgY^{2-} dont les constantes de formation valent respectivement :

$$\beta(Ca) = 10^{11} \qquad \text{et} \qquad \beta(Mg) = 5.10^{8}$$

L'indicateur complexométrique calmagite (In^{3-}) ne complexe pas les ions calcium et forme, avec les ions magnésium, un complexe $MgIn^{-}$, de couleur rose-lie de vin, dont la constante de formation vaut :

$$\beta'(Mg) = 4{,}9.10^5$$

Lorsqu'il n'est pas complexé, le calmagite a une couleur bleue.

Le murexide (purpurate d'ammonium) complexe le calcium et le magnésium, en donnant une couleur rouge. Il est de couleur bleue en l'absence de ces ions, en milieu basique.

$$K_s(Ca(OH)_2) = 8.10^{-6} \qquad K_s(Mg(OH)_2) = 2.10^{-11}$$

Corrigés

3.9 La couleur bleu-turquoise identique pour les deux solutions ne peut pas être *a priori* attribuée aux complexes sulfato ou chloro du cuivre, la coïncidence serait trop forte, d'autant plus que l'ajout de Na_2SO_4 ne modifie pas la couleur, mais elle est à attribuer au complexe aqua du cuivre. On peut en déduire que l'eau est une base plus forte que les ions sulfate ou chlorure, quoique l'eau, qui est le solvant, est en excès, donc *a priori* plus favorable à la formation du complexe aqua.

En présence d'ammoniac, si on observe un changement de couleur, cela signifie que NH_3 est une base plus forte que H_2O et il se produit un échange de ligand (de ce point de vue le complexe aqua est labile). Cette substitution a donc donné naissance à la formation du complexe ammine dont la couleur peut effectivement être différente (influence différente du ligand sur les niveaux énergétiques des orbitales).

3.10

Prérequis

On considère généralement que les sels en solution sont entièrement dissociés sous forme ionique. Cependant, la complexation du cation avec des ligands anioniques peut conduire à la formation d'espèces neutres, de formule chimique équivalente à celle du sel, mais qui restent à l'état dissous et en très faible concentration, du moins dans les solvants de forte constante diélectrique, ce qui est le cas de l'eau. Cette espèce moléculaire, dont l'activité est une variable, ne doit pas être confondue avec le sel qui est une phase solide séparée et que l'on peut rencontrer en solution saturée (avec une activité égale à 1 puisqu'il s'agit d'un solide).

a) On peut écrire les réactions de complexation :

$$Cu^{2+} + Cl^- \rightleftharpoons CuCl^+ \qquad \text{avec} \qquad \beta_1 = \frac{[CuCl^+]}{[Cu^{2+}]\,[Cl^-]}$$

$$Cu^{2+} + 2\,Cl^- \rightleftharpoons CuCl_2 \qquad \text{avec} \qquad \beta_2 = \frac{[CuCl_2]}{[Cu^{2+}]\,[Cl^-]}$$

La concentration totale en espèce ionique Cu^{2+} libre ou complexé peut s'écrire, en utilisant le bilan de matière :

$$10^{-3} = [Cu^{2+}] + [CuCl^+] + [CuCl_2]$$

Si on admet effectivement que $[Cl^-]$ est une constante (0,1 mol L^{-1}), les concentrations des complexes peuvent s'exprimer en fonction des constantes de complexation, ce qui conduit à la relation de conservation de la matière :

$$10^{-3} = [Cu^{2+}] \times (1 + \beta_1[Cl^-] + \beta_2[Cl^-]^2)$$

$$10^{-3} = [Cu^{2+}] \times (1 + 1{,}26 \times 0{,}1 + 0{,}315 \times 0{,}01)$$

On en tire les valeurs des concentrations :

$$[Cu^{2+}] = 8{,}86.10^{-4} \text{ mol L}^{-1}$$

$$[CuCl^+] = \beta_1[Cl^-]\,[Cu^{2+}] = 1{,}12.10^{-4} \text{ mol L}^{-1}$$

$$[CuCl_2] = \beta_2[Cl^-]^2\,[Cu^{2+}] = 2{,}8.10^{-6} \text{ mol L}^{-1}$$

On constate que la concentration en espèce neutre $CuCl_2$ est nettement la plus faible. Ce résultat est en accord avec le diagramme de répartition tracé dans l'exercice **3.7**.

Remarque et généralisation

Si on fait le calcul pour la dissolution de $CuCl_2$ dans de l'eau pure, avec la même concentration (10^{-3} mol L^{-1}), on obtient une concentration en Cl^- très proche de 2.10^{-3} mol L^{-1} et une concentration en $CuCl_2$ de l'ordre de 10^{-9} mol L^{-1}. Cela justifie donc qu'on considère généralement les sels comme entièrement dissociés dans l'eau, solvant polaire à forte constante diélectrique.

b) Prenons le premier cas de mélange de la solution **a)** avec celle de KF. L'équilibre qui en résultera est :

$$CuCl^+ + F^- \rightleftharpoons CuF^+ + Cl^-$$

La constante de cet équilibre (*voir* essentiel 3.4 pour la convention d'écriture) vaut :

$$K_{Cl,F} = \frac{[CuF^+][Cl^-]}{[CuCl^+][F^-]} = \frac{[CuF^+][Cu^{2+}][Cl^-]}{[CuCl^+][Cu^{2+}][F^-]} = \frac{\beta_1'}{\beta_1} = \frac{5}{1{,}26} = 3{,}97$$

Le même type de calcul pour les autres cas conduit à :

$$K_{Cl,SCN} = \frac{\beta_1''}{\beta_1} = \frac{50}{1{,}26} = 39{,}7$$

et

$$K_{Cl,NH_3} = \frac{\beta_1'''}{\beta_1} = \frac{13\,500}{1{,}26} = 1{,}07.10^4$$

Compte tenu des concentrations initiales de Cu^{2+} et de Cl^-, 100 fois plus faibles que celles des ligands, les concentrations de Cl^-, F^-, SCN^- et NH_3 restent sensiblement égales à 0,05 mol L^{-1} dans les mélanges de solutions à volumes égaux ($10^{-1} / 2 = 0{,}05$).

À l'équilibre, on peut par exemple écrire dans le premier cas :

$$\frac{[CuF^+]}{[CuCl^+]} = K_{Cl,F} = 3{,}97$$

ce qui conduit à $[CuF^+] = 3{,}97\,[CuCl^+]$, donc à la relation d'inégalité $[CuF^+] > [CuCl^+]$. Autrement dit, l'équilibre est déplacé vers la droite, ce qui permet de conclure que F^- est une base plus forte que Cl^-.

De même SCN^- est une base plus forte que Cl^-, mais aussi plus forte que F^-, la constante d'équilibre d'échange de ligands $K_{Cl,SCN}$ étant plus forte que $K_{Cl,F}$.

Il apparaît ainsi clairement que NH_3 est l'espèce qui a la plus forte basicité selon Lewis, la constante d'équilibre d'échange étant nettement plus forte.

On peut donc, à partir de ces valeurs, classer la force de basicité de Lewis selon la hiérarchie suivante :

$$NH_3 > SCN^- > F^- > Cl^-$$

3.11 a)

Prérequis

La réaction est susceptible de se dérouler, telle qu'elle est écrite dans l'équation-bilan, lorsque la valeur de ΔG est négative.

Dans ce cas, le déplacement de complexe envisagé serait :

$$CaPO_4^- + Mn^{2+} \rightleftharpoons MnPO_4^- + Ca^{2+}$$

L'expression de ΔG correspondante est :

$$\Delta G = \Delta G° + RT \ln \frac{[Ca^{2+}]\,[MnPO_4^-]}{[Mn^{2+}]\,[CaPO_4^-]}$$

On ne connaît pas les valeurs des activités pour conclure rigoureusement, mais on peut raisonner qualitativement, comme proposé dans l'énoncé, en supposant par exemple que toutes les activités sont égales, ou encore que le quotient des activités est égal à 1.

On obtient alors tout simplement :

$$\Delta G = \Delta G° \quad \text{avec } \Delta G° = -\,RT \ln K_{eq}$$

En introduisant la concentration en phosphate libre au numérateur et au dénominateur de l'expression de la constante K_{eq}, on peut écrire :

$$K_{eq} = \frac{[Ca^{2+}]_{eq}[MnPO_4^-]_{eq}}{[Mn^{2+}]_{eq}[CaPO_4^-]_{eq}} = \frac{[Ca^{2+}]_{eq}[MnPO_4^-]_{eq}[PO_4^{3-}]_{eq}}{[Mn^{2+}]_{eq}[CaPO_4^-]_{eq}[PO_4^{3-}]_{eq}} = \frac{K_{1,Mn}}{K_{1,Ca}}$$

On obtient ainsi $K_{eq} = 10^{2,6} / 10^{1,7} = 10^{0,9}$. On voit donc que la valeur de ΔG est négative et que la réaction est bien envisageable dans le sens donné.

Remarque et généralisation

De façon plus rigoureuse, on peut remarquer qu'à l'instant $t = 0$, comme les activités de $MnPO_4^-$ et Ca^{2+} sont nulles, ΔG est toujours négatif, la réaction se déroule dans le sens direct, jusqu'à ce que l'équilibre soit atteint. Les exemples qui suivent traitent le problème de façon plus quantitative.

Dans certains ouvrages, on prévoit le déroulement de ce type de réaction par la règle dite du γ. Cela consiste à dresser un axe vertical où sont portées les valeurs de log K (ou log β), en écrivant à gauche l'ion non complexé et à droite le complexe. Dans le cas présent, comme log $K_{1,Mn}$ est au-dessus de log $K_{1,Ca}$ et que Mn^{2+} est mis en présence de $CaPO_4^-$, on peut effectivement prévoir que la réaction de déplacement du complexe pourra se dérouler. Le piège dans ce type d'outil pédagogique est qu'il ne faut pas confondre log K et pK (pK = – log K), auquel cas il faut inverser le sens. Par ailleurs, on doit mémoriser sans faille quelle est la forme qui est écrite à droite et celle qui est à gauche par voie de conséquence. La représentation sur un axe horizontal est tout aussi dangereuse.

b)

Prérequis

Pour connaître la concentration finale, il faut utiliser la condition d'équilibre. Dans l'expression de la constante d'équilibre, il faut donc introduire les concentrations finales. Comme dans d'autres exercices vus dans cet ouvrage, on utilise alors un tableau d'avancement.

En posant x l'écart de concentration sur chaque espèce par rapport à l'état initial, le tableau d'avancement est le suivant :

	$CaPO_4^-$	Mn^{2+}	$MnPO_4^-$	Ca^{2+}
$t = 0$	10^{-4}	10^{-4}	0	0
t	$10^{-4} - x$	$10^{-4} - x$	x	x

Lorsque l'équilibre est atteint, l'expression de la constante devient :

$$K_{eq} = \frac{x^2}{(10^{-4} - x)^2}$$

Comme $K_{eq} = 10^{0,9} = 7,943$, l'équation devient :

$$x = \pm\,(10^{-4} - x)\,(7,943)^{1/2}$$

La résolution de cette équation du 2e degré conduit à deux valeurs :

$$x = 7,38.10^{-5}$$

et $x' = 1,55.10^{-4}$ qui n'a pas de sens physique (valeur supérieure à 10^{-4})

La concentration finale en $CaPO_4^-$ est donc :

$$[CaPO_4^-] = 10^{-4} - 7,38.10^{-5} = 2,68.10^{-5} \text{ mol L}^{-1}$$

et le taux de déplacement de complexe est :

$$x / 10^{-4} = 0,738 \text{ (soit 73,8 \%)}$$

Remarque et généralisation

Dans le cas qui vient d'être traité, l'équation du 2e degré était facile à résoudre. Dans ce qui suit, il faut savoir résoudre une équation du type $ax^2 + bx + c = 0$, dont les racines sont $x = (-b \pm (b^2 - 4ac)^{1/2}) / 2a$. On peut aussi utiliser un tableur pour obtenir une résolution numérique.

c) En prenant la concentration initiale en Mn^{2+} égale à 10^{-3} mol L^{-1}, le tableau devient :

	$CaPO_4^-$	Mn^{2+}	$MnPO_4^-$	Ca^{2+}
$t = 0$	10^{-4}	10^{-3}	0	0
t	$10^{-4} - x$	$10^{-3} - x$	x	x

À l'équilibre on peut écrire :

$$K_{eq} = \frac{x^2}{(10^{-4} - x)(10^{-3} - x)}$$

On obtient l'équation du 2e degré :

$$6{,}943\,x^2 - 8{,}7373.10^{-3}\,x + 7{,}943.10^{-7} = 0$$

La résolution conduit encore à deux valeurs :

$$x = 9{,}86.10^{-5}$$

et $x' = 1{,}16.10^{-3}$ qui n'a pas de sens physique puisqu'elle est supérieure à 10^{-3} (concentration initiale en Mn^{2+}).

La concentration finale en $CaPO_4^-$ est donc :

$$[CaPO_4^-] = 10^{-4} - 9{,}86.10^{-5} \approx 1{,}4.10^{-6} \text{ mol L}^{-1}$$

Le taux de déplacement est de $9{,}86.10^{-5} / 10^{-4} = 98{,}6$ %. Cela signifie que la réaction est quasi totale.

d) Si on part d'une concentration initiale en Mn^{2+} de 10^{-5} mol L^{-1}, la relation devient :

$$K_{eq} = \frac{x^2}{(10^{-4} - x)(10^{-5} - x)}$$

L'équation du 2e degré qui en résulte est :

$$6{,}943\,x^2 - 8{,}7373.10^{-4}\,x + 7{,}943.10^{-9} = 0$$

et les racines sont :

$$x = 9{,}86.10^{-6}$$

$x' = 1{,}16.10^{-4}$ qui n'a pas de sens physique puisqu'elle est supérieure à 10^{-5}

La concentration en $CaPO_4^-$ devient $10^{-4} - 9{,}86.10^{-6} = 9{,}01.10^{-5}$ mol L^{-1}.

Elle est donc peu modifiée, le taux de déplacement de complexe est tombé à environ 10 %.

e) Dans ce cas le tableau d'avancement devient :

	$MnPO_4^-$	Ca^{2+}	$CaPO_4^-$	Mn^{2+}
$t = 0$	10^{-4}	10^{-4}	0	0
t	$10^{-4} - x$	$10^{-4} - x$	x	x

Lorsque l'équilibre est atteint, on peut utiliser l'expression de la constante qui, pour la réaction écrite dans ce sens, devient :

$$K'_{eq} = \frac{x^2}{(10^{-4} - x)^2}$$

Comme dans ce cas $K'_{eq} = 10^{-0,9} = 0{,}126$, l'équation devient :

$$x = \pm\,(10^{-4} - x)\,(0{,}126)^{1/2}$$

La résolution de cette équation du 2e degré conduit à $x = 2{,}62.10^{-5}$.

La 2e racine, $x' = -5{,}5.10^{-5}$ qui est négative, n'a pas de sens physique.

La concentration finale en $MnPO_4^-$ est donc :

$$[MnPO_4^-] = 10^{-4} - 2{,}62.10^{-5} = 7{,}38.10^{-5} \text{ mol L}^{-1}$$

Le taux de déplacement de complexe est alors de :

$$x / 10^{-4} = 0{,}262 \text{ (soit 26 \%)}.$$

Remarque et généralisation

Ces calculs montrent que la prévision des réactions de déplacement de complexes, telle qu'elle est traitée dans la question a), doit être prise avec précaution lorsque les constantes de complexation des espèces concernées sont proches. Alors qu'on aurait pu penser *a priori* que la réaction dans la question e) n'était pas possible, on voit qu'elle se déroule, avec un taux de déplacement assez faible, mais légèrement plus important que dans le cas d). Les prévisions de déplacement de complexes à partir des valeurs de *K* (ou log *K*, ou pK) ne sont fiables que lorsque les écarts sont importants (plusieurs unités sur les pK).

3.12

Prérequis

Pour résoudre ce problème, il faut écrire le déplacement de ligand en faisant intervenir les équilibres dont on connaît les constantes. AgI étant un solide, son activité est égale à 1.

a) La réaction d'ajout de ligand sur AgI s'écrit :

$$AgI(s) + I^- \rightleftharpoons AgI_2^-$$

Comme AgI est un solide, la constante d'équilibre est :

$$K_{eq} = [AgI_2^-] / [I^-]$$

Pour le calcul, on se rattache à des équilibres dont on connaît les constantes, en l'occurrence la solubilité de AgI et la formation du complexe avec 2 ligands I^-, soit :

$$AgI(s) \rightleftharpoons Ag^+ + I^- \qquad \text{avec } K_s = [Ag^+] \times [I^-] = 10^{-16}$$

$$Ag^+ + 2\,I^- \rightleftharpoons AgI_2^- \qquad \text{avec } \beta_2 = [AgI_2^-] / ([Ag^+] \times [I^-]^2)$$

La constante de l'équilibre d'ajout de ligand sur AgI est donc égale à :

$$K_{eq} = [AgI_2^-] / [I^-] = K_s\, \beta_2$$

Comme KI est en excès (1 mol L^{-1}), on peut admettre que la concentration en ion I^- reste constante et égale à 1 mol L^{-1}. À partir de la constante d'équilibre K_{eq}, on peut calculer la concentration en complexe. On obtient alors :

$$[AgI_2^-] = K_s\, \beta_2 \times 1 = 10^{-16} \times 10^{13,7} = 10^{-2,3} = 5.10^{-3} \text{ mol L}^{-1}$$

La concentration en ion Ag^+ résultant de la dissolution de AgI dans l'eau pure se calcule à partir de K_s, sachant que lors de la dissolution la solution reste neutre, on a l'égalité $[Ag^+] = [I^-]$. On obtient alors :

$$[Ag^+] = K_s^{1/2} = 10^{-8} \text{ mol L}^{-1}$$

La comparaison entre les concentrations obtenues montre bien que l'excès d'iodure introduit dans l'eau permet de dissoudre AgI de façon conséquente.

b) D'après le diagramme de prédominance axial donné ci-dessous, compte tenu des valeurs des constantes :

$$K_{s,1} = \beta'_1 = 10^{8,8} \qquad \text{et} \qquad K_{s,2} = \beta'_2 / \beta'_1 = 10^{13,5} / 10^{8,8} = 10^{4,7}$$

à forte concentration en thiosulfate (zone de gauche du diagramme), le complexe de type dithiosulfato est dominant.

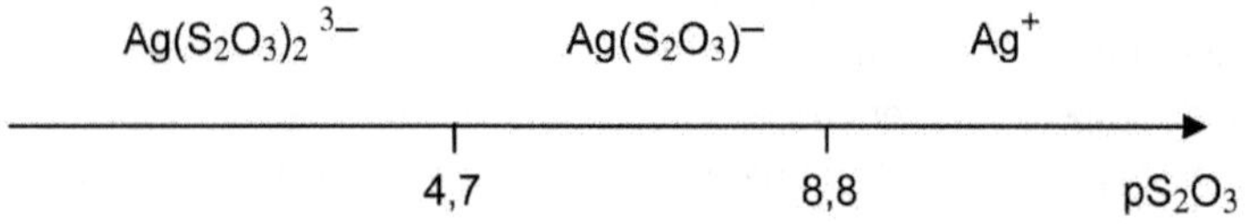

En milieu thiosulfate, il y a donc *a priori* formation possible du complexe selon la réaction

$$AgI(s) + 2\ S_2O_3^{2-} \rightleftharpoons Ag(S_2O_3)_2^{3-} + I^-$$

avec la constante d'équilibre :

$$K'_{eq} = \frac{[As(S_2O_3)_2{}^{3-}][I^-]}{[S_2O_3{}^{2-}]^2}$$

On peut de la même façon que précédemment retrouver cet équilibre à partir de :

$$AgI(s) \rightleftharpoons Ag^+ + I^- \qquad \text{avec} \qquad K_s = [Ag^+] \times [\,I^-] = 10^{-16}$$

et

$$Ag^+ + 2\ S_2O_3^{2-} \rightleftharpoons Ag(S_2O_3)_2^{3-} \qquad \text{avec} \qquad \beta'_2 = \frac{[As(S_2O_3)_2{}^{3-}]}{[Ag^+][S_2O_3{}^{2-}]^2}$$

ce qui entraîne la relation :

$$K'_{eq} = K_s\,\beta'_2$$

Avec la concentration en thiosulfate donnée, toujours considérée constante si cet ion est en excès, et en prenant en compte la relation de conservation de matière correspondant à la réaction de déplacement de ligand, on obtient :

$$[Ag(S_2O_3)_2^{3-}] = K'^{1/2}_{eq} = (10^{-16} \times 10^{13,5})^{1/2} \times 1^2 = 10^{-2,5} = 5,6.10^{-2}\ \text{mol L}^{-1}$$

On remarque que la solubilité est nettement plus forte que dans l'eau pure, et qu'elle est encore plus forte qu'en milieu iodure.

Remarque et généralisation

La concentration en fixateur photographique est plutôt de l'ordre de 2 mol L^{-1}. À concentrations identiques, une application numérique montre que dans ce cas l'utilisation du thiosulfate est encore plus intéressante pour dissoudre AgI.

Si la concentration en I^- ou en $Ag(S_2O_3)_2^{3-}$ n'est pas suffisante pour être considérée comme constante, la résolution du problème est légèrement plus complexe. Il faut alors dresser un tableau d'avancement de la réaction pour tenir compte de la quantité consommée par la complexation et l'introduire dans la constante de l'équilibre (au dénominateur). Dans le cas du thiosulfate, cela conduirait à une équation du second degré.

3.13 a) La réaction qui se produit entre les ions Fe^{3+} et SCN^- est la suivante :

$$Fe^{3+} + SCN^- \rightleftharpoons Fe(SCN)^{2+}$$

avec la relation d'équilibre :

$$\frac{[Fe(SCN)^{2}]}{[Fe^{3+}]\,[SCN^-]} = 10^{2,3}$$

La concentration en ions thiocyanate, largement majoritaires, n'est pas sensiblement modifiée par cette réaction, donc nous pouvons écrire : $[SCN^-] = 1$ mol L^{-1}.

La conservation en espèces Fe(III) s'écrit :

$$[Fe^{3+}] + [Fe(SCN)^{2+}] = 10^{-4}$$

On en déduit :

$$[Fe^{3+}]\,(1 + 10^{2,3}\,[SCN^-]) = [Fe^{3+}]\,(1 + 10^{2,3}) = 10^{-4}$$

d'où le résultat :

$[Fe^{3+}] = 4{,}99.10^{-7}$ mol L^{-1} $\qquad$ $[Fe(SCN)^{2+}] = 9{,}95.10^{-5}$ mol L^{-1}

$[Na^+] = [SCN^-] = 1$ mol L^{-1} $\qquad$ $[NO_3^-] - 10^{-4}$ mol L^{-1}

b) Il se produit la réaction suivante :

$$Fe(SCN)^{2+} + F^- \rightleftharpoons FeF^{2+} + SCN^-$$

avec la constante :

$$K_{SCN,F} = \frac{[FeF^{2+}]\,[SCN]^-]}{[Fe(SCN)^{2+}]\,[F^-]} = \frac{10^{5,2}}{10^{2,3}} = 10^{2,9}$$

c) Lorsqu'on ajoute du nitrate d'argent (soluble qui se dissocie dans l'eau), il se produit la réaction suivante :

$$Fe(SCN)^{2+} + Ag^+ \rightleftharpoons Fe^{3+} + Ag(SCN)(s)$$

Dans ce cas le déplacement de complexe conduit à la formation du précipité Ag(SCN)(s), dont l'activité est égale à 1, avec la constante d'équilibre :

$$K_{SCN,Ag} = \frac{[Fe^{3+}]\times 1}{[Fe(SCN)^{2+}]\,[Ag^+]} = \frac{10^{12}}{10^{2,3}} = 10^{9,7}$$

d) Les composés FeF^{2+} et Ag(SCN)(s) sont beaucoup plus stables que le complexe $Fe(SCN)^{2+}$.

Les quantités minimales de NaF ou de $AgNO_3$ à ajouter seront telles que, à l'équilibre, on ait :

$$Fe(SCN)^{2+} = 10^{-6} \text{ mol L}^{-1}$$

Pour le cas b, on peut écrire :

$[Fe(SCN)^{2+}] + [SCN^-] = 1$ $\qquad$ donc $[SCN^-] = 1$ mol L^{-1}

Par ailleurs :

$$[Fe(SCN)^{2+}] + [FeF^{2+}] + [Fe^{3+}] = 10^{-4} \text{ mol L}^{-1}$$

Comme $[Fe^{3+}]$ est nécessairement encore plus faible qu'au a), on en déduit la concentration :

$$[FeF^{2+}] = 10^{-4} \text{ mol L}^{-1}$$

On porte cette valeur dans l'expression de $K_{SCN,F}$ et on obtient :

$$[F^-] = 10^{-4} \times 1 / (10^{-6} \times 10^{2,9}) = 0{,}126 \text{ mol L}^{-1}$$

avec $[FeF^{2+}] = 10^{-4}$ mol L^{-1}.

La quantité minimale de NaF à ajouter dans 1 litre de solution est donc égale à :

$$0,126 + 2.10^{-4} \approx 0,126\,\text{mol}$$

Pour le cas c, la conservation de la quantité de fer s'écrit :

$$[Fe(SCN)^{2+}] + [Fe^{3+}] = 10^{-4}\ \text{mol L}^{-1}$$

donc :

$$[Fe^{3+}] = 10^{-4} - 10^{-6} = 0,99.10^{-4}\ \text{mol L}^{-1}$$

Portant les valeurs de $[Fe(SCN)^{2+}]$ et $[Fe^{3+}]$ dans l'expression de $K_{SCN,Ag}$, on obtient :

$$K_{SCN,Ag} = \frac{0,99.10^{-4}}{10^{-6}[Ag^{+}]} = 10^{9,7}$$

d'où on tire :

$$[Ag^{+}] = 1,98.10^{-8}\ \text{mol L}^{-1}$$

$$[SCN^{-}] = 10^{-12} / 1,98.10^{-8} = 5,05.10^{-5}\ \text{mol L}^{-1}$$

Comme il reste très peu d'ion SCN^{-}, par rapport à la concentration initiale de 1 mol L^{-1}, cela signifie que cette espèce est presque entièrement sous forme de précipité :

$$n(Ag(SCN)(s)) \approx 1\ \text{mol L}^{-1}$$

La quantité minimale de $AgNO_3$ à ajouter à 1 litre de la solution a), pour faire disparaître la coloration rouge, est donc très voisine de 1 mol.

3.14 a)

Prérequis

On peut tout à fait considérer H^{+} comme un complexant pour résoudre cette question et déterminer les zones de prédominance comme dans les cas précédents. Il faut cependant prendre garde au fait que la constante d'acidité K_a ($K_a = [A^{-}]\,[H^{+}] / [AH]$) est définie comme l'inverse d'une constante de complexation donc $pK_a = -pK_f$.

La représentation axiale des domaines de prédominance est alors la suivante :

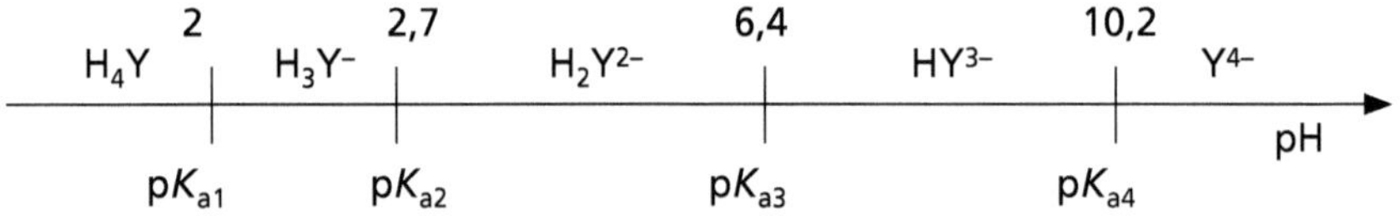

La conservation de la matière s'écrit :

$$[H_4Y] + [H_3Y^{-}] + [H_2Y^{2-}] + [HY^{3-}] + [Y^{4-}] = c_0$$

L'écriture des 4 constantes d'équilibre permet d'exprimer les rapports :

$[Y^{4-}] / [HY^{3-}]$ $\quad$ $[HY^{3-}] / [H_2Y^{2-}]$ $\quad$ $[H_2Y^{2-}] / [H_3Y^{-}]$ $\quad$ et $\quad$ $[H_3Y^{-}] / [H_4Y]$

en fonction des constantes K_{an} et de $[H^{+}]$. On en déduit l'expression suivante de α :

$$\frac{[Y^{4-}]}{c_0} = \alpha = \frac{1}{1 + \frac{[H^{+}]}{K_{a4}} + \frac{[H^{+}]^2}{K_{a4}K_{a3}} + \frac{[H^{+}]^3}{K_{a4}K_{a3}K_{a2}} + \frac{[H^{+}]^4}{K_{a4}K_{a3}K_{a2}K_{a1}}}$$

soit, en utilisant les relations du type pK = –log K, ou encore $K = 10^{-pK}$

$$\alpha = \frac{1}{1+10^{10,2}[H^+]+10^{16,6}[H^+]^2+10^{19,3}[H^+]^3+10^{21,3}[H^+]^4}$$

On en déduit le tableau de valeurs suivantes de α :

pH	0	1	2	3	4	5	6
α	5.10^{-22}	$4,5.10^{-20}$	$2,3.10^{-14}$	$1,6.10^{-11}$	$2,4.10^{-9}$	$2,4.10^{-7}$	$1,8.10^{-5}$

pH	7	8	9	10	11	12	13	14
α	5.10^{-4}	$6,1.10^{-3}$	$5,9.10^{-2}$	0,39	0,86	0,98	0,998	0,999

Les valeurs trouvées sont bien en accord avec Y^{4-} prédominant à fort pH et H_4Y à faible pH (milieu acide).

b) La représentation axiale des domaines de prédominance montre qu'à pH = 8, la forme prédominante est HY^{3-}. La réaction de complexation du calcium s'écrit donc, si on considère la forme prédominante de l'EDTA :

$$HY^{3-} + Ca^{2+} \rightleftharpoons CaY^{2-} + H^+$$

Cette réaction montre bien que plus le pH est faible, moins la réaction est déplacée vers la droite, moins le complexe est stable.

c)

Prérequis

Le concept de constante conditionnelle de complexation est décrit dans l'essentiel 3.5.

La constante conditionnelle de complexation β_{cond} correspond à l'emploi, à la place du ligand Y^{4-}, de la quantité globale de formes d'EDTA présentes dans la solution de dosage, soit ici :

$$[H_4Y] + [H_3Y^-] + [H_2Y^{2-}] + [HY^{3-}] + [Y^{4-}] = c_0$$

La combinaison des relations :

$$\beta = \frac{[CaY^{2-}]}{[Ca^{2+}]\,[Y^{4-}]} \qquad \text{et} \qquad \alpha = [Y^{4-}]\,/\,c_0$$

conduit à :

$$\beta = \frac{[CaY^{2-}]}{\alpha c_0 [Ca^{2+}]}$$

ce qui entraîne l'expression de la constante conditionnelle :

$$\beta_{cond} = \frac{[CaY^{2-}]}{c_0[Ca^{2+}]} = \alpha \times \beta$$

Elle exprime que, plus α est faible, moins le complexe est stable.

Dans le cas du calcium, si l'on admet que le dosage est possible pour $\beta_{cond} > 100$, il faut donc que la valeur de α soit telle que $\alpha > 10^2 / 10^{11} = 10^{-9}$. D'après le tableau de valeurs donné en a), cette condition est remplie pour pH > 4. Une autre limitation de pH pourrait provenir d'une précipitation de l'hydroxyde, mais ce n'est pas le cas ici.

3.15 a) À pH = 1, les constantes conditionnelles de complexation ($\beta_{cond} = \alpha \times \beta$, *voir* essentiel 3.5) valent :

$$\beta_{cond}(MgY^{2-}) = 2{,}25.10^{-11} ; \beta_{cond}(PbY^{2-}) = 4{,}5.10^{-2} ; \beta_{cond}(BiY^{2-}) = 4{,}5.10^{8}$$

La réaction de complexation ne peut pas se produire pour le magnésium et le plomb, car les constantes sont beaucoup trop faibles pour que cette réaction soit suffisamment déplacée. Seul le bismuth sera dosé.

Le pH étant ensuite tamponné à 2. Comme le bismuth est déjà complexé dans la solution, il reste à considérer les deux autres ions métalliques :

$$\beta_{cond}(MgY^{2-}) = 1{,}1.10^{-5} \quad \text{et} \quad \beta_{cond}(PbY^{2-}) = 2{,}2.10^{4}$$

C'est donc le plomb qui est dosé à pH = 2 puisque, compte tenu de la valeur de sa constante conditionnelle, la réaction de complexation de Mg^{2+} ne peut pas être suffisamment déplacée.

Enfin, si lorsque le pH est tamponné à la valeur 8, la constante conditionnelle du seul élément restant à doser, le magnésium, vaut :

$$\beta_{cond}(MgY^{2-}) = 3{,}06.10^{6}$$

Le magnésium est donc dosé dans la troisième étape.

Les résultats du dosage sont alors :

$$[Bi^{3+}] = 10 \times 10^{-2} / 20 = 5.10^{-3} \text{ mol L}^{-1}$$

$$[Pb^{2+}] = 6 \times 10^{-2} / 20 = 3.10^{-3} \text{ mol L}^{-1}$$

$$[Mg^{2+}] = 15 \times 10^{-2} / 20 = 7{,}5.10^{-3} \text{ mol L}^{-1}$$

Remarque et généralisation

Pour le calcul des concentrations à partir des volumes utilisés et de la concentration en EDTA, on utilise la concentration globale en EDTA, sans tenir compte des proportions des formes en équilibre. En effet, si le dosage est possible, c'est que la réaction peut être considérée comme totale. Le pH, et donc la valeur de la constante conditionnelle de complexation, n'ont d'effet que sur la possibilité et la qualité du dosage.

b) On peut utiliser le mode opératoire suivant, qui utilise trois prises d'essai de 20 mL :

- sur la première, on tamponne à pH = 1 et on ajoute un indicateur qui doit changer visiblement de couleur, à ce pH, lorsqu'il cesse d'être sous la forme complexée par Bi^{3+};
- sur la seconde, on tamponne à pH = 2 et on ajoute un indicateur permettant d'apprécier le changement de couleur lorsqu'il cesse d'être complexé par Pb^{2+};
- sur la troisième, on tamponne à pH = 8 et on ajoute un indicateur qui change de couleur lorsqu'il cesse d'être complexé par les ions Mg^{2+}.

En effet, à pH = 1, seul le bismuth est dosé, par un volume v_1 d'EDTA. On doit donc avoir v_1 = 10 mL.

À pH = 2, le bismuth et le plomb sont dosés, avec deux points équivalents successifs dont le second seulement sera observé, compte tenu du choix de l'indicateur, après l'addition d'un volume v_2 d'EDTA. On doit avoir $v_2 = 10 + 6 = 16$ mL.

À pH = 8, seul le dernier des trois points équivalents sera observé si l'indicateur est bien choisi. Le volume de solution d'EDTA est $v_3 = 10 + 6 + 15 = 31$ mL.

3.16 a)

Prérequis

Pour résoudre ce problème, il faut convertir les concentrations exprimées en g L^{-1} en concentrations molaires, à partir de la relation *c* (mol L^{-1}) = *c* (g L^{-1}) / Masse molaire (g mol^{-1}).

Si l'étiquette est correcte, la neutralité électrique doit être vérifiée. Calculons les concentrations annoncées en charges + et en charges – :

Charges + : $(2 \times 0{,}253 / 40) + (2 \times 0{,}011 / 24{,}3) + (7.10^{-3} / 23) + (3.10^{-3} / 39) = 13{,}94.10^{-3}$ mol L^{-1}.

Charges – : $(0{,}820 / 61) + (2 \times 0{,}025 / 96) + (4.10^{-3} / 35{,}5) + [NO_3^-]$ (très faible) $= 14{,}07.10^{-3}$ mol L^{-1}.

Compte tenu des nombres entiers (arrondis) indiqués sur l'étiquette, nous pouvons conclure que la neutralité électrique est respectée.

b) La solution à doser, avant tout ajout d'EDTA, est de couleur rose lie-de-vin, due au complexe formé entre les ions magnésium et l'indicateur coloré. L'ajout progressif de la solution d'EDTA provoque l'avancement des réactions de complexation des ions calcium et magnésium :

$$Ca^{2+} + Y^{4-} \rightleftharpoons CaY^{2-}$$

$$Mg^{2+} + Y^{4-} \rightleftharpoons MgY^{2-}$$

Notons qu'à pH = 10, valeur proche de pK_{a4}, l'EDTA se trouve, en quantités très voisines, sous les formes Y^{4-} et HY^{3-}. Nous aurions pu aussi bien écrire la réaction en utilisant HY^{3-}, mais aussi chacune des autres formes acido-basiques de l'EDTA. Les constantes d'équilibre conditionnelles correspondantes sont aisées à calculer.

Au fur et à mesure de l'augmentation de la quantité d'EDTA ajoutée, les ions Ca^{2+} sont consommés, puis, après le point équivalent relatif à Ca^{2+}, ce sont les ions Mg^{2+} qui sont dosés. En termes numériques, les ions calcium sont en effet consommés avant les ions magnésium car on a tout au long du dosage la relation :

$$\frac{[CaY^{2-}]}{[Ca^{2+}]} = 2.10^2 \frac{[MgY^{2-}]}{[Mg^{2+}]}$$

La solution reste donc de couleur rose jusqu'au deuxième point équivalent, où la concentration en ions Mg^{2+} devient suffisamment faible pour que le complexe rose $MgIn^{2+}$, beaucoup moins stable que le complexe incolore MgY^{2-}, soit détruit. La couleur passe du rose au bleu, qui est la couleur de l'indicateur calmagite non complexé au pH considéré.

c) La quantité de matière Ca + Mg contenue dans les 20 mL de solution à doser est égale à la quantité de matière d'EDTA ajoutée, soit : $13{,}5 \times 10^{-3} \times 10^{-2} = 1{,}35.10^{-4}$ mol. Cette quantité de matière correspond à une concentration :

$$[Ca^{2+}] + [Mg^{2+}] = (1{,}35.10^{-4} / 20) \times 10^3 = 6{,}75.10^{-3} \text{ mol } L^{-1}$$

d) La qualité de perception du changement de couleur dépend de l'intensité des couleurs initiale et finale. Si la concentration en ions Mg^{2+} est trop faible, la couleur due au complexe formé avec le calmagite le sera également.

L'explication du rôle de l'ajout de MgY^{2-} est la suivante : ce complexe magnésien étant moins stable que CaY^{2-}, il est déplacé par ce dernier, avant que le dosage proprement dit ne commence, selon la réaction :

$$MgY^{2-} + Ca^{2+} \rightleftharpoons CaY^{2-} + Mg^{2+} \qquad \text{avec } K = \beta(Ca) / \beta(Mg) = 200$$

Les ions magnésium ainsi libérés réagissent alors avec l'indicateur coloré pour former le complexe rose, rendant ainsi la couleur rose plus intense.

Cette réaction ne modifie en rien le volume d'EDTA à verser pour atteindre la fin du dosage. En effet, quand on ajoute MgY^{2-}, qui est un ion « déjà dosé », il va consommer 1 Ca^{2+} qui sera remplacé par 1 Mg^{2+}, chacun des deux ions consommant la même quantité d'EDTA.

e) Pour une concentration en EDTA donnée, plus le pH réactionnel est faible, plus la quantité de Y^{4-} en équilibre acido-basique avec les autres formes d'EDTA est faible, moins les complexes avec les ions calcium et magnésium sont stables. En d'autres termes, plus on augmente le pH, plus le saut de pY^{4-} est élevé au point équivalent, et plus le virage est net.

Il convient donc d'opérer avec un tampon de pH le plus élevé possible. Mais il faut également tenir compte de la compétition possible d'autres réactions, telles que la précipitation des hydroxydes de calcium et magnésium.

Le pH de précipitation de l'hydroxyde de magnésium est tel que :

$$\log [Mg^{2+}] + 2 \log [OH^-] = \log (K_s(MgOH)_2)$$

On trouve, avec $[Mg^{2+}] \approx 11.10^{-3} / 24{,}3 = 4{,}5.10^{-4}$ mol L^{-1}, $K_s(Mg(OH)_2 = 2.10^{-11}$ et pH = 14 + log $[OH^-]$

$$pH = [\log (2.10^{-11}) + 28 - \log (4{,}5.10^{-4})] / 2 \approx 10{,}3$$

Le pH de précipitation de $Ca(OH)_2$ serait, avec $[Ca^{2+}] \approx 253 \times 10^{-3} / 40 = 6{,}3.10^{-3}$ mol L^{-1} et $K_s(Ca(OH)_2) = 8.10^{-6}$, un peu supérieur à 12,5.

La précipitation des hydroxydes n'est donc pas à craindre au pH choisi, voisin de 10.

f) À pH 12,5, l'hydroxyde de magnésium précipite, la concentration en ions magnésium étant égale à $[Mg^{2+}] = 2.10^{-11} / 10^{-3} = 2.10^{-8}$ mol L^{-1}. La concentration en ions se trouve divisée par un facteur de l'ordre de 20 000, en raison de la formation du précipité $Mg(OH)_2$. Afin de chercher dans quelles conditions les ions magnésium en solution à pH = 12,5 seront complexés par l'EDTA, écrivons la réaction de compétition entre $Mg(OH)_2$ et MgY^{2-} :

$$Mg(OH)_2 + Y^{4-} \rightleftharpoons MgY^{2-} + 2\,OH^- \qquad \text{avec } K = 5.10^{8} \times 2.10^{-11} = 10^{-2}$$

Cette constante est relativement faible. La condition d'équilibre est, à pH = 12,5 (donc $[OH^-] = 10^{-1{,}5}$) :

$$\frac{[MgY^{2-}]}{[Y^{4-}]} = 10$$

Afin de savoir si, à la fin du dosage des ions Ca^{2+}, les ions Mg^{2+} ont été complexés en consommant une quantité significative d'EDTA, il suffit de connaître $[MgY^{2-}]$ et donc d'évaluer $[Y^{4-}]$. Au point équivalent du dosage de Ca^{2+}, la quantité d'EDTA ajoutée est égale, par définition, à la quantité initiale d'ions Ca^{2+}. Traduite en concentration, cette relation s'écrit :

$$[Y^{4-}] + [Ca\,Y^{2-}] = [Ca^{2+}]_{initiale} \approx 6{,}33.10^{-3}\ mol\ L^{-1} = [Ca\,Y^{2-}] + [Ca^{2+}]$$

On a donc $[Ca^{2+}] = [Y^{4-}]$. En utilisant la constante $\beta(Ca)$ on obtient :

$$[Ca^{2+}] = [Y^{4-}] = (10^{-11}\ [CaY^{2-}])^{1/2}$$

On en déduit que $[Ca^{2+}]$ et $[Y^{4-}]$ sont petits devant $[CaY^{2-}]$. Cette dernière est donc peu différente de $6{,}33.10^{-3}$ mol L^{-1}. Il en résulte la valeur cherchée :

$$[Ca^{2+}] = [Y^{4-}] = (10^{11} \times 6{,}33.10^{-3})^{1/2} = 2{,}5.10^{-7}\ mol\ L^{-1}$$

On en déduit ensuite :

$$[MgY^{2-}] = 10\ [Y^{4-}] = 2{,}5.10^{-6}\ mol\ L^{-1}$$

On peut donc considérer que cette valeur est suffisamment faible devant la quantité initiale d'ions magnésium ($[Mg^{2+}] \approx 4{,}5.10^{-4}$ mol L^{-1}) et que seuls les ions calcium ont été dosés. La quantité d'hydroxyde de magnésium qui sera redissoute au point équivalent est très faible. Toutefois, il faut noter que la condition de pH choisie est en limite supérieure pour ce qui concerne la précipitation de $Ca(OH)_2$, mais cela n'est pas rédhibitoire *a priori* puisque l'addition d'EDTA provoquera la redissolution du précipité.

Remarque et généralisation

Ce type de dosage est assez délicat et ne peut être mis en pratique que si les teneurs en Ca et Mg sont du même ordre de grandeur, sinon il y a risque de co-précipitation.

On peut augmenter considérablement la facilité du dosage en remplaçant l'EDTA par l'EGTA (acide 1 éthylène glycol-bis(2-aminoéthyléther)-N,N,N',N'-tétraacétique, $C_{14}H_{24}N_2O_{10}$). En effet, les constantes de formation des complexes Ca-EDTA et Mg-EDTA sont dans un rapport voisin de 10^2 alors que celles des complexes Ca-EGTA et Mg-EGTA sont dans un rapport de $10^{5,7}$. L'indicateur devra également être changé.

g) Le volume de 12,6 mL d'EDTA, de concentration 10^{-2} mol L^{-1}, correspond à une quantité d'EDTA égale à $12{,}6.10^{-5}$ mol. La concentration en calcium de l'eau à doser est donc :

$$[Ca^{2+}] = 12{,}6.10^{-5} / 20.10^{-3} = 6{,}3.10^{-3}\ mol\ L^{-1}$$

et celle du magnésium :

$$[Mg^{2+}] = 6{,}75.10^{-3} - 6{,}3.10^{-3} = 4{,}5.10^{-4}\ mol\ L^{-1}$$

Les teneurs en calcium et magnésium indiquées sur la bouteille sont donc correctement retrouvées par le dosage complexométrique.

Équilibres d'oxydoréduction 4

LES SAVOIRS CLÉS

Essentiel 4.1

Les nombres d'oxydation

■ Définition du nombre d'oxydation d'un élément

Le nombre d'oxydation (n.o.) ou degré d'oxydation d'un élément dans une espèce chimique quelconque est un nombre algébrique, noté en chiffre romain et défini conventionnellement à partir des règles ci-dessous, fondées sur la différence d'électronégativité des éléments liés entre eux. Le nombre d'oxydation, par ses variations, permet d'indiquer la capacité à l'oxydation ou à la réduction d'une espèce intervenant dans les réactions d'oxydoréduction *(voir* essentiel 4.2).

Règle 1

Dans un corps simple, le nombre d'oxydation de l'élément est égal à zéro.

Dans Cl_2 n.o.(Cl) = 0; dans Fe n.o.(Fe) = 0; dans P_4 n.o.(P) = 0; dans Cu n.o.(Cu) = 0.

Règle 2

Dans un ion monoatomique, le nombre d'oxydation de l'élément est égal à la charge électrique de l'ion considéré :

Dans H^+ n.o.(H) = +I; dans Al^{3+} n.o.(Al) = +III; dans Cl^- n.o.(Cl) = –I; dans S^{2-} n.o.(S) = –II.

Règle 3

Dans le cas de deux éléments associés par covalence, les électrons de la liaison sont attribués par convention à celui des atomes qui a la plus forte électronégativité. Les nombres d'oxydation des éléments du composé sont égaux à la charge fictive ainsi attribuée à chaque élément.

Conséquences

Dans une molécule, la somme algébrique pondérée des n.o. des différents éléments $\Sigma_i \nu_i$ n.o.(i) est nulle.

Dans CO_2 n.o.(O) = –II ; Σn.o.(O) = (2 × –II = –4) d'où n.o.(C) = +IV puisque $\Sigma_i \nu_i$ n.o.(i) est nul.

De même, dans un ion polyatomique de charge Z_i, cette somme algébrique $\Sigma_i \nu_i$ n.o.(i) est égale à la charge de l'ion.

Dans NO_3^- : (charge de l'ion = –1) : $\Sigma_i \nu_i$ n.o.(i) = –I ; n.o.(O) = –II ; (3 × –II = –6) d'où n.o.(N) = +V.

Dans NH_4^+ (charge de l'ion = +1) : $\Sigma_i \nu_i$ n.o.(i) = +I ; n.o. (H) = +I ; (4 × +I = + 4) d'où n.o.(N) = –III.

■ Méthodes de calcul

Les halogènes, dans leurs combinaisons avec les métaux, ont toujours un n.o égal à –I, en revanche, lorsqu'ils sont combinés avec l'oxygène, ils présentent toujours un n.o. positif.

Exception : dans le fluorure d'oxygène (OF_2), le n.o de l'oxygène est égal à +II puisqu'il est lié par 2 liaisons simples avec l'atome le plus électronégatif.

Les éléments non métalliques de la famille de l'oxygène (O, S, Se, Te) présentent dans leurs combinaisons avec un élément moins électronégatif ou avec les métaux un n.o.= –II. De la même façon, dans leurs combinaisons avec un élément moins électronégatif, **les éléments non métalliques de la famille de l'azote** (N, P, As) présenteront un n.o. = –III.

Dans la plupart des combinaisons dans lesquelles ils interviennent, **l'hydrogène et l'oxygène** présentent des n.o bien déterminés : n.o.(H) = +I et n.o.(O) = –II. On peut cependant identifier de notables exceptions :

- exception 1 : dans les hydrures, c'est-à-dire dans les combinaisons de H avec les métaux, le n.o.(H) est égal à –I (LiH, CaH_2...) ;
- exception 2 : dans les liaisons O – O des peroxydes, le n.o. de l'élément O, engagé dans cette liaison, est égal à –I [exemple dans H_2O_2 n.o.(O) = –I, n.o.(H) = +I].

Les métaux ont toujours des n.o. positifs dans leurs composés :
- les métaux alcalins ont toujours un n.o. = +I ;
- les alcalino-terreux ont toujours un n.o. = +II ;
- l'aluminium présente un n.o. variable mais le plus souvent égal à +III ;
- dans le cas des métaux de transition, les n.o. sont souvent variables [ex : n.o.(Cu) = +I ou +II ; n.o.(Fe) = +II ou +III.

Dans **les composés organiques**, malgré la faible polarité des liaisons C–C et C–H, on peut également utiliser la notion de degré d'oxydation.

Le carbone, constituant principal, peut prendre plusieurs degrés d'oxydation. On attribue totalement les électrons d'une liaison à l'élément le plus électronégatif, même s'il n'y a pas formation d'ions.

On considère que dans une liaison C–H, l'hydrogène, un peu moins électronégatif, cède l'électron de son doublet de liaison et par conséquent n.o.(H) = +I.

On considère que dans une liaison C–C, les deux carbones se partagent exactement le doublet de valence, quel que soit leur entourage.

Essentiel 4.2

Réactions d'oxydoréduction

Les réactions qui font appel à des échanges d'électrons sont appelées réactions d'oxydoréduction.

■ Définition des termes

Une espèce qui subit une oxydation « perd » un ou plusieurs électron(s) et son nombre d'oxydation en valeur algébrique (n.o.) augmente. Une espèce qui subit une réduction « gagne » un ou plusieurs électrons et son nombre d'oxydation diminue. Un oxydant est donc une espèce qui gagne les électrons et abaisse son n.o., et un réducteur une espèce qui les perd et augmente son n.o.

Au total, pour l'élément qui change de nombre d'oxydation :

$$\text{ox} + n\ \text{e}^- \rightarrow \text{red}$$

$$\text{n.o.(ox)} - \text{n.o.(red)} = n$$

Cet échange d'électrons, interne à la réaction d'oxydoréduction, se traduit par deux demi-réactions simultanées et complémentaires, l'une d'oxydation l'autre de réduction, mettant en jeu deux couples oxydoréducteurs.

■ Couples d'oxydoréduction

Un couple d'oxydoréduction, ox / red, met en jeu le même élément dans deux états d'oxydation différents. Exemples : Cu^{2+}/ Cu; Fe^{3+}/ Fe; Fe^{2+}/ Fe; H_3O^+/ H_2.

Toute réaction d'oxydoréduction peut être considérée comme la somme de deux demi-réactions écrites de telle sorte qu'aucun électron n'apparaisse dans le bilan final : les électrons produits d'un côté doivent être consommés de l'autre.

À partir des deux couples :

$$\text{ox}_1 + n_1\ \text{e}^- \rightleftharpoons \text{red}_1$$

$$\text{ox}_2 + n_2\ \text{e}^- \rightleftharpoons \text{red}_2$$

on observera une réaction entre ox_1 et red_2 ou entre ox_2 et red_1 avec compensation des électrons mis en jeu :

$$n_2\ (\text{ox}_1 + n_1\ \text{e}^- \rightleftharpoons \text{red}_1)$$

$$n_1\ (\text{red}_2 \rightleftharpoons \text{ox}_2 + n_2\ \text{e}^-)$$

$$\overline{n_2\ \text{ox}_1 + n_1\ \text{red}_2 \rightleftharpoons n_2\ \text{red}_1 + n_1\ \text{ox}_2}$$

Le sens d'évolution de la réaction n'est pas déterminé dans cette écriture. Il dépend des forces relatives des oxydants et des réducteurs données par les potentiels d'oxydoréduction qui découlent des grandeurs thermodynamiques.

Si ox_1 est l'oxydant le plus fort et red_2 le réducteur le plus fort, la réaction est déplacée vers la droite.

Exemple : à partir des deux couples Ag^+/Ag et Cu^{2+}/Cu, et compte tenu que l'oxydant le plus fort est Ag^+, la réaction est déplacée vers la droite :

$$2\ Ag^+ + Cu \rightarrow 2\ Ag + Cu^{2+}$$

Remarque

Les réactions d'oxydoréduction avec échanges d'électrons sont les plus fréquentes dans le domaine de la chimie minérale en milieux aqueux.

Cependant, par extension, on peut parler d'oxydoréduction pour des réactions de chimie organique en milieu non aqueux, effectuées sans échange d'électrons conduisant à des ions stables, mais avec déplacement d'électrons au sein de la molécule traduits par l'évolution des nombres d'oxydation des atomes de carbone concernés.

Essentiel 4.3

Potentiel chimique et potentiel électrochimique

Ces concepts sont des outils très intéressants pour traiter les problèmes d'équilibre.

Le **potentiel chimique** d'une espèce i, noté μ_i, dans un système est défini par la relation :

$$\mu_i = \left(\frac{\partial G}{\partial n_i}\right)_{n_{j\neq i,T,P}}$$

où G est l'enthalpie libre du système, n_i et n_j les nombres de molécules des espèces i et j respectivement, T et P ayant leur sens habituel. Cette grandeur correspond à une enthalpie libre molaire partielle du constituant i (unité : J.mol^{-1}). Elle correspond à la variation d'enthalpie libre d'un système lorsque l'on ajoute 1 mole de constituant i, toutes choses étant égales par ailleurs. On peut aussi écrire la relation (identité d'Euler) :

$$G = \sum_i n_i \mu_i$$

L'expression du potentiel chimique d'une espèce à une température donnée est :

$$\mu_i(T, P) = \mu^\circ_i(T) + RT \ln(a_i)$$

où μ°_i est le potentiel chimique standard du constituant i (il dépend de T). Pour les phases solides pures $\mu_i = \mu^\circ_i$ quelle que soit la température.

Par convention on pose pour les corps purs simples $\mu^\circ_i = 0$, ainsi que $\mu^\circ(H^+) = \mu^\circ(H_2) = 0$ (définition de l'origine).

Pour une réaction chimique, l'enthalpie libre de réaction $\Delta_r G$ est égale à :

$$\Delta_r G = \sum_i \nu_i \mu_i$$

où ν_i sont les coefficients algébriques de stœchiométrie des espèces i impliquées dans la réaction (positifs pour les produits, négatifs pour les réactifs). Dans le cas d'un équilibre, on a donc la relation :

$$\sum_i \nu_i \mu_i = 0$$

Le concept de **potentiel électrochimique** est une extension du potentiel chimique pour prendre en compte l'effet d'un potentiel électrique sur l'espèce i lorsqu'elle est chargée, c'est-à-dire lorsque l'on s'intéresse aux ions. Dans ce cas, pour bien le matérialiser, on utilise le symbole m_i. Si φ est le potentiel électrique de la phase où l'espèce i est située, on écrit :

$$\tilde{\mu}_i(T) = \mu_i(T) + z_i F \varphi$$

z_i étant le nombre de charge élémentaire de l'espèce i (c'est un nombre algébrique) et F est la constante de Faraday (charge élémentaire à l'échelle molaire) :

1 F $\approx$ 96 500 C mol^{-1} (*voir* essentiel 4.5)

Cela revient à distinguer la partie d'enthalpie libre d'origine électrique de la partie d'enthalpie libre chimique. On peut, à ce propos, remarquer que le mot « potentiel » n'a pas tout à fait le même sens entre μ_i (au sens d'énergie potentielle) et φ (potentiel électrique, pour une équivalence en énergie, il faut multiplier par la charge).

Dans ce cas la relation exprimant les conditions d'équilibre est $\Delta_r \tilde{G} = \sum_i \nu_i \tilde{\mu}_i = 0$.

Lorsque l'équilibre est réalisé entre des phases séparées, mais en contact, en développant, on obtient :

$$\sum_i \nu_i\left(\mu_i + z_i F \varphi_{\alpha,i}\right) = 0$$

α, i désignant la phase où se trouve l'espèce i. Lorsque toutes les espèces chargées impliquées appartiennent à la même phase, le terme électrique disparaît.

Essentiel 4.4

La loi de Nernst

■ De l'enthalpie libre au travail électrique

Considérons la réaction d'oxydoréduction spontanée suivante, dans laquelle les réactifs et les produits se trouvent dans leur état standard :

$$n_1\,\mathrm{ox}_1 + n_2\,\mathrm{red}_2 \rightleftharpoons n'_1\,\mathrm{red}_1 + n'_2\,\mathrm{ox}_2$$

Une telle réaction pourrait parfaitement être utilisée dans un dispositif de pile. Nous pouvons donc lui associer une f.e.m. (ou tension) $E°$.

Effectuons une très faible décharge de cette pile (faible avancement ε de cette réaction). La quantité de courant débitée étant δQ, le travail fourni par la pile à l'extérieur δW vaut alors $E°\,\delta Q$. Ce travail est égal, si l'on ne tient pas compte du signe, à la variation de l'enthalpie libre de réaction $\Delta_r G°$ correspondant à ce faible avancement. Comme ce taux d'avancement est très faible, la composition du système reste constante et réactifs et produits restent dans le même état standard.

Pour un taux d'avancement de la réaction égal à l'unité, la variation d'enthalpie libre et le travail fourni valent alors respectivement $\Delta_r G°$ et $n\,FE°$.

Nous en déduisons l'égalité ci-dessous en valeur absolue :

$$|\Delta_r G°| = |n\,FE°| \qquad (1)$$

n est le nombre d'électrons échangés entre n_1 mol d'oxydant ox_1 et n_2 mol de red_2, F est le faraday, quantité de courant correspondant à une mole d'électrons.

On affecte, par convention, une valeur positive à la f.e.m. d'une pile susceptible de fonctionner. Puisque dans le cas d'une réaction spontanée $\Delta_r G°$ est négatif, l'équation (1), exprimée en valeur algébrique, doit donc s'écrire comme suit :

$$\Delta_r G° = -\,n\,FE° \qquad (2)$$

■ La loi de Nernst et l'équilibre chimique

Dans le cas général où réactifs et produits ne sont pas dans leur état standard, l'expression (2) devient :

$$\Delta_r G° = -\,nFE$$

L'expression générale de l'enthalpie libre de la réaction d'oxydoréduction s'écrit :

$$\Delta_r G = \Delta_r G° + RT\,\ln\frac{a(\mathrm{red}_1)^{n'_1}\,a(\mathrm{ox}_2)^{n'_2}}{a(\mathrm{ox}_1)^{n_1}\,a(\mathrm{red}_2)^{n_2}}$$

à l'équilibre : $\Delta_r G° = 0 \quad \Rightarrow \quad \Delta_r G° = -\,RT\ln K$

On en déduit l'expression générale de la tension du système appelée loi de Nernst :

$$E = E° + \frac{RT}{nF}\,\ln\frac{a(\mathrm{ox}_1)^{n_1}\,a(\mathrm{red}_2)^{n_2}}{a(\mathrm{red}_1)^{n'_1}\,a(\mathrm{ox}_2)^{n'_2}} \qquad (3)$$

Dans le cas des solutions diluées, on pourra confondre activités et concentrations. Pour des mélanges d'espèces à l'état gazeux, on prendra les pressions partielles, pour des solides et des liquides purs ainsi que pour le solvant, on prendra une activité unitaire.

Compte tenu du fait que, à la température de 25 °C, $(RT / F) \ln A = 0{,}06 \log A$, on trouvera souvent la loi de Nernst sous la forme :

$$E = E° + \frac{0{,}06}{n} \log \frac{a(\text{ox}_1)^{n_1}\, a(\text{red}_2)^{n_2}}{a(\text{red}_1)^{n'_1}\, a(\text{ox}_2)^{n'_2}} \qquad (4)$$

La loi de Nernst et les potentiels d'électrodes

Examinons la réaction particulière correspondant à une pile dans laquelle l'oxydant réagit avec le dihydrogène en échangeant n électrons :

$$\text{Ox}_1 + (n / 2)\ \text{H}_2 \rightleftharpoons \text{Red}_1 + n\,\text{H}^+$$

Par simplicité on écrira H^+ pour représenter le proton solvaté, quel que soit le solvant.

L'expression correspondante de la tension de la pile devient :

$$E = E° + \frac{RT}{n_2 F} \ln \frac{a(\text{ox}_1)^{n_1}\, P(\text{H}_2)^{n_2/2}}{a(\text{red}_1)^{n_1}\, [\text{H}^+]^{n'_2}} \qquad (5)$$

$$E = E° + (RT / nF) \log [a(\text{ox}_1)\, P(\text{H}_2)^{n/2} / a(\text{red}_1)\, a(\text{H}^+)^n]$$

Si, de plus, on choisit une activité, en protons et en dihydogène, égale à l'unité ($[H^+] = 1$ mol L^{-1}, $P(H_2) = 1$ bar), l'expression (5) devient :

$$E = E° + \frac{RT}{n_2 F} \ln \frac{a(\text{ox}_1)^{n_1}}{a(\text{red}_1)^{n_1}} \qquad (6)$$

$$E = E° + (RT / nF) \log [a(\text{ox}_1) / a(\text{red}_1)]$$

En prenant systématiquement, le système H^+ / H_2 dans son état standard, on peut étudier spécifiquement le couple $\text{ox}_1 / \text{red}_1$. Écrivons que la f.e.m. de la pile se décompose comme suit :

$$E = E(\text{ox1} / \text{red1}) - E(\text{H}^+ / \text{H}_2)$$

$E(\text{ox1} / \text{red1})$ = potentiel de l'électrode (ou du couple) $\text{ox}_1 / \text{red}_1$

$E(H^+ / H_2)$ = potentiel de l'électrode standard à hydrogène (ESH)

L'électrode standard à hydrogène est complètement définie et immuable. Son potentiel est donc une constante. On fixe par convention $E°(H^+ / H_2) = 0$.

De façon générale l'expression de la loi de *Nernst* appliquée au couple ox / red ($\text{ox} + ne^- \rightarrow \text{red}$) s'écrit finalement :

$$E = E°(\text{ox} / \text{red}) + (0{,}06 / n) \log [a(\text{ox}) / a(\text{red})] \qquad (7)$$

$E°(\text{ox} / \text{red})$, potentiel standard du couple considéré par rapport à ESH (peu différent de ENH), est caractéristique de ce couple.

L'électrode normale à hydrogène (ENH) correspond à un état très légèrement différent de l'ESH car pour celle-ci $[H^+] = 1$ mol L^{-1} et $pH_2 = 1$ bar. La différence de potentiel est très faible (quelques mV) et, en première approximation, on les confond souvent.

Compte tenu des conventions de signe vues plus haut, si $E^\circ_{ox/red} > 0$, cela signifie que la réaction $ox + H_2 \rightarrow red + 2\ H^+$ est spontanée et que l'espèce ox est un oxydant plus fort que l'espèce H^+.

Si $E^\circ(ox/red) < 0$, c'est au contraire le proton qui est l'oxydant le plus fort.

L'expression (7) est particulièrement simple.

Dans le cas où la demi-réaction entre les espèces ox et red est plus compliquée, on applique l'expression classique du quotient des activités.

En définitive, l'échelle des potentiels standard permet de classer les couples les uns par rapport aux autres, selon leur pouvoir oxydant ou réducteur : plus le potentiel est élevé plus l'oxydant du couple est fort. Ce raisonnement s'applique aux oxydants et réducteurs pris dans leur état standard. Dans le cas général, il faudra, pour comparer les forces respectives d'oxydants et de réducteurs, tenir compte des activités des espèces pour l'application de la loi de Nernst.

Essentiel 4.5

Cellules électrochimiques

Définitions

Une cellule électrochimique au sens général est toujours constituée d'au moins deux électrodes en contact avec un électrolyte. Lorsque ces électrodes sont traversées par un courant électrique, elles sont le siège de 2 réactions : l'une d'oxydation, l'autre de réduction.

Que la cellule fonctionne en récepteur (électrolyse) ou en générateur (pile), on appelle toujours **anode** l'électrode qui est le siège d'une oxydation :

$$\text{red} \rightarrow \text{ox} + n\,e^-$$

et **cathode** l'électrode qui est le siège d'une réduction :

$$\text{ox} + n\,e^- \rightarrow \text{red}$$

Cas d'un récepteur (cellule d'électrolyse)

Un générateur extérieur pilote les réactions d'électrode dans la cellule (Fig. 1). Le courant, à l'extérieur de ce générateur, va du potentiel le plus haut (pôle dit « positif ») vers le potentiel le plus bas (pôle dit « négatif »).

Les électrons sont ainsi arrachés au système d'oxydoréduction présent à l'électrode positive pour aller vers le générateur *via* le circuit électrique. La réaction est une oxydation et l'électrode est une anode.

Par l'intermédiaire du circuit électrique, les électrons vont être donnés au système oxydoréducteur présent à l'électrode négative. Cette électrode est le siège d'une réduction, c'est donc une cathode.

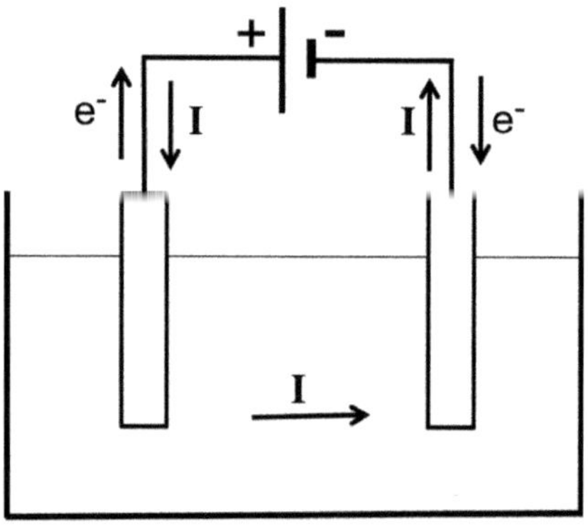

Figure 1. Schéma d'une cellule d'électrolyse.

Exemple de l'électrolyse de l'eau :

– au pôle + $3\,H_2O \rightarrow 0{,}5\,O_2 + 2\,H_3O^+ + 2\,e^-$

– au pôle – $2\,H_3O^+ + 2\,e^- \rightarrow H_2 + 2\,H_2O$

La valeur du courant est la même à l'extérieur et à l'intérieur de la cellule mais il est de nature électronique à l'extérieur et de nature ionique au sein de l'électrolyte.

■ Cas d'un générateur (pile)

Pour un fonctionnement en pile, il faut que la cellule soit dissymétrique (sinon il n'y aurait pas de force électromotrice). Elle peut l'être par un choix de deux couples d'oxydoréduction différents ou bien par un même couple mais avec des concentrations différentes. Pour éviter que les deux couples ne se mélangent rapidement (et réagissent chimiquement) on intercale un séparateur poreux (diaphragme, membrane, pont salin) qui permet le passage des ions.

De cette façon, les deux demi-réactions d'oxydation et de réduction peuvent être bien séparées.

On considère qu'une pile est un système hors d'équilibre global : si le pôle positif est relié au pôle négatif par un circuit électrique extérieur, le système va évoluer spontanément : les électrons vont du pôle négatif vers le pôle positif à l'extérieur alors que le courant est de nature ionique dans la cellule (Fig. 2). L'état final est un état d'équilibre qui correspond à une f.e.m. nulle (pile déchargée).

Les électrons sont extraits du couple d'oxydoréduction au pôle négatif et l'électrode est le siège d'une oxydation. C'est donc une anode.

À l'autre électrode, les électrons qui proviennent du circuit électrique extérieur sont donnés au couple oxydoréducteur et cette électrode est le siège d'une réduction. C'est donc une cathode (*voir* Fig. 2).

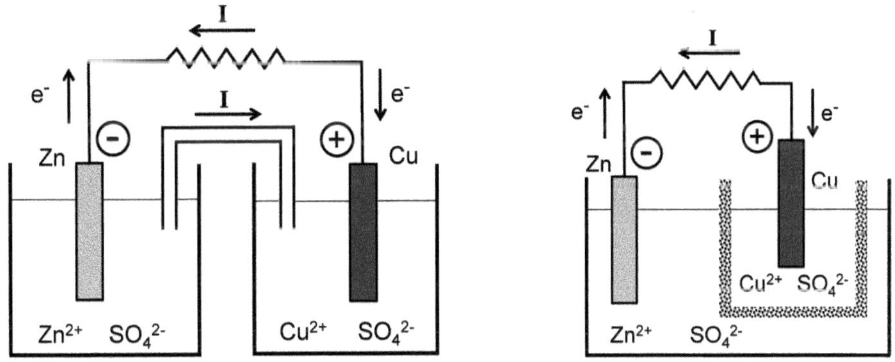

oxydation $Zn \rightarrow Zn^{2+} + 2\,e^-$

réduction $Cu^{2+} + 2\,e^- \rightarrow Cu$

Figure 2. Deux exemples de réalisation de piles Daniell.

Le symbolisme d'une pile, par exemple de type Daniell, est le suivant :

$$\ominus\ Zn / Zn^{2+} // Cu^{2+} / Cu\ \oplus$$

Le double trait schématise le séparateur entre les deux couples des demi-piles et le pôle + est conventionnellement situé à droite dans cette représentation.

Résumé : tableau des polarités

Type	anode (oxydation)	cathode (réduction)
Récepteur (cellule d'électrolyse)	+	–
Générateur (pile)	–	+

Par migration les anions se déplacent vers l'anode et les cations vers la cathode. Le courant, à l'intérieur de l'électrolyte, va toujours de l'anode vers la cathode (quelles que soient les polarités).

Essentiel 4.6

Loi d'électrolyse de Faraday

■ Définitions

C'est en 1833 que Michael Faraday observa le lien entre la masse de matière produite ou consommée et la quantité de courant qui traverse un système électrochimique. Il existe plusieurs formulations selon le cas envisagé.

Ainsi, pour une quantité de courant donnée ΔQ et une demi-réaction de réduction du type :

$$\nu_{ox}\,\mathrm{Ox} + z\,e^- \rightarrow \nu_{red}\,\mathrm{Red}$$

on peut exprimer la quantité de matière produite ou consommée par les simples expressions de proportionnalité données par l'équation-bilan :

$$\Delta n_{red} = \nu_{red}\,\Delta Q / zF \qquad \text{et} \qquad \Delta n_{ox} = \nu_{ox}\,\Delta Q / zF$$

F est la constante de Faraday, elle correspond à la charge d'une mole de charges élémentaires ($1\ F = N_A q_e = 6{,}02.10^{23} \times 1{,}6.10^{-19} = 96\ 490\ \mathrm{C\ mol^{-1}} \approx 96\ 500\ \mathrm{C\ mol^{-1}}$).

On peut remarquer ici que ces relations sont données en valeur absolue. Le signe est positif pour une production et négatif pour une consommation de matière.

Dans une expérience à intensité de courant I constante, on peut écrire $\Delta Q = I\,\Delta t$. Si elle n'est pas constante il faut l'intégrer sur l'intervalle de temps considéré.

Pour avoir accès à la variation de masse, on écrit $\Delta m_i = M_i\,\Delta n_i$ (M_i étant la masse molaire de l'espèce i).

Si on désire calculer la variation de volume de i, on utilise sa masse volumique ρ ($\Delta V = \Delta m / \rho$) dans le cas d'un solide (ou d'un liquide) et la loi des gaz parfaits dans le cas où intervient un gaz (formation ou disparition).

Lorsqu'on s'interesse à la production (ou à la consommation) par unité de temps, c'est-à-dire au débit, alors la relation (en valeur absolue) devient plus simplement :

$$\mathrm{d}n_i / \mathrm{d}t = \nu_i\, I / zF.$$

■ Exemple

Dans le cas de l'électrolyse de l'eau, à la cathode, la demi-réaction est :

$$H_3O^+ + e^- \rightarrow 0{,}5\ H_2 + H_2O$$

Et à l'anode : $3\ H_2O \rightarrow 0{,}5\ O_2 + 2\ H_3O^+ + 2\ e^-$

Dans le cas où $Q = 1\ F$, la quantité de dioxygène mise en jeu est 0,25 mol et la quantité de dihydrogène est 0,5 mol.

Annexe

Table des potentiels d'oxydoréduction à 25 °C en solution aqueuse

Couple	Équilibre			$E°$ V / ENH
F_2 / F^-	$F_{2,gaz} + 2\ e^-$	$\rightleftharpoons$	$2\ F^-$	+ 2,87
O_3 / O_2	$O_{3,gaz} + 2\ H_3O^+ + 2\ e^-$	$\rightleftharpoons$	$O_{2,gaz} + 3\ H_2O$	+ 2,07
$S_2O_8^{2-}$ / SO_4^{2-}	$S_2O_8^{2-} + 2\ e^-$	$\rightleftharpoons$	$2\ SO_4^{2-}$	+ 2,05
H_2O_2 / H_2O	$H_2O_{2,} + 2\ H_3O^+ + 2\ e^-$	$\rightleftharpoons$	$4\ H_2O$	+ 1,78
MnO_4^- / MnO_2	$MnO_4^- + 4\ H_3O^+ + 3\ e^-$	$\rightleftharpoons$	$MnO_{2,solide} + 6\ H_2O$	+ 1,68
$HClO$ / Cl_2	$HClO + H_3O^+ + e^-$	$\rightleftharpoons$	$1/2\ Cl_{2,gaz} + 2\ H_2O$	+ 1,63
$HBrO$ / Br_2	$HBrO + H_3O^+ + e^-$	$\rightleftharpoons$	$1/2\ Br_{2,liquide} + 2\ H_2O$	+ 1,60
MnO_4^- / Mn^{2+}	$MnO_4^- + 8\ H_3O^+ + 5\ e^-$	$\rightleftharpoons$	$Mn^{2+} + 12\ H_2O$	+ 1,51
ClO_3^- / Cl^-	$ClO_3^- + 6\ H_3O^+ + 6\ e^-$	$\rightleftharpoons$	$Cl^- + 9\ H_2O$	+ 1,45
Au^{3+} / Au	$Au^{3+} + 3\ e^-$	$\rightleftharpoons$	Au_{solide}	+ 1,42
Cl_2 / Cl^-	$Cl_{2,gaz} + 2\ e^-$	$\rightleftharpoons$	$2\ Cl^-$	+ 1,36
$Cr_2O_7^{2-}$ / Cr^{3+}	$Cr_2O_7^{2-} + 14\ H_3O^+ + 6\ e^-$	$\rightleftharpoons$	$2\ Cr^{3+} + 21\ H_2O$	+ 1,33
O_2 / H_2O	$O_{2,gaz} + 4\ H_3O^+ + 4\ e^-$	$\rightleftharpoons$	$6\ H_2O$	+ 1,23
ClO_4^- / ClO_3^-	$ClO_4^- + 2\ H_3O^+ + 2\ e^-$	$\rightleftharpoons$	$ClO_3^- + 3\ H_2O$	+ 1,19
IO_3^- / I_2	$IO_3^- + 6\ H_3O^+ + 5\ e^-$	$\rightleftharpoons$	$1/2\ I_{2,solide} + 9\ H_2O$	+ 1,19
Pt^{2+} / Pt	$Pt^{2+} + 2\ e^-$	$\rightleftharpoons$	Pt_{solide}	+ 1,19
Br_2 / Br^-	$Br_{2,gaz} + 2\ e^-$	$\rightleftharpoons$	$2\ Br^-$	+1,09
NO_3^- / NO	$NO_3^- + 4\ H_3O^+ + 3\ e^-$	$\rightleftharpoons$	$NO_{gaz} + 6\ H_2O$	+ 0,96
ClO^- / Cl^-	$ClO^- + H_2O + 2\ e^-$	$\rightleftharpoons$	$Cl^- + 2\ OH^-$	+ 0,89
NO_3^- / N_2O_4	$NO_3^- + 2\ H_3O^+ + e^-$	$\rightleftharpoons$	$1/2\ N_2O_{4,gaz} + 3\ H_2O$	+ 0,80
Ag^+ / Ag	$Ag^+ + e^-$	$\rightleftharpoons$	Ag_{solide}	+ 0,80
Hg_2^{2+} / Hg	$Hg_2^{2+} + 2\ e^-$	$\rightleftharpoons$	$2\ Hg_{liquide}$	+ 0,79
Fe^{3+} / Fe^{2+}	$Fe^{3+} + e^-$	$\rightleftharpoons$	Fe^{2+}	+ 0,77
O_2 / H_2O_2	$O_{2,gaz} + 2\ H_3O^+ + 2\ e^-$	$\rightleftharpoons$	$H_2O_2 + 2\ H_2O$	+ 0,68
MnO_4^- / MnO_4^{2-}	$MnO_4^- + e^-$	$\rightleftharpoons$	MnO_4^{2-}	+ 0,56
I_2 / I^-	$I_{2,solide} + 2\ e^-$	$\rightleftharpoons$	$2\ I^-$	+ 0,54

Couple	Équilibre			$E°$ V / ENH
Cu^+ / Cu	$Cu^+ + e^-$	$\rightleftharpoons$	Cu_{solide}	+ 0,52
O_2 / OH^-	$O_{2,gaz} + 2\ H_2O + 4\ e^-$	$\rightleftharpoons$	$4\ OH^-$	+ 0,40
Cu^{2+} / Cu	$Cu^{2+} + 2\ e^-$	$\rightleftharpoons$	Cu_{solide}	+ 0,34
Hg_2Cl_2 / Hg	$Hg_2Cl_{2,solide} + 2\ e^-$	$\rightleftharpoons$	$2\ Hg_{liquide} + 2\ Cl^-$	+ 0,268
Hg_2Cl_2 / Hg	$Hg_2Cl_{2,solide} + 2\ e^-$	$\rightleftharpoons$	$2\ Hg_{liquide} + 2\ Cl^-$ (sat KCl)	+ 0,245
Cu^{2+} / Cu_2O	$2\ Cu^{2+} + 3\ H_2O + 2\ e^-$	$\rightleftharpoons$	$Cu_2O_{solide} + 2\ H_3O^+$	+ 0,20
Bi^{3+} / Bi	$Bi^{3+} + 3\ e^-$	$\rightleftharpoons$	Bi_{solide}	+ 0,21
Cu^{2+} / Cu^+	$Cu^{2+} + e^-$	$\rightleftharpoons$	Cu^+	+ 0,16

S'ENTRAÎNER ET RÉSOUDRE

Nombres d'oxydation

La connaissance des nombres d'oxydation (n.o.) est nécessaire pour l'écriture et le bilan des échanges électroniques dans les réactions d'oxydoréduction ; pour la résolution explicite des exercices qui suivent, il est donc utile de se reporter à l'essentiel correspondant (essentiel 4.1).

Énoncés

Questions de cours et connaissances de base

4.1 Détermination des valeurs de (n.o.) dans divers composés

Quel est le nombre d'oxydation (n.o.) :

a) de chacun des éléments entrant dans la constitution des espèces suivantes :

$KClO_3$; K_2CrO_4 ; H_2O_2 ; HNO_2 ; S_8 ; Cu_2O ; $LiAlH_4$; F_2O ; $S_2O_3^{2-}$?

b) de l'élément carbone dans les composés organiques suivants :

$CH_3{-}CH_2OH$; $CH_3{-}CHO$; $CH_3{-}CHOH{-}CH_3$; $CHCl_3$; CH_4 ; $CH_3{-}CO{-}CH_3$; $CH_3{-}COOH$; $CH_3{-}NH_2$; $(NH_2)_2CO$?

4.2 Évolution des nombres d'oxydation dans les réactions d'oxydoréduction

Dans les réactions d'oxydoréduction le n.o. des éléments mis en jeu est modifié. De quelle nature sont les réactions ci-dessous (oxydoréduction O.R. acide-base A.B. ou autre) ?

Donner votre réponse dans un tableau reprenant chacune des réactions en indiquant leur type. Donner l'évolution des n.o. des éléments dans les réactions d'oxydoréduction.

a) $FeS + 2\ HCl \rightarrow FeCl_2 + H_2S$

b) $Fe + S \rightarrow FeS$

c) $SCN^- + Fe^{3+} \rightarrow Fe(SCN)^{2+}$

d) $Cl_2 + 2\ NaBr \rightarrow Br_2 + 2\ NaCl$

e) $CuSO_4 + 2\ NaOH \rightarrow Na_2SO_4 + Cu(OH)_2$

f) $H_2CO + 2\ CuSO_4 + 5\ NaOH \rightarrow NaHCO_2 + Cu_2O + 3\ H_2O + 2\ Na_2SO_4$

g) $4\ HCl + MnO_2 \rightarrow MnCl_2 + Cl_2 + 2\ H_2O$

h) $H_2SO_4 + Fe \rightarrow FeSO_4 + H_2$

i) $SO_3 + H_2O \rightarrow H_2SO_4$

j) $CH_3{-}CH_2OH + Na \rightarrow CH_3{-}CH_2ONa + 1/2\ H_2$

k) $AlCl_3 + 3\ AgNO_3 \rightarrow 3\ AgCl + Al(NO_3)_3$

l) $2\ H_2O \rightarrow H_3O^+ + OH^-$

m) $H_2O \rightarrow 1/2\ O_2 + H_2$

n) $2\ CrO_4^{2-} + H_2SO_4 \rightarrow SO_4^{2-} + Cr_2O_7^{2-} + H_2O$

Corrigés

4.1 a)

Prérequis

Dans chaque cas, il s'agit, connaissant le nombre d'oxydation (n.o.) des éléments les plus courants, d'en déduire ceux des autres éléments, à partir de la charge globale du composé, égale à la somme des n.o. des différents éléments impliqués. Lorsque l'on trouve une valeur absurde (impossible), il faut reconsidérer les valeurs de n.o. généralement utilisées pour les éléments courants et postulées connues au départ.

Remarques préliminaires :

- le nombre d'oxydation des halogénes est toujours égal à –I dans les halogénures métalliques;
- dans leurs composés, le nombre d'oxydation des alcalins est toujours égal à +I et celui de l'élément oxygène très généralement égal à –II;
- le nombre d'oxydation de l'hydrogène, dans ses composés, est toujours égal à +I, sauf dans les hydrures où il devient –I.

Dans $KClO_3$: K est un alcalin, donc n.o.(K) = +I et n.o.(O) = –II.

Comme on a la relation : n.o.(K) + n.o.(Cl) + 3 n.o.(O) = 0 = (+I) + n.o.(Cl) + (3 × –II), on en déduit : n.o.(Cl) = +V.

Dans K_2CrO_4 : n.o.(K) = +I et avec n.o.(O) = –II, on obtient, n.o.(Cr) = – (2 × +I) – (4 × –II) = +VI.

Dans H_2O_2 : en prenant la valeur usuelle n.o.(H) = +I, on obtient n.o.(O) = –I. Le composé H_2O_2 est un peroxyde.

On peut remarquer qu'en prenant n.o.(O) = –II, on obtiendrait n.o.(H) = +II, ce qui est impossible (l'élément H n'ayant qu'un seul électron).

Dans HNO_2 : avec n.o.(H) = +I et n.o.(O) = –II, on obtient n.o.(N) = +III.

Dans S_8 : comme dans toute molécule d'un corps simple, puisque l'électronégativité est la même pour chaque atome, n.o.(S) = 0.

Dans Cu_2O : comme n.o.(O) = –II, n.o.(Cu) = +I.

Dans $LiAlH_4$: si on prend la valeur usuelle n.o.(H) = +I et n.o.(Li) = +I (élément alcalin), on obtient n.o.(Al) = –V, ce qui n'est pas possible puisque les métaux présentent toujours des n.o. positifs (Al est moins électronégatif que H). Il faut donc considérer que $LiAlH_4$ est un hydrure et prendre n.o.(H) = –I.

Avec n.o.(H) = –I et n.o.(Li) = + I on obtient n.o.(Al) = +III, ce qui est cohérent. Le composé est un hydrure métallique.

Dans F_2O : le fluor, le plus électronégatif des éléments, a toujours le même nombre d'oxydation, n.o.(F) = –I, d'où n.o.(O) = +II.

Dans $S_2O_3^{2-}$: la valeur de n.o. de O est toujours = –II. Celle de S sera donc positive, ce qui est logique car O est plus électronégatif que S. Un examen de la structure de cet ion, donnée ci-dessous,

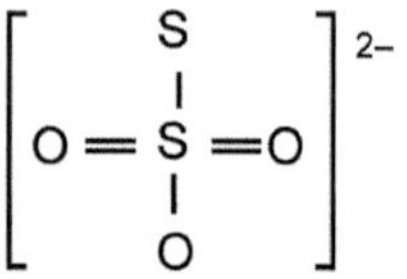

montre que les deux atomes de soufre ne sont pas équivalents : l'atome S central, entouré de 3 O et d'un S (de même électronégativité) a un n.o. égal à +VI (3 × –II). On peut calculer celui du deuxième atome de soufre lié à l'ensemble (noté S*) par la relation :

$$-2 = \text{VI} - (3 \times -\text{II}) + \text{n.o.}(S^*)$$

Ce qui conduit à un n.o. pour cet autre S égal à –II.

Remarque et généralisation

Notons que dans ce composé les deux atomes de soufre ont une valeur de n.o. très différente malgré leur électronégativité identique. Ceci est évidemment dû à la structure électronique de ce composé (thiosulfate) dans lequel ces deux atomes ont une position très différente. Le « thio » en préfixe de sulfate signifie en effet qu'on a remplacé un O du sulfate par un S. On pourrait utiliser de façon purement formelle un n.o. moyen du soufre dans $S_2O_3^{2-}$ égal à (+VI –II) / 2 = +II. Ce nombre d'oxydation formel serait cependant très utile pour ajuster les réactions d'oxydoréduction.

b)

Prérequis

Le carbone et l'hydrogène sont les principaux atomes constituant les composés organiques et, malgré leur faible électronégativité et la faible polarité des liaisons C–C et C–H, on utilise en chimie organique la notion de degré d'oxydation même en l'absence d'ions.

Le carbone, constituant principal, peut prendre des degrés d'oxydation différents. On attribue totalement les électrons d'une liaison à l'élément le plus électronégatif même s'il n'y a pas formation d'ions.

Dans une liaison C–H, l'hydrogène, un peu moins électronégatif, cède l'électron de son doublet de liaison avec n.o.(H) = +I.

Dans une liaison C–C, les deux carbones se partagent exactement le doublet de valence, quels que soient leurs substituants.

CH_3–CH_2–OH : le carbone du groupement méthyle –CH_3 a un n.o. égal à –III car l'électronégativité de l'hydrogène (χ = 2,1) est inférieure à celle du carbone (χ = 2,5) et les 3 doublets C–H lui sont attribués, tandis que la liaison avec le carbone voisin n'apporte aucune contribution.

Le carbone du groupement $-CH_2OH$ a un n.o. égal à –I car l'oxygène (χ = 3,44) est plus électronégatif que le carbone qui perd un doublet (liaison avec OH) et en gagne deux (liaisons avec H).

CH_3–CHO : le carbone du groupement $-CH_3$ a un n.o. égal à –III, celui du groupement –CHO (aldéhyde) est égal à +I (gain du doublet avec H, perte des 2 doublets engagés dans la double liaison avec O).

CH_3–CHOH–CH_3 : le carbone du groupe $-CH_3$ a un n.o. égal à –III et le carbone du groupe CHOH (alcool secondaire) un n.o. égal à 0 (perte du doublet avec OH, gain du doublet avec H).

$CHCl_3$: le carbone gagne un électron dans sa liaison avec H et perd trois électrons dans ses trois liaisons C–Cl (Cl est nettement plus électronégatif que C). Son n.o. est égal à +II.

CH_4 : le carbone a un n.o. égal à –IV (gain des 4 doublets).

CH_3–CO–CH_3 : le carbone du groupe $-CH_3$ a un n.o. égal à –III, comme vu plus haut, et le carbone du groupe C=O (carbonyle) a un n.o. égal à +II, puisque les 2 doublets de la double liaison sont affectés à l'oxygène, plus électronégatif.

CH_3–CO–OH : le carbone du groupe $-CH_3$ a un n.o. égal à –III et le carbone du groupe CO–OH (carboxyle) a un n.o. égal à +III (perte des 3 doublets le liant à l'oxygène).

CH_3–NH_2 : le carbone gagne 3 doublets avec les 3H et perd un doublet avec N, plus électronégatif. Son n.o. est donc égal à –II.

$(NH_2)_2CO$: le carbone perd 2 doublets avec l'oxygène (doublement lié) et deux fois un doublet avec N (deux liaisons simples C–N). Son n.o. est donc maximal et égal à +IV.

4.2 Dans une réaction d'oxydoréduction (désignée O.R.), le nombre d'oxydation d'un ou de plusieurs éléments des réactifs est modifié dans les produits. D'autres réactions type acide-base (désignées A.B.) ou autres sont également présentées. On explicite chaque réaction et détermine son type dans le tableau ci-après.

Réaction	Type	Évolution des n.o.
a) $FeS + 2\ HCl \rightarrow FeCl_2 + H_2S$	A.B. Lewis	Pas de variation
b) $Fe + S \rightarrow FeS$	O.R.	Fe passe de 0 à +II S passe de 0 à –II
c) $SCN^- + Fe^{3+} \rightarrow Fe(SCN)^{2+}$	A.B. Lewis Complexation	Pas de variation
d) $Cl_2 + 2\ NaBr \rightarrow Br_2 + 2\ NaCl$	O.R.	Cl passe de 0 à –I Br passe de –I à 0
e) $CuSO_4 + 2\ NaOH \rightarrow Na_2SO_4 + Cu(OH)_2$	A.B. Précipitation	Pas de variation
f) $H_2CO + 2\ CuSO_4 + 5\ NaOH \rightarrow NaHCO_2 + Cu_2O + 3\ H_2O + 2\ Na_2SO_4$	O.R.	C passe de 0 à +II Cu passe de +II à +I
g) $4\ HCl + MnO_2 \rightarrow MnCl_2 + Cl_2 + 2\ H_2O$	O.R. + A.B.	Une partie de Cl passe de –I dans HCl à 0 dans Cl_2. L'autre partie ne change pas (HCl et $MnCl_2$) Mn passe de +IV à +II

Réaction	Type	Évolution des n.o.
h) $H_2SO_4 + Fe \rightarrow FeSO_4 + H_2$	O.R.	H passe de +I à 0 Fe passe de 0 + II
i) $SO_3 + H_2O \rightarrow H_2SO_4$	Hydratation	Pas de variation
j) $CH_3–CH_2OH + Na \rightarrow CH_3–CH_2ONa + 1/2\ H_2$	O.R.	H de OH passe de +I à 0 Na passe de 0 à +I
k) $AlCl_3 + 3\ AgNO_3 \rightarrow 3\ AgCl + Al(NO_3)_3$	A.B. Lewis Précipitation	Pas de variation
l) $2\ H_2O \rightarrow H_3O^+ + OH^-$	A.B. Autoprotolyse	Pas de variation
m) $H_2O \rightarrow 1/2\ O_2 + H_2$	O.R. interne	H passe de +I à 0 O passe de –II à 0
n) $2\ CrO_4^{2-} + H_2SO_4 \rightarrow SO_4^{2-} + Cr_2O_7^{2-} + H_2O$	A.B.	Pas de variation

■ *Classification qualitative des couples d'oxydoréduction*

Lorsque deux couples d'oxydoréduction sont mis à réagir, la réaction se produit de façon univoque : si le couple 1 (ox_1 / red_1) a un pouvoir oxydant plus élevé que celui du couple 2 (ox_2 / red_2), cela signifie que ox_1 sera réduit par red_2 en conduisant à red_1 et ox_2. On pourra ainsi dresser facilement une classification qualitative des couples d'oxydoréduction, à condition que la cinétique des réactions soit suffisamment rapide.

Énoncés

▶ Questions de cours et connaissances de base

4.3 ★ Force relative des couples d'oxydoréduction

a) Si on plonge un morceau de fer dans une solution de sulfate de cuivre $CuSO_4$, de couleur bleu-vert, on observe la formation d'un dépôt métallique sur la partie immergée du fer. Ce dépôt, vu à travers la solution, apparaît noir alors qu'il apparaît rouge si on l'observe après avoir retiré le morceau de fer de la solution. Quelle est la nature du dépôt ?

En revanche, si on plonge une lame de cuivre dans une solution de sulfate de fer II ($FeSO_4$), il ne se passe rien. Préciser quels sont les couples redox mis en jeu et écrire la réaction bilan. En déduire quel est le couple possédant l'oxydant le plus fort et quel est le couple possédant le réducteur le plus fort.

b) De même, si on plonge un morceau de cuivre dans une solution de nitrate d'argent $AgNO_3$ on observe, d'une part, la formation d'un dépôt métallique sur le cuivre et, d'autre part, l'apparition d'une légère teinte bleu-vert de la solution.

Quelle est la nature de ce dépôt ? Écrire la réaction-bilan.

Que se passe-t-il si on plonge un fil d'argent dans une solution de sulfate de cuivre ?

c) Classer et positionner sur un axe orienté de gauche à droite les trois couples Fe^{2+}/Fe, Ag^{+}/Ag et Cu^{2+}/Cu, selon leur pouvoir oxydant croissant.

d) Pour positionner sur ce même axe les couples Zn^{2+}/Zn et Sn^{2+}/Sn, on réalise des expériences similaires. Une lame de zinc plongée dans une solution de $FeSO_4$ se couvre d'un dépôt de fer et une lame d'étain plongée dans une solution de Cu^{2+} se couvre d'un dépôt de Cu mais reste intacte dans une solution de Fe^{2+}. Placer ces couples sur l'axe.

e) Afin de placer le couple Au^{3+}/Au dans cette classification, on plonge un fil d'or dans une solution de $AgNO_3$ et on constate qu'il ne se passe rien. Que peut-on conclure ?

f) Une solution contenant du nitrate d'argent, du nitrate de cuivre, du nitrate d'étain et du nitrate de zinc est versée dans un vase en étain. Que se passe-t-il ?

4.4 ★ Place du couple H_3O^+ / H_2 dans la classification électrochimique

On se propose de placer le couple H_3O^+/H_2 dans la classification électrochimique préalablement établie au **4.3**.

a) L'action de l'acide chlorhydrique en solution aqueuse sur Zn et sur Fe fait apparaître des bulles de dihydrogène, tandis que la même opération sur le cuivre ne donne rien.

Quelle est la place du couple H_3O^+/H_2 par rapport aux trois couples Fe^{2+}/Fe, Zn^{2+}/Zn et Cu^{2+}/Cu ?

b) Écrire les réactions de l'acide chlorhydrique sur Cu, Fe et Zn.

c) On constate que l'acide chlorhydrique réagit également avec l'étain en libérant H_2. Écrire la réaction. Quelle est la place du couple H_3O^+/H_2 dans la classification électrochimique des métaux envisagés dans cet exercice ?

4.5 ★ Rôle du dioxygène en solution aqueuse

Les solutions acides d'ions Fe^{2+}, de teinte verdâtre (fer II), en contact avec l'air, se colorent en jaune avec le temps. Si on désaère la solution obtenue et que l'on y plonge une lame de cuivre, la coloration vire au bleu.

Interpréter les phénomènes.

Corrigés

4.3

Prérequis

La coloration bleu-vert de la solution concentrée de $CuSO_4$ est due aux ions Cu^{2+}_{aq}. Le fer est un métal de couleur grise, tandis que le cuivre est un métal de couleur rouge.

a) Le métal déposé est le cuivre, comme le montre son observation hors de la solution. Vu à travers la solution bleue, le dépôt apparaît noir, car la solution de couleur bleu-vert absorbe le rouge de la lumière ambiante et le cuivre, de couleur rouge, absorbe le reste de cette lumière. Comme la plus grande partie du spectre de la lumière ambiante est ainsi absorbée, le dépôt apparaît noir.

Les demi-réactions d'oxydoréduction sont :

$$Cu^{2+} + 2\,e^- \rightarrow Cu$$

$$Fe \rightarrow Fe^{2+} + 2\,e^-$$

soit l'équation-bilan :

$$Cu^{2+} + Fe \rightarrow Cu + Fe^{2+}$$

Dans l'équation-bilan, les électrons qui sont échangés entre les espèces n'apparaissent plus.

On peut conclure de cette équation-bilan que les ions Cu^{2+} sont des oxydants du fer métallique Fe, ou inversement, que Fe est un réducteur des ions Cu^{2+}.

En revanche, si on plonge une lame de cuivre dans une solution de sulfate de fer il ne se passe rien. Cela vérifie que le cuivre Cu n'est pas un réducteur des ions Fe^{2+}. Autrement dit, le fer peut déplacer le cuivre des ions Cu^{2+} mais le cuivre ne peut pas déplacer le fer des ions Fe^{2+}.

On peut donc conclure que le pouvoir oxydant du couple Cu^{2+}/ Cu est plus élevé que celui du couple Fe^{2+}/ Fe, ou inversement, que le pouvoir réducteur du couple Fe^{2+}/ Fe est plus élevé que celui du couple Cu^{2+}/ Cu.

Remarque et généralisation

Si on avait utilisé une solution diluée de $CuSO_4$ et ajouté à cette solution de la limaille de fer en excès la transformation de Cu^{2+} aurait été totale et on aurait observé la disparition de la coloration bleu-vert de la solution.

b) La partie immergée d'une lame de Cu plongée dans une solution de nitrate d'argent $AgNO_3$ se recouvre d'un dépôt métallique qui ne peut être que de l'argent. Si la solution se colore en bleu-vert, c'est une preuve de la formation des ions Cu^{2+} en solution. Là encore, il y a eu 2 demi-réactions :

- réduction des ions Ag^+ en Ag $\quad Ag^+ + 1\,e^- \rightarrow Ag$
- oxydation du Cu en ions Cu^{2+} $\quad Cu \rightarrow Cu^{2+} + 2\,e^-$

L'équation-bilan s'écrit :

$$2\,Ag^+ + Cu \rightarrow 2\,Ag + Cu^{2+}$$

On remarque qu'il a fallu multiplier par deux la première réaction pour compenser l'échange d'électrons.

Si on plonge un fil d'argent dans une solution de sulfate de cuivre il ne se passe rien. En effet, l'ion Ag^+ étant un oxydant du cuivre (réaction spontanée) l'ion Cu^{2+} ne peut pas être un oxydant de l'argent (réaction impossible).

c) Dans la première expérience, la réaction est :

$$Cu^{2+} + 2\,e^- \rightarrow Cu$$

Parallèlement, la formation de Fe^{2+} à partir de Fe permet de fournir ces 2 électrons, d'où la réaction :

$$Fe \rightarrow Fe^{2+} + 2\,e^-$$

Cette écriture est commode pour mettre en évidence les électrons échangés (les électrons n'existent pas à l'état libre dans les solutions aqueuses). On peut dire que Fe ne perd ses électrons que si Cu^{2+} est là pour les capter. Il y a transfert d'électrons entre le métal Fe et les ions Cu^{2+} et l'équation-bilan globale de cette réaction s'écrit :

$$\begin{array}{r} Cu^{2+} + 2\,e^- \rightarrow Cu \\ Fe \rightarrow Fe^{2+} + 2\,e^- \\ \hline Cu^{2+} + Fe \rightarrow Fe^{2+} + Cu \end{array}$$

De même dans la deuxième expérience on peut écrire :

$$2\,Ag^+ + Cu \rightarrow 2\,Ag + Cu^{2+}$$

Ces deux réactions montrent que le pouvoir oxydant des ions argent est supérieur au pouvoir oxydant des ions cuivre II, lui-même supérieur au pouvoir oxydant des ions fer II. Inversement c'est le pouvoir réducteur du fer qui est supérieur au pouvoir réducteur du cuivre, lui-même supérieur au pouvoir réducteur de l'argent. Le positionnement de ces 3 couples mis en jeu est le suivant :

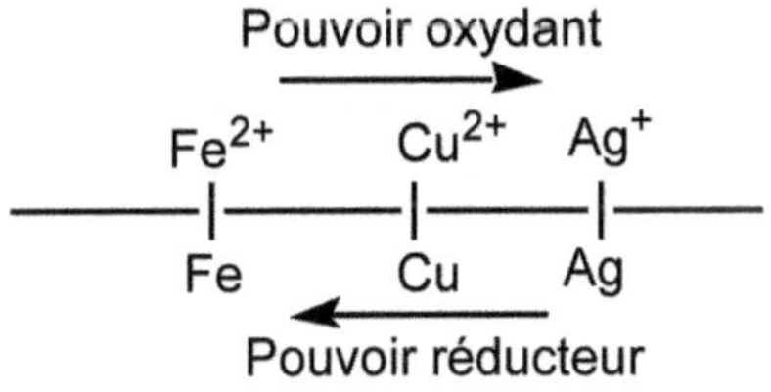

d) Les réactions observées entre la lame de zinc et les ions Fe^{2+} d'une part, et entre la lame d'étain et les ions Cu^{2+} d'autre part, s'écrivent :

$$Fe^{2+} + Zn \rightarrow Fe + Zn^{2+}$$

$$Cu^{2+} + Sn \rightarrow Cu + Sn^{2+}$$

Les ions étain II ont un pouvoir oxydant inférieur au pouvoir oxydant des ions cuivre II et supérieur au pouvoir oxydant des ions fer II. En revanche, les ions zinc ont un pouvoir oxydant inférieur au pouvoir oxydant des ions fer II. D'où l'on déduit le classement final du pouvoir oxydant croissant de gauche à droite :

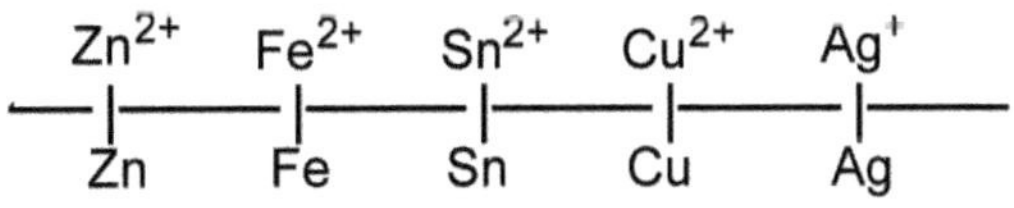

e) Cette expérience montre que Ag^+ n'agit pas en oxydant vis-à-vis de Au, donc que Au^{3+} est un oxydant plus fort que Ag^+. En conséquence, il faut placer le couple Au^{3+}/Au à droite du couple Ag^+/Ag sur l'échelle ci-dessus.

f) Selon l'échelle des pouvoirs oxydants des couples, donnée en d), les ions Ag^+ et Cu^{2+} sont oxydants vis-à-vis de l'étain métal Sn. Il y aura donc une oxydation (corrosion) de l'étain Sn, ce qui provoque un enrichissement de concentration en ions Sn^{2+} et une baisse en ions Ag^+ et Cu^{2+}, simultanément au dépôt de Ag et Cu sur la surface de l'étain (ceci jusqu'à l'obtention d'un état d'équilibre calculable d'après les données thermodynamiques). En revanche, comme le couple Zn^{2+}/Zn est réducteur et qu'il n'y a pas de Zn métal, il n'y a aucune action à ce niveau. La concentration en ions Zn^{2+} reste inchangée.

Remarque et généralisation

Sur les 5 couples comparés, en réalité les métaux des 3 couples les plus réducteurs ne sont pas stables dans l'eau, du point de vue thermodynamique mais, les cinétiques de réduction de l'eau étant très lentes, on peut les considérer comme stables à l'échelle de l'expérience.

4.4 a) Il s'agit d'une réaction d'oxydoréduction et la formation de H_2 est due à la demi-réaction de réduction des ions H_3O^+ selon :

$$2\ H_3O^+ + 2\ e^- \rightarrow H_2 + 2\ H_2O$$

Cette réduction des ions H_3O^+ s'accompagne de l'oxydation de Fe ou de Zn selon les demi-réactions suivantes :

$$Fe \rightarrow Fe^{2+} + 2\ e^-$$

$$Zn \rightarrow Zn^{2+} + 2\ e^-$$

On peut conclure que H_3O^+ est un oxydant plus fort que Fe^{2+} et Zn^{2+}, mais moins fort que Cu^{2+}, puisque l'acide chlorhydrique ne réagit pas avec le cuivre.

b) Le chlorure d'hydrogène HCl réagit avec l'eau par une réaction acide-base :

$$HCl + H_2O \rightarrow H_3O^+ + Cl^-$$

L'ion H_3O^+ se réduit en oxydant le fer et le zinc selon les réactions :

$$2\ H_3O^+ + Fe \rightarrow Fe^{2+} + H_2 + 2\ H_2O$$

$$2\ H_3O^+ + Zn \rightarrow Zn^{2+} + H_2 + 2\ H_2O$$

En revanche, avec Cu, il n'y a pas de réaction.

c) L'ion H_3O^+ est un oxydant plus fort que l'ion Sn^{2+}. On peut donc écrire les demi-équations d'oxydation de Sn et de réduction de H_3O^+ :

$$\begin{array}{r} 2\ H_3O^+ + 2\ e^- \rightarrow H_2 + 2\ H_2O \\ Sn \rightarrow Sn^{2+} + 2\ e^- \\ \hline 2\ H_3O^+ + Sn \rightarrow Sn^{2+} + H_2 + 2\ H_2O \end{array}$$

Le couple H_3O^+ / H_2 se situe entre les couples Cu^{2+} / Cu et Sn^{2+} / Sn. L'acide chlorhydrique attaque tous les métaux plus réducteurs que le dihydrogène et n'attaque pas les métaux moins réducteurs.

4.5

Prérequis

L'air est composé essentiellement de dioxygène et de diazote mais sa réactivité est due à la présence du dioxygène. Il faut savoir que le dioxygène est légèrement soluble dans l'eau (20 à 30 mg par litre selon la température).

En milieu acide, le dioxygène dissous dans l'eau est capable d'oxyder les ions Fe^{2+} en ions Fe^{3+} selon la réaction :

$$2\ Fe^{2+} + 1/2\ O_2 + 2\ H_3O^+ \rightarrow 2\ Fe^{3+} + 3\ H_2O$$

Au fur et à mesure de l'avancement de la réaction, la solution se colore en jaune, couleur des solutions contenant des ions Fe^{3+} (comme on peut le vérifier dans les livres de chimie minérale).

Cette expérience permet de conclure qu'en milieu acide, le pouvoir oxydant du couple O_2 / H_2O est supérieur à celui du couple Fe^{3+} / Fe^{2+}.

Si on plonge une lame de cuivre dans la solution précédente contenant des ions Fe^{3+} et que la solution se colore alors en bleu, on peut penser que la solution contient maintenant des ions Cu^{2+}, car les solutions aqueuses acides contenant des ions Cu^{2+} sont bleues (*voir* **4.3**). Les ions Cu^{2+} sont formés par réaction du cuivre sur les ions Fe^{3+} selon la réaction :

$$Cu + 2\,Fe^{3+} \rightarrow Cu^{2+} + 2\,Fe^{2+}$$

Cette expérience permet de conclure que, en milieu acide, le pouvoir réducteur du couple oxydoréducteur Cu^{2+} / Cu est supérieur à celui du couple Fe^{3+} / Fe^{2+} ou encore que son pouvoir oxydant est inférieur.

À partir des deux expériences décrites, on peut classer les 3 couples envisagés ci-dessus, selon leur pouvoir oxydant croissant, dans une solution acide : d'abord Cu^{2+} / Cu puis Fe^{3+} / Fe^{2+} et enfin O_2 / H_2O le plus oxydant.

■ *Équilibres d'oxydoréduction en milieu non aqueux*

Les problèmes d'oxydoréduction traités dans ce chapitre 4 concernent très généralement des réactions en solution aqueuse. C'est en effet en solution aqueuse que se passe la grande majorité des réactions d'oxydoréduction. La présente partie donne cependant, à titre de complément, quelques exemples de réactions, en phase homogène ou non, qui ne se déroulent pas en milieu aqueux, en particulier les réactions en chimie organique. Ces dernières réactions seront revues très largement dans le chapitre 5.

Énoncés

▶ Questions de cours et connaissances de base

4.6 ★ Identification des réactions d'oxydoréduction

Montrer que les réactions suivantes sont des réactions d'oxydoréduction en mettant en évidence les variations des n.o. des éléments impliqués. Écrire les réactions correspondantes.

a) Réaction du dihydrogène sur CuO solide.

b) Combustion du méthane dans le dioxygène.

c) Combustion complète de l'éthanol CH_3CH_2OH (biocarburant) dans le dioxygène.

4.7 ★ Réactions de chimie organique en phase liquide

a) Un des tests analytiques les plus connus pour la mise en évidence des alcènes consiste à faire réagir ces hydrocarbures sur le dibrome liquide et à observer la décoloration du dibrome.

Montrer que cette réaction d'addition de Br_2(l) sur le cyclohexène C_6H_{10}(l) est en fait une réaction d'oxydoréduction. Écrire l'équation-bilan et donner les variations de n.o. des éléments mis en jeu.

b) Dans certaines conditions opératoires, l'action de Br_2 sur le cyclohexène conduit, par une réaction de substitution, au 3-bromocyclohex-1-ène.

S'agit-il encore d'une réaction d'oxydoréduction ? Justifier.

4.8 ★ Exemple en métallurgie

À haute température, on fait réagir le carbone avec l'oxyde Fe_2O_3, en absence de dioxygène.

a) À l'aide des n.o. des éléments, ajuster la réaction qui conduit à Fe et CO.

b) Même question, mais en envisageant la production de CO_2.

4.9 ★ Exemple de réaction à haute température

À environ 1 700 °C, le phosphate de calcium réagit avec la silice et le carbone pour donner du silicate de calcium selon l'équation suivante (à ajuster) :

$$Ca_3(PO_4)_2(l) + SiO_2(l) + C(s) \rightarrow P_4(g) + CaSiO_3(l) + CO_2(g)$$

a) Déterminer la nature des couples d'oxydoréduction qui interviennent dans la réaction.

b) Déterminer les coefficients stœchiométriques de la réaction.

Corrigés

4.6 **a)** L'action du dihydrogène sur l'oxyde de cuivre peut être schématisée par le bilan suivant dans lequel le n.o. de Cu passe de +II à 0 et celui de H passe de 0 à +I. Les flèches montrent la compensation des n.o. et donc des échanges électroniques entre les deux membres de l'équation de réaction :

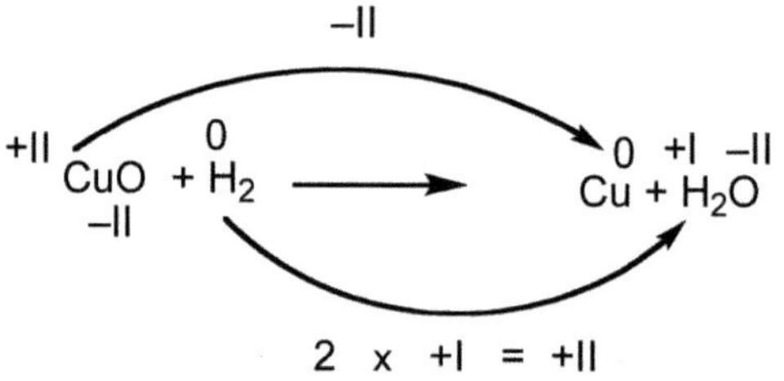

Dans cet exemple, le cuivre est réduit, l'hydrogène est oxydé et le n.o. de l'oxygène ne varie pas. Les deux atomes d'hydrogène ont perdu chacun un électron et l'atome de cuivre a gagné deux électrons, ce qui se traduit par le bilan suivant :

$$H_2 + CuO \rightarrow Cu + H_2O$$

Prérequis

Dans certaines conditions, la réduction de CuO par le dihydrogène peut aussi conduire à Cu_2O (n.o. de Cu devient alors égal à +I).

b) L'action du dioxygène sur le méthane peut être schématisée de la façon suivante, en ne prenant pas en compte les cœfficients stœchiométriques :

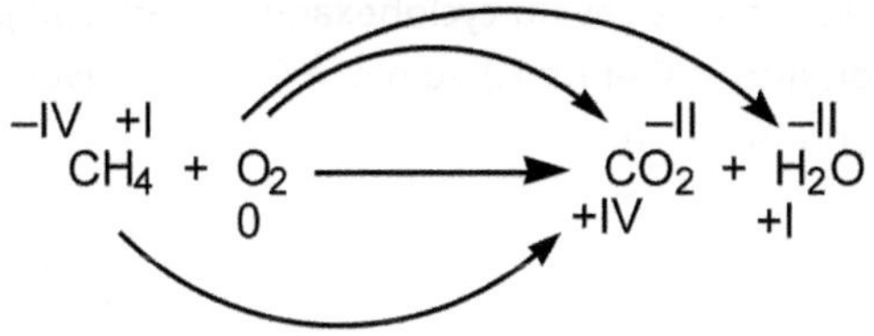

Le nombre d'oxydation de l'hydrogène n'a pas varié. En revanche, celui du carbone passe de –IV à +IV, ce qui correspond à une oxydation, soit ici une perte fictive de 8 électrons. Le n.o. de l'oxygène passe de 0 à –II, ce qui correspond à une réduction, soit ici un gain fictif de 2 électrons. Cette perte et ce gain sont fictifs puisqu'il n'y a pas réellement d'échange d'électrons dans le cas de composés organiques. La compensation électronique formelle nécessite 4 O soit 2 O_2 pour 1 C.

Cette réaction se traduit donc par l'équation-bilan :

$$CH_4 + 2\ O_2 \rightarrow CO_2 + 2\ H_2O$$

Remarque et généralisation

L'ajustement d'une réaction aussi simple ne nécessite pas vraiment le recours à l'évolution des nombres d'oxydation. La connaissance des produits de réaction et la conservation des atomes conduisent à un résultat plus rapide. C'est surtout un bon exercice académique sur les nombres d'oxydation. Par ailleurs, notons qu'une combustion incomplète de CH_4 peut aussi conduire au monoxyde de carbone.

c) La combustion complète de l'éthanol dans le dioxygène donne également CO_2 et H_2O.

Dans cette réaction le nombre d'oxydation de l'hydrogène n'a pas varié. En revanche, les n.o. moyens des 2 C de CH_3–CH_2OH passent de –II (l'un est à –III, l'autre à –I) à +IV, ce qui correspond à une oxydation, avec ici une perte fictive globale de 12 électrons. Le n.o. de l'oxygène passe de 0 à –II, ce qui correspond à une réduction, soit ici un gain fictif de 2 électrons. La compensation électronique nécessite 3 O_2 pour les 2 C de CH_3–CH_2OH, d'où le bilan suivant :

$$CH_3\text{–}CH_2OH + 3\ O_2 \rightarrow 2\ CO_2 + 3\ H_2O$$

4.7

Prérequis

En chimie organique une réaction d'addition correspond à la rupture d'une liaison multiple, par exemple entre deux C qui accueillent ainsi chacun un élément nouveau. Dans une réaction de substitution, un atome (ou groupement d'atomes) prend la place d'un autre atome (ou groupement d'atomes) dans le composé de départ.

a) La réaction d'addition de Br_2 sur les alcènes fait passer le n.o. de Br de 0 (dibrome) à –I (liaison C–Br). Le brome est donc réduit et, de façon complémentaire, le carbone de la double liaison est oxydé. Dans le cas du cyclohexane, le carbone passe ainsi du n.o. = –I (le carbone est lié à trois autres C et un H) au n.o. = 0 (liaison avec deux autres C, avec un brome –I et avec un hydrogène +I).

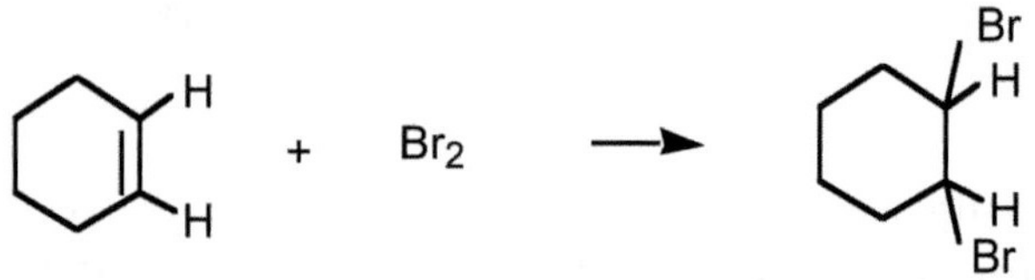

b) Il s'agit ici d'une réaction de substitution où le brome est également réduit puisqu'il se crée à nouveau une liaison C–Br. Le carbone, siège de la substitution, est oxydé et passe du n.o. –II (il est lié à deux H) au n.o. = 0 (liaison avec un H et un Br). Il s'agit encore d'une réaction d'oxydoréduction dans laquelle un hydrogène du cyclohexène est substitué par un Br (soit 1/2 Br_2) :

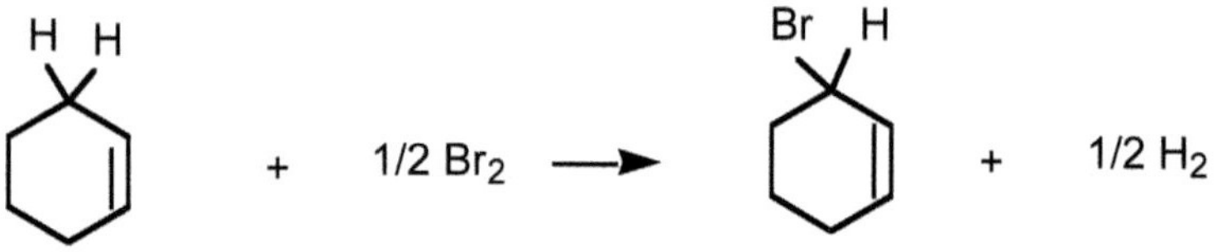

4.8 a) La réaction à ajuster s'écrit :

$$C + Fe_2O_3 \rightarrow Fe + CO$$

Dans cette réaction, le n.o. de l'oxygène reste inchangé à –II (élément le plus électronégatif). Celui du fer passe de +III à 0 et celui du carbone de 0 à +II. Le fer gagne 3 électrons et le carbone en perd 2. On peut en conclure que 3 Fe réagissent avec 2 C :

$$3\ C + Fe_2O_3 \rightarrow 2\ Fe + 3\ CO$$

Remarque et généralisation

Dans ce cas simple, la conservation des atomes aurait pu nous conduire à l'écriture de la réaction sans avoir recours aux nombres d'oxydation. Trois C sont nécessaires pour réagir avec les trois O de Fe_2O_3.

b) Dans le deuxième cas, la réaction à ajuster s'écrit :

$$C + Fe_2O_3 \rightarrow Fe + CO_2$$

Le changement de n.o. du fer est identique à celui du cas précédent (+III à 0), en revanche celui du carbone passe de 0 à +IV. Pour 6 électrons échangés avec Fe, il faudra donc 6/4 de C. Trois atomes de C réagissent avec 4 Fe. On obtient ainsi la réaction :

$$3\ C + 2\ Fe_2O_3 \rightarrow 4\ Fe + 3\ CO_2$$

Remarque et généralisation

À l'état naturel le fer se trouve en grande partie sous forme d'oxyde Fe_2O_3. Pour le réduire à l'état de fer, l'homme a utilisé historiquement (Âge de fer) le charbon de bois (obtenu par combustion incomplète du bois).

4.9 a) Dans le phosphate de calcium, le n.o. du phosphore est égal à V et dans le tétraphosphore P_4, il devient égal à 0. Le couple correspondant est donc $Ca_3(PO_4)_2 / P_4$.

Le silicium, le calcium et l'oxygène conservent leur n.o. respectifs : +IV, +II et –II. Ils ne participent donc pas à la réaction d'oxydoréduction.

Le n.o. du carbone augmente de zéro (C) à IV (CO_2). Le couple correspondant est CO_2 / C.

b) Les demi-réactions correspondantes et la réaction globale peuvent s'écrire :

$$5 \times (C + SiO_2 \rightarrow CO_2 + 4\ e^- + Si^{4+}) \qquad \text{Oxydation}$$

$$2 \times [Ca_3(PO_4)_2 + 10\ e^- + 2{,}5\ Si^{4+} + SiO_2 \rightarrow 0{,}5\ P_4 + 3\ CaSiO_3] \qquad \text{Réduction}$$

$$5\ C + 2\ Ca_3(PO_4)_2 + 6\ SiO_2 \rightarrow 5\ CO_2 + P_4 + 6\ CaSiO_3$$

Remarque et généralisation

Dans les demi-réactions Si^{4+} figure de façon formelle et n'intervient pas dans la réaction d'oxydo-réduction mais permet l'avancement de la réaction globale par couplage acide-base (Lux).

■ *Équilibres d'oxydoréduction en solution aqueuse*

C'est en solution aqueuse que se produit la grande majorité des réactions d'oxydoréduction qui mettent alors en jeu des solutés ioniques. Il faut donc souvent considérer également le rôle de l'autoprotolyse de l'eau (présence de H_3O^+ ou OH^-). On identifie d'abord les couples d'oxydo-réducteurs et leurs échanges électroniques puis on ajuste les réactions.

Énoncés

▸ Exercices d'application et de synthèse

4.10 ★★ Écriture et ajustement de réactions d'oxydoréduction

a) La réduction de l'ion hypochlorite ClO^- par l'ion arsénite AsO_2^- se produit en milieu légèrement basique. L'hypochlorite est réduit en chlorure Cl^- et l'arsénite est oxydé en arséniate AsO_4^{3-}.

Écrire la réaction globale d'oxydoréduction.

b) Ajuster la réaction d'oxydoréduction ci-après :

$$Cl_2 + IO_3^- \rightarrow Cl^- + IO_4^-$$

4.11 ★★ Application à la dismutation

Ajuster les réactions de dismutation suivantes :

a) $ClO^- \rightarrow ClO_3^- + Cl^-$

b) $H_3PO_3 \rightarrow PH_3 + H_3PO_4$

c) $S_2O_3^- \rightarrow S + SO_2$

4.12 ★★ Identification de couples complexes

Ajuster la réaction d'oxydoréduction suivante :

$$NO_3^- + As_2S_3 \rightarrow SO_4^{2-} + NO + H_3AsO_4$$

Pour résoudre ce cas, on comparera les électronégativités des éléments mis en jeu (As : 2; H : 2,1; N : 3; O : 3,5; S : 2). On notera que les composés arséniés ne comportent que des liaisons O–As ou S–As.

Corrigés

4.10 a) Les couples ox / red mis en jeu sont ClO^- / Cl^- et AsO_4^{3-} / AsO_2^-.

Puisque le milieu réactionnel est basique, nous choisissons d'ajuster les deux demi-réactions en utilisant les ions OH^- plutôt que les ions H_3O^+ :

$$H_2O + ClO^- + 2\ e^- \rightarrow Cl^- + 2\ OH^-$$

$$4\ OH^- + AsO_2^- \rightarrow AsO_4^{3-} + 2\ e^- + 2\ H_2O$$

La réaction globale, écrite sous forme d'un équilibre chimique, est donc :

$$ClO^- + AsO_2^- + 2\ OH^- \rightleftharpoons Cl^- + AsO_4^{3-} + H_2O$$

b) Les deux couples en présence sont :

- Cl_2 / Cl^- où Cl passe du n.o. 0 à –I dans le sens de la réaction de réduction;
- IO_4^- / IO_3^- où I passe du n.o. +V à +VII dans le sens de la réaction d'oxydation.

La demi-réaction relative au premier couple s'écrit :

$$Cl_2 + 2\ e^- \rightarrow 2\ Cl^- \qquad (a_1)$$

Pour celle relative au deuxième couple, on peut utiliser le mode d'emploi recommandé dans l'essentiel 2.2. On obtient alors successivement :

$$IO_3^- \rightarrow IO_4^- + 2\ e^- \qquad \text{(conservation de I)}$$

$$IO_3^- + H_2O \rightarrow IO_4^- + 2\ e^- + 2\ H^+ \qquad \text{(conservation de O)}$$

ou

$$IO_3^- + 3\ H_2O \rightarrow IO_4^- + 2\ e^- + 2\ H_3O^+ \qquad (a_2)$$

La réaction globale s'obtient en ajoutant (a_1) et (a_2) :

$$Cl_2 + IO_3^- + 3\ H_2O \rightarrow 2\ Cl^- + IO_4^- + 2\ H_3O^+$$

4.11

Prérequis

Pour une espèce donnée, le passage d'un nombre d'oxydation donné à deux nombres différents, l'un inférieur, l'autre supérieur, est le propre d'une dismutation.

a) Le nombre d'oxydation de Cl dans ClO^- est égal à +I et il passe à –I dans Cl^- et à +V dans ClO_3^-.

Les deux couples en présence, qui font intervenir ClO^- comme oxydant dans le premier et comme réducteur dans le second, sont respectivement : ClO^- / Cl^- et ClO_3^- / ClO^-.

Dans ClO^- / Cl^-, le n.o. (Cl) passe de +I à –I (réduction)

Dans ClO_3^- / ClO^-, le n.o. (Cl) passe de +I à +V (oxydation)

Les demi-réactions sont :

$$2\ H_3O^+ + ClO^- + 2\ e^- \rightarrow Cl^- + 3\ H_2O$$

$$ClO^- + 6\ H_2O \rightarrow ClO_3^- + 4\ e^- + 4\ H_3O^+$$

En multipliant la première demi-réaction par 2 (pour obtenir la consommation de 4 e^-) et en l'ajoutant à la deuxième, on obtient :

$$3\ ClO^- \rightarrow ClO_3^- + 2\ Cl^-$$

b) Le nombre d'oxydation de P dans H_3PO_3 est +III, il passe à –III dans PH_3 et à +V dans H_3PO_4. Les deux couples en présence sont H_3PO_3 / PH_3 et H_3PO_4 / H_3PO_3.

Pour le couple H_3PO_3 / PH_3 la demi-réaction est :

$$H_3PO_3 + 6\ e^- + 6\ H_3O^+ \rightarrow PH_3 + 9\ H_2O$$

et pour le couple H_3PO_4 / H_3PO_3 :

$$H_3PO_3 + 3\ H_2O \rightarrow H_3PO_4 + 2\ e^- + 2\ H_3O^+$$

La réaction globale s'obtient en ajoutant la première demi-réaction à 3 fois la deuxième, pour assurer la compensation électronique :

$$4\ H_3PO_3 \rightarrow PH_3 + 3\ H_3PO_4$$

c) Dans la troisième dismutation proposée, le nombre d'oxydation du soufre, qui est égal à +II dans $S_2O_3^{2-}$, passe à 0 dans S et à +IV dans SO_2 (O plus électronégatif que S). Les deux couples en présence sont $S_2O_3^{2-} / S$ et $SO_2 / S_2O_3^{2-}$. Les deux demi-réactions s'écrivent donc :

$$6\ H_3O^+ + S_2O_3^{2-} + 4\ e^- \rightarrow 2\ S + 9\ H_2O$$

$$3\ H_2O + S_2O_3^{2-} \rightarrow 2\ SO_2 + 4\ e^- + 2\ H_3O^+$$

La réaction globale devient alors :

$$S_2O_3^{2-} + 2\ H_3O^+ \rightarrow S + SO_2 + 3\ H_2O$$

4.12

Prérequis

On voit que dans ce cas As_2S_3, réactif, réagit avec NO_3^- en donnant deux produits de réaction, SO_4^{2-} et H_3AsO_4. Ce cas, peu habituel, nécessite de bien identifier les couples oxydoréducteurs mis en jeu.

Un premier couple NO_3^- / NO est facilement identifiable. Dans ce couple NO_3^- / NO, le n.o. de N passe de V à II lors de la réduction envisagée.

L'identification des couples est moins facile pour ce qui concerne les éléments As et S.

Dans As_2S_3, comme l'électronégativité de S est plus forte que celle de As, c'est S qui portera une charge fictive négative et As une charge fictive positive. Le n.o. de S étant –II (puisqu'il appartient à la famille de l'oxygène et qu'il n'y a pas de liaison S–S) le n.o. de As est donc égal à +III.

Dans SO_4^{2-}, c'est l'oxygène qui est le plus électronégatif, son n.o. est égal à –II et celui de S est alors égal à +VI.

Dans H_3AsO_4, les charges fictives négatives sont portées par O et les positives par As et H (qui ont des électronégativités proches). Le n.o. de As vaut alors :

$$\text{n.o.(As)} = -\,[3 - (2 + 4)] = +\text{V}$$

As_2S_3 est donc impliqué dans deux couples oxydoréducteurs, chaque fois dans le sens de l'oxydation :

- dans le couple SO_4^{2-} / As_2S_3 où le n.o. de S passe de –II à +VI dans le sens de l'oxydation (échange de 8 électrons pour 1 S et donc de 24 électrons pour As_2S_3);
- dans le couple H_3AsO_4 / As_2S_3 où le n.o. de As passe de +III à +V (échange de 2 électrons pour 1 S soit 4 électrons pour As_2S_3).

L'oxydation de As_2S_3, impliqué par ces deux demi-réactions, libérera donc 24 + 4 = 28 électrons. Pour rassembler ces deux demi-réactions d'oxydation en une demi-réaction globale, on peut écrire successivement :

$$As_2S_3 \rightarrow 28\ e^- + 2\ H_3AsO_4 + 3\ SO_4^{2-} \qquad \text{(conservation de As et S)}$$

$$As_2S_3 \rightarrow 28\ e^- + 2\ H_3AsO_4 + 3\ SO_4^{2-} + 34\ H_3O^+ \qquad \text{(électroneutralité)}$$

La demi-réaction d'oxydation avec conservation de l'oxygène s'écrit :

$$54\ H_2O + As_2S_3 \rightarrow 28\ e^- + 2\ H_3AsO_4 + 3\ SO_4^{2-} + 34\ H_3O^+ \qquad \text{(Ox)}$$

L'écriture de la demi-réaction de réduction est beaucoup plus facile :

$$NO_3^- + 3\ e^- + 4\ H_3O^+ \rightarrow NO + 6\ H_2O \qquad \text{(Red)}$$

La réaction globale s'obtient en ajoutant 3 (Ox) + 28 (Red) (il n'y a pas de plus petit commun multiple pour le nombre d'électrons échangés) et en simplifiant les quantités de H_2O et H_3O^+ :

$$28\ NO_3^- + 3\ As_2S_3 + 10\ H_3O^+ \rightarrow 9\ SO_4^{2-} + 28\ NO + 6\ H_3AsO_4 + 6\ H_2O$$

■ *Potentiel chimique et potentiel électrochimique*

Dans cette partie, on utilisera des outils précieux pour traiter les problèmes des équilibres. Il s'agira d'une part des potentiels chimiques μ_i (enthalpie libre molaire partielle du constituant i) et d'autre part des potentiels électrochimiques (extension du potentiel chimique aux espèces i chargées, c'est-à-dire aux ions).

L'intérêt de ces outils (essentiel 4.3) est de prévoir le sens des réactions au même titre que $\Delta_r G$ mais aussi le traitement des équilibres où le passage de $\Delta_r G$ à E se fait analytiquement (sans raisonnement parfois difficile sur le signe).

Énoncés

Exercices d'application et de synthèse

4.13 ★★ Étude d'un système chimique à l'aide des fonctions d'état électrochimiques

Dans une solution comportant les cations Pb^{2+} (à 10^{-4} mol L^{-1}) et Ni^{2+} (à 10^{-2} mol L^{-1}), on introduit simultanément des morceaux de nickel et de plomb.

a) À partir des valeurs des potentiels chimiques standard, prévoir dans quel sens se déroule la réaction.

b) Quelles sont les concentrations des espèces ioniques à l'équilibre ?

Données à 25 °C :

$\mu°(Ni) = \mu°(Pb) = 0$ J mol^{-1}, $\mu°(Ni^{2+}) = -48\ 195$ J mol^{-1}, $\mu°(Pb^{2+}) = -24\ 286$ J mol^{-1}.

4.14 ★★ Influence du pH sur la précipitation d'un hydroxyde

Quel est le pH limite d'une solution aqueuse pour que l'ion Zn^{2+} reste stable, à une concentration de 10^{-2} mol L^{-1}, et ne donne pas la formation d'hydroxyde de zinc ?

Données à 25 °C :

$\mu°(Zn) = 0$ J mol^{-1}, $\mu°(Zn^{2+}) = -147\ 069$ J mol^{-1}, $\mu°(Zn(OH)_2) = -558\ 557$ J mol^{-1},

$\mu°(H_2O) = -236\ 964$ J mol^{-1}.

4.15 ★★★ Étude d'un système électrochimique

Les sondes lambda utilisées pour le contrôle de combustion des moteurs d'automobile (optimisation du rapport carburant/oxygène) fonctionnent comme des piles de concentration. Elles utilisent un électrolyte solide (un oxyde de zirconium dopé) conducteur par les ions O^{2-} à haute température. Les électrodes sont constituées d'un dépôt de métal poreux inoxydable (généralement du platine). Le gaz analysé est séparé du gaz de référence par un système étanche (la sonde a la forme d'un doigt, l'extérieur est en contact avec les gaz d'échappement et l'intérieur communique avec l'atmosphère ambiante qui est le gaz de référence).

À l'équilibre, la valeur du potentiel électrochimique des ions O^{2-} est constante dans tout l'électrolyte (puisqu'il est équipotentiel) et à chaque électrode on peut écrire l'équilibre :

$$O_{2,\text{gaz}} + 4\ e^-_{\text{métal}} \rightleftharpoons 2\ O^{2-}_{\text{électrolyte}}$$

a) Déterminer l'expression de la différence de potentiel mesurée entre les deux électrodes (on appellera réf l'électrode de référence et mes, celle où on mesure la teneur en oxygène du gaz).

b) Sachant que le gaz de référence est l'air à la pression atmosphérique (avec P(air) = 1 bar), calculer la pression du gaz analysé si la tension mesurée entre le point de mesure et la référence vaut −180 mV pour une température de 600 °C.

4.16 ★★★ Mesure de la pression partielle du dichlore

Une sonde à dichlore est un dispositif permettant de mesurer la pression partielle de dichlore dans un mélange gazeux. Elle est constituée d'un matériau étanche conducteur ionique par les ions Cl^-. Comme dans le cas précédent de la sonde lambda, ce matériau est considéré à l'équilibre, c'est-à-dire que le potentiel électrochimique des ions Cl^- est constant dans tout le matériau.

L'électrode de référence (n° 1) est constituée d'un mélange d'argent et de chlorure d'argent en contact avec le conducteur ionique, avec une connexion métallique inattaquable (platine).

L'électrode de mesure (n° 2) est une électrode du même métal inattaquable (platine) sous forme d'une couche poreuse sur le conducteur ionique.

Écrire les relations d'équilibre à toutes les interfaces et en déduire la valeur de la différence de potentiel mesurée entre les deux fils de platine, en fonction de l'enthalpie libre standard de formation de AgCl. Cette différence de potentiel est-elle fonction de la température pour une pression partielle de dichlore constante ?

Corrigés

4.13 a)

Prérequis

Dans ce genre de question, on choisit un sens de réaction et le calcul de l'enthalpie libre de réaction à partir des potentiels chimiques nous indique si ce sens de réaction est correct.

On pose *a priori* un sens de réaction :

$$Pb^{2+} + Ni \rightarrow Pb + Ni^{2+}$$

Le respect de conservation de la charge (électroneutralité) impose les coefficients de stœchiométrie qui, dans ce cas, sont égaux.

La valeur de $\Delta_r\widetilde{G}$, pour cette réaction, à l'état initial, est donnée par :

$$\Delta_r\widetilde{G} = \mu°(Ni^{2+}) + RT\ln(10^{-2}) + 2F\varphi_{sol} + \mu°(Pb) - \mu°(Ni) - \mu°(Pb^{2+}) - RT\ln(10^{-4}) - 2F\varphi_{sol}$$

On voit ici que $\Delta_r\widetilde{G}$ et $\Delta_r G$ peuvent être confondus puisque toutes les espèces chargées appartiennent à la même phase et que le potentiel électrique n'intervient pas puisque la solution aqueuse est équipotentielle $\Delta_r G = -48\,195 + 24\,286 + 8{,}314 \times 298 \ln(10^{-2} / 10^{-4})$.

On peut donc écrire :

$$\Delta_r G = -12\,499 \text{ J mol}^{-1}$$

La réaction a donc lieu dans le sens qui a été choisi *a priori*.

b)

Prérequis

Lorsque l'équilibre est atteint, l'enthalpie libre de réaction s'annule, et on calcule, à partir de l'expression précédente, la nouvelle concentration des ions dont l'un se consomme et l'autre se forme.

Lorsque la réaction avance, l'évolution de concentration en Ni^{2+} est opposée à celle de Pb^{2+}, ce qui s'exprime par les relations :

$$[Ni^{2+}] = 10^{-2} + x \qquad \text{et} \qquad [Pb^{2+}] = 10^{-4} - x$$

Lorsque l'équilibre est atteint, $\Delta_r G = 0$, ce qui donne :

$$RT \ln (10^{-2} + x / (10^{-4} - x)) = 48\,115 - 24\,289 = 23\,909 \text{ J mol L}^{-1}$$

On obtient alors l'équation :

$$10^{-2} + x = 1{,}5524 - 15524\,x$$

soit $x = 9{,}935.10^{-5}$ mol L^{-1}.

Les concentrations des cations sont donc devenues :

$$[Pb^{2+}] = 6{,}5.10^{-7} \approx 10^{-6} \text{ mol L}^{-1}$$

$$[Ni^{2+}] = 1{,}01.10^{-2} \text{ mol L}^{-1}$$

Remarque et généralisation

On aurait pu obtenir le même résultat en raisonnant avec les valeurs des potentiels d'oxydoréduction des couples Ni^{2+} / Ni et Pb^{2+} / Pb qui deviennent égales à l'équilibre

4.14 Comme dans l'exercice précédent, on peut raisonner indifféremment sur $\Delta_r \tilde{G}$ ou $\Delta_r G$. Pour que Zn^{2+} reste stable, il faut que $\Delta_r G > 0$ pour la réaction :

$$Zn^{2+} + 2\,H_2O \rightarrow Zn(OH)_2 + 2\,H^+$$

Soit la relation :

$$\mu°(Zn(OH)_2) + 2\,RT \ln [H^+] - \mu°(Zn^{2+}) - RT \ln [10^{-2}] - 2\,\mu°(H_2O) > 0$$

ce qui s'écrit aussi :

$$pH < (-558\,557 + 147\,069 + 2 \times 236\,964 - RT \ln 10^{-2}) / 2\,RT \ln 10$$

soit pH < 6,47.

Remarque et généralisation

Si on choisit d'écrire la réaction en faisant intervenir les ions H_3O^+, cela ne change rien puisque le potentiel chimique de l'ion oxonium est égal à celui de H_2O soit $-236\,964$ J mol^{-1}.

4.15 a)

Prérequis

On utilise les relations entre les potentiels électrochimiques des espèces impliquées, à l'électrode de mesure et à l'électrode de référence. Dans le cas des espèces non chargées le potentiel électrochimique est égal au potentiel chimique.

À l'électrode de référence, on peut écrire :

$$O_{2,\text{réf}} + 4\ e^-_{\text{réf}} \rightleftharpoons 2\ O^{2-}_{\text{électrolyte}}$$

Cela entraîne la relation :

$$\mu°(O_2) + RT \ln (P(O_2)_{\text{réf}} / P°) + 4\ \tilde{\mu}(e^-) - 4F\varphi_{\text{réf}} = 2\ \tilde{\mu}(O^{2-})_{\text{électrolyte}}$$

On a un équilibre similaire à l'électrode où se fait l'analyse :

$$O_{2,\text{mes}} + 4\ e^-_{\text{mes}} \rightleftharpoons 2\ O^{2-}_{\text{electrolyte}}$$

Avec :

$$\mu°(O_2) + RT \ln (P(O_2)_{\text{mes}} / P°) + 4\ \tilde{\mu}(e^-) - 4F\varphi_{\text{mes}} = 2\ \tilde{\mu}(O^{2-})_{\text{électrolyte}}$$

La différence entre les deux expressions donne la valeur de la différence de potentiel entre les deux électrodes :

$$\varphi_{\text{mes}} - \varphi_{\text{réf}} = (RT / 4F) \ln (P(O_2)_{\text{mes}} / P(O_2)_{\text{réf}})$$

b) L'expression de la tension donne accès à celle de $P(O_2)_{\text{mes}}$ si on connaît $P(O_2)_{\text{réf}}$. On obtient :

$$P(O_2)_{\text{mes}} = P(O_2)_{\text{réf}} \exp(4F(\varphi_{\text{mes}} - \varphi_{\text{réf}} / (RT))$$

Si la référence est l'air à pression atmosphérique, on a $P(O_2)_{\text{réf}} = 0{,}21$ bar. Avec les valeurs données, on obtient :

$$P(O_2)_{\text{mes}} = 0{,}21 \exp[- 0{,}18 \times 4 \times 96\ 490\ (8{,}314 \times (273 + 600))]$$

$$P(O_2)_{\text{mes}} = 1{,}5.10^{-5} \text{ bar, soit } 1{,}5 \text{ Pa}$$

Remarque et généralisation

Les électrons sont considérés comme les espèces ioniques. Leur potentiel chimique n'a pas besoin d'être connu, puisque c'est le même métal aux deux électrodes et le terme μ(e–) disparaît donc dans le calcul.

4.16

Prérequis

Les électrons à prendre en considération dans les équilibres sont ceux des métaux utilisés comme conducteurs électroniques. AgCl est une phase réactive mais isolante.

À l'électrode de référence on a les équilibres :

$$Ag + Cl^- \rightleftharpoons AgCl + e^-_{Ag}$$

avec

$$e^-_{Ag} \rightleftharpoons e^-_{Pt,1}$$

ce qui revient à écrire : $Ag + Cl^- \rightleftharpoons AgCl + e^-_{Pt,1}$

La condition d'équilibre de ce système électrochimique s'écrit (*voir* essentiel 4.3) :

$$\Sigma \tilde{\mu}_i = 0$$

Cela entraîne :

$$\mu°(Ag) + \tilde{\mu}(Cl^-) = \mu°(AgCl) + \mu(e^-)_{Pt,1} - F\varphi_{Pt,1}$$

À l'électrode de mesure (2), on a :

$$Cl^- + e^-_{Pt,2} \rightleftharpoons 1/2\ Cl_2$$

ce qui s'exprime par la relation :

$$\tilde{\mu}(Cl^-) + \mu(e^-)_{Pt,2} - F\varphi_{Pt,2} = \frac{\mu°(Cl_2)}{2} + \frac{RT}{2}\ln\frac{P(Cl_2)}{P°}$$

La différence entre les relations donne l'expression :

$$\varphi_{Pt,2} - \varphi_{Pt,1} = \frac{\mu°(Ag) + \mu°(Cl_2)/2 - \mu°(AgCl)}{F} + \frac{RT}{2F}\ln\frac{P(Cl_2)}{P°}$$

$P°$ étant la pression standard (1 bar).

On peut exprimer cette expression en fonction de l'enthalpie libre de formation de AgCl et on trouve :

$$\varphi_{Pt,2} - \varphi_{Pt,1} = \frac{-\Delta_f G°_{AgCl}}{F} + \frac{RT}{2F}\ln\frac{P(Cl_2)}{P°}$$

Cette différence de potentiel dépend de la température par deux termes : le terme pré-logarithmique et l'enthalpie libre de formation de AgCl (dont l'essentiel est le terme entropique).

■ *Potentiel d'oxydoréduction, loi de Nernst*

Dans cette partie, il s'agira d'évaluer et de comparer les potentiels des électrodes mises en œuvre, c'est-à-dire les potentiels thermodynamiques donnés par la loi de Nernst (essentiel 4.4). Pour chacun des exercices, il conviendra d'abord d'identifier les espèces intervenant dans l'équilibre à l'électrode puis d'utiliser la loi de Nernst avec les activités correspondantes. On peut, en première approximation, assimiler les grandeurs activités et concentrations molaires. La majorité des valeurs des potentiels standard $E°$ est donnée dans la table figurant en annexe des essentiels.

Énoncés

▶ Questions de cours et connaissances de base

4.17 ★ Démonstration de la loi de Nernst

On se propose ici de démontrer la loi de Nernst en utilisant le concept de potentiel électrochimique. Pour cela, on considère une électrode d'oxydoréduction, c'est-à-dire constituée d'un métal inattaquable (platine), immergée dans une solution comportant un couple d'oxydoréduction. À l'équilibre, on peut écrire :

$$\nu_{Ox}\mathrm{Ox} + n\,\mathrm{e}^- \rightleftharpoons \nu_{Red}\mathrm{Red}$$

Le nombre de charge de Ox est z_{Ox} et celui de Red z_{Red}.

a) Quelle relation existe-t-il entre n et z_{Ox} et z_{Red} ?

b) Exprimer la différence de potentiel qui apparaît entre le métal et la solution en fonction des potentiels chimiques standard des ions.

c) Appliquer cette expression à une électrode normale à hydrogène (ENH).

d) En déduire l'expression du potentiel du couple Ox / Red par rapport à ENH, les deux électrodes étant plongées dans la même solution.

e) Discuter la validité de la démonstration.

On rappelle que par convention $\mu°(H^+)$ et $\mu°(H_2)$ sont nuls. Dans les écritures, on confondra l'activité d'un ion avec sa concentration molaire.

4.18 ★ Potentiels des électrodes

Calculer les potentiels des électrodes suivantes à 25 °C.

a) Électrode de cadmium plongeant dans une solution d'ions Cd^{2+} de concentration 2.10^{-2} mol L^{-1}.

b) Électrode de platine plongeant dans une solution d'ions dichromate $Cr_2O_7^{2-}$ et d'ions Cr^{3+} de concentrations $[Cr_2O_7^{2-}] = 2.10^{-2}$ mol L^{-1} et $[Cr^{3+}] = 3.10^{-2}$ mol L^{-1} et de pH = 5.

c) Électrode de platine recouverte d'oxyde de cuivre Cu_2O solide plongeant dans une solution d'ions Cu^{2+} de concentration 10^{-4} mol L^{-1} et de pH = 5 permettant la stabilité de ce composé.

4.19 ★★ Influence de la concentration sur le potentiel d'électrode

On immerge une électrode de platine dans une solution aqueuse d'ions Fe^{3+} et Fe^{2+}, telle que $[Fe^{3+}] = [Fe^{2+}] = 1$ mol L^{-1}.

La température est de 25 °C.

a) Calculer le potentiel de l'électrode de platine.

b) Étudier qualitativement l'évolution du rapport des concentrations si on impose à cette électrode :

- un potentiel de 0,8 V / ENH;
- un potentiel de 0,75 V / ENH.

c) Vers quelles valeurs les concentrations en ions Fe^{3+} et Fe^{2+} vont-elles tendre pour chaque potentiel imposé au b) ?

d) À quel potentiel faudrait-il porter cette électrode pour oxyder pratiquement tous les ions Fe^{2+} ? (On considérera que l'oxydation est pratiquement totale lorsque $[Fe^{2+}] \leq 10^{-4}$ mol L^{-1} et on se placera dans de telles conditions expérimentales).

Corrigés

4.17

Prérequis

L'écriture d'une réaction d'oxydoréduction doit être ajustée et doit respecter l'électroneutralité, c'est-à-dire que la somme des charges des réactifs doit être égale à la somme des charges des produits.

a) Pour respecter l'électroneutralité de la réaction d'oxydoréduction la somme des charges des réactifs (membre de gauche) doit être égale à la somme des charges des produits (membre de droite). L'écriture de la réaction ici est donc :

$$\nu_{Ox}\text{Ox} + n\ e^- \rightleftharpoons \nu_{Red}\text{Red}$$

Dans ce cas on doit avoir :

$$\nu_{Ox}z_O + n\,(-1) = \nu_{Red}z_R \qquad \text{ou} \qquad n = \nu_{Ox}z_O - \nu_{Red}z_R$$

b) Pour la réaction donnée, la condition d'équilibre s'écrit à l'aide des potentiels électrochimiques $\Sigma\nu_i\,\tilde{\mu}_i = 0$, soit :

$$\nu_{Ox}\{\mu°(\text{Ox}) + RT\ln[\text{Ox}] + z_O F\varphi_{sol}\} + n\,\mu(e^-) - nF\varphi_{el} = \nu_{Red}\{\mu°(\text{Red}) + RT\ln[\text{Red}] + z_R F\varphi_{sol}\}$$

ce qui s'écrit aussi :

$$F\left(n\,\varphi_{el} - \varphi_{sol}\left(\nu_{Ox}z_O - \nu_{Red}z_R\right)\right) = n\mu(e^-) - \nu_{Red}\mu°(\text{Red}) + \nu_{Ox}\mu°(\text{Ox}) + RT\ln\frac{[\text{Ox}]^{\nu_{Ox}}}{[\text{Red}]^{\nu_{Red}}}$$

et compte tenu de la relation donnée en a) :

$$\varphi_{el} - \varphi_{sol} = \frac{\mu(e^-)}{F} + \frac{\nu_{Ox}\mu°(\text{Ox}) - \nu_{Red}\mu°(\text{Red})}{nF} + \frac{RT}{nF}\ln\frac{[\text{Ox}]^{\nu_{Ox}}}{[\text{Red}]^{\nu_{Red}}}.$$

Remarque et généralisation

On remarquera que le sens d'écriture de la réaction n'a aucune importance dans le calcul.

c) Dans le cas d'une électrode normale à hydrogène, on peut écrire la réaction d'électrode :

$$2\,H^+ + 2\,e^- \rightleftharpoons H_2$$

On obtient alors l'expression de la différence de potentiel entre ENH et la solution :

$$\varphi_{ENH} - \varphi_{sol} = (\mu\,(e-)\,/\,F) + (\mu°(e-)\,/\,F) + (\mu°(H_2) - 2\mu°(H^+)\,/\,2F) + (RT\,/\,2F)\ln\,([H^+]_2\,/\,P(H_2)\,/\,P°)$$

Avec les conventions données, et comme pour une électrode normale à H_2, on écrit $a(H^+) = 1$ et $P(H_2)\,/\,p° = 1$, l'expression se simplifie :

$$\varphi_{ENH} - \varphi_{sol} = \mu(e^-)\,/\,F$$

Remarque et généralisation

On confond ici électrode normale à hydrogène (ENH) et électrode standard à hydrogène (ESH). La différence est peu sensible et sans réel intérêt au niveau de cet ouvrage.

d) Si la solution est la même, on peut alors combiner les expressions des différences de potentiel et on obtient :

$$\varphi_{el} - \varphi_{ENH} = \frac{\nu_{Ox}\mu°(Ox) - \nu_{Red}\mu°(Red)}{nF} + \frac{RT}{nF}\ln\frac{[Ox]^{\nu_{Ox}}}{[Red]^{\nu_{Red}}}$$

Cette expression est identique à la loi de Nernst :

$$E = E° + \frac{RT}{nF}\ln\frac{[Ox]^{\nu_{Ox}}}{[Red]^{\nu_{Red}}}$$

Le premier terme correspond à $E°$ par rapport à ENH, ce qui est normal puisque tous les potentiels chimiques standard des espèces sont définis par rapport à la convention $\mu°(H^+) = 0$ et $\mu°(H_2) = 0$.

e) Dans cet exercice, pour pouvoir se positionner par rapport à ENH, on a supposé que la solution est la même dans les deux cas, ce qui a entraîné que φ_{sol} puisse être confondu dans la combinaison des deux expressions des différences de potentiel des électrodes par rapport à la solution. Or, si on mélange le couple Ox / Red avec H^+ / H_2 dans la même solution, il va se produire une réaction d'oxydoréduction entre ces deux couples. La démonstration est donc de ce point de vue virtuelle.

Remarque et généralisation

C'est sur cette base qu'est établie l'échelle des valeurs de $E°$. Si on veut réaliser l'expérience, il faut séparer les deux solutions par un poreux (ou un pont salin) et admettre qu'il n'y a pas de différence de potentiel entre les deux solutions ainsi séparées. L'approximation est raisonnable moyennant certaines précautions expérimentales qui sortent du cadre de ce livre. Par exemple, on peut utiliser une solution moins acide que celle de l'ENH et par le calcul effectuer la translation pour obtenir la valeur de $E°$ du couple considéré.

4.18 a)

Prérequis

Dans cette question et les suivantes il est nécessaire de recourir au potentiel thermodynamique d'une électrode qui est donné par la loi de Nernst (*voir* essentiel 4.4) :

$$E = E° + (RT / nF) \ln ([Ox]^{\nu_{ox}} / [Red]^{\nu_{red}})$$

avec *n* nombre d'électrons échangés par le couple Ox / Red.

La réaction d'équilibre à l'électrode, dans le cas envisagé est :

$$Cd^{2+} + 2\,e^- \rightleftharpoons Cd$$

On rappelle que l'activité de l'espèce réduite, phase solide pure Cd, est égale à 1 et que, dans ce cas, $\mu(\text{ox}) = \mu(\text{red}) = 1$ et n (nombre d'électrons échangés) = 2.

Le potentiel de l'électrode normale à hydrogène (ENH) est pris comme référence (*voir* essentiel 2.4) et, comme $E°(Cd^{2+} / Cd) = -0{,}40$ V / ENH (avec là encore l'activité de la phase solide Cd égale à 1), on obtient :

$$E = -\,0{,}40 + (8{,}314 \times 298 / (2 \times 96\,490)) \ln (2.10^{-2}) = -\,0{,}45 \text{ V / ENH}$$

b)

Prérequis

Dans cette question, et également dans la suivante, l'électrode est constituée d'un matériau qui ne participe pas à la réaction d'oxydoréduction, contrairement aux deux cas précédents, il sert seulement de conducteur électronique. Il faut, par ailleurs, savoir écrire la demi-réaction du couple en solution aqueuse en faisant intervenir les espèces issues du solvant.

Avec l'électrode de platine (qui est inattaquable) immergée dans une solution de Cr^{3+} et $Cr_2O_7^{2-}$, l'équilibre à l'électrode est :

$$Cr_2O_7^{2-} + 6\ e^- + 14\ H_3O^+ \rightleftharpoons 2\ Cr^{3+} + 21\ H_2O$$

La relation de Nernst, dans ce cas, devient ($n = 6$) :

$$E = E° + (RT / 6F) \ln ([Cr_2O_7^{2-}]([H_3O^+]^{14} / [Cr^{3+}]^2)$$

Comme $E°(Cr_2O_7^{2-} / Cr^{3+}) = 1{,}33$ V / ENH, on obtient à pH 5 ($[H_3O^+] = 10^{-5}$) :

$$E = 1{,}33 + (8{,}314 \times 298 / 6 \times 96\,490) \ln [(2.10^{-2}) \times (10^{-5})^{14} / (3.10^{-2})^2]$$

$$E = 0{,}65 \text{ V / ENH}$$

c) Dans le cas de l'électrode de platine, recouverte de Cu_2O dans une solution de Cu^{2+}, l'équilibre d'oxydoréduction s'écrit :

$$2\ Cu^{2+} + 2\ e^- + 3\ H_2O \rightleftharpoons Cu_2O + 2\ H_3O^+$$

La relation de Nernst, devient :

$$E = E° + (RT / 2F) \ln ([Cu^{2+}]^2 / [H_3O^+]^2) = E° + (RT / F) \ln ([Cu^{2+}] / [H_3O^+])$$

L'activité de Cu_2O, composé solide, est égale à 1.

On obtient alors, avec $E°(Cu^{2+} / Cu_2O) = 0{,}20$ V / ENH et à pH 5 :

$$E = 0{,}20 + (8{,}314 \times 298 / 96\,490) \ln (10^{-4}/10^{-5}) = 0{,}259 \text{ V / ENH}$$

4.19 a) La réaction d'équilibre d'oxydoréduction à l'électrode de platine est :

$$Fe^{3+} + e^- \rightleftharpoons Fe^{2+}$$

Dans ce cas, la relation de Nernst s'écrit :

$$E = E°(Fe^{3+} / Fe^{2+}) + (RT / F) \ln ([Fe^{3+}] / [Fe^{2+}])$$

Comme $[Fe^{3+}] = [Fe^{2+}]$, on a alors :

$$E = E°(Fe^{3+} / Fe^{2+}) = 0{,}77 \text{ V / ENH} \qquad (\textit{voir} \text{ table})$$

b)

Prérequis

Pour prévoir l'évolution du rapport des concentrations des ions fer il faut comparer le potentiel spontané du couple aux concentrations indiquées et le potentiel imposé et appliquer la loi de Nernst dans ces nouvelles conditions.

Si le potentiel d'électrode E est porté à 0,8 V / ENH, on obtient alors la relation :

$$E - E°(Fe^{3+} / Fe^{2+}) > 0$$

D'après la relation : $E = E°(Fe^{3+} / Fe^{2+}) + (RT / F) \ln ([Fe^{3+}] / [Fe^{2+}])$, il est nécessaire que le rapport $[Fe^{3+}] / [Fe^{2+}]$ évolue de telle manière que $[Fe^{3+}] > [Fe^{2+}]$. Il faut donc une augmentation de $[Fe^{3+}]$ et une diminution de $[Fe^{2+}]$, c'est-à-dire une oxydation à l'électrode selon la réaction :

$$Fe^{2+} \rightarrow Fe^{3+} + e^-$$

Dans le cas où le potentiel imposé est 0,75 V / ENH, on se trouve dans la situation inverse :

$$E - E°(Fe^{3+} / Fe^{2+}) < 0 \Rightarrow \ln ([Fe^{3+}] / [Fe^{2+}]) < 0$$

Il y a alors une réaction de réduction sur l'électrode de platine selon :

$$Fe^{3+} + e^- \rightarrow Fe^{2+}$$

Dans ces deux cas, l'évolution des concentrations cessera lorsque le potentiel donné par la loi de Nernst sera égal au potentiel imposé.

c) Lorsque l'équilibre est déplacé dans un sens, par exemple de la gauche vers la droite, la quantité de matière de Fe^{2+} formée est égale à la quantité de matière de Fe^{3+} consommée puisque le coefficient stœchiométrique est le même pour Fe^{3+} et Fe^{2+}.

On peut donc poser :

$$[Fe^{2+}] = 1 + x \qquad (x > 0 \text{ ou } < 0 \text{ selon le sens de la réaction})$$

$$[Fe^{3+}] = 1 - x$$

Si on porte ces valeurs dans la relation de Nernst, on obtient :

$$E = E°(Fe^{3+} / Fe^{2+}) + (RT / F) \ln [(1 - x) / (1 + x)]$$

Dans le premier cas, les valeurs numériques donnent :

$$0{,}8 = 0{,}77 + (RT / F) \ln [(1 - x) / (1 + x)]$$

$$(1 - x) / (1 + x) = \exp (0{,}03\ F / RT)$$

$$= \exp (0{,}03 \times 96\,490 / (8{,}314 \times 298)) = 3{,}217$$

On en tire : $x = -0{,}526$ mol L^{-1}.

La concentration en ions Fe^{2+} est donc : $[Fe^{2+}] = 1 - 0{,}526 = 0{,}474$ mol L^{-1}

et celle en ions Fe^{3+} : $[Fe^{3+}] = 1 + 0{,}526 = 1{,}526$ mol L^{-1}.

Dans le deuxième cas, on obtient : $E - E°(Fe^{3+} / Fe^{2+}) = -0{,}02$ V

ce qui conduit, par le même calcul, à $x = 0{,}371$ mol L^{-1}.

Les concentrations sont donc les suivantes :

$$[Fe^{2+}] = 1 + 0,371 = 1,371 \text{ mol L}^{-1},$$

$$[Fe^{3+}] = 1 - 0,371 = 0,629 \text{ mol L}^{-1}$$

d) La condition $[Fe^{2+}] = 10^{-4}$ mol L^{-1}, implique :

$$[Fe^{3+}] = 1 + (1 - 10^{-4}) = 2 \text{ mol L}^{-1}$$

On en déduit la tension :

$$E = 0,77 + (8,314 \times 298 / 96\,490) \ln (2 / 10^{-4})$$

$$E = 1,024 \text{ V / ENH}$$

■ *Prévision de réaction et dosages d'oxydoréduction*

Dans cette partie il s'agira de prévoir si une réaction d'oxydoréduction est possible ou non sur le plan thermodynamique, indépendamment des aspects cinétiques. On peut traiter le problème à l'aide des valeurs de $\Delta_r G$ ou des potentiels chimiques mais dans cette partie on se limitera aux potentiels standard des couples considérés.

On considérera également, dans le cas des réactions possibles et rapides, les dosages quantitatifs.

Énoncés

▶ Exercices d'application et de synthèse

4.20 ★★ Aspects qualitatifs

Parmi les mélanges suivants, quels sont ceux dont les constituants réagissent spontanément l'un sur l'autre en solution aqueuse ? Justifiez votre réponse.

On ne considérera que les réactions mettant en jeu les couples suivants en admettant que le solvant reste inactif : IO_3^-/I_2 ; Cu^{2+}/Cu ; F_2/F^- ; MnO_4^-/Mn^{2+}.

a) $IO_3^- + Cu$ b) $F_2 + MnO_4^-$

c) $Cu^{2+} + I_2$ d) $Cu^{2+} + F^-$

4.21 ★★ Aspects quantitatifs et conditions expérimentales

Écrire les réactions d'oxydoréduction qui ont lieu au cours de chacune des 4 expériences suivantes, réalisées à 25 °C dans une solution désaérée d'acide nitrique dilué. Lorsqu'une réaction est possible on admettra qu'elle se poursuit soit jusqu'à ce que l'équilibre soit atteint, soit jusqu'à ce que l'un des réactifs soit entièrement consommé. Calculer les concentrations des espèces en solution et la masse d'argent métallique en fin de réaction.

Dans les conditions expérimentales fixées, on indique que ni les ions NO_3^-, ni les ions H_3O^+ ne participent aux réactions d'oxydoréduction.

a) On plonge une lame d'argent, de masse égale à 10,8 g, dans une solution de concentration 0,5 mol L^{-1} en ions Fe^{2+}.

b) La même lame d'argent est immergée dans 1 litre de solution contenant 0,01 mol d'ions Fe^{2+} et 0,1 mol d'ions Fe^{3+}.

c) On réalise à nouveau l'expérience b), mais la masse de la lame d'argent immergée est seulement de 3 g.

d) On ajoute 0,5 mol d'ions Ag^+ à un litre de solution 0,01 mol L^{-1} en ions Fe^{2+} et 0,5 mol L^{-1} en ions Fe^{3+}.

Donnée : $M(\mathrm{Ag}) = 108$ g mol^{-1}.

4.22 ★★ Réactions simultanées

Quelles sont les deux réactions d'oxydoréduction qui peuvent avoir lieu quand on mélange une solution de $CrBr_3$ avec une solution de HClO, en milieu acide ?

4.23 ★★★ Antidismutation et dosage

L'ion permanganate MnO_4^- réagit en solution aqueuse (pH > 4) de façon quantitative avec les ions Mn^{2+} pour donner un précipité d'oxyde de manganèse MnO_2.

a) Écrire et ajuster la réaction globale en milieu basique.

b) Quel est le nom de ce type de réaction d'oxydoréduction ?

c) L'attaque de 0,935 g d'un alliage métallique contenant du manganèse amène ce dernier à l'état Mn^{2+} et on suppose que tous les autres éléments métalliques sont passés à leur état d'oxydation maximal.

Par ailleurs, on dissout 3,16 g de $KMnO_4$ dans 1 L d'eau et la solution ainsi obtenue est utilisée pour doser les ions Mn^{2+} selon la réaction précédemment citée. On constate que 32 mL de la solution de permanganate sont nécessaires pour ce dosage. Quelle est la valeur du pourcentage en masse de manganèse dans l'alliage ?

Données : $M(\mathrm{Mn}) = 54{,}9$ g mol^{-1}, $M(\mathrm{K}) = 39{,}1$ g mol^{-1}, $M(\mathrm{O}) = 16$ g mol^{-1}.

▶ Problème

4.24 ★★★★ Principe de l'alcootest, dosage en retour

Le dosage de l'éthanol (C_2H_5OH) dans le sang s'effectue par une méthode dite dosage en retour. L'éthanol est d'abord oxydé en acide acétique (CH_3CO_2H) en présence d'un excès d'une solution acidifiée de dichromate de potassium $K_2Cr_2O_7$ qui se réduit en ions Cr^{3+}. Le dichromate restant dans la solution est neutralisé par un excès d'une solution d'iodure de potassium KI, avec transformation de I^- en I_2. Le diiode libéré est décoloré par les ions thiosulfate $S_2O_3^{2-}$ qui se transforment en $S_4O_6^{2-}$.

a) Écrire et ajuster les équations des différentes réactions d'oxydoréduction mises en jeu lors de ce dosage.

b) Un automobiliste, après un contrôle, a subi une prise de sang. À 10 mL de sang on ajoute 10 mL d'une solution de dichromate de potassium à 7 g L^{-1}. L'excès du dichromate n'ayant pas réagi avec le sang est réduit avec une solution de KI et le diiode formé est décoloré avec 15 mL d'une solution 5.10^{-2} mol L^{-1} de $S_2O_3^{2-}$.

Cet automobiliste a-t-il été en infraction avec la loi si le taux légal maximal d'alcool dans le sang est fixé à 500 mg L^{-1} ?

Données : M(Cr) = 52 g mol^{-1}, M(K) = 39,1 g mol^{-1}, M(O) = 16 g mol^{-1}.

Corrigés

4.20

Prérequis

Les potentiels standard donnés dans la table sont : $E°(Cu^{2+} / Cu)$ = 0,34 V / ENH, $E°(F_2 / F^-)$ = 2,87 V / ENH, $E°(MnO_4^- / Mn^{2+})$ = 1,51 V / ENH, $E°(IO_3^- / I_2)$ = 1,19 V / ENH.

En toute rigueur, on doit raisonner en comparant les potentiels d'équilibre qui tiennent compte des activités des constituants de chaque couple (si on les connaît). Lorsque toutes les espèces des couples sont présentes, il est en effet conseillé de calculer les valeurs des potentiels oxydoréducteurs corrigées des activités réelles lorsque les valeurs des potentiels standard sont proches (de l'ordre de 100 à 200 mV) car il peut se produire des croisements de valeurs.

On se contente pourtant souvent de comparer les potentiels standard, en supposant que l'ordre des potentiels ne sera pas modifié par l'intervention des activités des espèces présentes lorsque la réaction se produit. Cette simplification est valable si les potentiels standard des deux couples sont distants l'un de l'autre de 200 mV ce qui est le cas dans cet exercice.

a) On compare les potentiels standard des deux couples IO_3^- / I_2 et Cu^{2+} / Cu. Une réaction spontanée est possible si l'oxydant le plus fort, c'est-à-dire IO_3^- (couple à potentiel le plus élevé), et le réducteur le plus fort, c'est-à-dire Cu (couple à potentiel le plus bas), sont présents simultanément. C'est le cas ici et la réaction a bien lieu.

Remarque et généralisation

Les potentiels standard d'électrode donnés traduisent les capacités oxydantes relatives des différents couples (*voir* essentiel 4.4). L'oxydant le plus fort appartient au couple dont le potentiel est le plus élevé et le réducteur le plus fort appartient au couple dont le potentiel est le plus bas. La réaction spontanée entre l'oxydant le plus fort et le réducteur le plus fort est donc d'autant plus facile que l'écart entre les potentiels est plus grand.

b) Les deux constituants du mélange sont l'un et l'autre des oxydants et ne peuvent donc pas réagir entre eux. De même s'il y avait mélange des deux réducteurs F^- et Mn^{2+}, il n'y aurait aucune réaction possible.

En revanche, la réaction pourrait intervenir éventuellement entre F_2 et Mn^{2+} ou MnO_4^- et F^- (*voir* question suivante).

c) En comparant les deux couples IO_3^- / I_2 et Cu^{2+} / Cu, on constate que sont mis en présence l'oxydant le plus faible (Cu^{2+}), puisqu'il appartient au couple à plus faible potentiel standard, et le réducteur le plus faible (I_2) puisqu'il appartient au couple à plus fort potentiel standard. La réaction n'est donc pas possible.

d) Même cas qu'en c) : l'oxydant le plus faible (Cu^{2+}) ne pourra pas réagir avec le réducteur le plus faible (F^-).

Remarque et généralisation

La méthode utilisée au sous-chapitre précédent et faisant appel au signe de $\Delta_r G$ est plus rationnelle d'un point de vue thermodynamique que la comparaison directe de couples à potentiels standard relativement éloignés. Mais elle est est nettement plus lourde bien que conservant toute sa valeur pour des cas précis tels que ceux examinés dans les exercices **4.16** à **4.20** mais nous ne l'utiliserons plus dans la suite.

On peut observer que la règle dite du « gamma » est une représentation graphique de la méthode de comparaison directe des potentiels. Cette règle très répandue consiste à tracer la lettre grecque γ en partant de l'espèce Ox au potentiel le plus haut , à boucler par le couple au potentiel le plus bas pour terminer par l'espèce Red du couple le plus oxydant. Elle donne ainsi le sens de la réaction globale. On peut prévoir si une réaction a lieu ou non selon les espèces présentes. Elle est très pratique mais très dangereuse car il suffit d'inverser la représentation normale (Ox à droite et Red à gauche) ou inverser les sens de tracé de la lettre γ, en amorçant par la droite au lieu de la gauche, pour que la conclusion soit fausse. Elle ne sera pas utilisée dans cet ouvrage car, comme tous les automatismes, elle est pédagogiquement néfaste pour des personnes peu averties.

4.21

Prérequis

Le traitement quantitatif se fait par application de la loi de Nernst et, éventuellement, prise en compte de l'avancement pour calculer les concentrations.

a) Ag et Fe^{2+} sont les réducteurs des couples considérés, il n'y a donc pas de réaction d'oxydoréduction possible entre eux.

b) La solution ne contient pas d'ions Ag^+. La seule réaction envisageable est la réaction de Ag, réducteur du couple Ag^+ / Ag, avec Fe^{+3}, oxydant du couple Fe^{3+} / Fe^{2+}, selon la réaction :

$$Ag + Fe^{3+} \rightarrow Ag^+ + Fe^{2+}$$

Le calcul des potentiels d'électrode des couples d'oxydoréduction concernés :

$$E(Ag^+ / Ag) = 0{,}80 + 0{,}059 \log 0/1 = -\infty \ / \ \text{ENH}$$

$$E(Fe^{3+} / Fe^{2+}) = 0{,}77 + 0{,}059 \log 0{,}1 / 0{,}001 = +\,0{,}829 \text{ V / ENH}$$

montre que cette réaction a lieu.

Si on pose ξ l'avancement de la réaction,

$$Ag + Fe^{3+} \rightarrow Ag^+ + Fe^{2+}$$

$$1 \quad 0{,}1-\xi \quad \xi \quad 0{,}01+\xi$$

la réaction se poursuit jusqu'à ce que les potentiels des couples Ag^+/Ag et Fe^{3+}/Fe^{2+} soient égaux :

$$E°(Ag^+ / Ag) + RT / F \ln [Ag^+] = E°(Fe^{3+} / Fe^{2+}) + RT / F \ln ([Fe^{3+}] / [Fe^{2+}])$$

soit :

$$0{,}80 + RT / F \ln \xi = 0{,}77 + RT / F \ln [(0{,}1-\xi) / (0{,}01+\xi)]$$

d'où :

$$0{,}03 = RT / F \ln [(0{,}1 - \xi) / (\xi)(0{,}01+\xi)]$$

$$(0{,}1-\xi) / [(\xi)(0{,}01+\xi)] = 3{,}217$$

$$3{,}217\,\xi^2 + 1{,}032\,\xi - 0{,}1 = 0$$

Cette équation présente 2 solutions, mais une seule est positive et a une signification physique :

$$\xi = 0{,}078$$

À l'équilibre, les concentrations des ions sont donc :

$$[Ag^+] = 0{,}078 \text{ mol L}^{-1}; [Fe^{2+}] = 0{,}088 \text{ mol L}^{-1}; [Fe^{3+}] = 0{,}022 \text{ mol L}^{-1}$$

La masse d'argent métallique non consommé est de :

$$m(Ag) = 10{,}8 - 0{,}078 \times 108 = 2{,}38 \text{ g}$$

Remarque et généralisation

En réalité, au début de la réaction, Fe^{2+} doit réagir avec Ag pour donner Fe ($E°(Fe^{3+} / Fe^{2+}) = -\,0{,}44$ V / ENH) mais dès que la concentration en Ag^+ est notable le fer est reconsommé et n'apparaît pas dans le bilan global.

c) La comparaison avec la question précédente montre que la masse d'argent métallique nécessaire pour que la réaction avec les ions Fe^{2+} (c'est-à-dire 0,078 mol ou $0{,}078 \times 108 = 8{,}42$ g) se déroule jusqu'à ce que l'équilibre soit atteint est supérieure à la masse dont on dispose. La réaction cessera donc lorsque tout l'argent métallique présent (3 g soit 3 / 108 mol) aura été consommé.

Les concentrations finales seront alors égales à :

$$[Ag^+] = m(Ag) / M(Ag) = 3 / 108 = 0{,}028 \text{ mol L}^{-1}; [Fe^{2+}] = 0{,}01 + 0{,}028 = 0{,}038 \text{ mol L}^{-1}$$

$$[Fe^{3+}] = 0{,}1 - 0{,}028 = 0{,}072 \text{ mol L}^{-1} \text{ et } m(Ag) = 0.$$

d)

Prérequis

Une pratique courante pour prévoir les réactions d'oxydoréduction, entre le réducteur (ou l'oxydant) d'un couple d'oxydoréduction et l'oxydant (ou le réducteur) d'un second couple d'oxydoréduction, est de comparer leurs potentiels standard (*voir* exercice **4.20**).

Comme cela a été signalé, cette méthode est dangereuse lorsque les potentiels standard sont très proches car elle ne tient pas compte de l'influence des concentrations sur le potentiel d'électrode de chacun des couples d'oxydoréduction.

Dans le cas présent, le raisonnement fondé sur la seule comparaison de $E°(Ag^+ / Ag) = + 0,80$ V / ENH avec $E°(Fe^{3+} / Fe^{2+}) = + 0,77$ V / ENH conduirait à une conclusion fausse.

Compte tenu des espèces en présence, la seule réaction d'oxydoréduction envisageable est l'oxydation des ions Fe^{2+} par les ions Ag^+ :

$$Ag^+ + Fe^{2+} \rightarrow Ag + Fe^{3+}$$

L'absence d'argent métal ($a(Ag) = 0$) ne permet pas la comparaison immédiate des potentiels d'oxydoréduction des couples Ag^+/Ag et Fe^{3+}/Fe^{2+}. Pour résoudre le problème il suffit d'imaginer que la réaction a lieu avec un avancement suffisamment petit, tout en assurant une petite production d'argent métallique (activité égale à 1), sans modifier notablement les concentrations. Il est alors possible de calculer les potentiels d'électrode Ag^+/Ag et Fe^{3+}/Fe^{2+} correspondant à l'avancement ξ de la réaction :

$$E(Ag^+ / Ag) = E°(Ag^+ / Ag) + (RT / F) \ln [Ag^+] = 0,80 + (RT / F) \ln 0,5 = + 0,782 \text{ V / ENH}$$

$$E(Fe^{3+} / Fe^{2+}) = E°(Fe^{3+} / Fe^{2+}) + (RT / F) \ln ([Fe^{3+}] / [Fe^{2+}]) = 0,77 + (RT / F) \ln (0,5 / 0,01) = + 0,870 \text{ V / ENH.}$$

Le pouvoir oxydant du couple Fe^{3+}/Fe^{2+}, dans les conditions de l'expérience, est supérieur à celui du couple Ag^+/Ag et l'oxydation des ions Fe^{2+} par les ions Ag^+ est donc strictement impossible, si faible que soit l'avancement ξ.

4.22

Prérequis

La table de l'annexe donnant les potentiels standard d'oxydoréduction permet de retenir les différents potentiels standard mis en jeu :

$E°(HClO / Cl_2) = 1,63$ V / ENH ; $E° (Br_2 / Br)^- = 1,09$ V / ENH ; $E° (Cr_2O_7^{2-} / Cr^{3+}) = 1,33$ V / ENH

On raisonne sur les potentiels standard. Le pouvoir oxydant du couple $HClO / Cl_2$ étant supérieur à celui de chacun des autres couples (Br_2 / Br^- et $Cr_2O_7^{2-} / Cr^{3+}$), les espèces HClO, qui sont les oxydants les plus forts, peuvent oxyder les espèces réduites des autres couples, si elles sont présentes dans la solution. C'est le cas, puisque la solution contient des ions Br^- et Cr^{3+} résultant de la dissolution de $CrBr_3$

La différence entre les pouvoirs oxydant et réducteur des deux couples est en réalité exaltée par l'absence initiale du réducteur Cl^- et de l'oxydant Br_2.

Les changements de n.o. dans ces trois couples sont les suivants :

- le n.o. de Cl passe de +I (dans HClO) à 0 (dans Cl_2) ;
- le n.o. de Br_2 passe de –I (dans Br^-) à 0 (dans Br_2) ;
- le n.o. de Cr passe de +III (dans Cr^{3+}) à +VI (dans $Cr_2O_7^{2-}$).

Les demi-réactions possibles sont une réduction (1) et deux oxydations (2) et (3) :

$$2\ HClO + 2\ e^- + 2\ H_3O^+ \rightarrow Cl_2 + 4\ H_2O \qquad (1)$$

$$2\ Br^- \rightarrow Br_2 + 2\ e^- \qquad (2)$$

$$2\ Cr^{3+} + 21\ H_2O \rightarrow Cr_2O_7^{2-} + 6\ e^- + 14\ H_3O^+ \qquad (3)$$

Deux réactions d'oxydoréduction sont donc possibles : la réduction de ClO^- commune aux deux réactions est associée d'une part à l'oxydation de Br^- et d'autre part à l'oxydation de Cr^{3+}.

L'égalisation du nombre d'électrons échangés conduit aux deux bilans suivants :

$$2\ HClO + 2\ Br^- + 2\ H_3O^+ \rightarrow Cl_2 + 4\ H_2O + Br_2 \qquad (1) + (2)$$

$$6\ HClO + 2\ Cr^{3+} + 9\ H_2O \rightleftharpoons 3\ Cl_2 + Cr_2O_7^{2-} + 8\ H_3O^+ \qquad 3 \times (1) + (3)$$

Remarque et généralisation

La réaction globale, prenant en compte chacune de ces réactions bilans n'est pas triviale à établir et ne peut pas simplement tenir compte du fait qu'à une mole de Cr^{3+} sont associées trois moles de Br. Le bilan global (proportion entre les deux réactions) sera piloté par l'égalisation des potentiels d'oxydoréduction et les quantités limitantes de l'un ou l'autre des réactifs.

4.23 a)

Prérequis

Dans cet exercice et ceux qui suivront on envisage des dosages quantitatifs relatifs à des réactions possibles (potentiels des couples oxydoréducteurs suffisamment différents, vérifiables dans les tables) et très rapides, ce qui permet de les inscrire dans un temps de manipulation courts moyennant une agitation suffisante.

La réaction globale, non ajustée, est de la forme :

$$MnO_4^- + Mn^{2+} \rightarrow MnO_2$$

Dans cette réaction, Mn présente trois nombres d'oxydation :

+VII dans MnO_4^-, +II dans Mn^{2+} et +IV dans MnO_2

Pour ajuster la réaction, il est nécessaire de combiner les deux demi-réactions mettant en jeu les couples MnO_4^- / MnO_2 et MnO_2 / Mn^{2+} en milieu basique (avec OH^-) :

$$2 \times (MnO_4^- + 3\ e^- + 2\ H_2O \rightarrow MnO_2 + 4\ OH^-)$$

$$3 \times (Mn^{2+} + 4\ OH^- \rightarrow MnO_2 + 2\ e^- + 2\ H_2O)$$

On obtient ainsi la réaction globale : $2\ MnO_4^- + 3\ Mn^{2+} + 4\ OH^- \rightarrow 5\ MnO_2 + 2\ H_2O$.

b) Cette réaction ressemble à une dismutation, puisque le même élément est le siège de deux réactions d'oxydoréduction simultanées (une oxydation et une réduction). Néanmoins, elle se déroule dans le sens inverse d'une dismutation puisqu'ici deux réactifs, avec un même élément de nombres d'oxydation différents, conduisent à un seul produit où cet élément comporte un nombre d'oxydation unique. C'est une **anti-dismutation**. La réaction inverse est une **dismutation**.

c) L'oxydation de Mn métal en ion Mn^{2+} se fait dans un rapport simple de 1 à 1 (ou *n* à *n*). D'après la réaction d'oxydoréduction précédente, *n* mol de Mn^{2+} réagiront, à l'équivalence, avec $n' = 2n / 3$ mol de MnO_4^-. La quantité de matière de MnO_4^-, utilisée lors du dosage, est donc égale à :

$$n' = m \times V / M = 3{,}16 \times 32.10^{-3} / 158 = 6{,}4.10^{-4}\ \text{mol}$$

La quantité de matière de Mn^{2+}, mise en évidence par le dosage, est égale à :

$$n = 3 \times 6{,}4.10^{-4} / 2 = 9{,}6.10^{-4}\ \text{mol}$$

La masse *m* de Mn dans l'alliage s'en déduit facilement :

$$m = 9{,}6.10^{-4} \times M = 9{,}6.10^{-4} \times 54{,}94 = 5{,}27.10^{-2}\ \text{g}$$

Elle correspond à une proportion en masse de $5{,}27.10^{-2} / 0{,}935 = 5{,}64.10^{-2}$, soit un pourcentage de :

$$5{,}64.10^{-2} \times 100 = 5{,}64\ \%$$

4.24 **a)** Lors de ce dosage, les trois réactions d'oxydoréduction suivantes, non ajustées, ont lieu :

$$Cr_2O_7^{2-} + CH_3\text{–}CH_2OH \rightarrow Cr^{3+} + CH_3\text{–}COOH$$

$$Cr_2O_7^{2-} + I^- \rightarrow Cr^{3+} + I_2$$

$$S_2O_3^{2-} + I_2 \rightarrow S_4O_6^{2-} + I^-$$

Les couples d'oxydoréduction mis en jeu sont :

$$Cr_2O_7^{2-} / Cr^{3+},\ I_2 / I^-,\ CH_3CO_2H / C_2H_5OH \text{ et } S_4O_6^{2-} / S_2O_3^{2-}$$

On ajuste chacune de ces réactions :

oxydation de l'éthanol par les ions dichromate :

$$2 \times (Cr_2O_7^{2-} + 6\ e^- + 14\ H_3O^+ \rightarrow 2\ Cr^{3+} + 21\ H_2O)$$

$$3 \times (CH_3\text{–}CH_2OH + 5\ H_2O \rightarrow CH_3\text{–}CO_2H + 4\ e^- + 4\ H_3O^+)$$

$$2\ Cr_2O_7^{2-} + 3\ CH_3\text{–}CH_2OH + 16\ H_3O^+ \rightarrow 4\ Cr^{3+} + 3\ CH_3\text{–}CO_2H + 27\ H_2O$$

oxydation des iodures par les ions dichromate :

$$Cr_2O_7^{2-} + 6\ e^- + 14\ H_3O^+ \rightarrow 2\ Cr^{3+} + 21\ H_2O$$

$$3 \times (2\ I^- \rightarrow I_2 + 2\ e^-)$$

$$Cr_2O_7^{2-} + 6\ I^- + 14\ H_3O^+ \rightarrow 2\ Cr^{3+} + 3\ I_2 + 21\ H_2O$$

réduction de l'iode par les ions thiosulfate :

$$I_2 + 2\ e^- \rightarrow 2\ I^-$$

$$2\ S_2O_3^{2-} \rightarrow S_4O_6^{2-} + 2\ e^-$$

$$2\ S_2O_3^{2-} + I_2 \rightarrow S_4O_6^{2-} + 2\ I^-$$

b) La concentration molaire de la solution de dichromate de potassium est :

$$c = 7 / 294 = 0{,}0238 \text{ mol L}^{-1}$$

On appelle :

- n_1 la quantité de matière de dichromate contenue dans 10 mL de solution ;
- n_2 celle qui a réagi avec l'alcool ;
- n_3 celle qui reste et va réagir avec l'iode ;
- n_4 celle de diode formée ;
- n_5 la quantité de matière de thiosulfate formée ;
- n_6 la quantité d'alcool dosée.

On calcule ces différentes quantités de matière. Tout d'abord n_1 et n_5 sont directement accessibles par l'énoncé :

$$n_1 = 0{,}0238 \times 10^{-2} = 2{,}38.10^{-4} \text{ mol}$$

$$n_5 = 5.10^{-2} \times 15.10^{-3} = 7{,}5.10^{-4} \text{ mol}$$

D'après la troisième réaction de a), on consomme deux fois plus de thiosulfate qu'on ne forme de diiode :

$$n_4 = n_5 / 2 = 7{,}5.10^{-4} / 2 = 3{,}75.10^{-4} \text{ mol}$$

La formation de cette quantité de diiode nécessite 3 fois moins de dichromate (deuxième réaction), ce qui donne pour la quantité de dichromate n'ayant pas réagi avec l'alcool la valeur de :

$$n_3 = n_4 / 3 = 3{,}75.10^{-4} / 3 = 1{,}25.10^{-4} \text{ mol}$$

Le reste de dichromate, c'est-à-dire n_2, a réagi avec l'alcool du sang :

$$n_2 = n_1 - n_3 = 2{,}38.10^{-4} - 1{,}25.10^{-4} = 1{,}13.10^{-4} \text{ mol}$$

Ces n_2 mol de dichromate ont réagi avec $3\ n_2 / 2$ mol d'alcool (première réaction) :

$$n_6 = 3\ n_2 / 2 = 1{,}695.10^{-4} \text{ mol}$$

La concentration d'alcool dans le sang est donc puisque $M(C_2H_5OH) = 46 \text{ g.mol}^{-1}$:

$$c = n_6 / V = 1{,}695.10^{-4} / 10^{-2} = 0{,}01695 \text{ mol L}^{-1}$$

La masse d'alcool C_2H_5OH ($M = 46 \text{ g.mol}^{-1}$) dans un litre de sang est :

$$m = 0{,}01695 \times 46 = 0{,}7797 \text{ g} = 779{,}7 \text{ mg}$$

L'automobiliste était bien en infraction avec la loi.

On peut mettre en œuvre un raisonnement plus direct.

La quantité de bichromate se conserve : $n_1 = n_2 + n_3$

Par ailleurs les réactions d'oxydoréduction imposent les relations :

$$n_6 = 3\ n_2 / 2 \text{ (1}^{\text{re}}\text{ réaction)},\ n_3 = n_4 / 3 \text{ (2}^{\text{e}}\text{ réaction) et } n_4 = n_5 / 2 \text{ (3}^{\text{e}}\text{ réaction)}$$

On obtient finalement :

$$n_6 = 3 / 2\ (n_1 - n_5 / 6) = 3 / 2\ [2{,}38.10^{-4} - (5.10^{-2} \times 15.10^{-3} / 6)] = 1{,}695.10^{-4} \text{ mol}$$

La masse d'alcool par litre de sang est donc bien :

$$m = (1{,}695.10^{-4} / 10^{-2}) \times 46 = 7{,}797.10^{-1} \text{ g}$$

Piles et électrolyses

Dans la chimie d'oxydoréduction, l'échange d'électrons se produit directement entre deux couples. Les demi-réactions se font simultanément et ne peuvent être individualisées.

Dans les cellules électrochimiques (piles et électrolyses), les électrons sont donnés ou capturés par des électrodes métalliques. Les demi-réactions sont ainsi séparées pour chacun des deux couples et la vitesse d'avancement est contrôlable par un circuit électrique extérieur.

Énoncés

Questions de cours et connaissances de base

4.25 ★ Polarité des piles et réactions de décharge

À partir des valeurs des potentiels standard, prévoir la polarité (c'est-à-dire identifier les pôles + et –) des piles que l'on réaliserait par l'association des couples suivants, pour des concentrations d'électrolytes proches de 1 mol L^{-1}. Écrire les réactions de décharge des demi-piles puis en déduire la réaction chimique de décharge de la pile.

a) Pb^{2+}/Pb et Fe^{2+}/Fe

b) Zn^{2+}/Zn et Fe^{2+}/Fe

c) Al^{3+}/Al et Cu^{2+}/Cu

d) Ag^{+}/Ag et Cu^{2+}/Cu

e) Ag^{+}/Ag et Au^{3+}/Au

La plupart des couples proposés ici ont un potentiel d'oxydoréduction qui se situe hors des domaines de stabilité de l'eau (O_2/H_2O et H_3O^+/H_2O). Néanmoins les réactions étant lentes on admet que les espèces restent stables à l'échelle de l'expérience.

Exercices d'application et de synthèse

4.26 ★★ Pile Daniell

On réalise une pile Daniell en utilisant une cellule à deux compartiments de solution, séparés par un diaphragme poreux, qui évite que ces deux solutions se mélangent rapidement par convection, tout en permettant aux ions d'être échangés entre elles.

Dans l'un des compartiments, on introduit une solution de $CuSO_4$ et on plonge une plaque de cuivre. Dans l'autre, on plonge une plaque de zinc dans une solution de $ZnSO_4$. Les deux solutions sont en contact, mais séparées par un diaphragme poreux. Ces solutions sont à pH = 4 pour éviter la formation d'oxydes ou d'hydroxydes.

a) Que se passe-t-il si les deux solutions sont mélangées (absence de diaphragme poreux) ?

b) Quelle est la tension de la pile, munie de son diaphragme poreux, si on utilise des solutions de $CuSO_4$ et $ZnSO_4$ de même concentration (on prendra par exemple 10^{-2} mol L^{-1}).

c) Quelles modifications doit-on apporter aux concentrations pour que la tension de la pile soit plus élevée ?

d) En s'aidant d'un schéma de pile faisant apparaître le mouvement des ions lorsque l'on fait débiter la pile sur une résistance extérieure, décrire son fonctionnement et prévoir le sens de variation de la tension en fonction du temps.

On remarquera que si le courant va du + vers le – à l'extérieur de la pile, il va du – vers le + à l'intérieur. De plus, les électrons allant dans le sens inverse du courant, il se produit une réduction au pôle + et une oxydation au pôle –. Pouvait-on prévoir ce résultat ?

4.27 ★★★ Comparaison de deux couples oxydants

On réalise une pile à deux compartiments, reliés par un pont salin (ou un diaphragme poreux). Les deux électrodes sont en platine.

Le compartiment 1 contient en solution des ions MnO_4^- ($[MnO_4^-] = 10^{-2}$ mol L^{-1}) et Mn^{2+} ($[Mn^{2+}] = 10^{-1}$ mol L^{-1}). Le pH de cette solution est égal à 2.

Le compartiment 2 contient une solution d'ions ClO_3^- ($[ClO_3^-] = 10^{-3}$ mol L^{-1}) et Cl^- ($[Cl^-] = 10^{-1}$ mol L^{-1}) dont le pH est égal à 1.

a) Quelles sont les demi-réactions d'oxydoréduction aux deux électrodes lorsque la pile ne débite pas ? Dans quel compartiment se trouve le pole + de la pile ? Calculer la tension de la pile.

b) Quelle est la réaction globale de décharge lorsque la pile débite ? Est-ce un équilibre chimique ?

c) On réalise une deuxième pile comportant une solution identique dans le compartiment 1, mais avec une autre solution de MnO_4^- / Mn^{2+} dans le compartiment 2 : ($[MnO_4^-] = 10^{-3}$ mol L^{-1}; $[Mn^{2+}] = 10^{-1}$ mol L^{-1} et pH = 2). Quelles sont les polarités des électrodes de cette pile et combien vaut sa tension ?

d) Même question qu'en c) si le pH de la solution 2 précédente vaut maintenant 1.

4.28 ★★★ Pile à combustible

Les piles à combustible fonctionnant à température ambiante (25 °C) sont constituées d'un électrolyte acide (polymère hydrophile) et de deux électrodes poreuses à gaz, alimentées par des réservoirs. L'un des gaz est le dihydrogène (combustible) et l'autre l'air ou le dioxygène (comburant). Dans cet exercice on étudie le cas où le comburant est l'air, sous 1 bar.

a) Écrire les demi-réactions d'équilibre aux électrodes lorsque la pile ne débite aucun courant. Quelle est la tension théorique (on prendra $(RT/F) \log 10 = 0{,}06$ volt) ? Décrire le système lorsque la pile débite. Quelle est la polarité des électrodes ?

b) Pour un petit élément de pile à combustible (environ 25 cm^2), on obtient une puissance de 1 watt. En prenant la tension sous courant égale à la tension thermodynamique (c'est une approximation), en déduire le débit volumique (en litre par heure) de dihydrogène consommé lors du fonctionnement, la pression étant égale à la pression standard (1 bar).

4.29 ★★★ Électrolyse en solution aqueuse

On réalise séparément l'électrolyse des solutions suivantes, à pH = 0, entre deux électrodes de platine (métal inattaquable) :

– sulfate de sodium, Na_2SO_4, avec $c_1 = 0{,}1$ mol L^{-1};

– iodure de cuivre II, CuI_2, avec $c_2 = 0{,}05$ mol L^{-1};
– iodure de sodium, NaI, avec $c_3 = 0{,}05$ mol L^{-1}.

On n'envisagera pas la réduction des ions sulfate car elle ne se produit pas pour des raisons cinétiques. Écrire dans chaque cas les réactions qui se déroulent à l'anode et à la cathode et dresser le bilan global de l'électrolyse.

4.30 ★★★ Fabrication de l'aluminium

Une cellule moderne d'électrolyse de l'alumine Al_2O_3, dissoute dans la cryolithe Na_3AlF_6 fondue à 1 000 °C, fonctionne sous 3.10^5 A. On pourra considérer, pour simplifier, que l'alumine se retrouve, après dissolution, sous forme d'espèces Al(III) et d'ions O^{2-}.

a) Calculer la masse théorique d'aluminium produite à la cathode en 24 h.

b) L'aluminium liquide produit est prélevé, toutes les 36 heures, par pompage sous vide. Calculer la variation d'épaisseur de la couche d'aluminium liquide au-dessus de la cathode plane horizontale entre deux pompages.

Données :
– masse volumique de l'aluminium liquide à 1 000 °C : $\rho = 2{,}3$ g cm^{-3};
– surface de la cathode : 40 m^2.

c) La réaction anodique oxyde les ions O^{2-} pour produire du dioxyde de carbone, par consommation du matériau d'anode qui est en carbone. Écrire la demi-réaction anodique et calculer la masse et le volume théorique de dioxyde de carbone envoyé dans l'atmosphère par tonne d'aluminium produit.

4.31 ★★★ Électrolyse de l'eau

On réalise l'électrolyse de l'eau à 25 °C et sous pression totale $P = 1$ bar dans une cellule à deux compartiments (A) et (B) séparés par une paroi poreuse.

Dans le compartiment (A) une électrode de platine plonge dans une solution aqueuse basique et la seule réaction qui a lieu, à l'anode, est :

$$OH^- \rightarrow O_2$$

Dans le compartiment (B), une autre électrode de platine plonge dans une solution aqueuse acide, et la réaction qui se produit est :

$$H_3O^+ \rightarrow H_2$$

a) Ajuster les deux demi-réactions d'oxydoréduction qui ont lieu aux électrodes. Écrire la réaction bilan d'électrolyse.

b) Donner le schéma de cette électrolyse, indiquer la polarité des électrodes et le sens de circulation des électrons.

c) Au bout d'un certain temps, le volume gazeux de dioxygène recueilli est de 143 mL et le volume gazeux de dihydrogène est de 286 mL. Calculer la quantité d'électricité qui a traversé l'électrolyseur.

d) En supposant que l'intensité du courant fourni par le générateur est de 0,2 A, calculer la durée de cette électrolyse.

4.32 ★★★ Électrolyse d'une solution aqueuse de sulfate de cuivre

On réalise une cellule d'électrolyse contenant 1 L de solution de $CuSO_4$ à 10^{-2} mol L^{-1} dans laquelle on immerge deux plaques de cuivre. La température est 25 °C. Les ions SO_4^{2-} ne sont ni oxydables ni réductibles dans les conditions des expériences.

a) Calculer le potentiel thermodynamique de chaque électrode par rapport à une électrode au calomel Hg_2Cl_2 saturée en KCl.

b) À l'aide d'un générateur, on fait circuler un courant $I = 1$ A entre les deux électrodes, pendant 10 minutes. La surface de l'anode est de 10 cm^2 et celle de la cathode de 25 cm^2. La solution est fortement agitée. Que devient le potentiel thermodynamique de chaque électrode après le passage du courant ? Comment a varié la conductivité de l'électrolyte ? Quel effet l'électrolyse a-t-elle sur le système ?

Données : $M(Cu) = 63{,}5$ g mol^{-1} et $\rho(Cu) = 8{,}9$ g cm^{-3}.

c) On réalise une cellule similaire, mais en séparant par un diaphragme poreux la cellule en deux compartiments de 0,5 L, contenant chacun une électrode. Dans quel sens a varié le potentiel de chaque électrode après le passage du courant (établir un schéma de cellule montrant les déplacements ioniques) ? Comment varie qualitativement la conductivité de chaque compartiment ?

d) On réalise la même expérience qu'en b), mais en remplaçant les électrodes de cuivre par des électrodes en graphite. Dans ces nouvelles conditions, établir l'expression de la conductivité en fonction du temps. Préciser son sens de variation lors du passage du courant.

e) On reprend la cellule d) en inversant le sens du courant, après une électrolyse de 10 minutes. Comment varie la conductivité après 5 minutes de cette nouvelle expérience, et après 15 minutes ?

4.33 ★★★ Étude d'une pile à l'aide du potentiel électrochimique

On réalise à 25 °C une pile analogue à une pile Daniell en séparant deux compartiments de solutions aqueuses par un matériau poreux. Celui-ci laisse passer les espèces ioniques, tout en évitant que les solutions se mélangent par convection.

Bien que ça ne soit qu'une approximation, on admet que le potentiel électrique des deux solutions est identique dans les deux compartiments en contact (en réalité, il existe une différence de potentiel de l'ordre de quelques millivolts ou plus, selon la différence de composition des solutions, mais le calcul dépasse le niveau de cet ouvrage).

Les deux compartiments sont composés :

- pour le compartiment 1 d'une électrode d'argent plongée dans une solution de nitrate d'argent 10^{-2} mol L^{-1} ;
- pour le compartiment 2 d'une électrode de zinc plongée dans une solution de nitrate de zinc à 10^{-1} mol L^{-1}.

Les volumes des compartiments sont égaux.

Les deux solutions sont légèrement acidifiées pour éviter la formation d'hydroxydes. Les amenées de courant reliées aux électrodes sont des fils de cuivre.

a) Déterminer l'expression analytique de la tension mesurée aux bornes des fils de cuivre.

b) Montrer que la tension entre les deux électrodes est liée à l'enthalpie libre de la réaction de décharge de la pile.

c) Calculer la valeur numérique de cette tension dans les conditions indiquées (à 25 °C).

d) Déterminer les concentrations des ions Ag^+ et Zn^{2+} dans leur compartiment respectif en fin de décharge de la pile.

Données à 25 °C :

$\mu°(Zn) = 0$ J mol^{-1}, $\mu°(Zn^{2+}) = -147\,069$ J mol^{-1}, $\mu°(Ag) = 0$ J mol^{-1}, $\mu°(Ag^+) = 77\,037$ J mol^{-1}

4.34 ★★★ Pile à électrodes inattaquables

On réalise une pile à deux compartiments séparés par un pont salin empêchant les solutions de se mélanger. On admettra encore (*voir* exercice précédent) que la tension électrique entre les deux solutions aqueuses est négligeable. Le compartiment 1 est composé d'une solution acide à pH = 2 dans laquelle on fait barboter du dihydrogène sous une pression de 1 bar. Le compartiment 2 contient une solution acidifiée de Fe^{2+} à 10^{-2} mol L^{-1} et de Fe^{3+} à 10^{-3} mol L^{-1}. Les deux électrodes sont en platine inattaquable.

a) Déterminer l'expression de la tension entre les deux électrodes de platine, à 25 °C.

b) Calculer la valeur de $E°$ du couple Fe^{2+} / Fe^{3+} par rapport à une électrode normale à hydrogène.

c) Quelle est la valeur de la différence de potentiel mesurée ?

Données à 25 °C :

$\mu°(H^+) = \mu°(H_2) = 0$ J mol^{-1}, $\mu°(Fe^{2+}) = -84\,854$ J mol^{-1}, $\mu°(Fe^{3+}) = -10\,575$ J mol^{-1}

4.35 ★★★ Optimisation énergétique d'une électrolyse industrielle

On considère la réaction de production industrielle de l'aluminium par réduction de l'alumine en solution dans un sel fondu (solvant) contenant essentiellement de la cryolithe (Na_3AlF_6) et du fluorure d'aluminium à 1 000 °C. La réaction d'oxydoréduction est la suivante :

$$1/2\ Al_2O_3 + 3/4\ C \rightarrow Al + 3/4\ CO_2$$

$\Delta_r H = 550$ kJ ; $\Delta_r S = 200{,}3$ J K^{-1} mol^{-1} à 1 000 °C dans les conditions industrielles

a) Montrer que cette réaction n'est pas spontanée.

b) On peut effectuer cette réaction par électrolyse. Calculer la tension minimale (équilibre thermodynamique) à appliquer.

c) La tension d'électrolyse industrielle en régime stationnaire est égale à 4,373 V. Quelle est la raison d'un tel écart entre cette tension et la tension thermodynamique ?

d) Si l'électrolyse était effectuée dans un calorimètre parfaitement adiabatique, quelle serait la tension d'électrolyse à imposer aux bornes de la cellule pour que la température du système (électrolyte + électrodes), supposée uniforme, reste constante et égale à 1 000 °C. Une telle tension est appelée tension thermoneutre.

e) La vitesse d'avancement imposée dans ces conditions industrielles est tellement rapide qu'on peut considérer en effet que la réaction est adiabatique. En réalité la cellule industrielle n'est pas parfaitement isolée thermiquement. Calculer les pertes thermiques par kg d'aluminium produit, pertes que l'industriel pourrait envisager de réduire (intensité, calorifugeage...).

f) Calculer la consommation d'énergie électrique pour la production d'un kg d'aluminium par électrolyse ($M(\text{Al}) = 27$ g mol^{-1}) :

- dans des conditions (fictives) de réversibilité (tension d'équilibre);
- pour une cellule parfaitement calorifugée (tension dite thermoneutre ou optimisation énergétique idéale);
- pour la tension imposée dans les conditions industrielles décrites.

g) Quel serait le temps mis pour produire 1 kg d'aluminium dans chacun de ces trois cas ? (On prendra $I = 3.10^5$ A pour l'électrolyse industrielle).

Corrigés

4.25

Prérequis

Pour résoudre cet exercice il est nécessaire de déterminer à quelle électrode se produit l'oxydation et à quelle électrode se produit la réduction. Pour cela, il faut repérer la polarité des électrodes. Dans une pile, l'anode est l'électrode où siège le couple le plus réducteur, celle qui a le potentiel le plus bas (appelée pôle –).

a) D'après la table des données thermodynamiques (*voir* annexe des essentiels) on trouve :

$$E°(Pb^{2+}/\ Pb) = -0{,}13 \text{ V / ENH} \qquad \text{et} \qquad E°(Fe^{2+}/\ Fe) = -0{,}44 \text{ V / ENH}$$

Le pôle positif est donc le plomb. Lors de la décharge, il se produit une réaction de réduction sur cette électrode :

$$Pb^{2+} + 2\ e^- \rightarrow Pb$$

Sur le pôle négatif, l'électrode de fer, il se produira une oxydation :

$$Fe \rightarrow Fe^{2+} + 2\ e^-$$

En additionnant ces deux demi-réactions, on obtient la réaction de décharge globale :

$$Pb^{2+} + Fe \rightarrow Fe^{2+} + Pb$$

b) Comme $E°(Zn^{2+}/\ Zn) = -0{,}76$ V / ENH, l'électrode de zinc est la négative (pôle –) et la réaction qui se produit est une oxydation :

$$Zn \rightarrow Zn^{2+} + 2\ e^-$$

Sur le fer, intervient la réaction de réduction :

$$Fe^{2+} + 2\ e^- \rightarrow Fe$$

d'où la réaction globale de décharge :

$$Fe^{2+} + Zn \rightarrow Fe + Zn^{2+}$$

c) La tension relative à l'aluminium est $E°(Al^{3+}/ Al) = -1{,}66$ V / ENH. Puisque le cuivre, par rapport à l'aluminium, est positif ($E°(Cu^{2+}/ Cu) = 0{,}340$ V / ENH), il est le siège d'une réduction lors de la décharge :

$$Cu^{2+} + 2\ e^- \rightarrow Cu$$

Sur l'aluminium, intervient la réaction d'oxydation :

$$Al \rightarrow Al^{3+} + 3\ e^-$$

La relation globale est la somme des deux demi-réactions, en multipliant la première par 3 et la seconde par 2, pour avoir le même nombre d'électrons échangés par l'intermédiaire du circuit extérieur :

$$3\ Cu^{2+} + 2\ Al \rightarrow 3\ Cu + 2\ Al^{3+}$$

d) Dans ce cas, $E°(Cu^{2+}/ Cu) = 0{,}34$ V / ENH est inférieur à $E°(Ag^+/ Ag) = 0{,}80$ V / ENH. Le cuivre est donc le pôle négatif de la pile. Il s'y produit la réaction d'oxydation :

$$Cu \rightarrow Cu^{2+} + 2\ e^-$$

Sur l'électrode positive la réaction de réduction complémentaire est la suivante :

$$Ag^+ + e^- \rightarrow Ag$$

En multipliant la seconde par 2 pour avoir le même nombre d'électrons échangés, on obtient :

$$2\ Ag^+ + Cu \rightarrow 2\ Ag + Cu^{2+}$$

e) La valeur de la tension $E°(Au^{3+}/ Au) = 1{,}40$ V / ENH est supérieure à celle du couple Ag^+ / Ag. L'or étant le pôle positif de la pile, il se produira la réaction de réduction suivante :

$$Au^{3+} + 3\ e^- \rightarrow Au$$

Sur l'argent, pôle négatif, il se produit une oxydation :

$$Ag \rightarrow Ag^+ + 1\ e^-$$

Pour obtenir la réaction globale, il faut multiplier la deuxième par 3 afin d'obtenir le même nombre d'électrons échangés par le circuit extérieur lors de la décharge :

$$Au^{3+} + 3\ Ag \rightarrow Au + 3\ Ag^+$$

4.26 a) Si les deux solutions sont mélangées, les ions Cu^{2+} et Zn^{2+} sont en contact avec les deux électrodes.

Sur le cuivre, il ne se passe aucune réaction car le couple Zn^{2+} / Zn ($E° = -0{,}76$ V / ENH) est plus réducteur que le couple Cu^{2+} / Cu ($E° = 0{,}34$ V / ENH).

En revanche, sur l'électrode de zinc, Cu^{2+} se réduit selon la réaction :

$$Cu^{2+} + 2\ e^- \rightarrow Cu$$

Parallèlement , le zinc s'oxyde selon :

$$Zn \rightarrow Zn^{2+} + 2\ e^-$$

L'électrode de zinc tend à se recouvrir de cuivre et la tension de la pile, d'après la loi de Nernst (diminution de $[Cu^{2+}]$ et augmentation de $[Zn^{2+}]$), diminue progressivement et tend vers 0.

Remarque et généralisation

Cette diminution peut se passer dans deux cas de figure : la réaction totale (consommation complète des ions Cu^{2+}) ou une réaction partielle (dépôt couvrant de cuivre sur le zinc qui isole le zinc de la solution et conduit à une cellule symétrique).

b) La tension délivrée par la pile est :

$$E = E_{Cu} - E_{Zn}$$

avec : $E_{Cu} = E°(Cu^{2+}/Cu) + (RT/2F) \ln [Cu^{2+}]$ et $E_{Zn} = E°(Zn^{2+}/Zn) + (RT/2F) \ln [Zn^{2+}]$

On peut finalement écrire :

$$E = E°(Cu^{2+}/Cu) - E°(Zn^{2+}/Zn) + (RT/2F) \ln ([Cu^{2+}]/[Zn^{2+}]) = 0{,}34 - (-0{,}76) = 1{,}10 \text{ V}$$

c) Si on veut augmenter la valeur de E, il faut soit augmenter la concentration en Cu^{2+}, soit diminuer celle en Zn^{2+}. On note que le pH ne joue ici aucun rôle car les ions H_3O^+ n'interviennent pas dans l'équilibre d'oxydoréduction.

d) Si l'on fait un schéma de fonctionnement de la pile :

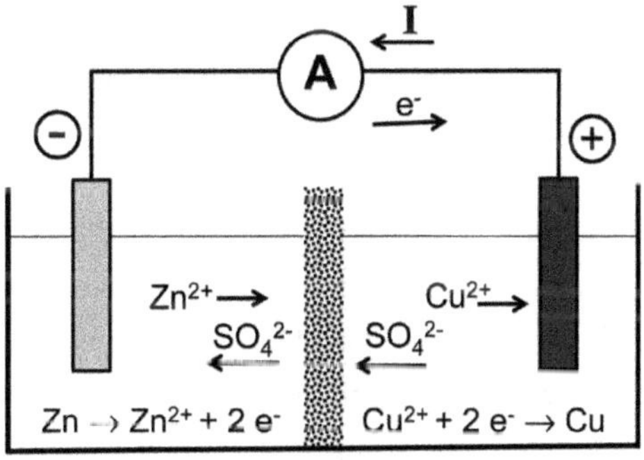

On voit que **le compartiment « cuivre »** s'appauvrit en ions Cu^{2+} car ces ions sont consommés par la réaction de réduction sur l'électrode de cuivre. Simultanément, des ions SO_4^{2-} sont entraînés par le courant (sens inverse) vers l'autre compartiment. Le compartiment « cuivre » reste ainsi électriquement neutre, compte tenu aussi du déplacement des ions Zn^{2+}.

Dans **le compartiment « zinc »**, la réaction d'électrode produit des ions Zn^{2+}, dont la concentration augmente bien qu'il en parte une partie, en direction du compartiment cuivre, pour assurer le transport du courant. Les ions SO_4^{2-}, en provenance de l'autre compartiment, permettent de conserver l'électroneutralité.

Ce bilan qualitatif fait apparaître clairement que le rapport $[Cu^{2+}]/[Zn^{2+}]$ décroît et donc que E décroît lorsque la pile débite. Ce résultat n'est pas surprenant puisqu'en fin de décharge, la tension de la pile s'annule.

4.27 a) Dans MnO_4^-, le manganèse est au degré d'oxydation +VII. La demi-réaction d'oxydoréduction à l'électrode 1 est donc :

$$MnO_4^- + 5\ e^- + 8\ H_3O^+ \rightleftharpoons Mn^{2+} + 12\ H_2O$$

Dans ClO_3^- le chlore est au degré d'oxydation +V. La demi-réaction d'oxydoréduction à l'électrode 2 avec Cl^- est donc :

$$ClO_3^- + 6\ e^- + 6\ H_3O^+ \rightleftharpoons Cl^- + 9\ H_2O$$

Le potentiel de l'électrode 1 est donné par la relation de Nernst :

$$E_1 = 1{,}51 + (RT / 5F)\ \ln\ ([MnO_4^-]\ [H_3O^+]^8 / [Mn^{2+}])$$

Dans la situation expérimentale envisagée, il s'écrit :

$$E_1 = 1{,}51 + (0{,}06 / 5)\ \log\ (10^{-2} / 10^{-1}) - 8/5 \times 0{,}06\ \text{pH} \qquad (\text{pH} = 2)$$

$$E_1 = 1{,}306\ \text{V / ENH} \approx 1{,}31\ \text{V / ENH}$$

Celui de l'électrode 2 vaut :

$$E_2 = 1{,}45 + (RT / 6F)\ \ln\ ([ClO_3^-]\ [H_3O^+]^6 / [Cl^-])$$

$$E_2 = 1{,}45 + (0{,}06 / 6)\ \log\ (10^{-3} / 10^{-1}) - 0{,}06\ \text{pH} \qquad (\text{pH} = 1)$$

$$E_2 = 1{,}37\ \text{V / ENH}$$

Le pôle positif de la pile sera donc l'électrode 2. Sa tension vaut :

$$E_2 - E_1 = 1{,}370 - 1{,}31 = 0{,}06\ \text{V}$$

Remarque et généralisation

Cette pile ne serait pas très intéressante car elle présente une très faible tension. Elle n'est utile que pour réaliser des mesures thermodynamiques.

b) L'oxydation se produit au pôle négatif, on a donc la réaction d'électrode suivante dans le compartiment 1 :

$$Mn^{2+} + 12\ H_2O \rightarrow MnO_4^- + 5\ e^- + 8\ H_3O^+$$

La réduction se produit sur l'électrode positive dans le compartiment 2 :

$$ClO_3^- + 6\ e^- + 6\ H_3O^+ \rightarrow Cl^- + 9\ H_2O$$

La réaction globale est obtenue en ajoutant 6 fois la première réaction à 5 fois la seconde, ce qui, après simplification, donne la rection suivante qui n'est pas un équilibre :

$$6\ Mn^{2+} + 5\ ClO_3^- + 27\ H_2O \rightarrow 6\ MnO_4^- + 5\ Cl^- + 18\ H_3O^+$$

Elle se produit de gauche à droite lorsque la pile débite :

- dans le compartiment 1, elle consomme Mn^{2+} et produit MnO_4^- et H_3O^+, donc E_1 augmente;
- dans le compartiment 2, elle consomme ClO_3^- et H_3O^+, et produit Cl^-, donc E_2 diminue.

Cette réaction, qui produit globalement des protons, cesse dès que la tension de la pile s'annule. Le système est alors à l'équilibre.

c) Dans cette nouvelle pile, les équilibres aux électrodes sont dûs au même couple MnO_4^- / Mn^{2+} avec des concentrations différentes dans les 2 compartiments.

Il s'agit d'une pile de concentration où la tension est due à la différence de concentration des espèces d'un même couple.

Le potentiel de l'électrode 1 reste identique à celui calculé en a) :

$$E_1 = 1{,}306 \text{ V / ENH} \approx 1{,}31 \text{ V / ENH}$$

Celui de l'électrode 2 devient :

$$E_2 = 1{,}51 + (0{,}06 / 5) \log (10^{-3} / 10^{-1}) - 8 / 5 \times 0{,}06 \text{ pH} \qquad (\text{pH} = 2)$$

$$E_2 = 1{,}294 \text{ V / ENH} \approx 1{,}30 \text{ V / ENH}$$

C'est donc maintenant l'électrode 1 qui est le pôle positif et la tension vaut :

$$E_1 - E_2 = 1{,}31 - 1{,}30 = 0{,}01 \text{ V}$$

On remarque qu'il n'était pas nécessaire de calculer les deux potentiels d'électrode. On aurait pu directement écrire :

$$E_1 - E_2 = (0{,}06 / 5) \log [(10^{-2} / 10^{-1}) \times (10^{-1} / 10^{-3})] \qquad (\text{car pH}_1 = \text{pH}_2)$$

d) Dans ce dernier cas, la tension peut s'écrire :

$$E_1 - E_2 = (0{,}06 / 5) \log [(10^{-2} / 10^{-1}) \times (10^{-1} / 10^{-3})] - 8 / 5 \times 0{,}06 (\text{pH}_1 - \text{pH}_2)$$

$$E_1 - E_2 = (0{,}06 / 5) \log 10 - 8/5 \times 0{,}06 (2 - 1)$$

$$E_1 - E_2 = -0{,}084 \text{ V}$$

C'est l'électrode 2 qui est la positive. La tension vaut donc :

$$E_2 - E_1 = 0{,}084 \text{ V}$$

4.28 a) Comme les demi-réactions d'équilibre aux électrodes se déroulent en milieu aqueux acide, on doit faire intervenir l'eau et H_3O^+. Lorsque la pile ne débite pas, à l'électrode à dihydrogène on peut écrire l'équilibre :

$$H_2 + 2 H_2O \rightleftharpoons 2 H_3O^+ + 2 e^-$$

Le potentiel d'équilibre, par rapport à ENH, est donné par la loi de Nernst :

$$E_1 = 0{,}03 \log (a(H_3O^+)^2 \times P° / P(H_2)) = -0{,}06 \text{ pH}$$

À l'électrode à dioxygène (air) la réaction est :

$$O_2 + 4 e^- + 4 H_3O^+ \rightleftharpoons 6 H_2O$$

Le potentiel correspondant vaut :

$$E_2 = 1{,}23 + 0{,}015 \log ([H_3O^+]^4 \times P(O_2) / P°)$$

Avec $P(O_2) = 0{,}21$ bar, on obtient :

$$E_2 = 1{,}22 - 0{,}06 \text{ pH}$$

La tension délivrée par la pile, en circuit ouvert, est donc égale à :

$$E_2 - E_1 = \Delta E = 1{,}22 \text{ V}$$

Lorsque la pile débite du courant dans un circuit extérieur, le dihydogène est oxydé à l'anode (électrode dont le potentiel est le plus bas) :

$$H_2 + 2 H_2O \rightarrow 2 H_3O^+ + 2 e^-$$

La réaction produit H_3O^+ (1 mole de H_3O^+ pour une charge débitée de 1 F).

L'autre électrode, dont le potentiel est le plus élevé, est la cathode et c'est le siège de la réduction de O_2 :

$$O_2 + 4\ e^- + 4\ H_3O^+ \rightarrow 6\ H_2O$$

Cette électrode consomme H_3O^+, également dans la proportion de une mole pour un Faraday. Le pH de l'électrolyte n'est donc pas globalement modifié lorsque la pile débite.

L'écriture de l'équation globale de décharge :

$$2\ H_2 + O_2 \rightarrow 2\ H_2O$$

montre qu'il y a production d'une demi-mole de H_2O par Faraday.

b)

Prérequis

Il est nécessaire de recourir ici à la loi de Faraday reliant la quantité de matière produite à la charge électrique par unité de temps : $\Delta n = Q\ /\ zF$ ou $dn\ /\ dt = I\ /\ zF$ avec z = nombre d'électrons échangés par mol d'espèce.

La puissance fournie est égale au produit du courant par la différence de potentiel. Cela implique que le courant, dans les conditions données, est égal à :

$$I = 1\ /\ 1{,}22 = 0{,}82\ \text{A}$$

Le courant est le débit de quantité de charge. On peut donc faire un lien avec le débit de quantité de matière de H_2, $d_n(H_2)$, en appliquant la loi de Faraday :

$$d_n(H_2) = I\ /\ 2\ F = 4{,}25.10^{-6}\ \text{mol s}^{-1}$$

En utilisant la loi du gaz parfait, on obtient le débit volumique $d_V(H_2)$:

$$d_V(H_2) = RT\ d_n\ (H_2)\ /\ P(H_2)$$

et dans un système d'unités cohérent on trouve :

$$d_V(H_2) = 8{,}314 \times 298 \times 4{,}25.10^{-6}\ /\ 10^5 = 1{,}05.10^{-7}\ \text{m}^3\ \text{s}^{-1}$$

$$d_V(H_2) = 0{,}38\ \text{L h}^{-1}$$

Remarque et généralisation

En réalité les performances d'une pile à combustible sont inférieures à ce que donnent de tels calculs. En effet, on n'a pas pris en compte la chute ohmique dans l'électrolyte, ni les phénomènes de polarisation qui font chuter la différence de potentiel récupérée. Par ailleurs, l'injection de H_2 au niveau de l'électrode se fait toujours avec des pertes (fuite, dissolution de H_2 dans l'eau...).

L'exemple donné ci-dessus correspond à une petite pile de démonstration (à caractère pédagogique). On trouve sur le marché des piles de plus grandes dimensions et plus puissantes.

4.29

Prérequis

Pour résoudre cet exercice, il faut connaître le fonctionnement d'une cellule d'électrolyse et notamment savoir à quels pôles se produisent les réactions de réduction et d'oxydation : à la cathode, pôle négatif, il se produit une réduction (gain d'électrons) et à l'anode, pôle positif, une oxydation (perte équivalente d'électrons). La réaction qui se produit prioritairement (en dehors des aspects cinétiques) est celle qui se situe à plus bas potentiel à l'anode et inversement à plus haut potentiel à la cathode.

a) **Cas de la solution aqueuse de Na_2SO_4.**

La solution contient les espèces Na^+, SO_4^{2-}, H_3O^+ et H_2O. Nous considérons pour simplifier que les activités des espèces produites sont unitaires.

Examinons tout d'abord **la réaction cathodique** : les espèces présentes susceptibles de subir la réduction sont celles dont le nombre d'oxydation peut diminuer, c'est-à-dire les ions H_3O^+ et Na^+. Il est donc nécessaire de comparer les potentiels des 2 couples H_3O^+ / H_2 et Na^+ / Na.

Le potentiel du couple H_3O^+ / H_2 est égal à 0 V / ENH par définition (électrode normale à hydrogène).

Le potentiel du couple Na^+ / Na est donné par la loi de Nernst :

$$E(Na^+ / Na) = E°(Na^+ / Na) + 0{,}06 \log 2c_1 = -2{,}71 + 0{,}06 \log 2.10^{-1} = -2{,}75 \text{ V / ENH}$$

Par conséquent, entre les deux possibilités (production de H_2 ou production de Na) c'est la production de H_2 qui, sur une base thermodynamique, sera observée à la cathode :

$$2\,H_3O^+ + 2\,e^- \rightarrow H_2 + 2\,H_2O$$

Le raisonnement est analogue dans le cas de la détermination de **la réaction anodique** : les espèces oxydables ici sont S dans l'ion sulfate SO_4^{2-} (nombre d'oxydation de S égal à +VI dans SO_4^{2-}) qui peut s'oxyder en persulfate $S_2O_8^{2-}$ et O dans H_2O (nombre d'oxydation –II) qui peut s'oxyder en dioxygène. L'espèce dont l'oxydation est favorisée est celle qui correspond au potentiel le plus faible (il s'agit donc du réducteur le plus fort).

La différence des potentiels $E°$ des deux couples est suffisamment élevée ($E°(O_2 / H_2O)$ = 1,23 V / ENH et $E°(S_2O_8^{2-} / SO_4^{2-})$ = 2,05 V / ENH) pour qu'il ne soit pas nécessaire de prendre en compte les concentrations.

Remarque et généralisation

En réalité, comme la concentration initiale en persulfate est nulle, il se produira d'abord l'oxydation du sulfate mais avec un avancement infime, compte tenu de la différence des potentiels standard des deux couples. En effet, les deux couples prennent le même potentiel d'équilibre avec :

$$c(SO_4^{2-}) = 0{,}1 \text{ L mol}^{-1},\ c(S_2O_8^{2-}) \approx 10^{-30} \text{ L mol}^{-1} \text{ et } P(O_2) = 1 \text{ bar.}$$

C'est donc la production de dioxygène, dont le potentiel est le plus bas, qui sera observée :

$$6\,H_2O \rightarrow O_2 + 4\,H_3O^+ + 4\,e^-$$

Ainsi, le bilan global montre que c'est l'eau qui est électrolysée (consommation et production de la même quantité de 2 H_3O^+) :

$$2\ H_2O \rightarrow 2\ H_2 + O_2$$

b) Cas de la solution d'iodure de cuivre CuI_2.

La solution contient les espèces Cu^{2+}, I^-, H_3O^+ et H_2O.

Les raisonnements sont analogues : les espèces réductibles sont les ions Cu^{2+} et les protons.

Le calcul des potentiels donne :

$$E(Cu^{2+} / Cu) = 0,34 + 0,03 \log 0,05 = 0,30 \text{ V / ENH et } E(H_3O^+ / H_2) = 0 \text{ V / ENH}$$

La réaction cathodique est donc :

$$Cu^{2+} + 2\ e^- \rightarrow Cu$$

En ce qui concerne la réaction anodique, les espèces susceptibles de s'oxyder sont les ions iodure (en diiode) et l'eau (en dioxygène). Le calcul des potentiels donne en considérant que $a\ (I_2) = 1$:

$$E(I_2 / I^-) = 0,54 + 0,03 \log 1 / 0,1 = 0,57 \text{ V / ENH et } E(O_2 / H_2O) = 1,23 \text{ V / ENH}$$

Ce sont donc les ions iodure qui subissent la réaction d'oxydation :

$$2\ I^- \rightarrow I_2 + 2\ e^-$$

Ainsi, dans ce cas, le solvant ne participe pas à l'électrolyse dont le bilan chimique s'écrit :

$$CuI_2 \rightarrow Cu + I_2$$

c) Cas de la solution aqueuse d'iodure de sodium.

La solution contient les espèces Na^+, I^-, H_3O^+ et H_2O.

Les espèces réductibles sont les ions Na^+ et les protons.

Le calcul du potentiel du couple Na^+ / Na donne :

$$E(Na^+ / Na) = -2,71 + 0,06 \log 5.10^{-2} = -2,79 \text{ V / ENH}$$

Par conséquent, c'est la production de dihydrogène qui est observée à la cathode :

$$2\ H_3O^+ + 2\ e^- \rightarrow H_2 + 2\ H_2O$$

À l'anode, les espèces oxydables sont ici les ions iodure et l'eau. Le calcul des potentiels donne avec $c = 5.10^{-2}$ mol L^{-1} :

$$E(I_2 / I^-) = 0,62 \text{ V / ENH et } E(O_2 / H_2O) = 1,23 \text{ V / ENH}$$

Là encore, ce sont les ions iodure qui subissent la réaction d'oxydation :

$$2\ I^- \rightarrow I_2 + 2\ e^-$$

Le bilan global est alors :

$$2\ H_3O^+ + 2\ I^- \rightarrow H_2 + I_2 + H_2O$$

Le pH va donc augmenter au cours de l'électrolyse.

Remarque et généralisation

Pour simplifier les questions b) et c) on a considéré le système I_2 / I^-, avec $a(I_2) = 1$ mais, en fait, l'iode est soluble en milieu iodure et forme les ions I_3^- :

$$I_2 + I^- \rightarrow I_3^-$$

4.30 a)

Prérequis

Pour tout calcul de production ou de consommation d'une espèce, par électrolyse, on doit faire appel à la loi de Faraday (*voir* **4.28**).

La demi-réaction à la cathode peut s'écrire :

$$Al(III) + 3\ e^- \rightarrow Al$$

La quantité de matière produite en 24 h est :

$$n = I \times t / 3\ F$$

La masse m produite en 24 h est $n \times M_{Al}$ soit :

$$m = 24 \times 3\ 600 \times 3.10^6 \times 27 / (3 \times 96\ 490) = 2{,}4.10^6\ g = 2{,}4\ t$$

b) La masse d'aluminium produite entre deux pompages, donc en 36 heures est :

$$m' = 36 \times m / 24 = 3{,}6\ t$$

Le volume d'aluminium produit en 36 h vaut donc :

$$V(Al) = m' / \rho = 3{,}6.10^6 / 2{,}3 = 1{,}57.10^6\ cm^3 = 1{,}57\ m^3$$

La variation d'épaisseur d'aluminium liquide entre deux pompages est la suivante :

$$\Delta h = 1{,}57 / 40 = 0{,}039\ m \approx 4\ cm$$

c) La demi-réaction à l'anode peut s'écrire :

$$2\ O^{2-} + C \rightarrow CO_2 + 4\ e^-$$

Le passage à travers la cellule de 4 faradays produit donc une mole de CO_2 et, d'après a), 4/3 de mol de Al. Par conséquent, pour une tonne d'aluminium, soit une quantité de matière de $10^6 / 27$ mol de Al, l'électrolyse produit $0{,}75.10^6 / 27$ mol de CO_2.

La production d'une tonne d'aluminium génère donc dans l'atmosphère une masse de CO_2 égale à :

$$44 \times 0{,}75.10^6 / 27 = 1{,}22.10^6\ g = 1{,}22\ t$$

ou encore un volume de CO_2 égal, à 25 °C sous 1 bar, à :

$$24{,}8 \times 0{,}75.10^6 / 27 = 6{,}89.10^5\ L = 689\ m^3$$

Remarque et généralisation

On aurait pu aussi raisonner en écrivant directement la réaction de décomposition de l'alumine :

$$Al_2O_3 \rightarrow 2\ Al + 3/2\ O_2$$

Ou encore, après réaction du dioxygène sur le carbone :

$$Al_2O_3 + 3/2\ C \rightarrow 2\ Al + 3/2\ CO_2$$

4.31 a) Dans le compartiment (A), l'élément oxygène subit une oxydation (son n.o. croît de –II à 0). On peut écrire la réaction :

$$4\ OH^- \rightarrow O_2 + 2\ H_2O + 4\ e^-$$

Dans le compartiment (B), l'élément hydrogène est réduit (son n.o. décroît de +I à 0) selon la réaction ci-après :

$$2\ H_3O^+ + 2\ e^- \rightarrow H_2 + 2\ H_2O$$

La réaction-bilan d'électrolyse (somme des deux demi-réactions d'électrode, écrite avec échange du même nombre d'électrons), devient :

$$4\ OH^- + 4\ H_3O^+ \rightarrow O_2 + 2\ H_2 + 6\ H_2O$$

ou plus simplement :

$$2\ H_2O \rightarrow O_2 + 2\ H_2$$

Remarque et généralisation

On aurait pu écrire directement le bilan d'électrolyse, selon la dernière équation, mais cette écriture formelle ne fait pas intervenir le pH des solutions. Pratiquement, l'électrolyse industrielle se fait en milieu basique, auquel cas il est plus judicieux d'écrire la demi-réaction de réduction :

$$2\ H_2O + 2\ e^- \rightarrow H_2 + 2\ OH^-$$

b) Le schéma de l'électrolyse peut être représenté comme suit :

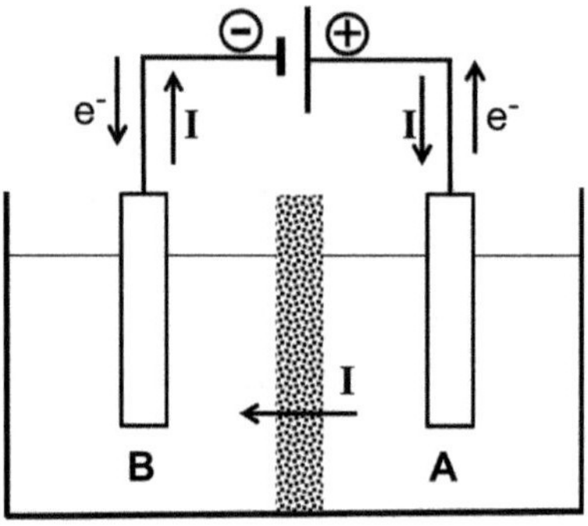

À l'électrode du compartiment (A), puisqu'il se produit une oxydation, le couple d'oxydoréduction cède des électrons au circuit extérieur.

À l'électrode du compartiment (B), il se produit une réduction qui consomme des électrons apportés par le circuit électrique.

Remarque et généralisation

La circulation du courant au sein de la solution est assurée par les ions, dont OH^- et H_3O^+. Par convention, son sens de circulation dans le circuit extérieur est le sens inverse du sens de circulation des électrons.

c) Le bilan de la réaction qui se produit dans le compartiment (A) montre que le circuit électrique reçoit 4 mol d'électrons, soit une charge de $4 \times 96\ 490$ C pour la production de 1 mol de dioxygène.

La quantité de dioxygène produite est :

$$n(O_2) = V(O_2)\ P\ /\ RT = 143.10^{-6} \times 10^5\ /\ (8{,}314 \times 298) = 5{,}77.10^{-3}\ \text{mol}$$

et la quantité d'électricité nécessaire :

$$Q = 4 \times 96\ 490 \times 5{,}77.10^{-3} = 2\ 227\ \text{C}$$

On remarquera que dans le compartiment (B) il faut seulement 2 mol d'électrons par mole de dihydrogène. Comme le volume de dihydrogène produit est 2 fois plus grand ($V(H_2) = 2\ V(O_2)$), on retrouve bien la même quantité d'électricité :

$$Q = 2 \times 96\,490 \times 286.10^{-6} \times 10^5 / (8{,}314 \times 298) = 2\,228\ \text{C}$$

d) La quantité de courant est : $Q = I \times t$.

On calcule donc facilement le temps de l'expérience si le courant est constant et égal à 0,2 A :

$$t = Q / I = 2\,228 / 0{,}2 = 11\,140\ \text{s} = 3\ \text{h}\ 5\ \text{min}\ 40\ \text{s}.$$

4.32 **a)** Le potentiel thermodynamique de chaque électrode vaut :

$$E_{\text{th}} = E° (Cu^{2+} / Cu) + (RT / 2F) \ln 10^{-2} = 0{,}34 - 0{,}06$$

$$E_{\text{th}} = 0{,}28\ \text{V / ENH}$$

Le potentiel de l'électrode au calomel saturée E_{ECS} est égal à 0,245 V / ENH

Le potentiel de chaque électrode de cuivre mesuré E_{m} par rapport à l'électrode au calomel vaut :

$$E_{\text{m}} = E_{\text{th}} - E_{\text{ECS}} = 0{,}28 - 0{,}245 = 0{,}035\ \text{V / ECS}$$

Prérequis

Pour résoudre la suite de ce problème, il faut faire appel à la loi de Faraday qui relie les quantités de matière oxydée ou réduite aux électrodes, à la quantité de courant qui traverse la cellule.

b) Sur la cathode, les électrons, fournis par le circuit électrique extérieur, produisent la réaction de réduction suivante :

$$Cu^{2+} + 2\ e^- \rightarrow Cu$$

À l'autre électrode (anode), le circuit prend des électrons et provoque ainsi une réaction d'oxydation :

$$Cu \rightarrow Cu^{2+} + 2\ e^-$$

La première réaction provoquerait, si elle était seule, une baisse de concentration en ions Cu^{2+} égale, selon la loi de Faraday, à $-It / 2\ FV°$ ($V°$ = volume d'électrolyte) et la deuxième une augmentation en Cu^{2+} égale à la valeur opposée $+ It / 2\ FV°$.

Au total, la variation de la concentration en ions Cu^{2+} est donc nulle. Les potentiels d'électrodes ne doivent donc pas varier (si l'agitation est suffisante pour que la solution soit homogène).

Les ions sulfate n'interviennent pas dans les réactions et leur concentration reste donc constante.

La conductivité de la solution est également inchangée puisque les concentrations ioniques ne varient pas.

L'électrolyse a pour seul effet de modifier la taille et la masse des électrodes de cuivre.

La loi de Faraday permet de calculer la quantité de matière de cuivre, déposée ou dissoute, par la relation (en valeur absolue) :

$$n(\text{Cu}) = It / 2F = 1 \times 600 / (2 \times 96\,490) = 3{,}11.10^{-3} \text{ mol}$$

La variation de volume de chaque électrode est égale en valeur absolue à :

$$\Delta V(\text{Cu}) = \Delta m(\text{Cu}) / \rho(\text{Cu}) = 3{,}11.10^{-3} \times (63{,}5 / 8{,}9) = 0{,}0222 \text{ cm}^3$$

On peut alors en déduire les variations d'épaisseur par la relation $\Delta e = \Delta V_{Cu} / S$ (S étant la surface d'électrode immergée).

$$\Delta e_{anode} = 0{,}0222 / 10 = 2{,}22.10^{-3} \text{ cm} = 22.10^{-6} \text{ m} = 22\,\mu\text{m}$$

$$\Delta e_{cathode} = 0{,}0222 / 25 = 8{,}88.10^{-4} \text{ cm} = 8{,}88.10^{-6} \text{ m} \approx 9\,\mu\text{m}$$

Remarque et généralisation

Dans l'exemple présent, le courant d'électrolyse ne modifie pas l'électrolyte, mais il modifie la masse de chaque électrode : du métal cuivre est déplacé, de l'anode à la cathode avec la même quantité de matière et sur des épaisseurs différentes puisque les surfaces ne sont pas les mêmes. Ce type d'électrolyse est mis à profit pour la purification ou l'affinage électrochimique industriel du cuivre et autres métaux.

c) Le schéma de la cellule est le suivant en négligeant la participation des ions H_3O^+ et OH^- :

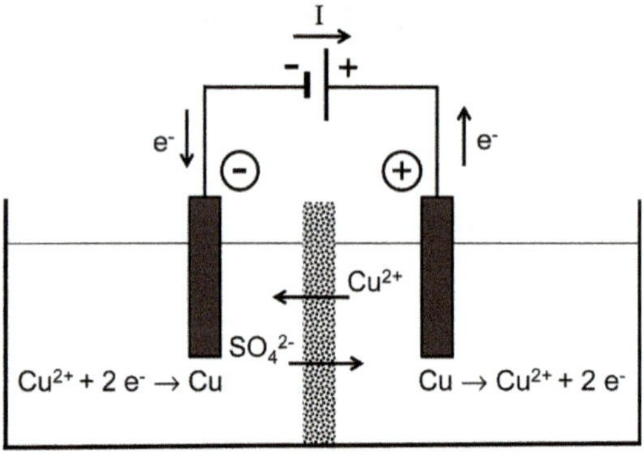

Le compartiment cathodique (–) s'enrichit en ions Cu^{2+} par migration, mais il s'appauvrit en ions Cu^{2+} par la réaction d'électrode. La quantité d'ions Cu^{2+} consommée par la réaction est donnée par la loi de Faraday. En revanche, le courant n'est pas seulement porté par les ions Cu^{2+} mais aussi par les ions SO_4^{2-} (qui se dépacent en sens inverse). La neutralité électrique est respectée dans ce compartiment $[Cu^{2+}] = [SO_4^{2-}]$. De façon globale, il y a donc une baisse de concentration en $CuSO_4$ dans ce compartiment. Le potentiel de la cathode diminue, de même que la conductivité de la solution cathodique.

En ce qui concerne le compartiment anodique (+), la situation est inversée. La réaction d'électrode l'enrichit en ions Cu^{2+}, mais le courant entraîne une partie des ions Cu^{2+} vers l'autre compartiment. Ce compartiment anodique s'enrichit en $CuSO_4$ et le potentiel de l'anode augmente, ainsi que la conductivité de la solution. Cette électrolyse provoque un déplacement du métal Cu de l'anode vers la cathode, ainsi qu'un transport de sulfate de cuivre du compartiment cathodique vers le compartiment anodique.

d) Si on remplace le cuivre par du graphite, la réaction d'oxydation précédente ne peut plus avoir lieu puisqu'il n'y a pas de cuivre sur l'électrode (pôle +). C'est donc une autre oxydation qui doit se produire et la seule qui soit possible est celle de l'eau :

$$3\ H_2O \rightarrow 1/2\ O_2 + 2\ H_3O^+ + 2\ e^-$$

En revanche, au pôle –, la réduction des ions Cu^{2+} peut encore avoir lieu sur le graphite dont la surface se recouvre de cuivre et devient rouge :

$$Cu^{2+} + 2\ e^- \rightarrow Cu$$

De façon globale, la solution s'appauvrit donc en ions Cu^{2+} mais elle s'enrichit en ions H_3O^+.

Comme on a la relation $\Delta[H_3O^+] = -2\ \Delta[Cu^{2+}] = It / FV°$, la formule donnant la conductivité (*voir* essentiel 1.2) conduit à :

$$\sigma = (F^2 / RT)\ (D(H_3O^+)\ [H_3O^+] + 4\ D(Cu^{2+})\ [Cu^{2+}] + 4\ D(SO_4^{2-})\ [SO_4^{2-}] + D(OH^-)\ [OH^-])$$

$$\sigma = \sigma° + (F^2 / RT)\ (D(H_3O^+)\ It / FV° - 4D(Cu^{2+})\ It / 2\ FV°) = \sigma° + (F^2 / RT)\ It / FV°(D(H_3O^+) - 2D(Cu^{2+}))$$

Comme $D(H_3O^+) = 9{,}31.10^{-5}\ cm^2\ s^{-1}$ et $D(Cu^{2+}) = 0{,}71.10^{-5}\ cm^2\ s^{-1}$ (essentiel 1.2) et que la concentration en H_3O^+ augmente alors que celle de Cu^{2+} diminue, on obtient $\sigma > \sigma°$ ce qui montre que σ croît en fonction du temps d'électrolyse.

Remarque et généralisation

Lorsque la solution est épuisée en Cu^{2+}, la réaction globale est celle de l'électrolyse de l'eau et la conductivité de la solution reste constante si on admet que le volume de l'électrolyte reste constant. En toute rigueur, comme il tend à diminuer très lentement la conductivité augmentera également très lentement car la solution se concentre en H_2SO_4.

e) Si on inverse le courant, tant que $t' < 10$ min, le dépôt de cuivre formé précédemment se réoxyde à l'anode :

$$Cu_{(sur\ C)} \rightarrow Cu^{2+} + 2\ e^-$$

À la cathode, il y aura un dépôt de cuivre par réaction de réduction des ions Cu^{2+} qui restent ou qui sont fournis par l'anode.

Au bout de 5 min, l'électrolyte n'aura pas été modifié par rapport au cas précédent. Sa conductivité ne change pas.

En revanche, si $t' > 10$ min, alors tout le dépôt de cuivre formé au cours de l'électrolyse précédente aura été oxydé et le graphite deviendra le siège d'une autre réaction d'oxydation, celle de l'eau. La conductivité de l'électrolyte va donc à nouveau augmenter en raison de la production des protons (*voir* question **d**).

4.33 a)

Prérequis

On distinguera les équilibres aux électrodes et le contact pour chacune d'entre elles avec le cuivre conducteur du courant, on développera le potentiel électrochimique des 2 électrodes puis on apportera les simplifications possibles. Pour identifier les espèces on indiquera en indice les phases auxquelles elles appartiennent (ex $_{sol,1}$ pour solution 1).

À l'électrode d'argent, dans les conditions d'équilibre, on peut écrire :

$$Ag \rightleftharpoons Ag^{+}_{sol,1} + e^{-}_{Ag}$$

et au contact avec le fil de cuivre :

$$e^{-}_{Ag} \rightleftharpoons e^{-}_{Cu,1}$$

À l'électrode de zinc :

$$Zn \rightleftharpoons Zn^{2+}_{sol,2} + 2\ e^{-}_{Zn}$$

et au contact avec l'autre fil de cuivre :

$$e^{-}_{Zn} \rightleftharpoons e^{-}_{Cu,2}$$

Pour simplifier le calcul, on peut rassembler ces réactions, en conservant l'électroneutralité et en prenant bien garde de distinguer les électrons dans les deux fils de cuivre. On obtient ainsi :

$$2\ Ag + Zn^{2+}_{sol,2} + 2\ e^{-}_{Cu,2} \rightleftharpoons Zn + 2\ Ag^{+}_{sol,1} + 2\ e^{-}_{Cu,1}$$

Le développement avec les potentiels électrochimiques donne :

$$\mu°(Zn^{2+}) + RT\ \ln[Zn^{2+}]_{sol,2} + 2F\varphi_{sol,2} + 2\mu(e^{-})_{Cu} - 2F\varphi_{Cu,2} =$$
$$2\ \mu°(Ag^{+}) + 2\ RT\ \ln[Ag^{+}]_{sol,1} + 2F\varphi_{sol,1} + 2\mu(e^{-})_{Cu} - 2F\varphi_{Cu,1}$$

Comme le métal est le même pour les connexions, le terme $\mu(e^{-})_{Cu}$ disparaît, et comme, d'après la simplification donnée dans l'énoncé $\varphi_{sol,2} \approx \varphi_{sol,1}$, on obtient finalement :

$$\varphi_{Cu,1} - \varphi_{Cu,2} = (1\ /\ 2F)\ (2\ \mu°(Ag^{+}) - \mu°(Zn^{2+}) + (RT\ /\ 2\ F)\ \ln\ ([Ag^{+}]_{sol,1}\ /\ \ln\ [Zn^{2+}]_{sol,2})$$

$$\varphi_{Cu,1} - \varphi_{Cu,2} = \frac{2\mu°(Ag^{+}) - \mu°(Zn^{2+})}{2F} + \frac{RT}{2F}\ln\left(\frac{[Ag^{+}]_{sol,1}}{[Zn^{2+}]_{sol,2}}\right).$$

b) L'expression de la différence de potentiel électrique entre les deux connexions peut s'écrire :

$$\varphi_1 - \varphi_2 = \frac{2\mu(Ag^{+})_{sol,1} - \mu(Zn^{2+})_{sol,2}}{2F}$$

Le terme entre parenthèses correspond à l'enthalpie libre de la réaction :

$$Zn^{2+}_{sol,2} + 2\ Ag \rightarrow Zn + 2\ Ag^{+}_{sol,1}$$

ce qui est la réaction inverse de la décharge de la pile. En effet, lors de la décharge, le pôle positif est le siège d'une réduction, en l'occurrence ici, il y a une réduction de Ag^{+} en Ag au pôle 1.

On peut donc écrire :

$$\varphi_1 - \varphi_2 = -\Delta_r G_{décharge}\ /\ 2F$$

On retrouve la notation thermodynamique :

$$E_{pile} = -\Delta_r G_{décharge} / nF$$

où n est le nombre d'électrons échangés dans l'équation-bilan de décharge de la pile.

Ce mode de calcul évite les erreurs de signes qui seraient dues à une mauvaise assimilation de la thermodynamique.

c) Avec les valeurs données on obtient :

$$\varphi_{Cu,1} - \varphi_{Cu,2} = 1{,}5603 - 0{,}0887$$

soit $$\varphi_{Cu,1} - \varphi_{Cu,2} \approx 1{,}472 \text{ V}$$

d) La pile est entièrement déchargée quand $E_{pile} = 0$ ou quand $\Delta_r G_{décharge} = 0$.

Les concentrations dans les compartiments évoluent selon :

$$[Zn^{2+}]_{sol,2} = 10^{-1} + x \qquad \text{et} \qquad [Ag^+]_{sol,1} = 10^{-2} - 2x$$

Si on porte ces valeurs dans l'expression de la différence de potentiel, on obtient la relation :

$$RT \ln [(10^{-2} - 2x)^2 / (10^{-1} + x)] = -1{,}5603$$

ce qui donne l'équation du deuxième degré approchée

$$4x^2 - 4.10^{-2}x + 10^{-4} = 0$$

dont la racine est $x = 5.10^{-3}$ mol L^{-1}.

On a alors les concentrations

$$[Ag^+]_{sol,1} \# 0 \text{ mol L}^{-1} \qquad \text{et} \qquad [Zn^{2+}]_{sol,2} = 1{,}05.10^{-1} \text{ mol L}^{-1}$$

4.34 a) Les équilibres aux électrodes sont :

$$2\,H^+_{sol,1} + 2\,e^-_1 \rightleftharpoons H_2$$
$$Fe^{3+}_{sol,2} + e^-_2 \rightleftharpoons Fe^{2+}_{sol,2}$$

La combinaison des deux réactions se traduit par :

$$2\,H^+_{sol,1} + 2\,e^-_1 + 2\,Fe^{2+}_{sol,2} \rightleftharpoons H_2 + 2\,Fe^{3+}_{sol,2} + 2\,e^-_2$$

d'où la relation :

$$2\mu°(H^+) + 2RT\ln[H^+]_{sol,1} + 2F\varphi_{sol,1} + 2\mu(e^-) - 2F\varphi_1 + 2\mu°(Fe^{2+}) + 2RT\ln[Fe^{2+}]_{sol,2} + 4F\varphi_{sol,2}$$
$$= \mu°(H_2) + RT\ln(P(H_2)/P°) + 2\mu°(Fe^{3+}) + 2RT\ln[Fe^{3+}]_{sol,2} + 6F\varphi_{sol,2} + 2\mu(e^-) - 2F\varphi_2$$

Après simplification (dont $P(H_2) = P° = 1$ bar), on obtient :

$$\varphi_1 - \varphi_2 = \frac{1}{F}\left(\mu°(Fe^{2+}) - \mu°(Fe^{3+})\right) + \frac{RT}{F}\ln\frac{[H^+]_{sol,1}[Fe^{2+}]_{sol,2}}{[Fe^{3+}]_{sol,2}}$$

b) Si on exprime cette tension en fonction de $E°(Fe^{2+}/Fe^{3+})$ par rapport à une électrode normale à hydrogène, il convient d'exprimer son opposé, c'est-à-dire $\varphi_2 - \varphi_1$, et en prenant toutes les activités égales à l'unité. Auquel cas on peut écrire, par identification :

$$\varphi_2 - \varphi_1 = E°(Fe^{2+}/Fe^{3+}) = \frac{-1}{F}\left(\mu°(Fe^{2+}) - \mu°(Fe^{3+})\right)$$

Cela entraîne :

$$E°(Fe^{2+}/Fe^{3+}) = (84\,854 - 10\,575) / 96\,490 = 0{,}770 \text{ V / ENH}$$

c) La tension mesurée entre l'électrode 1 et l'électrode 2 vaut :

$$\varphi_1 - \varphi_2 = -\,0{,}770 + (RT\,/\,F)\ \ln\,(10^{-2}.10^{-2}\,/\,10^{-3})$$

soit

$$\varphi_1 - \varphi_2 = -0{,}829\ \text{V}$$

Si on effectue la mesure en prenant l'électrode à hydrogène comme point de référence électrique, on obtient $\varphi_1 - \varphi_2 = +0{,}829$ V.

4.35 a) Calculons l'enthalpie libre de réaction :

$$\Delta_r G = \Delta_r H - T\Delta_r S = 550 - 1\,000 \times 0{,}200 = 350\ \text{kJ mol}^{-1}$$

Cette grandeur étant positive, la réduction de l'alumine ne peut pas se produire spontanément.

b)

Prérequis

Pour résoudre la question suivante, la tension thermodynamique est à relier aux grandeurs thermodynamiques.

La tension thermodynamique, qui correspond au système en équilibre chimique, est égale en valeur absolue à :

$$E_{\text{therm}} = \frac{|\Delta_r G|}{nF} = 350.10^3\,/\,(3 \times 96\,490) = 1{,}209\ \text{V}$$

Si on applique une tension supérieure à 1,209 V, la réaction de réduction de l'alumine a lieu, avec une vitesse d'autant plus grande que l'écart de tension est plus élevé. Pour une tension inférieure à cette valeur, c'est la réaction inverse qui tend à se produire, si Al et CO_2 sont présents.

c) La tension de l'électrolyse industrielle est bien supérieure à 1,209 V, pour des raisons cinétiques et des raisons thermodynamiques. En effet, la vitesse industrielle d'avancement de la réaction doit être aussi élevée que possible, afin que l'opération soit aussi rentable que possible (l'intensité du courant traversant une cellule industrielle est aujourd'hui de plusieurs centaines de milliers d'ampères. Il en résulte qu'une partie de l'énergie électrique injectée se retrouve sous forme d'énergie thermique en raison des effets Joule dus à diverses résistances dans la cellule (électrodes, électrolyte...), mais aussi de l'irréversibilité des réactions d'électrode, ce qui nécessite une tension plus élevée que la tension thermodynamique.

Remarque et généralisation

L'enthalpie de réaction étant positive, le système se refroidirait du fait de l'électrolyse si la tension était simplement très légèrement supérieure à la tension thermodynamique.

d) La tension thermoneutre correspondrait à une compensation énergétique telle que le bilan thermique au niveau du système reste nul. Elle correspond donc à injecter une quantité d'énergie égale à l'enthalpie de réaction. Auquel cas elle vaut ici :

$$E_{\text{thermoneutre}} = \Delta_r H\,/\,3F = 550.10^3\,/\,3 \times 96\,490 = 1{,}9\ \text{V}$$

e) Cette tension de 1,9 V suffit à maintenir la température de la cellule constante. L'excès d'énergie correspondant à l'excès de tension imposée, ici égal à 4,373 – 1,9 = 2,473 V, permet de calculer les pertes thermiques de la cellule vers le milieu extérieur : la production de 1 kg d'aluminium nécessite, selon la loi de Faraday, le passage d'une quantité de courant égale à :

$$3 \times (1\,000 / 27) \times 96\,490 = 1{,}07.10^7 \text{ C}$$

L'excès d'énergie correspondant est le produit de la charge par l'écart de tension, il vaut donc :

$$1{,}07.10^7 \times 2{,}473 = 2{,}6513.10^7 \text{ J kg}^{-1}$$

On en déduit que les pertes thermiques sont égales à 26 513 kJ / kg^{-1} par kg de Al. Cela correspond à 26 513 / 3 600 ≈ 7,4 kwh par kg de Al.

Le kWh est une unité d'énergie industrielle : puissance de 1 kw pendant 1 h ce qui correspond à 3 600 kJ.

f) L'énergie nécessaire à la production d'un kg d'aluminium est un travail W_e qui vaut sous la tension E :

$$W_e = 3\ FE \times 1\,000 / 27 \text{ J soit :}$$

- sous $E = E_{\text{thermodynamique}} = 1{,}209$ V $\quad W_{e,1} = 12\,962$ kJ = 3,6 kWh par kg de Al
- sous $E = E_{\text{thermoneutre}} = 1{,}9$ V $\quad W_{e,2} = 20\,370$ kJ = 5,66 kWh par kg de Al
- sous $E = 4{,}373$ V $\quad W_{e,3} = 46\,883$ kJ = 13,02 kWh par kg de Al.

g) Produire 1 kg d'aluminium nécessiterait un temps infini dans les deux premiers cas car le courant serait nul pour la tension appliquée. Dans la situation industrielle, avec $I = 3.10^5$ A, le temps Δt nécessaire est tel que la quantité de courant soit égale à :

$$I\,\Delta t = 3F \times (1\,000 / 27) = 1{,}072.10^7 \text{ C}$$

d'où $\Delta t = 1{,}072.10^7 / 3.10^5 = 35{,}7$ s

Couplage de réactions : oxydoréduction / acide-base / complexation

Dans la chimie d'oxydoréduction on observe souvent, outre les échanges d'électrons, des échanges de protons liés à des réactions acide-base et des échanges de ligands liés à des réactions de complexation qui influencent les potentiels d'équilibre. Ce sont ces cas plus complexes qui sont examinés dans cette dernière partie.

Énoncés

Exercices d'application et de synthèse

4.36 ★★ Couplage oxydoréduction–complexation

a) Calculer le potentiel pris par un fil d'argent plongé dans une solution aqueuse de nitrate d'argent, totalement dissociée en ions Ag^+ et NO_3^-, de concentration 10^{-3} mol L^{-1}. Le potentiel standard du couple Ag^+ / Ag est de 0,800 V / ENH.

b) Si on ajoute une mole d'ammoniac NH_3 à un litre de la solution précédente, le potentiel devient égal à 0,186 V / ENH. Sachant que l'ammoniac et les ions argent forment un complexe très stable (réaction quasi totale), calculer la constante de complexation K_c associée à la réaction :

$$Ag^+ + 2\ NH_3 \rightleftharpoons Ag(NH_3)_2^+$$

Quelle est la valeur du potentiel standard du couple $Ag(NH_3)_2^+$ / Ag ?

c) Les ions Fe^{2+} et Fe^{3+} forment, avec les ions cyanure CN^-, les complexes hexacyanoferrate II et III très stables $Fe(CN)_6^{4-}$ et $Fe(CN)_6^{3-}$. Sachant que le potentiel standard $E°$ du couple $Fe(CN)_6^{3-}$ / $Fe(CN)_6^{4-}$ est égal à 0,36 V / ENH. Déterminer quel est le plus stable de ces deux complexes.

4.37 ★★ Couplage oxydoréduction / précipitation

Le potentiel standard d'oxydoréduction du couple AgCl / Ag^+, Cl^- est égal à 0,222 V / ENH. Sachant que celui du couple Ag^+ / Ag est de 0,800 V / ENH, calculer la constante de solubilité K_s de AgCl.

Problèmes

4.38 ★★★★ Couplage oxydoréduction / acide-base / précipitation

Pour prévoir les domaines de stabilité des espèces en solution aqueuse, on utilise les diagrammes potentiel-pH (appelés également diagrammes de Pourbaix, du nom du scientifique qui les a fortement développés pour les espèces inorganiques). Dans cet exercice la solution ne conduit pas à la formation d'un complexe. On s'intéresse ici au cas de l'argent. Selon le potentiel d'oxydoréduction de la solution (ou le potentiel électrique appliqué à une électrode d'argent) l'argent peut rester sous sa forme réduite (stable dans l'eau) ou être oxydé sous la forme Ag^+, Ag_2O ou AgO , selon le pH.

a) Calculer la constante de précipitation de Ag^+ en Ag_2O, selon la réaction :

$$2\ Ag^+ + H_2O \rightleftharpoons Ag_2O + 2\ H^+$$

Remarque

L'écriture avec le proton solvaté H^3O^+ (ion oxonium) compliquerait un peu le calcul numérique, mais ne changerait rien au raisonnement. On se contentera donc de raisonner sur H^+.

b) Quel est le pH limite de stabilité d'une solution de Ag^+ à 10^{-4} mol L^{-1} ? Quel est le lieu géométrique de cette limite sur un diagramme E / pH ?

De quel côté de ce lieu géométrique se situe la zone de stabilité de Ag^+ pour cette concentration ? Que se passe-t-il si on augmente le pH de cette solution ?

c) Quel est le lieu géométrique, sur le diagramme, qui définit le domaine d'équilibre entre la concentration en ion Ag^+ et un objet d'argent qui serait introduit dans la solution ?

Ce lieu géométrique est-il valable dans tout le domaine de pH ? Que se passe-t-il si le potentiel d'oxydoréduction est abaissé, soit par introduction d'un couple réducteur, soit par un potentiel d'oxydoréduction imposé à une valeur inférieure à celle que l'on a calculée ?

d) Quelle est l'équation qui donne la valeur du point d'intersection entre les droites trouvées dans les questions précédentes ?

Quel est le lieu géométrique des autres points qui vérifient cette équation ? Comment se positionne-t-il par rapport aux droites précédentes ?

e) Que devient Ag_2O si le pH de la solution est fortement augmenté (écrire la réaction correspondante) ?

Calculer la constante d'équilibre et préciser le lieu géométrique des points d'équilibre.

f) Montrer que le lieu géométrique d'équilibre entre Ag et AgO^- en milieu très basique est une droite dont la pente en fonction du pH est –0,118.

Tracer l'allure complète du diagramme pour les concentrations en espèces ioniques données.

g) Un objet en argent recouvert d'une légère couche de Ag_2O est plongé dans une solution à pH = 8. Calculer, dans les conditions d'équilibre, les concentrations des espèces ioniques issues de l'argent dans cette solution.

Données : $\mu°(H^+) = 0$, $\mu°(Ag) = 0$, $\mu°(Ag^+) = 77\,037$ J mol^{-1}, $\mu°(Ag_2O) = -10\,809$ J mol^{-1}, $\mu°(AgO) = -22\,948$ J mol^{-1}, $\mu°(H_2O) = -236\,964$ J mol^{-1}, $E°(Ag^+ / Ag)$ 0,800 V / ENH.

4.39 ★★★★ Couplage dismutation-complexation

a) Montrer qu'une solution, dans laquelle on introduit des ions Cu^+ et Cu^{2+} en même concentration (1 mol L^{-1}) en présence de cuivre métallique, est instable. Écrire la réaction correspondante.

b) Calculer la constante de l'équilibre correspondant.

c) Dans une solution contenant des ions Cu^{2+} à la concentration 1 mol L^{-1} en présence de cuivre métallique, quelle est la concentration en ions Cu^+ à l'équilibre ?

d) Les ions Cu^+ et Cu^{2+} forment respectivement les complexes $[Cu(NH_3)_2]^+$ et $[Cu(NH_3)_4]^{2+}$ avec NH_3. En raisonnant qualitativement sur le déplacement de l'équilibre, est-il possible de conclure sur l'influence de ces complexations sur la stabilité de l'ion Cu^+ en solution ammoniacale ?

e) On donne les constantes de stabilité des complexes :

$$Cu^+ + 2\,NH_3 \rightleftharpoons Cu(NH_3)_2^+ \qquad K_1 = 10^{10,8} = 6,3.10^{10}$$

$$Cu^{2+} + 4\,NH_3 \rightleftharpoons Cu(NH_3)_4^{2+} \qquad K_2 = 10^{12,6} = 4.10^{12}$$

Calculer les potentiels standard $E°_1'$, $E°_2'$ et $E°_3'$des couples suivants à 298 K :

$$Cu(NH_3)_2^+ / Cu, 2NH_3 \; (E°_1')$$

$$Cu(NH_3)_4^{2+} / Cu(NH_3)_2^+, 2NH_3 \; (E°_2'),$$

$$Cu(NH_3)_4^{2+} / Cu, 4NH_3 \; (E°_3')$$

et conclure quant à l'évolution de la stabilité de l'ion cuivre(I).

f) Calculer la constante de l'équilibre de dismutation exprimée en fonction des concentrations en ions complexes. En déduire la concentration en ions $Cu(NH_3)_4^{2+}$ en équilibre avec Cu et $Cu(NH_3)_2^+$ en concentration égale à 1 mol L^{-1}.

On donne les potentiels standard (par rapport à ENH) des couples suivants à 298 K :

$$Cu^+/Cu : E°_1 = 0{,}521 \text{ V}; \; Cu^{2+}/Cu^+ : E°_2 = 0{,}163 \text{ V}; \; Cu^{2+}/Cu : E°_3 = 0{,}342 \text{ V}$$

Corrigés

4.36 a) La réaction d'équilibre d'oxydoréduction à l'électrode d'argent est :

$$Ag^+ + e^- \rightleftharpoons Ag$$

La relation de Nernst s'écrit donc :

$$E = E°(Ag^+/Ag) + (RT/F) \ln [Ag^+] = 0{,}800 + 0{,}059 \log (10^{-3}) = 0{,}623 \text{ V / ENH}$$

b)

Prérequis

Il s'agit de calculer la constante de l'équilibre de complexation indiqué par l'énoncé et donc de déterminer les différentes concentrations. Pour cela, il conviendra d'écrire la conservation des espèces Ag^+ et NH_3 et de considérer, pour simplifier, que la complexation est quasi totale c'est-à-dire que la concentration en Ag^+ est très proche de 0.

Nous nous proposons de calculer la constante :

$$K_c = [Ag(NH_3)_2^+] / [Ag^+] [NH_3]^2$$

La conservation de l'espèce argent en solution s'écrit :

$$[Ag^+] + [Ag(NH_3)_2^+] = 10^{-3} \text{ mol L}^{-1}$$

La conservation de NH_3 s'écrit : $[NH_3] + 2 [Ag(NH_3)_2^+] = 1$ mol L^{-1}

et, puisque la réaction de complexation est quasiment totale :

$$[Ag(NH_3)_2^+] \approx 10^{-3} \text{ mol L}^{-1}, \text{ donc } [NH_3] = 1 - 2.10^{-3} \# 1 \text{ mol L}^{-1}$$

L'application de la loi de Nernst conduit à la valeur de la concentration, très faible, en ions argent :

$$0{,}186 = 0{,}8 + 0{,}059 \log [Ag^+]$$

d'où : $$[Ag^+] = 3{,}92.10^{-11} \text{ mol L}^{-1}$$

Cette valeur est effectivement très faible, cohérente avec l'hypothèse simplificatrice de calcul.

On en déduit le résultat demandé : $K_c = 10^{-3} / 3{,}92.10^{-11} = 2{,}55.10^7$.

Le potentiel de l'électrode d'argent peut s'exprimer indifféremment en fonction de la concentration en ions Ag^+ ou de la concentration en ions Ag complexés. Il peut donc également être exprimé à partir de la demi-réaction mettant en jeu l'argent complexé :

$$[Ag(NH_3)_2^+] + e^- \rightleftharpoons Ag + 2\, NH_3$$

$$E = E^\circ(Ag(NH_3)_2^+/Ag) + (RT/F)\ \ln\ [Ag(NH_3)_2^+]$$ comme $[NH_3] = 1$ mol L^{-1} et $a(Ag) = 1$

$$0{,}186 = E^\circ(Ag(NH_3)_2^+/Ag) + 0{,}059\ \log\ (10^{-3})$$

d'où $E^\circ(Ag(NH_3)_2^+/Ag) = 0{,}186 + (0{,}059 \times 3) = 0{,}363$ V / ENH.

c)

Prérequis

Pour accéder aux concentrations comparées des ions Fe^{3+} et Fe^{2+} à l'équilibre, il est nécessaire d'écrire l'égalité du potentiel d'électrode des espèces complexées (donné par l'énoncé) et des espèces non complexées. Ce dernier potentiel se calcule à partir de $E^\circ(Fe^{3+}/Fe^{2+})$ que l'on retrouve dans les tables ($E^\circ = 0{,}77$ V / ENH).

Le potentiel d'une électrode de platine plongée dans une solution contenant les deux complexes à une même concentration de 1 mol L^{-1} prend une valeur epérimentale qui s'exprime indifféremment en considérant le couple $Fe(CN)_6^{3}/Fe(CN)_6^{4}$ ou le couple Fe^{3+}/Fe^{2+} lorsque les équilibres de complexation sont atteints :

soit $E = 0{,}36 + 0{,}059\ \log\ (1/1)$ si on utilise les espèces complexées

et $E = 0{,}77 + 0{,}059\ \log\ ([Fe^{3+}]/[Fe^{2+}])$ si on utilise les espèces non complexées.

Ces deux potentiels sont nécessairement égaux. En conséquence, le rapport des concentrations des ions $[Fe^{3+}]/[Fe^{2+}]$ sera tel que $\log\ ([Fe^{3+}]/[Fe^{2+}]) = (0{,}36 - 0{,}77)/0{,}059 \approx -7$.

La concentration en ions Fe^{3+} est donc très faible devant la concentration en ions Fe^{2+}. Nous en déduisons que l'ion Fe^{3+} est beaucoup plus fortement complexé que l'ion Fe^{2+}.

4.37 La loi de Nernst, pour une activité quelconque en ion Cl^- appliquée à l'équilibre :

$$AgCl + e^- \rightleftharpoons Ag + Cl^-$$

s'écrit $E = 0{,}222 + (RT/F)\ \ln\ [a(AgCl)/a(Ag)\ a(Cl^-)]$

avec $a(AgCl) = 1$ et $a(Ag) = 1$ (phases solides pures)

On peut également décrire le système en faisant intervenir l'activité en ion Ag^+ résultant de l'équilibre :

$$AgCl \rightleftharpoons Ag^+ + Cl^-$$

avec la constante $K_s = a(Ag^+) \times a(Cl^-)$ puisque $a(AgCl) = 1$.

Dans ce cas, la loi de Nernst s'applique à l'équilibre :

$$Ag^+ + e^- \rightleftharpoons Ag$$

et s'écrit $E = 0{,}800 + (RT/F)\ \ln\ a(Ag^+)$ puisque $a(Ag) = 1$.

Cela entraîne l'égalité :

$$0{,}800 + (RT/F)\ \ln\ [K_s/a(Cl^-)] = 0{,}222 + (RT/F)\ \ln\ [1/a(Cl^-)]$$

d'où la constante de solubilité :

$$K_s = \exp[(F/RT)\ (0{,}222 - 0{,}800)$$

$$K_s = 1{,}67.10^{-10}$$

4.38 a) À l'équilibre on peut écrire :

$$\Delta_r G = 0 = \Delta_r G° + RT \ln K_{\text{précipitation}}$$

ce qui entraîne :

$$K_{\text{précipitation}} = \exp(-\Delta_r G / RT) = \exp[(-\mu°(Ag_2O) - 2\mu°(H^+) - \mu°(H_2O) - 2\mu°(Ag^+)) / RT]$$

Avec les valeurs numériques données on obtient :

$$K_{\text{précipitation}} = 2{,}3.10^{-12}$$

b) Comme les activités de H_2O (solvant) et de Ag_2O (phase solide pure) sont égales à 1, pour ces calculs, et si on assimile les valeurs numériques des activités et des concentrations molaires, on peut alors écrire :

$$[H^+] = (2{,}3.10^{-13}\,[Ag^+]^2)^{1/2}$$

On obtient ainsi $[H^+] = 4{,}8.10^{-11}$ mol.L^{-1} ou encore pH = 10,3.

Le potentiel d'oxydoréduction n'intervient pas dans cette valeur. Le lieu géométrique est donc une droite verticale, dont l'abscisse est la valeur du pH trouvée. Cette abscisse dépend de la concentration en Ag^+.

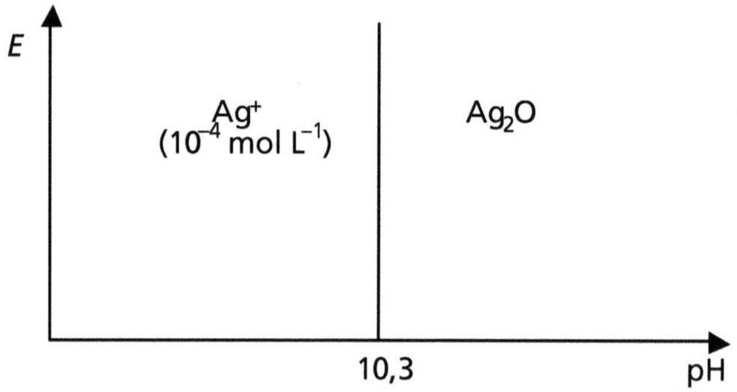

À droite de cette verticale, la forme Ag_2O est stable, en revanche, à gauche, c'est la forme Ag^+ qui est stable à la concentration 10^{-4} mol L^{-1}.

Si on augmente le pH de cette solution, Ag^+ précipite sous forme de Ag_2O.

Remarque et généralisation

En revanche, si on diminue le pH, les traces de Ag_2O se dissolvent.

c) L'équilibre entre Ag et les ions Ag^+ correspond au potentiel d'oxydoréduction donné par la loi de Nernst pour la concentration donnée, c'est-à-dire $E = 0{,}800 + (RT / F) \ln a(Ag^+)$, soit $E = 0{,}564$ V / ENH.

Comme cette valeur ne dépend pas du pH, le lieu géométrique sur le diagramme est une droite horizontale dont l'ordonnée dépend de la concentration en Ag^+.

Le domaine de validité de ce lieu géométrique se situe à gauche de la verticale trouvée dans la question précédente (domaine de stabilité de Ag^+) et s'arrête à l'intersection avec cette droite (pH 10,3).

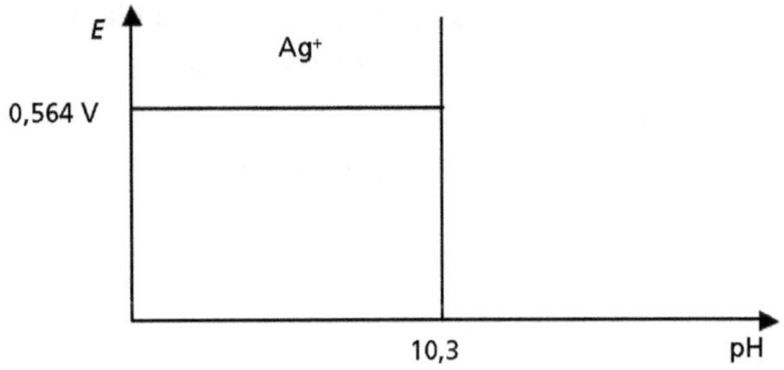

Si le potentiel E est abaissé, les ions Ag^+ sont réduits en Ag métallique, et la concentration résiduelle sera celle qui correspond à la nouvelle valeur de E imposée (selon la loi de Nernst).

d) À l'intersection on a simultanément les deux équilibres :

$$2\,Ag^+ + H_2O \rightleftharpoons Ag_2O + 2\,H^+$$

$$Ag \rightleftharpoons Ag^+ + e^-$$

En combinant les deux équilibres, on peut écrire :

$$2\,Ag + H_2O \rightleftharpoons Ag_2O + 2\,H^+ + 2\,e^-$$

La loi de Nernst pour le couple Ag^+ / Ag s'écrit :

$$E = 0{,}800 + (RT / F)\ \ln\,[Ag^+]$$

et en remplaçant $[Ag^+]$ par son expression en fonction de $K_{\text{précipitation}}$, on obtient :

$$E = 0{,}800 - (RT / 2F)\ \ln K_{\text{précipitation}} + (RT / F)\ \ln\,[H^+]$$

Soit : $$E = 1{,}144 - 0{,}059\ \text{pH}.$$

On peut remarquer que cette équation ne fait pas intervenir la concentration en ions Ag^+.

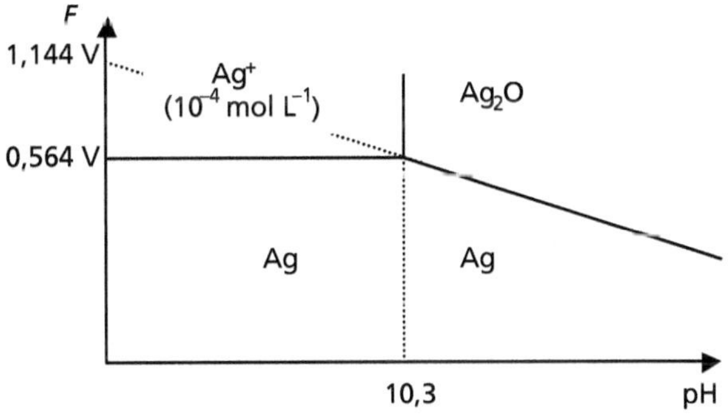

Le lieu géométrique des points qui vérifient cette équation est donc une droite dont la pente en fonction du pH est –0,059. Cette droite se positionne dans la partie droite définie par la verticale en **b)**.

Remarque et généralisation

La droite oblique est représentée en trait plein dans le domaine de pH supérieur à celui de précipitation. Son prolongement en trait pointillé à pH plus faible est virtuel dans ce domaine de stabilité mais deviendrait réel pour une concentration en Ag^+ plus élevée, auquel cas la droite horizontale serait plus haute.

e) Si le pH de la solution est fortement augmenté, il se produit la réaction :

$$Ag_2O + 2\ OH^- \rightarrow 2\ AgO^- + H_2O$$

que l'on peut aussi écrire (par commodité) :

$$Ag_2O + H_2O \rightarrow 2\ AgO^- + 2\ H^+$$

L'équilibre entre ces deux formes oxydées de l'argent (c'est un équilibre acide-base) est (avec la deuxième écriture) :

$$Ag_2O + H_2O \rightleftharpoons 2\ AgO^- + 2\ H^+$$

avec la constante $K_{éq} = a(AgO^-) \times a(H^+)$ puisque $a(Ag_2O)$ et $a(H_2O)$ sont égales à 1.

La constante, par le même type de calcul que précédemment, donne :

$$K_{éq} = \exp(-\Delta_r G° / RT)$$

soit $K_{éq} = 4{,}1.10^{-36}$

Avec $[Ag^+] = 10^{-4}$ mol L^{-1}, on obtient $[H^+] = (4{,}1.10^{-36} / 10^{-8})^{1/2}$

soit pH = 13,7.

Le lieu géométrique de cet équilibre est donc une droite verticale dont la position dépend de la concentration en AgO^-.

Remarque et généralisation

Pour la concentration considérée, la stabilité de cette espèce ionique se situe sur la partie droite du diagramme (aux fortes valeurs de pH).

f) Le lieu géométrique représentant l'équilibre entre entre AgO^- et Ag est une droite inclinée passant par l'intersection entre la droite verticale ci-dessus et la droite oblique déterminée en d). L'équilibre résulte de la combinaison entre :

$$2\ Ag + H_2O \rightleftharpoons Ag_2O + 2\ e^- + 2\ H^+$$
$$Ag_2O + H_2O \rightleftharpoons 2\ AgO^- + 2\ H^+$$

soit :

$$Ag + H_2O \rightleftharpoons AgO^- + 2\ H^+ + e^-$$

La loi de Nernst dans ce cas conduit à une expression du type :

$$E = E°(AgO^- / Ag) + (RT / F) \ln a(AgO^-) + (2\ RT / F) \ln a(H^+)$$

c'est-à-dire :

$$E = E° + 0{,}059 \log [AgO^-] - 0{,}118\ pH$$

L'allure du diagramme E / pH est alors la suivante :

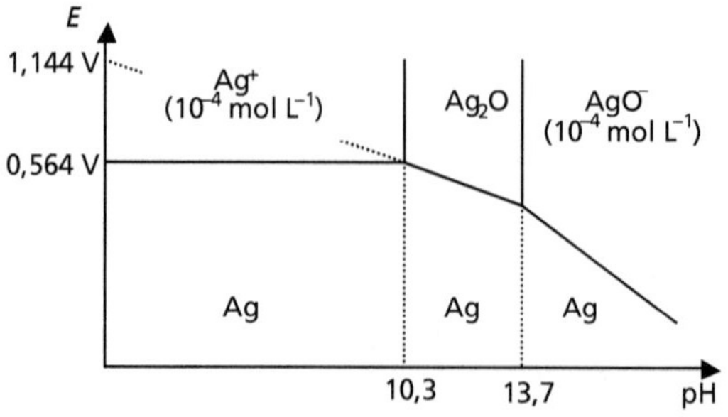

g) Pour calculer les concentrations, il faut utiliser les constantes d'équilibre trouvées dans les questions précédentes. Ainsi, la concentration en Ag^+ peut se calculer à partir de la constante d'équilibre entre Ag_2O et Ag^+. On obtient :

$$[Ag^+] = [H^+] \times (K_{\text{précipitation}})^{1/2} = 10^{-8} / (2,3.10^{-13})^{1/2}$$

soit $$[Ag^+] = 2,1.10^{-2} \text{ mol L}^{-1}$$

La concentration en AgO^- est obtenue à partir de $K_{\text{éq}}$ par la relation :

$$[AgO^-] = K_{\text{éq}}^{1/2} / [H^+] = (4,1.10^{-36})^{1/2} / 10^{-8}$$

On trouve $$[AgO^-] = 2.10^{-10} \text{ mol L}^{-1}$$

4.39 a)

Prérequis

Pour prévoir le sens d'une réaction d'oxydoréduction, on peut raisonner sur la hiérarchie des potentiels standard des couples mis en jeu, en vérifiant que les espèces *a priori* réactives sont présentes. De plus, il est important de préciser que le potentiel d'oxydoréduction d'une solution a une valeur fixée par les conditions expérimentales données.

La comparaison des potentiels standard montre que le couple oxydant, dont le potentiel d'oxydoréduction est le plus élevé, est Cu^+ / Cu (0,521 V / ENH), le couple réducteur étant Cu^{2+} / Cu^+ (0,163 V / ENH). L'ion Cu^+, dans ces conditions, subit donc la réaction de dismutation suivante :

$$2\ Cu^+ \rightarrow Cu^{2+} + Cu$$

b)

Prérequis

Il est important de bien comprendre que le potentiel d'oxydoréduction d'une solution (qui pourrait être mesuré par une électrode) présente une valeur pour des conditions expérimentales données. Lorsque plusieurs couples sont présents, l'état d'un couple observé dépend de cette valeur.

En situation d'équilibre, on a :

$$2\ Cu^+ \rightleftharpoons Cu^{2+} + Cu$$

avec la constante $K = ([Cu^{2+}] / c_0) / ([Cu^+]^2 / [c_0]^2)$ et avec $c_0 = 1$ mol L^{-1}.

Le potentiel d'oxydoréduction dépend de l'état des couples. Il possède une valeur unique exprimée par la loi de Nernst pour chaque couple, ce qui entraîne l'égalité des expressions (notamment celles pour les deux premiers couples envisagés) :

$$E°_2 + (RT / F) \ln ([Cu^{2+}] / [Cu^+]) = E°_1 + (RT / F) \ln ([Cu^+] / 1)$$

d'où en utilisant l'expression de la constante $K = \exp [F(E°_1 - E°_2) / RT]$

$$K = \exp [96\,490\ (0,521 - 0,163) / 8,314 \times 298] = 1,14.10^6$$

c) La concentration en ions Cu^+ est donnée par la relation :

$$[Cu^+]^2 = [Cu^{2+}] / K \approx 10^{-6} \text{ mol L}^{-1}$$

L'équilibre est donc très déplacé dans le sens de la dismutation de l'ion Cu^+.

d) Raisonnons sur le déplacement de l'équilibre :

$$2\ Cu^+ \rightleftharpoons Cu^{2+} + Cu$$

L'addition du complexant NH_3 consomme à la fois le réactif Cu^+ et le produit Cu^{2+}. Il est donc impossible de conclure sans calcul quel est l'effet qui l'emporte sur l'autre.

e)

Prérequis

Dans cette situation, il ne faut pas oublier que dans la solution il y a simultanément les ions complexés et les ions libres, étant entendu que les concentrations sont liées entre elles par les constantes d'équilibre (*voir* **4.38**).

Prenons l'exemple du couple Cu(I) / Cu, qu'on peut indifféremment écrire sous la forme $Cu(NH_3)_2^+$ / Cu ($E°_1{}'$).

Nous allons, comme dans la question **b)**, utiliser les relations qui donnent le potentiel d'oxydoréduction de la solution, qui est unique à l'équilibre, en fonction des potentiels des couples en équilibre qui sont de fait égaux :

$$E°_1 + (RT / F) \ln ([Cu^+] / 1) = E°_1{}' + (RT / F) \ln ([Cu(NH_3)_2^+] / 1 \times [NH_3]^2])$$

où $E°_1{}'$ est le potentiel standard recherché.

On en déduit :

$$E°_1 = E°_1{}' + (RT / F) \ln ([Cu(NH_3)_2^+] / ([Cu^+] \times [NH_3]^2)) = E°_1{}' + (RT / F) \ln K_1$$

Donc pour le couple $Cu(NH_3)_2^+$ / Cu, dans l'état standard $[NH_3] = 1$, on obtient alors :

$$E°_1{}' = 0{,}521 - (8{,}314 \times 298 / 96\ 490) \ln 10^{10{,}8} = -0{,}118 \text{ V / ENH}$$

Pour le couple $Cu(NH_3)_4^{2+}$ / $Cu(NH_3)_2^+$ on a l'égalité :

$$E°_2{}' + (RT / F) \ln ([Cu(NH_3)_4^{2+}] / ([Cu(NH_3)_2^+] \times [NH_3]^2)) = E°_2 + (RT / F) \ln ([Cu^{2+}] / [Cu^+])$$

ce qui entraîne :

$$E°_2{}' = E°_2 - (RT / F) \ln ([Cu(NH_3)_4^{2+}]\ [Cu^+] / [Cu(NH_3)_2^+] \times ([Cu^{2+}]) = 0{,}163 - (RT / F) \ln (K_2 / K_1)$$

soit $E°_2{}' = 0{,}057$ V / ENH.

Enfin pour le troisième couple, un calcul analogue conduit à :

$$E°_3{}' = E°_3 + (RT / 2F) \ln ([Cu^{2+}] / [Cu(NH_3)_4^{2+}])$$

soit $E°_3{}' = -0{,}030$ V / ENH.

Les valeurs des potentiels d'oxydoréduction montrent que la dismutation se produit encore en milieu ammoniacal ($E°_2{}'$ de Cu(II) / Cu(I) est le plus élevé et ce couple est donc l'oxydant le plus fort) et comme le potentiel du couple $Cu(NH_3)_2$ / Cu est le plus bas (–0,118) c'est le couple réducteur le plus fort. La forme complexe $Cu(NH_3)_2^+$ est donc la plus stable des ions.

Remarque et généralisation

La complexation Cu(I) / Cu(II) a inversé l'ordre des potentiels Cu(I) / Cu(0) et Cu(II) / Cu(0). La règle du gamma, beaucoup utilisée pour la comparaison des couples d'oxydoréduction, permet de visualiser rapidement le raisonnement ci-dessus. De façon rigoureuse, on peut obtenir le même résultat en calculant $\Delta_r G$.

f) La constante de dismutation correspond maintenant à l'équilibre :

$$2\ Cu(NH_3)_2^+ \rightleftharpoons Cu + Cu(NH_3)_4^{2+}$$

et elle vaut :

$$K' = [Cu(NH_3)_4^{2+}] / [Cu(NH_3)_2^+]^2 = K \times K_2 / K_1^2$$

On trouve ainsi $K' = 1{,}1.10^{-3}$.

Donc, pour $[Cu(NH_3)_2^+] = 1$ mol L^{-1}, on a en équilibre $[Cu(NH_3)_4^{2+}] = 1{,}1.10^{-3}$ mol L^{-1}.

Les réactions en chimie organique

5

Dans cet ouvrage, nous présentons d'une part les généralités physicochimiques (énergétiques, cinétiques...) qui valent pour tous les types de réactions chimiques et, d'autre part, les applications aux équilibres chimiques les plus courants, à savoir les équilibres acido-basiques et les équilibres d'oxydoréduction.

Il nous a cependant paru que ce programme de chimie des deux premières années de Licence ne pouvait pas faire l'économie d'une présentation spécifique de la chimie organique à travers la structure spatiale (stéréochimie), la structure électronique et la réactivité fondamentale des molécules organiques.

Nous avons pensé que cette présentation devait cependant être cohérente avec les concepts qu'on a davantage l'habitude de présenter en chimie physique et en chimie minérale.

Pour cette raison, ce dernier chapitre aborde les réactions les plus courantes en les reliant, de façon originale, même au prix d'un certain formalisme, aux réactions habituelles acido-basiques ou d'oxydoréduction.

On a peu l'habitude de présenter de la sorte les réactions organiques mais il nous a paru intéressant et formateur de mobiliser par cette présentation une vision délibérément unitaire de la chimie.

LES SAVOIRS CLÉS

Essentiel 5.1

Structure des molécules organiques : éléments de nomenclature, intermédiaires réactionnels

■ Éléments de nomenclature

La nomenclature systématique, validée par l'Union internationale de chimie pure et appliquée (UICPA), comporte les règles suivantes en chimie organique :

- on détermine l'enchaînement carboné principal qui comportera la fonction principale indiquée par un suffixe (indice de position n_1 le plus bas possible) et la chaîne carbonée la plus longue comportant éventuellement le maximum d'insaturations (indice de position n_2) ;

- les groupements fonctionnels sont classés par priorité décroissante (nitrile, aldéhyde, cétones, amine, acide, ester, alcool...) et hors fonction principale les autres fonctions sont classées comme substituants (exemple, le 4-hydroxyhexan-2-one $CH_3CH(OH)(CH_2)_2COCH_3$) ;
- sur cet enchaînement les substituants alkyles (méthyle, éthyle...) seront indiqués par des préfixes où ils perdent leur « e » (méthyl, éthyl...) précédés par un indice de position n_3;
- les indices n_1, n_2 et n_3 seront les plus faibles possibles.

Exemple : le 2,3-diméthylhex-3-én-1-ol $CH_3CH_2CH = C(CH_3)CH(CH_3)CH_2OH$.

Quelques noms usuels de substituants : vinyle $-CH{=}CH_2$; allyle $-CH_2-CH{=}CH_2$; benzyle $-CH_2-C_6H_5$; acétyle $-CO-CH_3$; méthoxy $-OCH_3$.

Intermédiaires réactionnels

Les espèces radicalaires et les espèces chargées ont une grande importance en réactivité et sont souvent des intermédiaires réactionnels car elles sont peu stables en règle générale.

Espèces radicalaires

Les radicaux neutres, avec un électron célibataire, sont issus de la **coupure homolytique** (symétrique ou quasi symétrique) de liaisons peu ou pas polarisées :

$$A\text{–}B \rightarrow A^{\bullet} + B^{\bullet}$$

Ce sont des espèces instables et donc très réactives qui peuvent donner lieu à des réactions radicalaires en chaîne, à cinétique rapide. Les principaux radicaux neutres sont donnés ci-après (en formules de Lewis) :

Il peut aussi exister des radicaux chargés qui se développent par des processus plus complexes non développés ici.

Espèces positives

Il existe deux types principaux d'espèces positives, qui se distinguent par leur origine (les unes sont issues d'une rupture de liaison, les autres par captation de H^+ sur une espèce neutre) et par leur structure électronique. Leur réactivité propre est très différente.

- Espèces obtenues par **rupture hétérolytique** d'une liaison polarisée :

Le groupe A^+ présente une orbitale vacante de deux types différents :

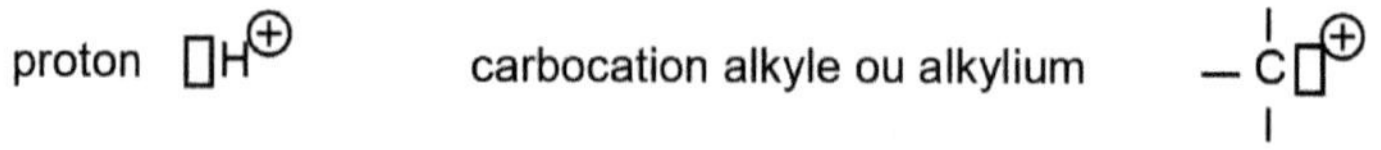

La présence d'orbitales vacantes rend ces espèces très avides d'électrons. Ces espèces sont donc appelées **électrophiles**. Ce sont également des **acides de Lewis** (accepteurs de doublets d'électrons).

- Espèces obtenues par addition de H^+ sur une espèce neutre (protonation) possédant un doublet non liant :

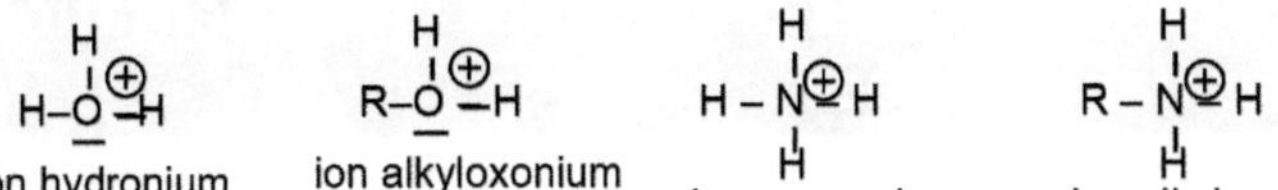

ion hydronium — ion alkyloxonium — ion ammonium — ion alkylammonium

L'ion alkyloxonium peut conduire aux carbocations par perte d'une molécule d'eau.

Ces espèces protonées sont dépourvues d'orbitale vacante et ne peuvent donc plus accepter de doublets électroniques. Ce ne sont plus des **acides de Lewis** mais des **acides selon Brønsted-Lowry** (*voir* chapitre 5 du tome 1).

Espèces négatives

Ces entités correspondent à l'espèce :B^- issue de la rupture hétérolytique écrite plus haut. Elles portent un doublet non liant et sont donc avides d'espèces déficitaires en électrons, ce sont donc des **bases de Lewis** et des **nucléophiles** :

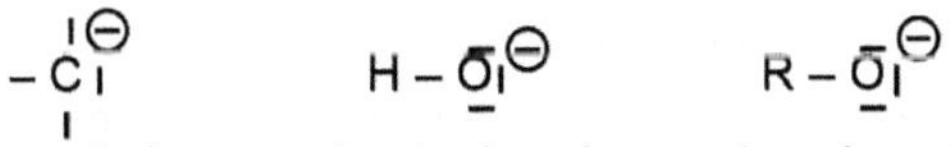

ion alkylure — ion hydroxyle — ion alcanolate

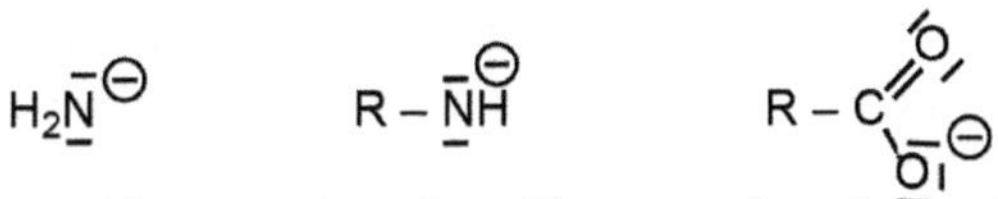

ion amidure — ion alcamidure — ion alcanoate

Carbènes

Les carbènes sont des espèces divalentes qui possèdent à la fois un doublet non liant et une orbitale vacante. Elles sont très instables et très réactives, et se comportent comme des électrophiles :

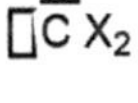

Essentiel 5.2

Stéréochimie des molécules organiques : représentation des molécules dans l'espace

■ Introduction

Pour étudier la stéréoisomérie des espèces chimiques, c'est-à-dire les multiples possibilités d'arrangements moléculaires dans l'espace, il faut d'abord être capable de **représenter** et d'**identifier** chacun de ces arrangements.

Pour représenter des molécules en trois dimensions dans un espace plan (tableau ou feuille), il est nécessaire de disposer de **conventions** et d'artifices explicités ci-après.

■ Représentation projective ou représentation de Cram

Représentation dite du « coin volant », elle est utilisée pour les molécules tétraédriques qui comportent quatre liaisons autour de l'atome central, placées dans deux plans perpendiculaires. On choisit un plan de référence qui contient deux liaisons dessinées en trait plein, faisant entre elles l'angle de tétraèdre de 109°, et un plan perpendiculaire qui comporte une liaison en avant (coin plein) et une liaison en arrière (en pointillés).

Cette liaison avant et cette liaison arrière, superposables sur une représentation strictement projective, sont légèrement décalées pour pouvoir être visibles (attention cependant à ne pas trop ouvrir l'angle) :

Exemples :

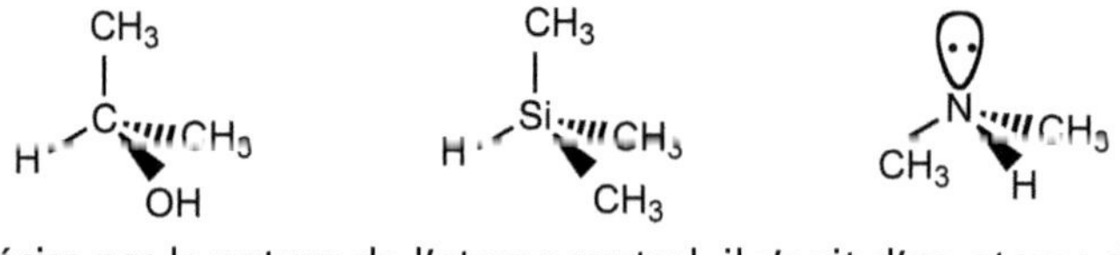

Si on ne précise pas la nature de l'atome central, il s'agit d'un atome de carbone.

Cette représentation, très générale, est spécialement utile pour une analyse de la géométrie autour de deux atomes contigus (le plus souvent deux C) dits vicinaux :

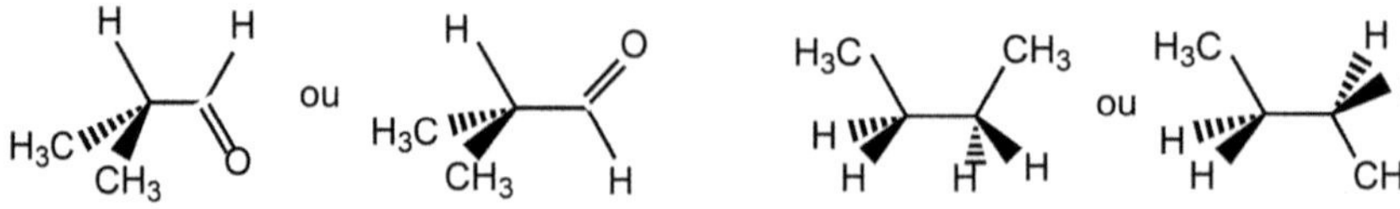

■ Représentation perspective

On utilise ici le même graphisme pour toutes les liaisons en déformant un peu les angles pour donner l'effet de perspective. Cette représentation est très utilisée pour les cycles :

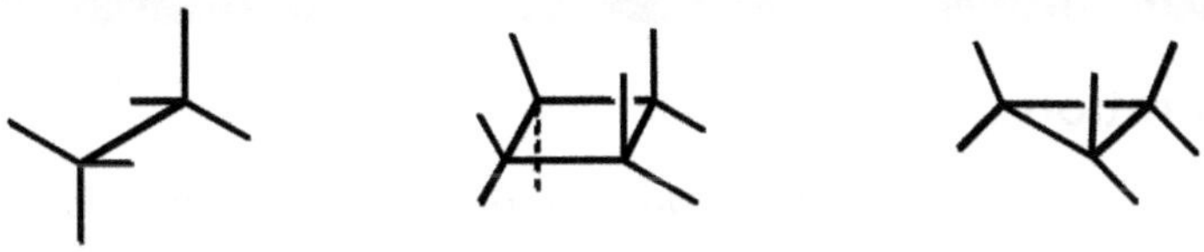

On peut aussi utiliser une représentation mixte cumulant projective et perspective :

■ Représentation de Newman

Dans cette représentation, on fait le choix d'une liaison, généralement simple, qui sera l'axe d'observation. Les autres liaisons sont projetées sur un plan perpendiculaire à cet axe, le **plan frontal**, matérialisé par un cercle. Les liaisons, projetées sur ce plan, font entre elles des angles de 120° et les trois liaisons, en avant du plan frontal, sont totalement figurées alors que les trois liaisons, en arrière, sont masquées :

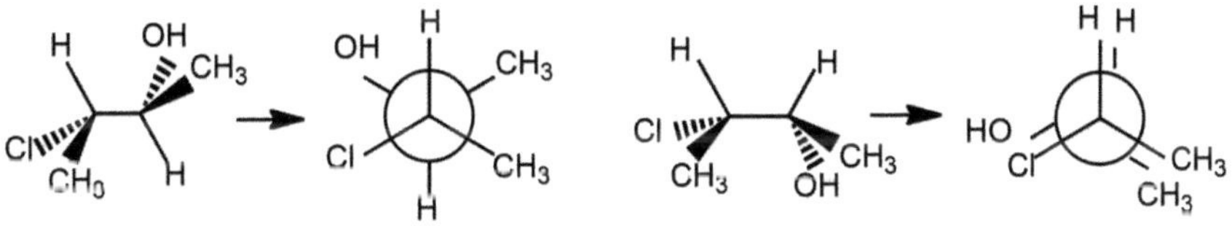

Diverses représentations sont possibles, à une rotation près.

■ Représentation de Fischer

Cette représentation, historiquement proposée pour les sucres, est de portée très générale. On utilise un graphisme en traits pleins et en croix ayant la signification suivante :

- l'axe vertical est en arrière du plan d'observation;
- l'axe horizontal est en avant de ce plan (les liaisons pointent vers l'observateur) :

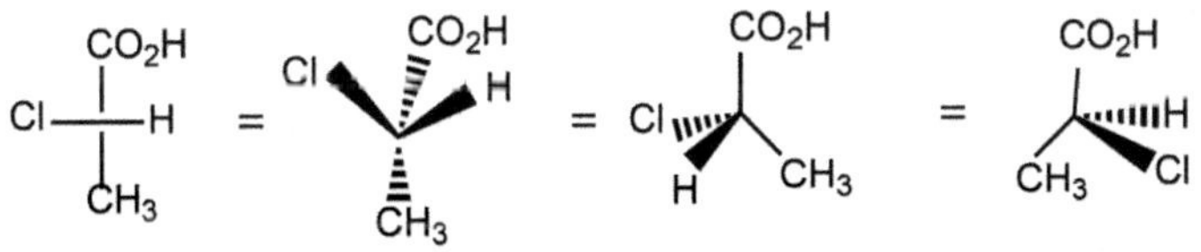

Au-delà de cette convention fondamentale, on utilise deux autres conventions :

- l'axe vertical doit contenir la chaine principale (l'enchaînement carboné);
- le carbone de nombre d'oxydation le plus élevé, ou d'indice de position le plus faible, en cas d'ambiguïté, est placé au sommet de l'axe vertical.

Essentiel 5.3

Stéréochimie des molécules organiques : configuration et conformation : définition et critères distinctifs

■ Configuration

Les configurations sont relatives à des stéréoisomères, isomères dans l'espace, qui diffèrent par la disposition spatiale des mêmes substituants et dont l'interconversion nécessite la rupture de ces liaisons. Ces stéréoisomères sont donc des molécules différentes (représentations non superposables) qui peuvent être séparées et isolées, et qui présentent certaines propriétés spécifiques.

On ne peut passer d'une configuration à une autre qu'en brisant (virtuellement) des liaisons σ ou π, puis en échangeant la position de deux substituants d'un même atome.

Exemples :

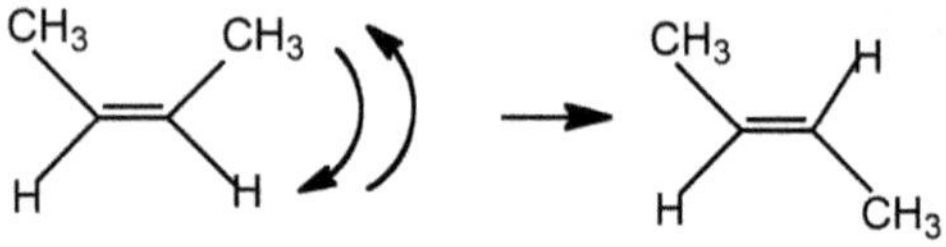

Le but-2-ène dans ses deux configurations :

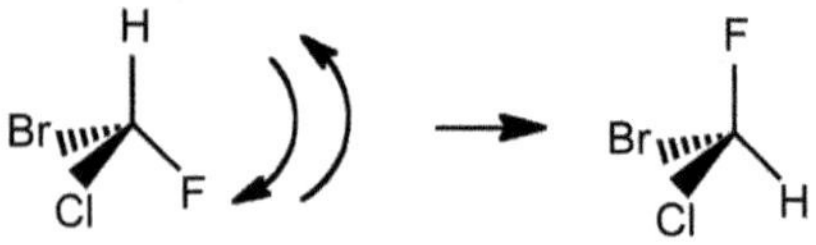

Le bromochlorofluorométhane dans ses deux configurations.

■ Conformation

Les conformations sont relatives à des stéréoisomères interconvertibles les uns dans les autres (représentations superposables) par simple rotation autour d'une liaison.

On appelle ces stéréoisomères des conformères (ou encore rotamères).

Un même composé présente donc une infinité de conformères qui sont en équilibre rapide et s'interconvertissent sous l'effet de l'agitation thermique.

Les conformères ne sont donc pas habituellement séparables à température ordinaire mais peuvent le devenir à basse température.

On peut comparer les conformations à des clichés instantanés d'une molécule donnée, en rotation rapide.

Exemple : quelques-unes de conformations du dichloroéthane :

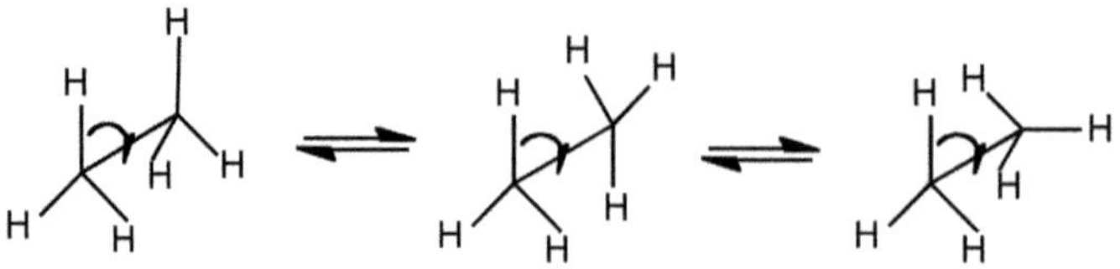

Essentiel 5.4

Stéréochimie des molécules organiques : chiralité, centres et axes stéréogènes

■ Notion de chiralité

Lorsqu'une molécule est non superposable à son image dans un miroir plan (image spéculaire), elle est dite **chirale**, l'objet et l'image sont alors des **énantiomères** :

Cette situation est celle de la main droite et de la main gauche, qui ne sont pas **superposables** (car images l'une de l'autre par rapport à un miroir) mais **opposables**.

Une molécule chirale ne possède aucun des deux éléments de symétrie réflective que sont le plan de symétrie et le centre de symétrie

Un composé de géométrie plane, comme un éthylénique, possède un plan de symétrie (le plan même de la molécule) et il ne peut donc pas être chiral. À l'inverse, une molécule constituée d'un seul élément stéréogène chiral (centre ou axe) ne présente pas d'élément de symétrie réflective interne, elle sera toujours chirale.

L'image dans un miroir d'une molécule chirale est aussi une molécule chirale : ce sont deux énantiomères (les énantiomères vont par couple).

Les propriétés physiques et chimiques des énantiomères sont identiques vis-à-vis de phénomènes dissymétriques tels que la lumière polarisée ou des réactifs dissymétriques comme les réactifs ou les solvants chiraux. En effet, la chiralité se manifeste par la déviation du plan de polarisation de la lumière polarisée, propriété appelée **activité optique**. L'énantiomère possède un **pouvoir rotatoire** bien défini. Ce pouvoir rotatoire est une caractéristique de l'énantiomère considéré et c'est donc un critère d'identification.

Deux énantiomères ont des pouvoirs rotatoires opposés (ils dévient le plan de polarisation de la lumière d'un angle égal en valeur absolue mais de signe opposé). Un mélange équimolaire d'énantiomères est appelé **mélange racémique**.

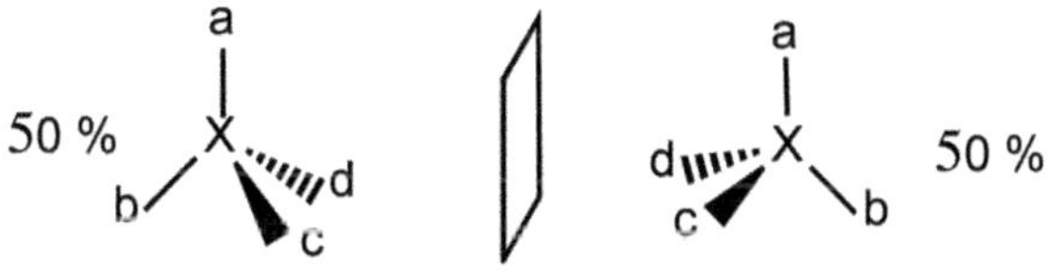

Ce mélange racémique, bien que constitué de molécules chirales ne présente pas d'activité optique globale (niveau macroscopique) car chaque énantiomère compense exactement l'activité optique de l'autre. La séparation de deux énantiomères d'un mélange racémique s'appelle le **dédoublement** ou la **résolution du racémique**.

Les molécules qui présentent un nombre pair de centres chiraux symétriques par rapport à un plan (le plus souvent 2) sont des composés dits méso, optiquement inactifs, par constitution en raison de cette symétrie (compensation interne), exemple ci-après de l'acide tartrique méso HOOC–CHOH–CHOH–COOH :

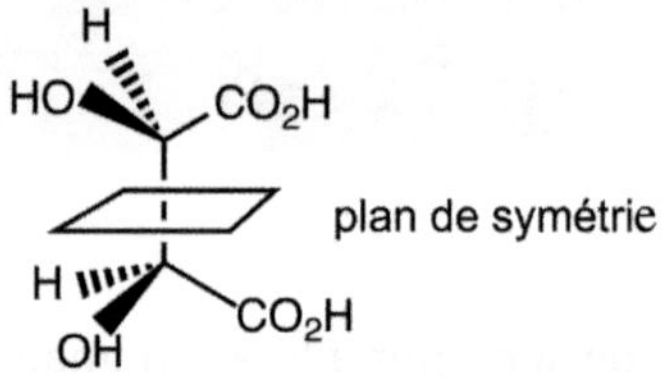

L'acide tartrique possède deux autres énantiomères non symétriques.

Essentiel 5.5

Stéréochimie des molécules organiques : règles CIP et détermination des configurations *R*/*S* ; *Z*/*E* et *cis*/*trans*

■ Règles de Cahn, Ingold et Prelog (CIP)

Les règles CIP permettent de définir, par convention, la configuration *R* ou *S* d'un composé en classant, selon une échelle de priorité, les substituants autour d'un axe ou d'un centre stéréogène (centre de chiralité).

Règle 1 : on classe les atomes substituants de même éloignement du centre stéréogène (rang *n*) par ordre de numéro atomique croissant. On décrit les substituants par priorité décroissante selon l'axe de Newman, orienté du centre de chiralité vers le substituant de plus faible priorité. Si cette description s'opère vers la droite le composé est *R* (*Rectus*), si elle s'opère vers la gauche le composé est *S* (*Sinister*) :

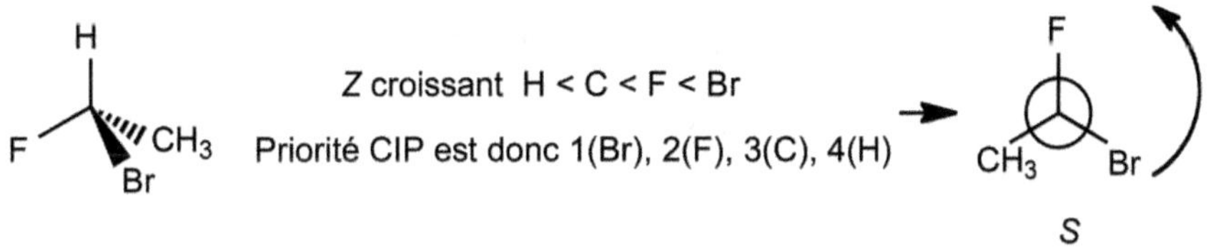

Règle 2 : si deux atomes de même rang *n* sont identiques, on examine les atomes situés immédiatement au rang supérieur ($n + 1$) et on les classe suivant la règle 1. Cette opération est répétée autant de fois que l'indique sa multiplicité (deux fois pour une double liaison et trois fois pour une triple liaison).

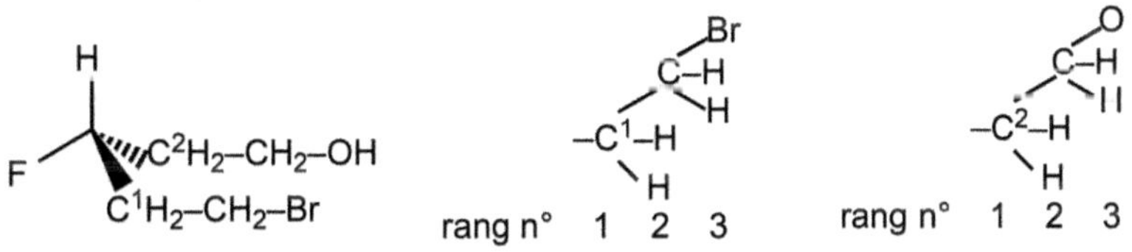

Priorité CIP = C^2H_2–CH_2–OH < C^1H_2–CH_2–Br < F le composé est *R*

Conventionnellement, chacun des atomes doublement ou triplement lié est répété autant de fois que l'indique sa multiplicité :

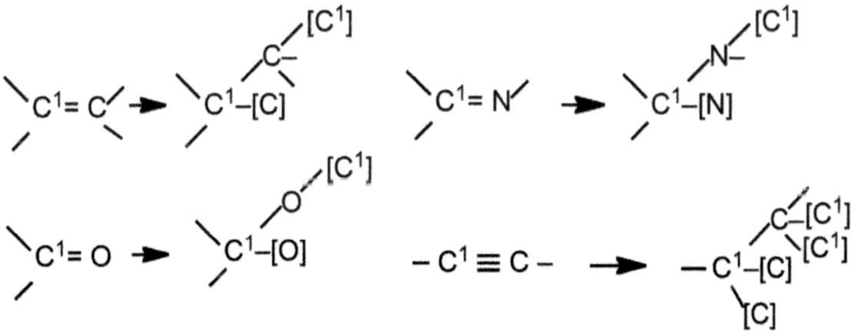

■ Configurations *Z* et *E*

Pour les composés comportant des doubles liaisons, on classe les deux substituants de chaque élément du système insaturé selon les règles CIP, puis on compare la position des deux substituants prioritaires. S'ils sont d'un même côté la configuration est dite *Z* (de l'allemand *zusammen* = ensemble). S'ils sont opposés, la configuration est alors *E* (de l'allemand *entgegen* = séparé).

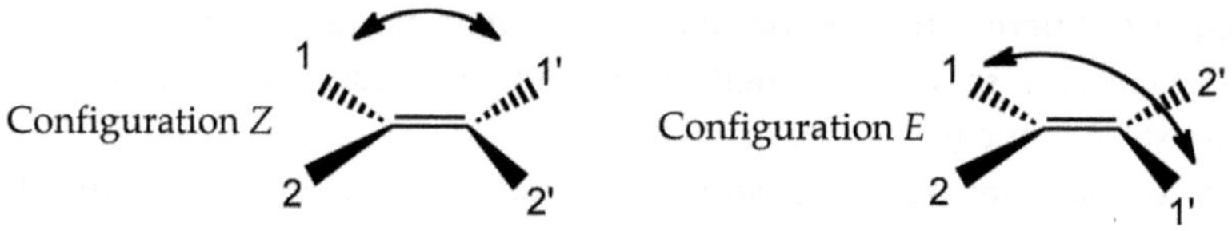

Cette appellation *Z* et *E* doit maintenant remplacer l'ancienne notation *cis* et *trans*, souvent imprécise.

■ Configurations *cis* et *trans* pour les cycloalcanes

Cette classification se fait comme précédemment en considérant cette fois comme plan de référence le plan moyen du cyclane.

Si les deux carbones différemment substitués portent les deux substituants prioritaires selon CIP du même côté du cycle, la configuration est dite *cis*. S'ils sont de part et d'autre elle est dite *trans* :

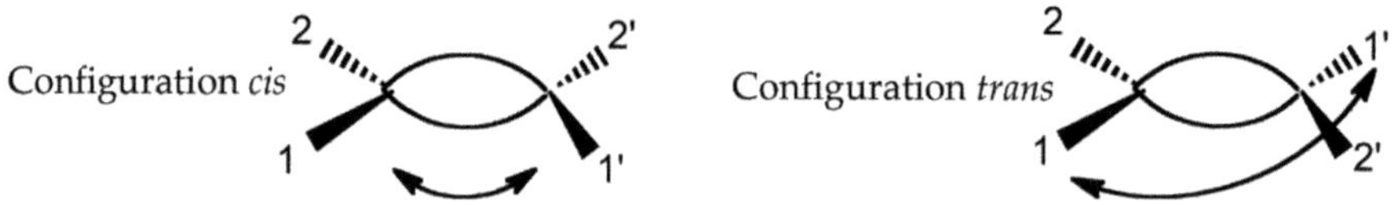

Essentiel 5.6

Effets électroniques en chimie organique : polarisation et polarisabilité – Effets inducteurs

■ Polarisation

Lorsque deux atomes identiques sont associés par une ou plusieurs liaisons covalentes (Br–Br, O = O), le ou les doublets d'électrons mis en commun se trouvent en moyenne à équidistance des deux atomes. Il n'y a donc alors pas de moment dipolaire de liaison.

Lorsque les deux atomes associés sont différents, le plus électronégatif attire plus fortement le ou les doublets de liaison et présente une densité électronique plus forte, que l'on peut schématiser par l'écriture de charges partielles de signes opposés $+\delta$ et $-\delta$. Dans ce cas, il existe un moment dipolaire de liaison. La liaison correspondante est dite polarisée.

■ Polarisabilité

Contrairement à la polarisation, qui est une caractéristique intrinsèque d'une espèce, **la polarisabilité est un phénomène dynamique** qui n'apparaît que lors de l'interaction dipolaire de deux ou plusieurs espèces. C'est un effet de déformation à distance.

La polarisation des liaisons peut être accentuée par l'approche d'un réactif ou d'un solvant. Cette accentuation peut aller jusqu'à l'ionisation. L'aptitude d'un atome à accepter un accroissement de sa densité électronique par déformation du nuage électronique de liaison, lors de l'approche d'une autre molécule ou d'un ion s'appelle la **polarisabilité**. Pour les halogènes, la polarisabilité augmente avec le rayon atomique de F à I, à l'inverse de la polarisation. En effet, le nuage électronique se déforme plus facilement quand les électrons concernés sont plus éloignés du noyau.

■ Effet inducteur noté I

L'effet inducteur est dû à la présence d'un atome ou d'un groupe d'atomes qui polarise la ou les liaisons à proximité.

Cette polarisation s'atténue rapidement à travers les liaisons σ peu polarisables et l'effet inducteur s'éteint à faible distance (3 à 4 liaisons) sauf s'il est « relayé » par des liaisons π, plus polarisables.

L'effet inducteur est noté –I lorsqu'il est attracteur (présence d'atomes plus électronégatifs et +I lorsqu'il est donneur (présence d'atomes moins électronégatifs).

Par effet –I décroissant, on aura F > Cl > Br > I > OH > NH_2, et par effet +I croissant, on aura CH_3 < C_2H_5 < iPr < tBu < métaux. Avec les liaisons C–H symétriques (CH_4) l'effet sera nul (I = 0).

Essentiel 5.7

Effets électroniques en chimie organique : résonance et mésomérie

■ Orbitales atomiques et orbitales moléculaires

Le modèle ondulatoire de l'atome repose sur la double nature ondulatoire et corpusculaire de l'électron et tient compte de sa mobilité en définissant une probabilité de présence maximale au sein d'orbitales atomiques.

L'orbitale *s* présente une **symétrie sphérique** tandis que les trois orbitales *p* présentent une **symétrie axiale**.

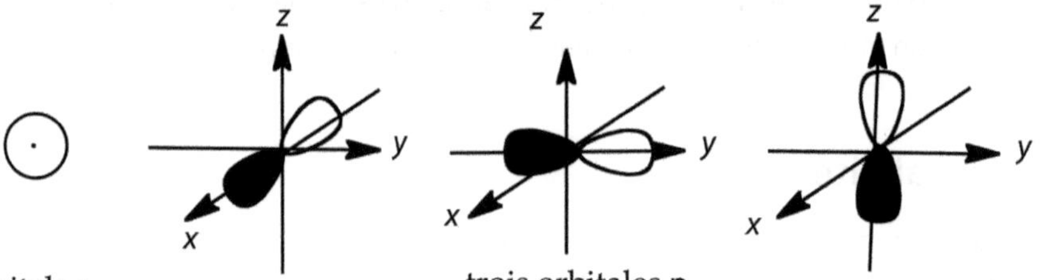

orbitale s trois orbitales p

Les orbitales moléculaires (OM) des molécules diatomiques résultent de la combinaison linéaire des orbitales atomiques de la couche de valence (méthode LCAO).

Recouvrement selon l'axe de liaison

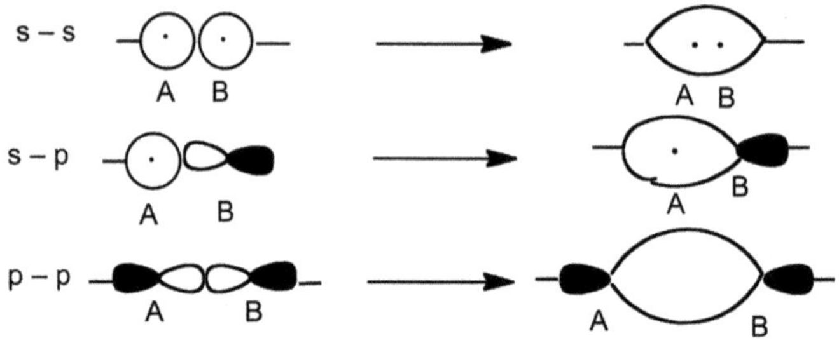

Ce recouvrement conduit à la liaison σ, autour de laquelle il y a **libre rotation**.

Recouvrement latéral

Cette combinaison concerne deux orbitales p adjacentes et parallèles, et conduit à la liaison π qui est beaucoup moins forte que la liaison s. Le recouvrement latéral de ces orbitales p entraîne l'absence de libre rotation autour de la liaison π (verrouillage).

Hybridation des orbitales

Hybridation sp^3

L'orbitale *s* et les trois orbitales *p* deviennent quatre orbitales *sp^3* équivalentes. La géométrie est tétraédrique autour de l'atome central A. Les espèces concernées sont de type AX_4, AX_3E, AX_2E_2 selon modèle de Gillespie (géométrie correspondant à la minimisation des interactions électroniques autour de l'atome central).

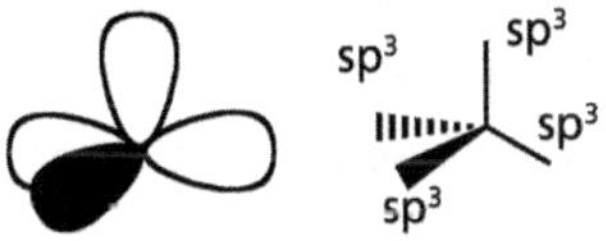

Exemples : CH_4, H_3C^-, BF_4^-, $R\text{–}NH_2$, R–O–H, R–O–R′

Hybridation sp^2

L'orbitale s et deux orbitales *p* sont combinées pour former, dans un même plan, trois orbitales sp^2 à géométrie trigonale pouvant former trois liaisons. L'orbitale p restante est perpendiculaire au plan des trois orbitales σ. L'orbitale p peut être vacante pour certaines espèces comme BF_3 ou les carbocations. Toutes les liaisons σ formées autour des deux carbones hybridés sp^2 sont dans un même plan. Les deux orbitales p restantes pourront former une liaison π par recouvrement latéral.

Selon le modèle de Gillespie les espèces concernées sont ici de type AX_3, AX_2E et AX_2.

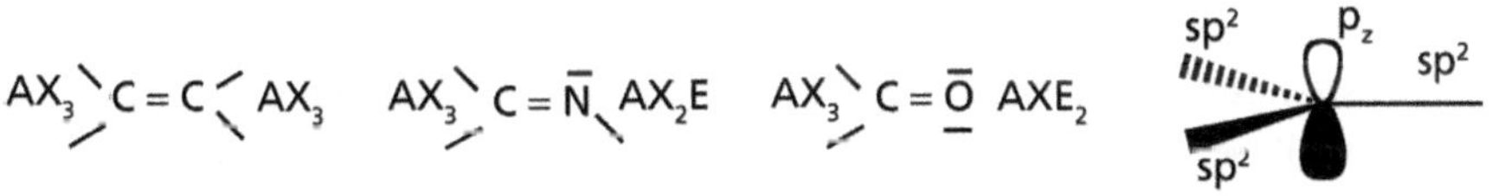

L'orbitale *s* et une orbitale p se combinent pour donner deux orbitales équivalentes sp, alignées. Les deux orbitales p restantes sont dans deux plans perpendiculaires et formeront deux liaisons π par recouvrement latéral des orbitales p. Les espèces concernées sont alors de type AX_2, AXE :

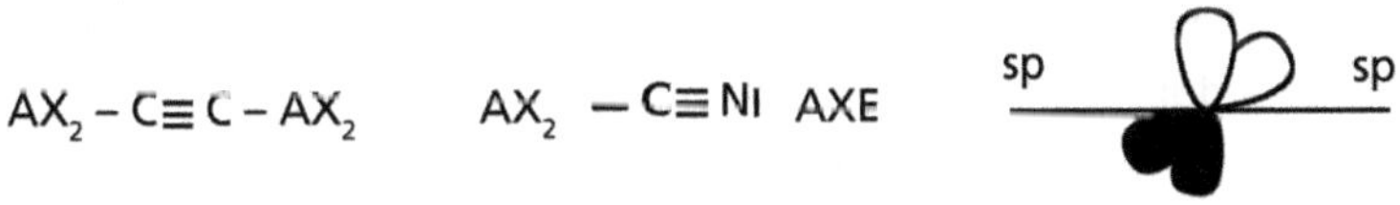

Orbitales, conjugaison et résonance

Le recouvrement de deux orbitales p parallèles, occupées chacune par un électron et localisées sur deux atomes voisins, d'hybridation sp^2, conduit à la formation d'une liaison π ou double liaison.

Un recouvrement plus important peut impliquer d'autres orbitales p, occupées ou vacantes, convenablement placées, c'est-à-dire adjacentes et parallèles. Ce recouvrement permet une délocalisation des électrons π à travers un grand nombre de liaisons. **Cette délocalisation est appelée conjugaison**. Toutes les orbitales p parallèles fusionnent en une seule orbitale de grande dimension dans laquelle évoluent tous les électrons concernés.

Systèmes conjugués

Quand dans une molécule ou un ion il y a alternance entre liaison σ et orbitale p ou doublet non liant dans une orbitale sp^3 (de type AX_2E_2ou AX_3E selon Gillespie) on dit que le système est conjugué. Les orbitales p peuvent être vacantes, partiellement remplies ou remplies.

Les différentes possibilités de conjugaison sont les suivantes :

Électrons π–liaisons σ–électrons π

Ex : R(R′)C = C(H) – C(H) = C(R′)R

Électrons π –liaisons σ –électrons n

Ex : R(R′)C = C(H) – X

Électrons π–liaisons σ–orb. p vacante

Ex : R(R′)C = C(H) – C^+(R′)R

Électrons n –liaisons σ – orb. p vacante

Ex : H–O– C^+(R′)R

Électrons π–liaisons σ–électrons p célibataires

Ex : R(R′)C = C(H) – $C^\bullet$(R′)R

Pour ces systèmes à électrons délocalisés sur plusieurs atomes, on peut écrire plusieurs formules de Lewis correctes dans lesquelles les électrons sont localisés. Ces formules sont appelées **formules limites** ou **formes mésomères** dans lesquelles les électrons sont localisés (le terme formule limite nous semble préférable au terme forme limite qui suggère à tort l'existence de formes en équilibre). La structure électronique de la molécule ou de l'ion est en réalité intermédiaire entre celles représentées par les formules limites. La structure réelle est un **hybride de résonance** dans lequel chaque formule limite contribue avec un certain poids (une certaine proportion).

La correspondance entre les formules limites est représentée par une flèche à double pointe (↔) qu'il ne faut pas confondre avec les doubles flèches des équilibres chimiques. Les flèches courbes figurent les mouvements des électrons.

Poids des formules limites, hybride de résonance

Les formules limites peuvent être très nombreuses et on n'écrira souvent que les principales, celles dont le poids relatif dans l'hybride de résonance sera le plus grand. Le poids d'une formule limite est d'autant plus grand qu'elle correspond à une structure hypothétique plus stable (énergie plus basse).

À l'inverse de l'effet I qui diminue rapidement quand on s'éloigne de son origine, l'effet M peut être transmis à longue distance au travers d'orbitales p conjuguées.

Les facteurs qui accroissent le poids d'une formule limite sont les suivants :

- absence de séparation de charges (de charges formelles pour une espèce neutre);
- structure de gaz rare pour les atomes (absence de lacune);
- accord entre la charge écrite sur un atome et l'électronégativité lors de l'écriture de charges formelles;
- répartition de la charge sur plusieurs atomes pour une espèce ionique.

L'espèce considérée sera d'autant plus stable que le nombre de formules limites d'un poids relatif important est grand. Un ion sera d'autant plus stable que la charge sera répartie sur plusieurs atomes (tout comme un radical libre pour l'électron célibataire).

■ Énergie de résonance

La délocalisation des électrons par mésomérie conduit à la stabilisation d'une espèce. La différence entre l'énergie calculable de façon théorique sans tenir compte de la délocalisation et l'énergie réelle (mesurée expérimentalement) s'appelle l'**énergie de résonance**. Sa valeur traduit le gain de stabilité apporté par la mésomérie.

Par exemple, les **systèmes aromatiques** sont des entités moléculaires ou ioniques comportant un ou plusieurs cycles accolés, situés dans un plan, dans lesquels la conjugaison concerne tous les atomes. Suivant la règle de **Hückel**, pour que le système soit aromatique le nombre d'électrons délocalisés (d'orbitales π ou de doublets non liants *n*) doit être égal à $4n + 2$ (*n* entier positif ou nul).

Ces systèmes présentent une très grande stabilité, conséquence d'une énergie de résonance élevée. Par exemple, le benzène ($n = 1$) présente une énergie de résonance (150 kJ mol^{-1}) très supérieure à celle d'hydrocarbures conjugués de structure voisine (par exemple le cyclohexadiène), non aromatiques.

■ Effets mésomères M

La délocalisation des électrons dans un système conjugué est souvent orientée par un atome ou un groupe d'atomes donneur ou accepteur. Cet effet qui modifie la densité électronique des atomes voisins s'appelle effet mésomère.

L'**effet mésomère donneur +M** (atomes ou groupes d'atomes portant un doublet non liant comme OH, NH_2...) conduit à un accroissement de densité électronique dans le système conjugué.

C'est l'inverse pour un effet **mésomère accepteur –M** (SO_3H, NO_2, C = O, CN...).

Essentiel 5.8

Principaux mécanismes hétérolytiques en chimie organique : substitution nucléophile S_N et élimination E – Addition et substitution électrophile A_E et S_E

S_N et E, introduction

Si un substrat, sur lequel on effectue une réaction S_N, possède au moins un atome d'hydrogène en position a, rendu acide par le nucléofuge X, ce substrat peut également donner une réaction d'élimination E. Ces deux types de réactions sont donc concurrentes, et cela d'autant plus que le réactif d'attaque Y possède à la fois un **caractère basique** (favorable à l'élimination) et un **caractère nucléophile** (favorable à la substitution) :

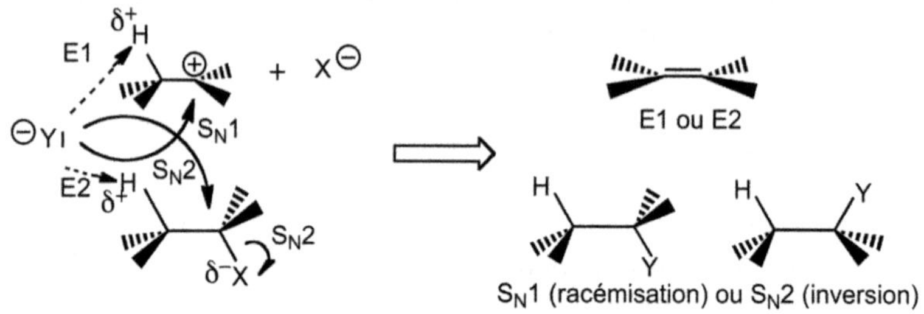

Compétition entre S_N et E

L'orientation soit vers S_N soit vers E dépend de la nature du nucléophile Y et des conditions dans lesquelles s'effectue la réaction :

- si le nucléophile présente un caractère nettement basique comme dans le cas des atomes ou groupes d'atomes fortement électronégatifs (HO^-, RO^-, H_2N^-, R^-) c'est l'élimination qui est favorisée;
- si le réactif Y^- présente un caractère nucléophile marqué, c'est-à-dire un doublet facilement transférable sur un centre électrophile, la réaction S_N est favorisée comme avec les anions Br^-, I^-, RS^- (thiolates) ou des molécules neutres comme R–SH.

D'une façon générale, les réactions de type E sont sous contrôle thermodynamique alors que les réactions de type S_N sont sous contrôle cinétique. Une élévation de température favorisera donc l'élimination au détriment de la S_N.

S_N et E, compétition entre réactions du premier ordre et du deuxième ordre

Les réactions d'ordre 1 (S_N1 ou E1) passent par un carbocation intermédiaire. C'est donc la capacité nucléofuge de X et la stabilisation du carbocation formé (par effet +I ou +M) qui déterminent cette orientation.

D'une façon générale, les substrats tertiaires conduisent à des réactions S_N1 ou E1 (carbocations stabilisés par effet +I des alkyles) alors que les primaires favorisent le processus S_N2 ou E2 dans lesquels l'attaque du nucléophile (ou de la base) et le départ du groupe partant sont concertés.

Dans le cas des substrats secondaires, la compétition dépendra de la capacité nucléofuge de X. Si celui-ci est un bon groupe partant, la réaction s'opérera selon le mécanisme S_N1 ou E1 ($X = H_2O^+$, OTs, I...). Dans le cas contraire, c'est la réaction S_N2 ou E2 qui prédomine (OH, NH_3^+,F...).

■ A_E et S_E, introduction

Les alcènes porteurs d'un doublet π tout comme les arènes ou composés aromatiques porteurs de $4n + 2$ électrons π (sextet aromatique dans le cas le plus courant des composés benzéniques) sont des composés nucléophiles puisqu'ils peuvent transférer un doublet π. Cette réactivité nucléophile les amène à réagir avec les électrophiles, soit par addition A_E (alcènes) soit par substitution S_E (arènes).

La différence de réactivité entre ces deux systèmes est due à de grandes différences énergétiques : le noyau benzénique est fortement stabilisé (énergie de résonance exceptionnelle de l'ordre de 150 kJ mol^{-1}). Après l'addition initiale de l'électrophile, l'intermédiaire instable évolue, à l'inverse des alcènes, vers un produit de substitution par perte d'un proton et retour à la structure aromatique très stable.

■ A_E sur les alcènes

Il existe deux grandes catégories de telles additions :

- les additions d'acides halogénés HX, donneurs d'électrophiles H^+ ou les acides hypohalogénés HOX, donneurs d'électrophiles X^+;
  les additions de dihalogènes X_2, avec hétérolyse de la liaison X–X provoquée par l'approche des électrons du système p de l'alcène (*voir* polarisabilité, essentiel 5.6).

Dans le premier cas, on admet qu'il y a passage par un carbocation expliquant la **régiosélectivité** dans le cas d'alcènes dissymétriques (formation préférentielle du carbocation le plus alkyle, plus stable avec formation correspondante du produit majoritaire Markovnikov) et l'absence de **stéréosélectivité** :

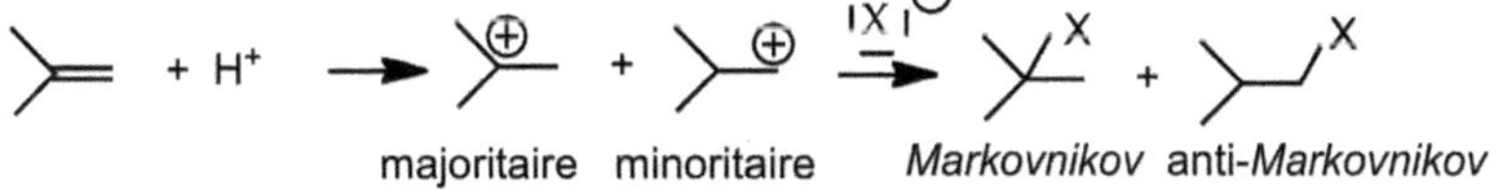

Dans le deuxième cas, on interprète la **trans-addition** en postulant le passage par un ion ponté, attaqué de façon dorsale par X– ou HO– dans la deuxième étape :

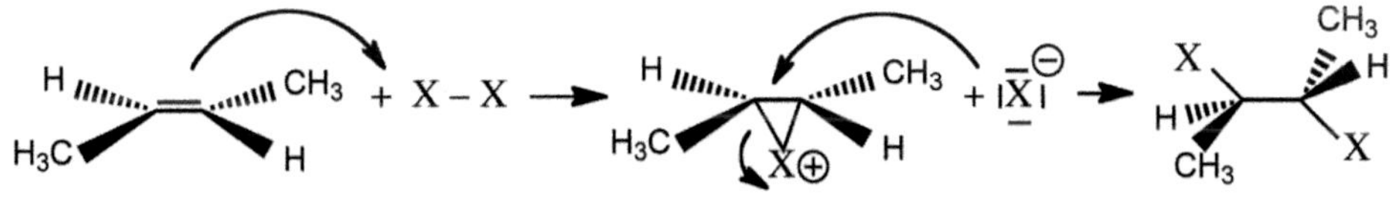

Cette stéréospécificité (trans-addition) est très générale mais conduit souvent à des mélanges racémiques (obtention de deux ions pontés énantiomères obtenus par attaque équivalente sur les deux faces de l'alcène).

S_E sur les composés aromatiques

Le mécanisme des S_E peut être décomposé en deux parties :
- d'abord une addition classique d'un réactif électrophile sur le substrat aromatique (complexe π puis σ instable) nécessitant une catalyse par acide de Lewis;
- ensuite, à la différence des A_E sur les alcènes, l'intermédiaire réactionnel (complexe σ) n'évolue pas vers la saturation de la liaison π (et la formation d'un éventuel diène) mais vers l'expulsion d'un proton pour restaurer le caractère aromatique et retrouver la stabilité énergétique du noyau benzénique :

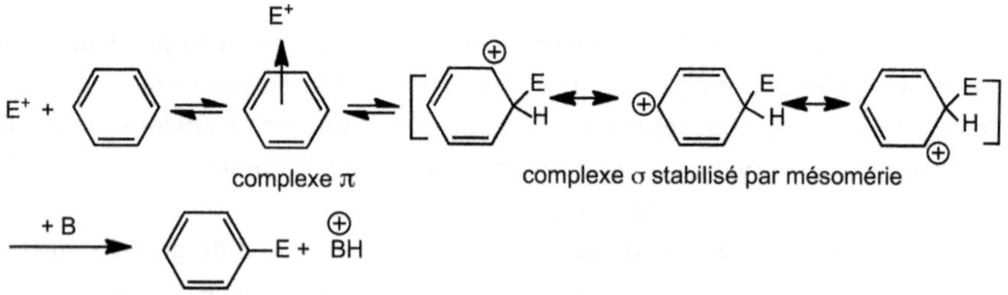

La première substitution oriente et active (ou inactive les suivantes).

Les groupes **ortho et para-directeurs** (grâce à l'effet +M ou +I qui favorise une nouvelle action de l'électrophile en ortho ou para) peuvent être **activants** (augmentation de la densité électronique du cycle par effet +M ou +I comme $-NR_2$, –OH, –NHCOR, –R) ou **désactivants** (diminution de la densité électronique du cycle par effet –I supérieur à +M comme avec les halogènes).

Les groupes **méta-directeurs** (grâce à l'effet –M) sont également désactivants ($-NO_2$, NR_3^+, $-CO_2H$, –C = O,–CN...).

Essentiel 5.9

Principaux mécanismes radicalaires en chimie organique : substitutions et additions radicalaires S_R et A_R

■ Substitutions S_R

Les substitutions radicalaires S_R sont essentiellement des substitutions d'halogènes intervenant sur des hydrocarbures, le plus souvent saturés (alcanes ou cycloalcanes). Ces substitutions, menées à partir de dihalogènes, impliquent la formation de radicaux libres et des conditions opératoires propices à leur formation (énergie suffisante pour amorcer la réaction).

Le mécanisme de la S_R comporte trois étapes : une première étape **d'amorçage ou initiation** avec formation de radicaux libres, une deuxième étape de **propagation** par réaction en chaîne de ces radicaux et enfin une dernière étape de **terminaison** par disparition des radicaux libres.

Initiation

La formation de radicaux libres $X^\bullet$ obtenus par rupture symétrique (homolyse) de la liaison X–X intervient soit par chauffage (Δ) soit par rayonnement UV (*hν*)

$$X\text{–}X \rightarrow 2\,X^\bullet \qquad (\Delta)\ \text{ou}\ (h\nu)$$

Propagation

L'alcane R–H réagit avec l'halogène radical pour donner un alkyle radical qui attaque le dihalogène pour donner rapidement le produit de substitution et refournir l'halogène radical. Ces réactions sont très rapides et caractérisent une réaction en chaîne :

$$RH + X^\bullet \rightarrow R^\bullet + HX \qquad R^\bullet + X\text{–}X \rightarrow R\text{–}X + X^\bullet$$

Terminaison

C'est la fin de la réaction par disparition des radicaux libres :

$$R^\bullet + X^\bullet \rightarrow R\text{–}X \qquad [R^\bullet + R^\bullet \rightarrow R\text{–}R] \qquad X^\bullet + X^\bullet \rightarrow X\text{–}X$$

■ Additions A_R

Les additions radicalaires A_R interviennent par action de H–X sur des systèmes insaturés sur lequel le radical formé s'additionne en formant un nouveau radical.

L'initiation et la terminaison restent inchangées mais la propagation est différente puisqu'elle fournit un produit d'addition sur un alcène. Si cet alcène est dissymétrique, c'est le carbone le plus substitué qui est halogéné, à l'inverse de ce que l'on observe dans l'addition électrophile de HX :

$$R(R')C = CH_2 + X^\bullet \rightarrow R(R')C^\bullet - CH_2X$$
$$R(R')C^\bullet - CH_2X + H\text{–}X \rightarrow R(R')CH - CH_2X + X^\bullet$$

Comme dans l'addition électrophile, c'est l'intermédiaire substitué qui est le plus stable (ici le radical à la place du carbocation) mais comme le radical fixe H alors que le carbocation fixait X c'est l'halogénure le moins substitué (**anti-Markovnikov**) qui est formé à l'inverse du résultat obtenu avec A_E (produit **Markovnikov**). Cette orientation due aux radicaux est appelée effet **Kharasch**.

Une nouvelle addition radicalaire peut intervenir si le radical alkyle réagit sur une nouvelle molécule d'alcène. On peut ainsi obtenir, si la réaction se poursuit, un **polymère de polyaddition**.

S'ENTRAÎNER ET RÉSOUDRE

Les réactifs acido-basiques : acides et bases organiques, acides et bases de Lewis, électrophiles et nucléophiles

En chimie organique, les réactions d'addition et de substitution dites électrophiles (faisant intervenir des réactifs avides d'électrons et donc souvent chargés positivement) peuvent être assimilées à des réactions acido-basiques qui se passent généralement en milieu non aqueux et relèvent alors de la notion d'acides et bases de Lewis.

Il convient donc d'abord de bien préciser les notions d'acides et bases organiques en milieu aqueux et surtout en milieu solvant organique avec, d'une part, les notions d'acides et bases de Lewis et, d'autre part, les notions d'électrophiles et de nucléophiles.

Les espèces électrophiles, qui sont avides d'électrons, portent le plus souvent une charge positive et sont aussi souvent des acides de Lewis. Les espèces nucléophiles, espèces riches en électrons, sont avides de noyaux, c'est-à-dire de structures pouvant accueillir des électrons. Souvent chargées négativement ce sont aussi des bases de Lewis en raison de la présence de doublets non liants.

Nous montrons dans cette partie des exemples d'espèces électrophiles et nucléophiles qui, lorsqu'elles réagissent les unes avec les autres, peuvent être ainsi assimilées à des réactions acido-basiques.

Énoncés

Questions de cours et connaissances de base

5.1 ★★ Acides et bases de Lewis

a) Parmi les espèces suivantes déterminer les acides ou bases selon Lewis :

$$AlCl_3,\ (H_3C{-}CH_2)_2O,\ Li^+,\ H_2C{=}CH_2,\ H_3C{-}CH_3,\ H^+,\ H_3C^+,\ CH_4,\ H^-$$

b) Classer les acides de Lewis suivants par ordre d'acidité croissante :

$$H^+,\ H_2C{=}CH{-}CH_2^+,\ H_3C^+$$

5.2 ★★ Acides et bases acides organiques ; électrophiles et nucléophiles

Indiquer pour chacun des composés suivants (H_3O^+, $CH_3{-}NH{-}CH_3$, $CH_3{-}NH_3^+$, CH_3^+, $CH_3{-}CH_3$, CH_3^-, $RC^+{=}O$, $CH_3CO_2^-$, $CH_3{-}O{-}CH_3$, $R{-}CO_2H$, $CH_3{-}CH_2{-}OH$, $H_2C{=}CH_2$) s'ils sont :
- acide ou base d'Arrhenius ;
- acide ou base de Lewis ;
- électrophile ou nucléophile ;
- acide ou base de Brønsted-Lowry ;

ou s'ils n'appartiennent à aucune de ces catégories.

5.3 ★★ Acido-basicité des composés organiques

On donne le pK_a des couples acido-basiques suivants :

$H_3C–CO_2H$ / $H_3C–CO_2^-$	4,75	C_6H_5OH / $C_6H_5O^-$	9,2
$H_3C–CH_3$ / $H_3C–CH_2^-$	42	$H_3C–C=C–H$ / $H_3C–C=C^-$	42
$H_3C–CH_2OH$ / $H_3C–CH_2O^-$	16	$H_3C–CH_2SH$ / $H_3C–CH_2S^-$	11,5

a) Comparer la force de ces couples en comparant leur pK_a. Justifier.

b) Montrer que les valeurs relatives de ces différents pK_a renvoient à trois catégories d'acides.

5.4 ★★ Bases organiques

Dans chacun des cas ci-après quelle est la base la plus forte ?

a) CH_3NH_2 et CH_3NHCH_3.

b) F_3C^- et H_3C^- ; H_3C^- et H_3CO^-.

c) Aniline $C_6H_5–NH_2$ et cyclohexylamine $C_6H_{11}–NH_2$.

▸ Exercices d'application et de synthèse

5.5 ★★★ Bases organiques et effet mésomère

On compare les propriétés basiques des composés suivants exprimées par le pK_a des couples acido-basiques correspondants :

Aniline	pK_{a1}	N,N-diméthylaniline	pK_{a2}
Para-hydroxyaniline	pK_{a3}	*para*-hydroxy N,N-diméthylaniline	pK_{a4}

Justifier l'ordre des pK_a correspondants sur la base des effets mésomères et inducteurs : pK_{a4} > pK_{a3} > pK_{a2} > pK_{a1}.

5.6 ★★★ Bases et acides organiques

Indiquer à quelle classe de réactifs, acido-basiques ou non, appartiennent les espèces suivantes et préciser leur mode de formation en utilisant d'abord des formules de Lewis puis ensuite des formules simplifiées pour la réaction-bilan :

a) formation de l'ion nitronium NO_2^+ à partir de HNO_3 et de H_2SO_4 ; formation de l'ion nitrosonium NO^+ à partir de $NaNO_2$ et de HCl dans l'eau ; formation de l'ion acylium RCO^+ à partir de RC(O)Cl et de $AlCl_3$;

b) formation de l'anion formé à partir du malonate d'éthyle ($EtO_2C–CH_2–CO_2Et$) et d'éthanolate de sodium en milieu éthanol ;

c) formation de radicaux alkyles R. par chauffage d'un peroxyde R–C(O)O–O(O)C–R.

▸ Problème

5.7 ★★★★ Forces comparées d'acides organiques

On donne les pK_a des acides suivants :

– acide éthanoïque CH_3CO_2H pK_{a_1} = 4,75 ;

– acide méthanoïque HCO_2H pK_{a2} = 3,8 ;
– acide monochloroéthanoïque $ClCH_2CO_2H$ pK_{a3} = 2,9 ;
– acide dichloroéthanoïque Cl_2CHCO_2H pK_{a4} = 1,5.

a) On mélange, en solution aqueuse, des volumes égaux d'acide méthanoïque 0,2 mol L^{-1} et d'éthanoate de sodium 0,2 mol L^{-1}. Calculer la composition à l'équilibre de la solution obtenue.

b) On mélange, en solution aqueuse, des volumes égaux d'acide monochloroéthanoïque 0,2 mol L^{-1} et d'éthanoate de sodium 0,2 mol L^{-1}. Calculer la composition à l'équilibre de cette nouvelle solution.

c) On mélange, en solution aqueuse, des volumes égaux d'acide dichloroéthanoïque 0,2 mol L^{-1} et d'éthanoate de sodium 0,2 mol L^{-1}. Calculer la composition à l'équilibre de cette dernière solution.

d) Calculer, pour chaque cas précédent, le pourcentage d'ion éthanoate résiduel, par rapport à la valeur initiale de 0,1 mol L^{-1}. Indiquer à partir de quel écart de pK_a on peut considérer qu'un acide réagit totalement, à 1 % près, avec la base conjuguée d'un acide plus faible (par exemple l'acide éthanoïque).

Corrigés

5.1 a)

Prérequis

Les acides de Lewis sont des espèces neutres ou cationiques qui présentent une lacune électronique susceptible d'accueillir un doublet électronique tandis que les bases de Lewis sont des espèces neutres ou anioniques qui disposent d'un ou plusieurs doublets capables d'occuper une lacune électronique (doublets n ou doublets π).

Les acides de Lewis sont donc les espèces suivantes, neutres ou cationiques, toutes munies d'une case vacante : $AlCl_3$, Li^+, H^+, H_3C^+

$$\square AlCl_3 \qquad \square Li^+ \qquad \square H^+ \qquad \square CH_3^+$$

Les bases de Lewis disposent soit d'un ou de plusieurs doublets non liants n :

$$(H_3C-CH_2)_2\overline{O}| \qquad |H^-$$

soit d'un doublet π liant : $H_2C=CH_2$.

Le méthane CH_4 et l'éthane $H_3C–CH_3$ ne sont ni acide ni base de Lewis.

b) L'acidité, c'est-à-dire l'avidité pour les doublets de ces acides de Lewis, protons ou carbocations, sera d'autant plus grande que la densité électronique de ces ions sera plus faible. Les cations stabilisés par effet +I (cas du cation méthyle) ou +M (cas du cation éthylénique encore appelé allylique) seront donc moins acides que le proton. L'ordre d'acidité croissante sera donc le suivant :

$$H_2C = CH{-}CH_2^+ < H_3C^+ < H^+$$

La charge du cation allylique sera en effet répartie sur les deux carbones latéraux par effet mésomère.

5.2

Prérequis

Pour pouvoir rattacher les espèces suivantes aux différents types d'acide ou de base il faut connaître les définitions (*voir* essentiel 2.1). Rappelons que la définition d'Arrhenius (fourniture d'ions H_3O^+ pour les acides, OH^- pour les bases) est relative au milieu aqueux tandis que celle de Brønsted-Lowry plus générale ne s'attache qu'à la fourniture ou à la fixation de H^+ et que celle de Lewis, encore plus générale, tient compte de la structure de l'espèce (l'acide par sa case vacante peut fixer un doublet non liant que la base doit fournir).

La définition des électrophiles (avides d'électrons) ou des nucléophiles (avides de noyaux déficitaires en électrons) peut être relative ou non à des espèces positives ou négatives (*voir* essentiel 5.1).

H_3O^+ est directement un acide selon Arrhenius et Brønsted-Lowry mais il n'a plus de case vacante, à l'inverse de H^+, et n'est pas un acide de Lewis. Chargé positivement c'est aussi un électrophile.

L'amine secondaire $CH_3{-}NH{-}CH_3$ ne peut fournir OH^-. Ce n'est donc pas une base selon Arrhenius mais elle peut capter un H^+ (base de Brønsted-Lowry) et présente un doublet non liant sur l'azote (base de Lewis). Elle présente des propriétés nucléophiles dues à son doublet non liant, disponible pour capter une espèce positive.

Le méthylammonium $CH_3{-}NH_3^+$ ne possède plus ce doublet non liant et ne peut recevoir un nouveau doublet (il est déjà saturé à quatre). Il n'est donc ni électrophile ni acide de Lewis. Il est acide selon Brønsted-Lowry puisqu'il peut donner un H^+.

L'ion méthyle CH_3^+ n'est acide selon aucune des définitions d'Arrhenius et Brønsted-Lowry (pas de possibilité de fournir un H^+) mais il est capable de créer une liaison avec un nucléophile. C'est donc un électrophile.

L'éthane $CH_3{-}CH_3$ est une molécule symétrique, neutre et stable, qui n'appartient à aucune des catégories envisagées.

Le carbanion méthyle CH_3^-, porteur d'une charge excédentaire, est un nucléophile capable de réagir avec un électrophile. Il peut capter un H^+ (base selon Brønsted-Lowry et Lewis).

L'ion acylium $RC^+{=}O$ est un électrophile. Capable de s'associer à un doublet non liant c'est un acide de Lewis, mais il ne peut fournir H^+ (ce n'est donc pas un acide selon Brønsted-Lowry).

L'ion acétate $CH_3CO_2^-$ capable de fixer un H^+ est une base selon Brønsted-Lowry et Lewis. C'est aussi un nucléophile.

Le diméthyléther CH_3–O–CH_3 est légèrement basique par ses doublets non liants sur l'oxygène. Il est également légèrement nucléophile.

L'acide carboxylique R–CO_2H est acide selon Arrhenius et Brønsted-Lowry (capacité à fournir des H^+).

L'éthanol CH_3–CH_2–OH est légèrement acide selon Brønsted-Lowry (capacité à fournir des H^+). Il est légèrement nucléophile par ses doublets non liants sur l'oxygène.

L'éthylène H_2C=CH_2 est nucléophile par les électrons π de la double liaison.

5.3

Prérequis

Pour pouvoir comparer les valeurs des pK_a de chacun des couples considérés et justifier les valeurs relatives des différents acides utilisés il est nécessaire de connaître la nature des effets électroniques intervenant dans chaque acide et d'interpréter leurs effets. Pour cela, on pourra recourir à l'essentiel 5.6 « Effets électroniques en chimie organique ».

La force d'un acide HA est liée à sa capacité à libérer un proton (définition de Brønsted). L'acide sera d'autant plus fort que la liaison HA sera plus fortement polarisée, mais aussi que l'espèce A^- sera stabilisée (par effet inducteur –I ou effet mésomère –M).

a) Les deux premiers couples considérés sont relatifs à des fonctions différentes : acide carboxylique dans le premier couple (acide éthanoïque), phénol dans le second couple mais dans les deux cas c'est le groupement. hydroxyle OH qui subit la dissociation acide. Dans le premier cas, le groupement carbonyle C=O voisin du OH est fortement attracteur électronique et renforce l'acidité par rapport au groupement phényle C_6H_5 qui n'est pas attracteur mais qui stabilise par mésomérie l'ion phénate $C_6H_5O^-$.

Les couples suivants sont relatifs à des hydrocarbures (éthane et propène) qui perdent très difficilement un proton et sont d'une acidité négligeable et comparable car la double liaison ne joue aucun rôle.

L'éthanol CH_3–CH_2–OH et le thioéthanol CH_3–CH_2–SH sont assez comparables et d'acidité faible avec cependant une nette prédominance pour le thioalcool bien que l'atome d'oxygène soit plus électronégatif que l'atome de soufre. L'explication est double :

- la liaison S–H est plus polarisable, c'est-à-dire que les électrons de liaison plus éloignés de S que de O sont moins retenus par le noyau;
- la plus forte électronégativité de l'oxygène augmente la force des liaisons hydrogène et rend plus difficile le départ des protons sous l'influence du solvant.

b) La comparaison des valeurs relatives de ces différents couple acido-basiques renvoient à 3 catégories d'acides organiques très différentes :

- l'acide carboxylique et le phénol sont les plus acides pour des raisons électroniques, effet inducteur attracteur –I du carbonyle doublé d'effet mésomère stabilisant –M de la base conjuguée –CO–O^- et de la base conjuguée phénate $C_6H_5O^-$;

- l'éthanol et le thioéthanol sont plus faiblement acides car l'oxygène et le soufre sont attracteurs d'électrons (avec dans le cas du soufre une meilleure polarisabilité) mais il n'y a pas, dans ce cas, d'effet mésomère stabilisant la base conjuguée et renforçant l'acidité;
- enfin les hydrocarbures présentent une acidité négligeable car ils sont dépourvus d'effets électroniques.

Remarque et généralisation

On pourrait s'étonner que le phénol, composé hydroxylique Ar–OH de structure voisine de celle de l'alcool et du thiol, soit nettement plus acide mais la raison en est que la base conjuguée $C_6H_5O^-$ est stabilisée fortement par mésomérie ce qui facilite l'ionisation et la libération d'un proton du phénol.

5.4

Prérequis

Le pouvoir basique d'un doublet non liant est associé à sa densité électronique et à sa capacité de se transférer vers un acide, déficitaire en doublet.

a) Dans ce cas, la basicité des amines, de structure voisine, est due au doublet non liant de l'azote. Dans la diméthylamine CH_3NHCH_3 la présence d'un méthyle supplémentaire, donneur d'électrons +I, rendra cette amine plus basique que la méthylamine CH_3NH_2.

b) Si on compare la basicité du doublet non liant des espèces F_3C^- et H_3C^-, l'effet –I très intense des trois atomes de fluor disperse la charge anionique beaucoup plus efficacement que les trois hydrogènes de H_3C^-. La densité de charge est beaucoup plus élevée sur le carbone de cette dernière espèce qui est donc la plus basique.

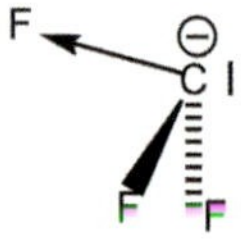

charges réparties, espèce stabilisée de basicité moyenne

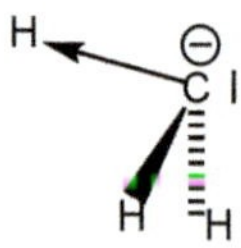

espèce très instable fortement basique

L'ion méthanolate $H_3C–O^-$ est beaucoup plus stable que l'ion méthylure H_3C^-. En effet, l'oxygène est beaucoup plus électronégatif que le carbone et la présence d'électrons supplémentaires y est donc mieux acceptée. L'anion H_3C^- instable est donc nettement plus basique, il cherche à céder ses électrons, davantage que l'anion $H_3C–O^-$ ou, autre façon de dire la même chose, CH_4 est nettement moins acide que CH_3OH.

c) Le doublet non liant de l'azote, dans l'aniline $C_6H_5NH_2$, participe à la conjugaison avec le cycle aromatique. Le doublet est donc moins disponible pour une réaction avec un acide et l'aniline est moins basique que la cyclohexylamine, de même structure carbonée mais non aromatique.

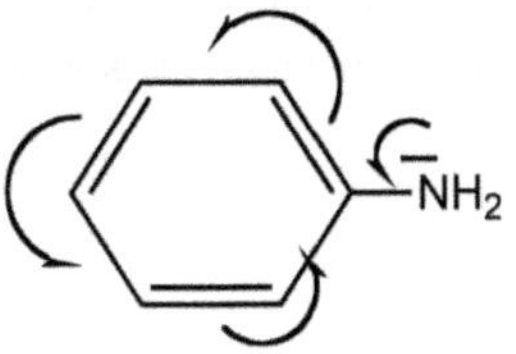

Peu basique

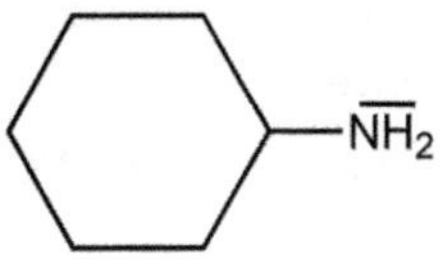

basique

5.5

Prérequis

Le pouvoir basique de ces composés est dû à la présence et à la disponibilité du doublet non liant du groupe amino $-NH_2$ et l'ordre de basicité croissante suit l'ordre croissant.

Par rapport à l'aniline $C_6H_5-NH_2$ (pK_{a1}) (4) toutes les autres bases substituées sont plus fortes. En effet, tous les substituants, globalement donneurs d'électrons, augmentent la densité électronique sur l'atome d'azote et donc la basicité du groupe amino de la façon croissante suivante :

- dans la *N,N*-diméthylaniline (1) les groupements méthyles augmentent un peu, par leur effet +I, la densité électronique sur l'azote;
- dans la *para*-hydroxyaniline (2) l'effet donneur global est dû aux effets +M et –I de OH avec prédominance de l'effet mésomère;
- dans la *para*-hydroxy-*N,N*-diméthylaniline (3), l'effet donneur global est accru, par rapport au cas précédent, par l'effet donneur +I des deux méthyles, l'effet de OH restant inchangé.

(1)
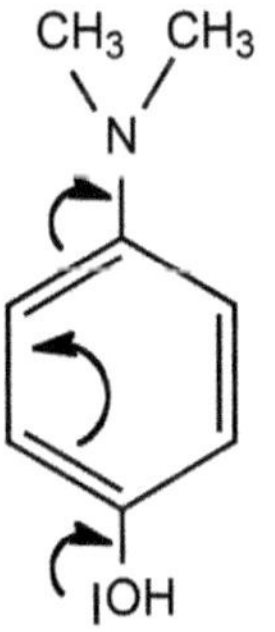

(2)

(3)
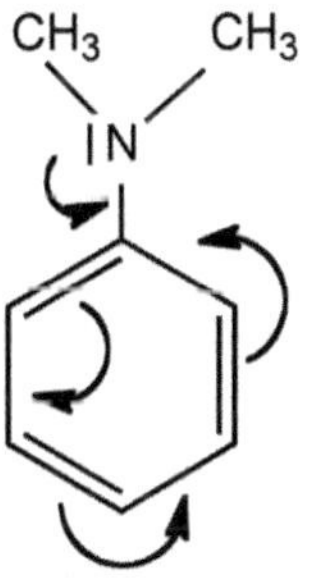

(4)
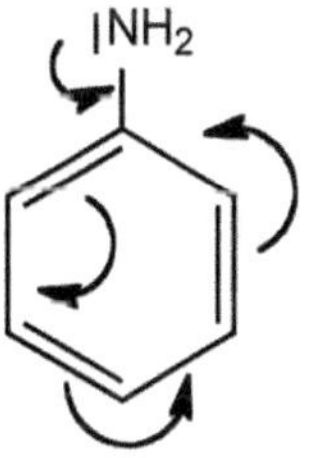

Remarque et généralisation

On note dans cet exercice que l'ordre des pK_a ne peut s'interpréter que par la prépondérance de l'effet mésomère donneur de OH, par rapport à son effet inducteur accepteur. C'est un cas très général car c'est l'énergie de résonance stabilisante, due à la délocalisation des électrons n et π, qui permet à l'effet mésomère de supplanter l'effet inducteur lorsqu'ils sont antagonistes.

5.6 a) Toutes ces espèces chargées positivement sont des électrophiles (*voir* essentiel 5.6 pour la définition) dont la charge résulte du déficit d'un électron sur la couche de valence.

Formation de l'ion nitronium NO_2^+

La première acidité de H_2SO_4 ($pK_a = -4$) est supérieure à l'acidité de HNO_3 ($pK_a = -1,4$) qui réagit comme base.

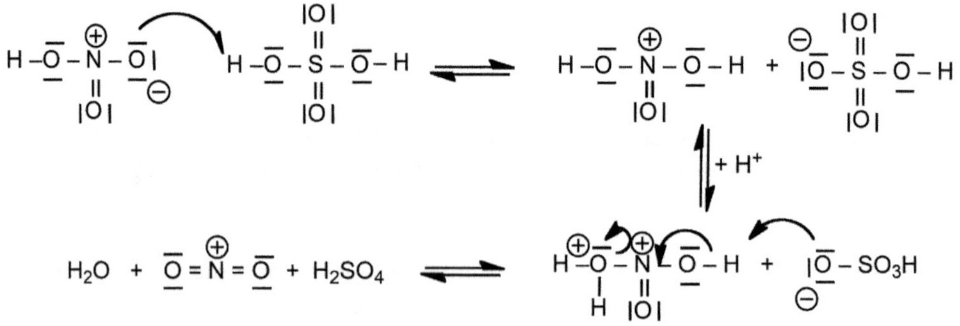

La réaction globale de formation de l'ion NO_2^+ s'écrit :

$$HNO_3 + H_2SO_4 \rightleftharpoons NO_2^+ + HSO_4^- + H_2O$$

Formation de l'ion nitrosonium NO^+

L'ion nitrite est la base conjuguée de l'acide nitreux qui est un acide faible. L'addition d'acide chlorhydrique, acide fort, déplace l'équilibre de protonation de l'ion nitrite dans le sens d'une formation presque totale d'acide nitreux.

$$NO_2^- + H_3O^+ \rightleftharpoons HNO_2 + H_2O$$

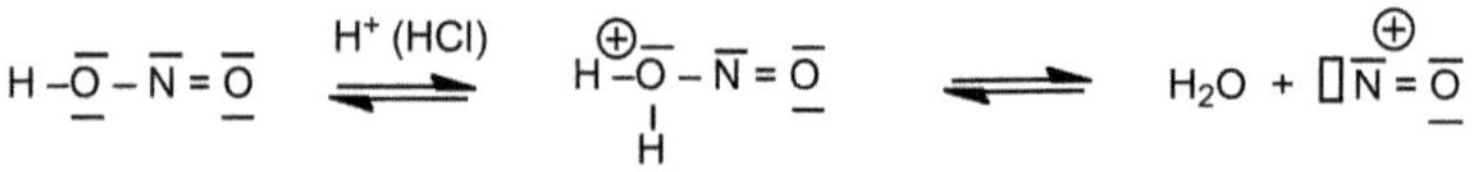

La réaction globale de formation de l'ion nitrosonium s'écrit donc :

$$(Na^+, NO_2^-) + 2\ (H_3O^+, Cl^-) \rightarrow (NO^+, Cl^-) + (Na^+, Cl^-) + 2\ H_2O$$

L'ion nitrosonium réagit par son atome d'azote avec des composés présentant un doublet non liant sur leur couche de valence comme par exemple les amines.

Formation de l'ion acylium RCO^+

Le chlorure d'aluminium est un acide de Lewis qui réagit avec une base de Lewis, ici un atome de chlore.

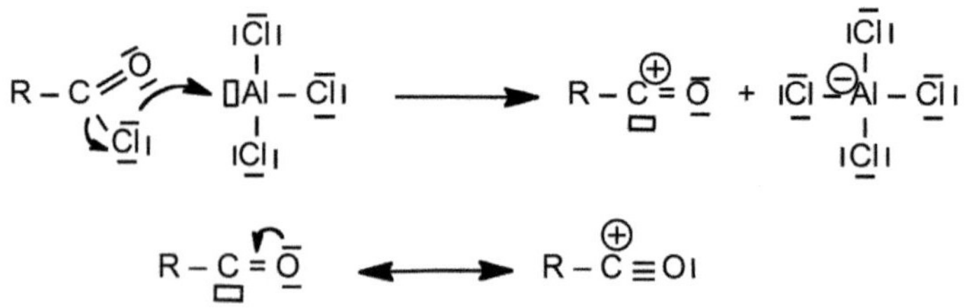

La réaction globale de formation de l'ion acylium s'écrit :

$$RC(O)Cl + Al\ Cl_3 \rightarrow (RCO^+, AlCl_4^-)$$

L'ion acylium réagit par son atome de carbone électrophile (c'est un acide de Lewis) avec des composés nucléophiles, en particulier les composés benzéniques (encore appelés composés aromatiques) selon la réaction de Friedel et Craft.

b) La formation de l'anion du malonate d'éthyle $EtCO_2–CH_2–CO_2Et$ dans le solvant éthanol (EtOH) est une réaction acide-base de Brønsted. Le malonate d'éthyle qui est un diester est également un acide faible, au niveau de son groupe méthylène entre les deux groupes esters, car les atomes d'hydrogène de ce groupe sont rendus mobiles en raison de l'effet attracteur de ces groupements esters. L'éthanolate, base assez forte, viendra ainsi arracher un de ces hydrogènes. Le carbanion ainsi formé est stabilisé en raison de la délocalisation de la charge négative par mésomérie :

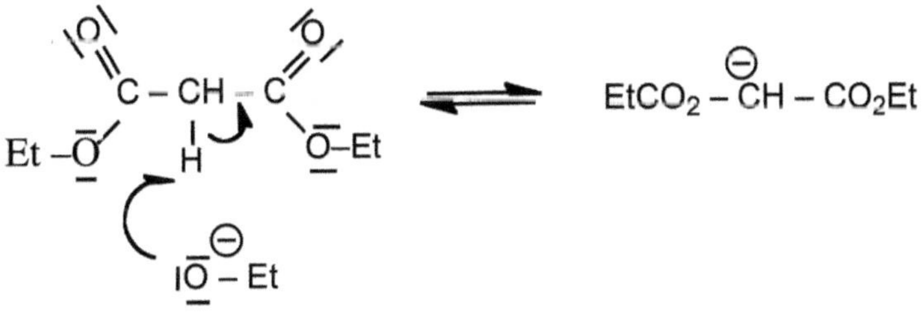

La réaction globale s'écrit :

$$EtCO_2–CH_2–CO_2Et + (Na^+, EtO^-) \rightarrow (EtCO_2–CH^-–CO_2Et, Na^+) + EtOH$$

Elle s'opère en chauffant ce qu'on figure généralement en chimie organique par le symbole Δ qu'on figure au-dessus de la flèche de réaction.

c) La formation de radicaux R• à partir d'un peroxyde d'acyle se fait par rupture homolytique (symétrique) de la liaison O–O qui est fragile. Cette rupture se fait soit par la chaleur (symbole Δ) soit par rayonnement ultraviolet (symbole *hν*). Après rupture de la liaison O–O, le radical formé perd immédiatement une molécule de CO_2 :

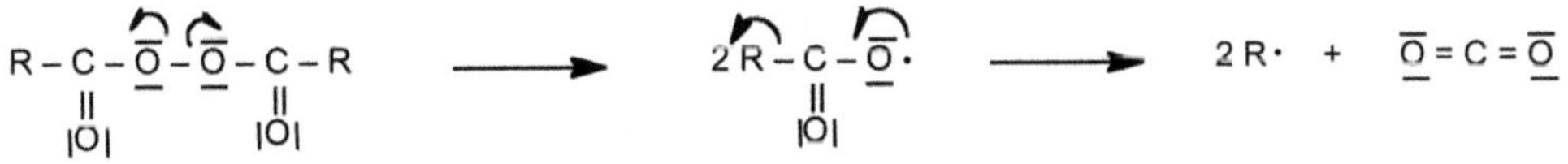

Remarque et généralisation

En chimie organique, si on précise souvent les conditions de chauffage ou d'exposition photochimique par les symboles respectifs Δ et *hν*, les réactifs et produits inorganiques ne sont souvent pas indiqués de part et d'autre de la flèche de réaction. On indique certains réactifs, le solvant, le catalyseur sur la flèche de réaction pour ne laisser subsister comme réactifs et produits de part et d'autre de cette flèche que les composés organiques partie prenante dans la synthèse réalisée.

5.7

Prérequis

Dans cet exercice, on observe que l'acide éthanoïque est le plus faible des quatre. Par ordre d'acidité croissante, à partir de cet acide éthanoïque, on trouve successivement l'acide méthanoïque (H est moins donneur d'électrons par effet +I que CH_3), l'acide monochloroéthanoïque ($ClCH_2$ est plus attracteur d'électrons que H à cause de l'effet inducteur attracteur –I de l'halogène) puis l'acide dichloroéthanoïque (Cl_2CH est encore plus attracteur à cause des deux Cl). Dans chaque cas envisagé, on va faire réagir la base conjuguée la plus forte (l'éthanoate $CH_3CO_2^-$) correspondant à l'acide le plus faible avec chacun des autres acides. On peut donc attendre que cette base forte déplace chaque fois l'équilibre vers la base plus faible et cela d'autant plus que l'acide sera plus fort.

a) La solution obtenue a une concentration de 0,1 mol L^{-1} en éthanoate de sodium et 0,1 mol L^{-1} en acide méthanoïque (mélange à volumes égaux de deux solutions 0,2 mol L^{-1}). Il s'établit l'équilibre suivant :

$$CH_3CO_2^- + HCO_2H \rightleftharpoons CH_3CO_2H + HCO_2^-$$

dont la constante K s'écrit :

$$K = [CH_3CO_2H]\,[HCO_2^-] \,/\, ([CH_3CO_2^-]\,[HCO_2H])$$

$$\text{ou encore } ([CH_3CO_2H] \,/\, ([H_3O^+]\,[CH_3CO_2^-]) \times ([HCO_2^-]\,[H_3O^+] \,/\, [HCO_2H])$$

$$K = K_{a2} \,/\, K_{a1} = 10^{0,95} \approx 8,91$$

La conservation de la matière pour l'acide méthanoïque s'écrit :

$$[HCO_2H] + [HCO_2^-] = c$$

La conservation de la matière pour l'acide éthanoïque s'écrit :

$$[CH_3CO_2H] + [CH_3CO_2^-] = c$$

La relation d'électroneutralité s'écrit :

$$[H_3O^+] + [Na^+] = [HCO_2^-] + [CH_3CO_2^-] + [OH^-] \qquad \text{avec } [Na^+] = c$$

La combinaison de la première et de la troisième relation donne :

$$[HCO_2H] = [CH_3CO_2^-] + [OH^-] - [H_3O^+]$$

La combinaison de la deuxième et de la troisième relation donne :

$$[CH_3CO_2H] = [HCO_2^-] + [OH^-] - [H_3O^+]$$

Si les acides sont faibles et les bases suffisamment concentrées on peut négliger $[H_3O^+]$ et $[OH^-]$ pour simplifier le calcul. On obtient alors les relations :

$$[CH_3CO_2H] = [HCO_2^-] \text{ et } [CH_3CO_2^-] = [HCO_2H]$$

À partir de la constante d'équilibre $K = 8,91$ on obtient les concentrations des différentes espèces à l'équilibre :

$$[CH_3CO_2H] = [HCO_2^-] \approx 0,0749 \text{ mol } L^{-1}$$

$$[CH_3CO_2^-] = [HCO_2] = 0,0251 \text{ mol } L^{-1}$$

L'acide méthanoïque déplace l'éthanoate et conduit majoritairement à l'acide éthanoïque.

La concentration en H_3O^+ est obtenue en reportant ces valeurs dans l'expression de l'une ou l'autre des constantes d'acidité :

$$[H_3O^+] = K_{a_1} \times [CH_3CO_2H] / [CH_3CO_2^-] = 10^{-4,75} \times 0,0749 / 0,0251 \approx 5,31.10^{-5} \text{ mol L}^{-1}$$

soit pH = 4,28

$$[OH^-] = K_e / [H_3O^+] = 10^{-14} / 5,3.10^{-5} = 1,88.10^{-10} \text{ mol L}^{-1}$$

$$[Na^+] = 0,1 \text{ mol L}^{-1} \text{ (ion indifférent)}$$

Remarque et généralisation

La symétrie des relations montre que mélanger CH_3CO_2H et HCO_2^- revient à la même solution que mélanger HCO_2H et $CH_3CO_2^-$.

b) Écrivons l'équilibre obtenu dans la solution :

$$ClCH_2CO_2H + CH_3CO_2^- \rightleftharpoons ClCH_2CO_2^- + CH_3CO_2H$$

La constante de l'équilibre s'écrit :

$$K = [ClCH_2CO_2^-] \times [CH_3CO_2H] / ([ClCH_2CO_2H] \times [CH_3CO_2^-])$$

$$= 10^{-2,9} / 10^{-4,75} = 10^{1,85} \approx 70,8$$

Comme dans le cas précédent on peut écrire les relations :

$$[ClCH_2CO_2H] = [CH_3CO_2^-] \quad \text{et} \quad [ClCH_2CO_2^-] = [CH_3CO_2H]$$

$$[ClCH_2CO_2H] + [ClCH_2CO_2^-] = [CH_3CO_2H] + [CH_3CO_2^-] = 0,1 \text{ mol L}^{-1}$$

En reportant ces valeurs dans l'expression de *K* et en exprimant toutes les concentrations en fonction de la concentration en acide monochloroéthanoïque, on obtient la relation :

$$K = (0,1 - [ClCH_2CO_2H])^2 / [ClCH_2COOH] = 70,8$$

Les concentrations des différentes espèces à l'équilibre sont les suivantes :

$$[ClCH_2COOH] = [CH_3CO_2^-] \approx 0,0106 \text{ mol L}^{-1}$$

$$[ClCH_2CO_2^-] = [CH_3CO_2H] \approx 0,0894 \text{ mol L}^{-1}$$

La concentration $[H_3O+]$ est obtenue en reportant ces valeurs dans l'expression de l'une des constantes d'acidité :

$$[H_3O+] = K_{a1} \times [CH_3CO_2H] / [CH_3CO_2^-] = 10^{-4,75} \times 0,0894 / 0,0106 = 1,5.10^{-4} \text{ mol L}^{-1}$$

soit pH = 3,82,

d'où $[OH^-] = K_e / [H_3O+] = 10^{-14} / 1,5.10^{-4} = 6,67.10^{-11}$ mol L^{-1}

par ailleurs $[Na+] = 0,1$ mol L^{-1}.

c) L'équation-bilan de l'équilibre et la constante de cet équilibre s'écrivent :

$$Cl_2CHCO_2H + CH_3CO_2^- \rightleftharpoons Cl_2CHCO_2^- + CH_3CO_2H$$

$$K = [ClCH_2CO_2^-]\,[CH_3CO_2H] / ([Cl_2CHCO_2H]\,[CH_3CO_2^-]) = K_{a4} / K_{a1}$$

$$= 10^{-1,5} / 10^{-4,75} = 10^{3,25} = 1\ 778,3$$

Comme dans les cas précédents on a :

$$[Cl_2CHCO_2H] = [CH_3CO_2^-] \qquad \text{et} \qquad [ClCH_2CO_2^-] = [CH_3CO_2H]$$

$$[Cl_2CHCO_2H] + [ClCH_2CO_2^-] = [CH_3CO_2^-] + [CH_3CO_2H] = 0{,}1 \text{ mol L}^{-1}$$

En combinant ces relations et en exprimant toutes les concentrations en fonction de la concentration à l'équilibre en acide méthanoïque :

$$K = [CH_3CO_2H]^2 / (0{,}1 - [CH_3CO_2H])^2 = 1\ 778{,}3$$

d'où les concentrations des différentes espèces à l'équilibre :

$$[CH_3CO_2H] = [Cl_2CHCO_2^-] \approx 0{,}0977 \text{ mol L}^{-1}$$

$$[CH_3CO_2^-] = [Cl_2CHCO_2H] \approx 0{,}0023 \text{ mol L}^{-1}$$

La concentration en H_3O^+ est obtenue en reportant ces valeurs très précises dans l'expression de l'une des constantes d'acidité :

$$[H_3O^+] = K_{a_1} \times [CH_3CO_2H] / [CH_3CO_2^-] = 10^{-4{,}75} \times 0{,}0977 / 0{,}0023 = 7{,}55.10^{-4} \text{ mol L}^{-1}$$

soit : pH = 3,12.

On en déduit $[OH^-] = K_e / [H_3O^+] = 10^{-14} / 7{,}55.10^{-4} = 1{,}32.10^{-11}$ mol L^{-1}.

Par ailleurs $[Na^+] = 0{,}1$ mol L^{-1}.

Remarque et généralisation

Les valeurs de pH trouvées étant comprises entre 3,12 et 4,28, l'hypothèse $[H_3O^+] - [OH^-] \ll$ devant les concentrations des espèces mélangées, est validée.

d) Les résultats précédents permettent de calculer le pourcentage d'éthanoate résiduel après réaction avec chaque acide :

$$x_B = [CH_3CO_2^-] / 0{,}1 = 0{,}0251 / 0{,}1 = 25{,}1\ \%$$

$$x_C = 0{,}0106 \times 100 / 0{,}1 = 10{,}6\ \%$$

$$x_D = 0{,}0023 \times 100 / 0{,}1 = 2{,}3\ \%$$

Dans ce cas particulier où les concentrations initiales de l'acide d'un couple et de la base de l'autre sont égales, pour que le déplacement soit total à 1 % près (avancement de 99 %), il faudrait un écart de pK_a de 4.

On peut le montrer par le calcul général qui suit.

Soit A_1H / A_1^- le couple de constante d'acidité K_1 et A_2H / A_2^- le couple le moins acide de constante d'acidité K_2. L'équation-bilan et la constante d'équilibre s'écrivent comme ci-dessous :

$$A_1H + A_2^- \rightleftharpoons A_1^- + A_2H$$

$$K = \frac{[A_1^-][A_2H]}{[A_1H][A_2^-]}$$

Si le déplacement de $[A_2^-]$ par A_1H est total à 1 % près (taux de transformation directe supérieur ou égal à 99 %), les rapports $[A_1H] / [A_1^-]$ et $[A_2^-] / [A_2H]$ sont inférieurs à 0,01.

Dans ces conditions, en prenant le logarithme des deux expressions de K, on obtient l'écart de pK_a :

$$pK_2 - pK_1 = \log([A_1^-] / [A_1H]) - \log([A_2^-] / [A_2H]) \geq 4.$$

■ *Les réactions acido-basiques : substitutions nucléophiles*

Les espèces nucléophiles, riches en électrons disponibles pour établir une liaison, sont avides de noyaux, c'est-à-dire de structures électrophiles pouvant accueillir ces électrons. Ces espèces pourront donc constituer des réactifs nucléophiles recherchant des substrats qui, en fonction de leur structure, conduiront à des réactions de substitutions nucléophiles (S_N).

Nous montrons dans cette partie des exemples de réactions S_N qui peuvent être aussi assimilées à des réactions acido-basiques puisque les espèces électrophiles, à caractère acide, et nucléophile, à caractère basique, interagissent les unes avec les autres.

Énoncés

▸ Exercices d'application et de synthèse

5.8 ★★ Conditions expérimentales des substitutions nucléophiles

Les affirmations suivantes, relatives à des réactifs intervenant dans les substitutions nucléophiles (S_N), sont-elles exactes ? Expliquer la réponse et, quand c'est nécessaire, indiquer les limites de ces affirmations.

a) Un nucléophile présente toujours un doublet non liant et une charge négative.

b) Le pouvoir nucléophile d'un réactif croît avec sa basicité selon Brønsted.

c) Lorsqu'on met en relation deux réactifs, acido-basiques par exemple, il se produit toujours une seule réaction.

d) En changeant le solvant dans lequel est menée une réaction S_N, on peut changer la nature des produits formés à partir des mêmes réactifs.

e) L'étape lente d'une réaction est celle qui correspond à la formation de l'état de transition de plus haute énergie.

5.9 ★★★ Oxydation des alcools

Indiquer en argumentant si les affirmations suivantes sont exactes ou erronées :

a) Dans l'éthanol, RO^- est un meilleur nucléophile que ROH.

b) Dans le solvant eau-éthanol, la solvolyse d'un mélange de chlorure de benzyle $PhCH_2$–Cl et de chlorure de phényle Ph–Cl conduit à un mélange d'alcool benzylique $PhCH_2$–OH, de benzyléthyléther $PhCH_2$–O–C_2H_5, de phénol Ph–OH et d'éthylphényléther C_2H_5–O–Ph.

c) La réaction du 1–chlorobutane est plus rapide avec l'ion EtO^- dans l'éthanol qu'avec l'ion CH_3COO^- dans l'acide éthanoïque.

d) Dans une S_N, un groupe partant est d'autant meilleur que l'atome qui le lie au carbone électrophile est plus électronégatif.

e) Les anions éthynyle $HC{\equiv}C^-$ et cyanure $N{\equiv}C^-$ sont de bons nucléophiles et de bons nucléofuges.

f) Les halogénures $ClCH_2$–CH=CH–CH_3 et H_2C=CH–CHCl–CH_3 conduisent, séparément, par une réaction d'hydrolyse, au même mélange d'alcools.

5.10 ★★★ Substitutions nucléophiles à partir de bromures d'alkyle

En présence de soude et dans un solvant non protique, le 3-bromo-2,3-diméthylpentane donne uniquement le 2,3-diméthylpentan-3-ol. Les résultats expérimentaux montrent qu'il s'agit d'une réaction du premier ordre sur le plan cinétique.

a) Préciser le mécanisme de cette réaction et montrer qu'on peut assimiler cette réaction à une réaction acido-basique et non à une réaction d'oxydoréduction.

b) Quelle est la configuration du 2,3-diméthylpentan-3-ol obtenu si la réaction est faite sur le (*R*)-3-bromo-2,3-diméthylpentane ?

c) Dans les mêmes conditions le (*S*)-2-chlorobutane donne le (*R*)-butan-2-ol. Quel est le mécanisme de cette réaction ? Par rapport à la question a) le mécanisme est-il différent ?

5.11 ★★ Substitution nucléophile stéréospécifique

La réaction suivante se fait selon un mécanisme stéréospécifique de réaction acido-basique. Quel est ce mécanisme ?

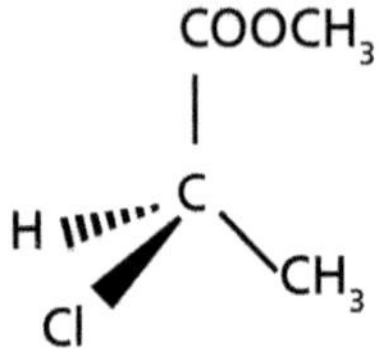

$+ \quad CN^- \longrightarrow \quad CH_3–CH(CN)–COOCH_3$

Déterminer la configuration absolue du composé de départ et celle du produit d'arrivée.

Peut-on généraliser la relation établie, dans l'exemple ci-dessus, entre les configurations absolues d'une réaction stéréospécifique ?

5.12 ★★ Substitution nucléophile du premier ordre

a) Au cours de réactions de type S_N1 chacun des bromures suivants (1), (2) et (3) conduit à deux alcools sous l'action de la soude diluée :

(1) $(H_3C)_3C–CHBr–CH_3$ (2) $H_2C{=}CH–CH_2–CHBr–CH_3$ (3) cyclopentyl–CH_2Br

Donner la structure des intermédiaires obtenus dans chacun des cas et justifier la formation de deux produits, obtenus par réaction acido-basique, pour chacun des bromures de départ. On précise que dans le dernier cas l'un des alcools formés est un alcool secondaire.

b) Quels sont les bromures régioisomères qui donneraient, dans chaque cas, le même couple d'alcools dans les mêmes proportions ? Justifier.

Corrigés

5.8

Prérequis

Dans cet exercice, il conviendra de bien faire la part des choses entre les notions de nucléophilie et de basicité, qui sont liées mais pas strictement parallèles.

a) *Partiellement exact.*

Un nucléophile est un réactif riche en électrons qui se fixera sur les atomes déficitaires en électrons d'un réactif électrophile qui lui sera opposé. Il portera donc au moins un doublet non liant et pourra être neutre comme H_2O et NH_3 mais aussi chargé négativement comme les bases conjuguées respectives OH^- et NH_2^- ou encore d'autres anions comme les carbanions R^- où la charge négative est portée par un carbone.

Le doublet non liant est donc indispensable mais pas obligatoirement la charge négative.

b) *Grossièrement exact mais pas de relation de proportionnalité.*

La nucléophilie et la basicité au sens de Brønsted sont deux concepts différents. Le premier concerne l'affinité pour les centres électrophiles et le second l'affinité pour un centre électrophile particulier, le proton.

Il n'y a donc pas de relation directe entre pouvoir nucléophile et basicité. Cependant, la force des nucléophiles et celle des bases dépendent de la disponibilité du doublet non liant qui va réagir et les meilleurs nucléophiles sont souvent les bases les plus fortes, c'est-à-dire les bases conjuguées des acides les plus faibles. Les nucléophiles chargés sont les meilleurs nucléophiles.

c) *Globalement inexact.*

En chimie organique, il est rare que deux réactifs, particulièrement dans une réaction acido-basique, conduisent exclusivement à un seul produit de réaction : on observe souvent plusieurs réactions concurrentes ce qui limite le rendement de la réaction recherchée.

Ce résultat peut s'expliquer pour différentes raisons :

- la délocalisation d'électrons sur plusieurs atomes (résonance d'un carbocation à caractère acide par exemple) fait apparaître plusieurs sites réactifs;
- plusieurs états de transition de géométrie différente sont possibles;
- la nature du solvant peut modifier le cours de la réaction et le solvant lui-même, à caractère basique ou nucléophile peut participer à la réaction (solvolyse).

Remarque et généralisation

Lorsqu'une réaction est prépondérante, on parle de réaction sélective. Si des produits de géométrie différente sont formés et que l'un d'eux est majoritaire, on parle de réaction stéréosélective. Lorsqu'une réaction conduit à un produit unique, on dit qu'elle est spécifique et éventuellement réaction stéréospécifique s'il y a lieu, c'est-à-dire si un seul des deux stéréoisomères prévisibles est obtenu.

d) *Affirmation exacte.*

Les solvants polaires à forte constante diélectrique (aptitude à séparer une paire d'ions) peuvent induire l'ionisation d'un réactif et donc changer sa vocation de réactif. Par exemple, un dérivé halogéné RX, optiquement actif, peut réagir directement avec un nucléophile dans un solvant peu polaire pour donner une réaction stéréospécifique mais peut aussi se décomposer dans un solvant polaire pour donner le ou les carbocation(s) correspondant(s) qui réagiront ensuite avec le nucléophile pour donner le racémique.

e) *Affirmation exacte.*

La vitesse d'une réaction est effectivement limitée par la vitesse de formation de l'intermédiaire de plus haute énergie, appelé état de transition ou encore complexe activé. Cette étape limitante est appelée étape lente (*voir* chapitre 4 du tome 1).

5.9

Prérequis

La notion de solvant est très importante en chimie organique. On verra dans ce qui suit que les solvants protiques qui présentent une charge partielle $H^{\delta+}$ favorisent la coupure de liaisons polarisées comme $C–X^{\delta-}$.

a) *Exact.*

L'anion RO^-, excédentaire en électrons et par conséquent instable, est plus nucléophile (il transfère plus facilement ses électrons) que l'espèce ROH non chargée et stable.

b) *Affirmation inexacte.*

Dans le mélange solvant eau-éthanol, dont la polarité favorise l'hétérolyse de la liaison C–Cl, le chlorure de benzyle $PhCH_2Cl$ donne facilement le cation benzylique $Ph–CH_2^+$ (le solvant polaire assiste en effet le départ du chlore et favorise le mécanisme S_N1). Au contraire, le carbocation phényle Ph^+ est très difficile à obtenir (perte de l'aromaticité, c'est-à-dire des 3 doublets π du cycle puisque l'un d'entre eux servira à compenser la charge + et, en plus, la lacune électronique liée à un carbocation est mieux acceptée sur un carbone sp^3 tel que $–CH_2^+$ que sur un carbone sp^2).

L'affirmation est donc fausse et on obtiendra seulement, après passage par le cation benzylique, l'alcool benzylique et le benzyléthyléther :

$$PhCH_2Cl \rightarrow Ph–CH_2^+ \rightarrow PhCH_2–OH + PhCH_2–O–Et$$

c) *Exact.*

Le 1-chlorobutane, halogénure primaire porteur d'un chlore, ne donne pas un carbocation très stable (pas de stabilisation par plusieurs alkyles comme dans un carbocation tertiaire) et, de plus, le chlore est un nucléofuge moyen (capacité du groupe partant à partir avec le doublet de liaison).

La substitution de l'halogénure $CH_3CH_2CH_2CH_2–Cl$ sera donc une réaction de type S_N2 dans laquelle la force du nucléophile, intervenant dans un mécanisme concerté (attaque du nucléophile et départ du nucléofuge simultanés) jouera un rôle essentiel alors que la nature du solvant protique ne jouera qu'un rôle secondaire.

La réaction sera effectivement plus rapide avec EtO^- / EtOH qu'avec CH_3COO^- / CH_3COOH car EtO^- est un meilleur nucléophile que CH_3COO^- (dans ce dernier la charge est répartie par mésomérie sur les deux atomes d'oxygène).

d) *Inexact.*

Ce n'est pas la polarité de la liaison qui se rompt qui est importante dans une S_N mais sa polarisabilité, c'est-à-dire la capacité des électrons de liaison à se porter sur l'atome partant, à l'approche d'un réactif nucléophile, pour conduire à l'hétérolyse. Les liaisons impliquant un atome plus électronégatif sont ainsi plus difficiles à rompre car d'énergie plus forte.

e) *Inexact.*

Les anions éthynyle et cyanure, chargés négativement, sont de bons nucléophiles, mais, portés par un atome de carbone, ce sont de mauvais nucléofuges car les liaisons C–C correspondantes ne se rompent pas facilement en raison de leur faible polarisabilité (capacité à se rompre).

f) *Exact.*

Ces deux chlorures, qui donnent le même carbocation, stabilisé par mésomérie, présenteront deux sites électrophiles et conduiront, par hydrolyse S_N1, au même mélange d'alcools.

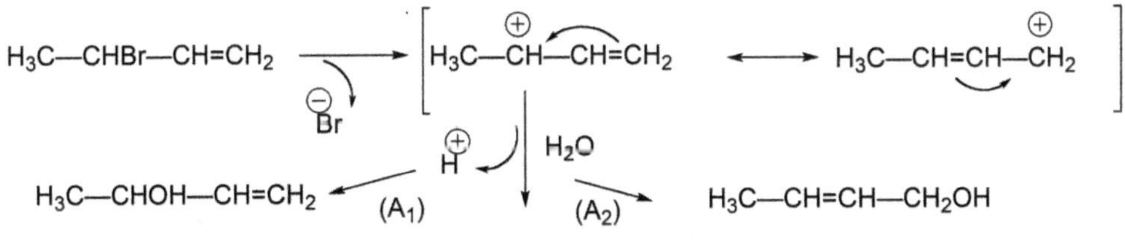

Remarque et généralisation

À partir de deux halogénures différents, la mésomérie conduit à un ion mésomère unique, participant de 2 formes limites différentes. Le résultat ne dépend pas de l'origine des halogénures qui est effacée par la mésomérie.

5.10

Prérequis

Dans cet exercice, les faits expérimentaux montrent que le bromure d'alkyle, de type tertiaire totalement ramifié, $CH_3–CH(CH_3)C(Br)(CH_3)–CH_2CH_3$, conduit à un alcool de même structure par réaction de substitution du premier ordre impliquant le passage par un carbocation plan qui ne maintient pas la stéréochimie de départ. En revanche, le 2-chlorobutane de configuration S conduit à un alcool de façon stéréospécifique par un mécanisme obligatoirement différent.

a) Ce bromo-alcane tertiaire donne facilement (Br est un bon groupe partant) un carbocation tertiaire, CH_3–$CH(CH_3)C^+(CH_3)$–CH_2CH_3, stabilisé par effet +I des trois alkyles : $(CH_3)_2$ CH– (ou iPr), CH_3CH_2– (ou Et), CH_3– (ou Me). L'hétérolyse de la liaison C–Br précédera donc l'attaque rapide du nucléophile OH^- sur le carbocation puisque la réaction est du premier ordre.

Cette substitution non concertée se passe donc en deux étapes successives :

- formation initiale d'un carbocation intermédiaire plan (étape lente) ;
- attaque finale rapide du nucléophile dans une deuxième étape.

La vitesse de l'ensemble du processus est la vitesse de l'étape lente, cinétiquement déterminante. C'est une réaction S_N1 :

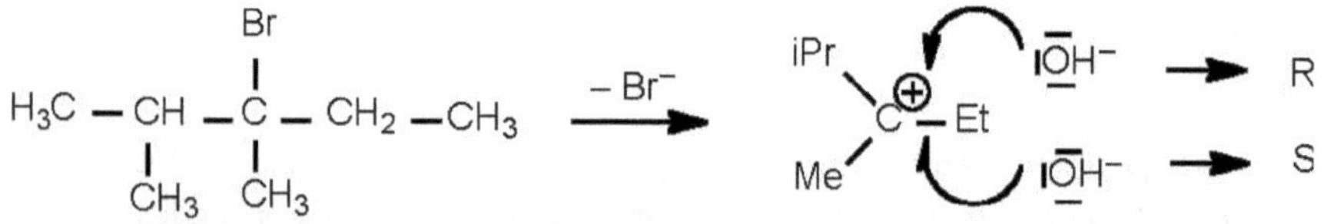

C'est bien une substitution assimilable à une réaction acide-base puisque le nucléophile OH^- de nature basique attaque le carbocation électrophile de caractère acide (déficitaire en électrons).

En revanche, on voit que le n.o. du carbone siège de la substitution ne change pas puisqu'il reste lié à un atome attracteur d'électrons (l'atome O remplace l'atome Br). Ce n'est donc pas une réaction d'oxydoréduction.

b)

Prérequis

La réaction S_N1 avec passage par un carbocation plan n'est pas stéréospécifique puisque le nucléophile va attaquer, avec la même probabilité, chaque face du carbocation.

Puisque l'on est parti d'une configuration déterminée pour le bromure de a) (configuration *R*) et que l'on passe par un carbocation (mécanisme du 1er ordre) on peut conclure que cette configuration ne peut être maintenue et que l'équiprobabilité d'attaque sur les deux faces du carbocation va conduire à un mélange racémique des deux alcools :

bromure *R* → carbocation → alcool ***R*** + alcool *S* (racémique)

c)

Prérequis

Cette fois-ci la réaction de substitution de l'halogénure Et–CHCl–Me est stéréospécifique. Le mécanisme est donc différent du mécanisme observé dans **b)**.

Dans ce cas, la chiralité ne disparaît pas mais on observe une inversion de configuration, typique d'un mécanisme concerté S_N2 avec attaque dorsale (le nucléophile, groupe entrant, attaque le carbone électrophile du côté opposé à l'halogène partant). En d'autres termes, la base, avec son doublet disponible, vient attaquer le site acide, constitué par le carbone lorsqu'il abandonne sa liaison avec le chlore.

Le schéma ci-dessous montre cette inversion de configuration représentée selon les règles CIP :

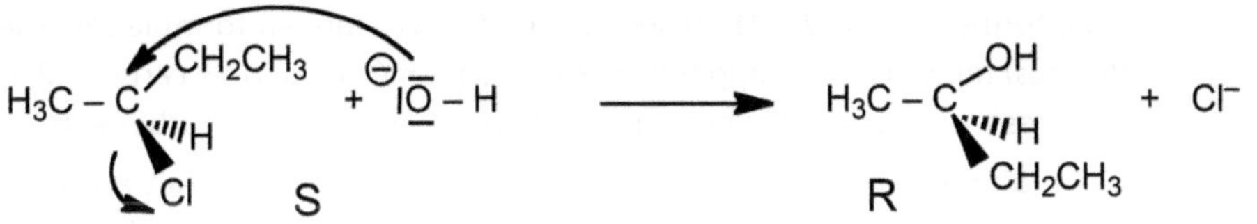

5.11 Selon les règles CIP la configuration du composé de départ est *R* (séquence de priorité des substituants selon CIP : Cl > $COOCH_3$ > CH_3 > H).

Si la substitution est stéréospécifique, il ne peut s'agir que d'un mécanisme concerté S_N2. Une substitution nucléophile de type S_N2 se fait effectivement de façon dorsale et entraîne une inversion dite de Valden au niveau du centre de chiralité. Il s'agit bien d'une réaction stéréospécifique qui conduit à une configuration unique R :

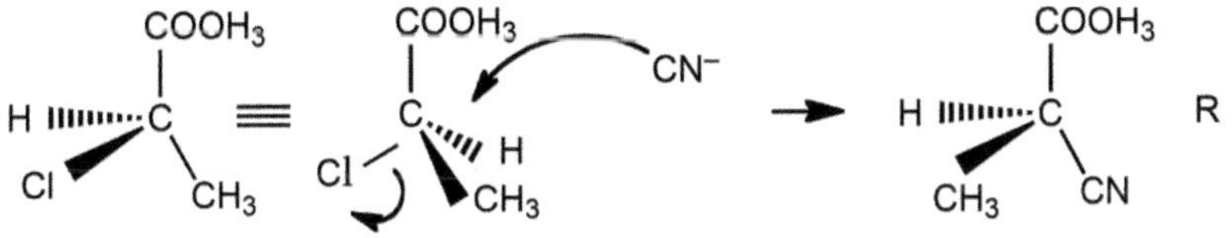

Cette réaction stéréospécifique est également une réaction acido-basique puisque le doublet non liant de la base NC^- vient attaquer le centre acide constitué par le carbone électrophile en train de perdre son doublet.

Remarque et généralisation

On constate que dans le produit d'arrivée l'ordre de priorité des substituants, porté par le centre de chiralité, n'est plus le même : $COOCH_3$ > C≡N > CH_3 > H. Le groupe nitrile substitué n'est plus prioritaire devant $COOCH_3$ comme l'était le chlore et la configuration absolue du produit formé demeure donc R malgré l'attaque stéréospécifique du nucléophile. On voit donc qu'une S_N2 provoque toujours une inversion de Valden, c'est-à-dire une inversion dans l'espace, mais pas forcément une inversion de configuration car celle-ci est une convention qui dépend de la nature du nouveau substituant et de sa position dans le classement CIP.

5.12

Prérequis

Il s'agit dans cet exercice d'observer que dans un mécanisme S_N1, les carbocations intermédiaires formés peuvent se réarranger en carbocations plus stables. Ces réarrangements interviendront dans le cas de la formation de carbocations primaires et secondaires qui pourront se transposer en carbocations tertiaires plus stables.

a) La réaction S_N1 conduit à l'hétérolyse initiale de la liaison C–Br et donc à la formation d'un carbocation. Mais, chaque fois, deux alcools sont obtenus par substitution, ce qui signifie que le carbocation formé s'est partiellement réarrangé en un autre carbocation et que ces deux acides (déficit en électrons) réagissent dans une deuxième étape avec le nucléophile HO^- (base avec doublet d'électrons disponible).

Le carbocation, formé à partir de (1) est secondaire. Son écriture en formule semi-développée (ci-dessous) fait clairement apparaître les groupes méthyles sur le carbone 2, en α de la charge, et les trois atomes d'hydrogène sur l'autre carbone en α (carbone 4).

La transposition d'un de ces hydrogènes ne se fera pas car elle aboutirait à un carbocation primaire moins stable. En revanche, la transposition d'un groupe méthyle porté par le C_2 conduit à un carbocation tertiaire plus stable (d'énergie plus basse). C'est donc celle-ci qui est observée :

Dans le cas du carbocation formé à partir de (2), pour les mêmes raisons que précédemment, la transposition d'un atome d'hydrogène porté par le C_5 ne se fait pas :

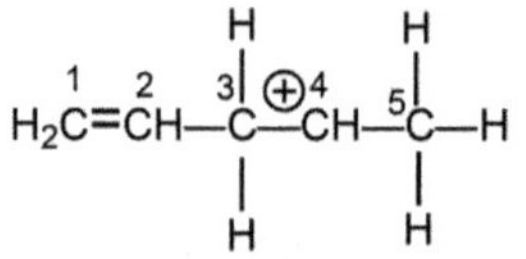

Celle d'un atome d'hydrogène sur le C_3 conduit également à un carbone secondaire mais on remarque que l'orbitale p vacante de ce nouveau carbocation est alors conjuguée avec les deux orbitales p formant la liaison π entre C_1 et C_2. Ce nouveau carbocation est donc stabilisé par résonance et la transposition est très favorisée :

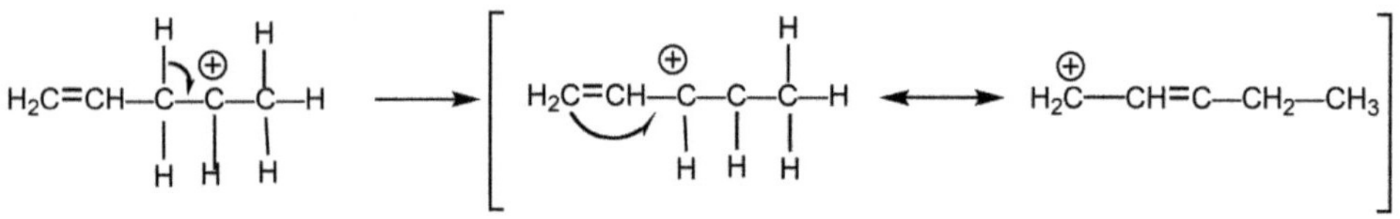

La transposition d'un chaînon du cycle du carbocation formé à partir de (3) conduit à un carbocation secondaire plus stable que le carbocation primaire initial. Il en résulte une extension de cycle avec formation du cyclohexanol à partir de ce carbocation secondaire :

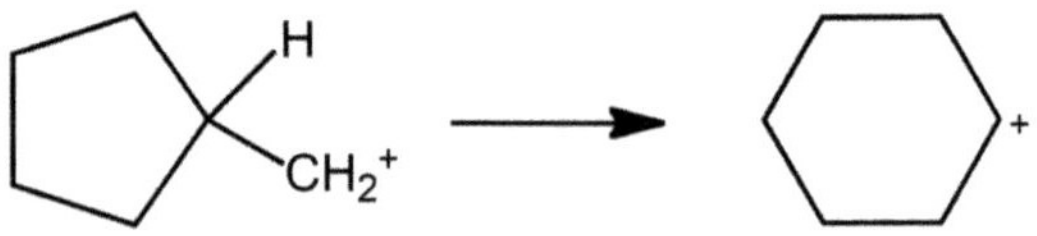

Il est à noter que la migration d'un atome d'hydrogène du cycle, conduisant à un carbocation tertiaire n'est pas observée, ce qui montre qu'elle est moins favorisée au plan énergétique (stabilisation par extension du cycle à 5 au cycle à 6 carbones supérieure à la stabilisation vers un carbocation tertiaire).

b) Pour obtenir le même couple d'alcools, en même proportion, il faut partir de bromures conduisant au même mélange de carbocations.

Les régioisomères seront donc les bromures qui donneront d'abord les carbocations obtenus dans la question précédente par transposition, c'est-à-dire :

(1′) $(CH_3)_2C(Br) - CH(CH_3)_2$

(2′) $BrCH_2 - CH = C - CH_2CH_3$

(3′) cyclohexyl – Br

Les carbocations obtenus dans un premier temps se transposent ensuite en donnant le même mélange de carbocations, régis par le même équilibre énergétique que dans a). Ce n'est pas l'origine du carbocation et l'histoire de la réaction qui sont déterminantes mais la stabilité relative à l'intérieur de chacun des couples formés.

■ *Réactions d'oxydoréduction : oxydation des composés hydroxylés et carbonylés*

Les réactions d'oxydation de composés organiques tels que les alcools, les aldéhydes ou les cétones s'opèrent par l'action d'un oxydant approprié qui sera réduit.

Dans ces réactions d'oxydoréduction, le carbone porteur de certains groupements fonctionnels, hydroxylés ($R–CH_2–OH$ et R–CHOH–R′) et carbonylés (R–CHO et $R–CO–CH_3$), subit une oxydation et voit son nombre d'oxydation augmenter tandis qu'un oxydant approprié subit la réduction. Ces oxydants sont diversifiés (permanganate de potassium $KMnO_4$ ou dichromate de potassium $K_2Cr_2O_7$ en milieu acide pour les alcools et les aldéhydes, oxydants plus « énergiques » tels que le trioxyde de chrome CrO_3 ou l'acide nitrique HNO_3 pour les cétones).

Le bilan des échanges électroniques permettra d'écrire les réactions de façon rigoureuse même si la réalité de ces échanges reste formelle.

Ces diverses réactions sont présentées dans la partie qui suit.

Énoncés

▸ Exercice d'application et de synthèse

5.13 ★★ Oxydation comparée d'alcools

a) Dans l'alcootest, on transforme l'éthanol (C_2H_5OH) présent dans le sang en acide éthanoïque ou encore acide acétique (CH_3CO_2H) par action d'une solution acidifiée de dichromate de potassium ($Cr_2O_7^{2-}$) qui se réduit en ions Cr^{3+}.

Écrire et égaliser l'équation d'oxydoréduction mise en jeu lors de ce dosage.

b) Le *n*-propan-1-ol $CH_3CH_2CH_2OH$ peut se transformer de la même façon en acide correspondant mais la réaction est cette fois-ci menée en 2 étapes identifiées : obtention initiale de l'aldéhyde puis oxydation de l'aldéhyde en acide.

Écrire ces deux réactions successives d'oxydation en milieu aqueux.

c) Il est difficile de limiter l'oxydation précédente à la formation de l'aldéhyde. Proposer un mode opératoire permettant de former de l'aldéhyde pur en évitant l'oxydation totale en acide sachant que le point d'ébullition du propanal est de 50 °C alors que celui de l'acide propanoïque est de 125 °C.

5.14 ★★ Oxydation comparée d'alcool saturé et d'alcool éthylénique

a) Le butan-2-ol est oxydé en butanone par le dichromate de sodium.

Est-il nécessaire de prendre des précautions particulières pour cette oxydation ? Pourrait-elle aller plus loin et quel produit serait alors obtenu ?

b) Le but-2-én-1-ol oxydé par l'anhydride chromique CrO_3 à 25 °C en présence de pyridine est oxydé en aldéhyde éthylénique correspondant. Donner la structure de cet aldéhyde. Justifier cette sélectivité dans l'oxydation de cet alcool.

5.15 ★★ Oxydation comparée d'alcool tertiaire et d'alcool primaire

a) L'alcool butylique tertiaire ou 2-méthyl-propan-2-ol conduit en milieu fortement acide (acide nitrique) à la formation de propanone avec formation de CO_2.

Interpréter ce résultat.

b) L'alcool butylique primaire ou butan-1-ol ne donne aucune oxydation avec le dioxyde de manganèse MnO_2 alors qu'il conduit directement à l'acide correspondant avec le permanganate de potassium $KMnO_4$ en solution concentrée. Écrire cette dernière réaction et interpréter le résultat.

5.16 ★★ Oxydation des cétones méthylées

Les cétones méthylées $R{-}CO{-}CH_3$ sont oxydées au moyen de l'iode en milieu basique avec formation de l'iodoforme CHI_3 (test à l'iodoforme). Cette oxydation met en œuvre deux réactions successives : une réaction de substitution sur le méthyle, par l'halogène, puis une réaction de coupure, au niveau de ce carbone halogéné, par OH^-.

Préciser le cours complet de cette réaction, justifier le mécanisme mis en jeu et expliquer pourquoi ce test à l'iodoforme est un test analytique des cétones méthylées qui se traduit par une réaction d'oxydation.

5.17 ★★ Oxydation par la liqueur de Fehling

La liqueur de Fehling est une solution, bleu foncé, d'ions Cu^{2+} complexés par des ions tartrate $^-OOC{-}CHOH{-}CHOH{-}COO^-$.

a) Expliquer pourquoi ces ions sont transformés en un précipité de Cu_2O rouge brique en présence d'aldéhydes. Donner un bilan simplifié de la réaction.

b) La liqueur de Fehling est utilisée en particulier pour mettre en évidence les sucres réducteurs tels que le glucose $HOCH_2{-}(CHOH)_4{-}CHO$ alors qu'un sucre tel que le fructose $HOCH_2{-}(CHOH)_3{-}CO{-}CH_2OH$ ou le saccharose (combinaison de glucose et de fructose) est inopérant. Justifier.

Corrigés

5.13 a)

Prérequis

On se reportera à l'exercice **4.1** pour la détermination des nombres d'oxydation (n.o.). L'éthanol est oxydé en acide éthanoïque (le carbone concerné passe du n.o. –I dans $-CH_2-OH$ au n.o. +III dans –CO–OH) tandis que le chrome est réduit du n.o. +VI ($Cr_2O_7^{2-}$) au n.o. +III (Cr^{3+}). En effet, dans le dichromate pour obtenir une double charge négative il faut écrire l'égalité :

$$-2 = 7 \text{ n.o.(O)} + 2 \text{ n.o.(Cr)} \text{ et n.o.(Cr)} = [-2 + (7 \times 2)] / 2 = 6$$

Pour écrire l'équation d'oxydoréduction, il faut expliciter, les échanges d'électrons mis en jeu dans les demi-réactions d'oxydation (perte de 4 e^- par molécule d'éthanol) et de réduction (gain de 6 e^- par molécule de dichromate), et égaliser ces échanges électroniques en conservant également les charges :

$$\text{Oxydation } CH_3-CH_2OH + 5\ H_2O \rightarrow CH_3-COOH + 4\ e^- + 4\ H_3O^+$$

$$\text{Réduction } Cr_2O_7^{2-} + 6\ e^- + 14\ H_3O^+ \rightarrow 2\ Cr^{3+} + 21\ H_2O$$

L'égalisation des charges conduit à l'équilibre d'oxydoréduction suivant :

$$3 \times (CH_3-CH_2OH + 5\ H_2O \rightarrow CH_3-COOH + 4\ e^- + 4\ H_3O^+)$$

$$2 \times (Cr_2O_7^{2-} + 6\ e^- + 14\ H_3O^+ \rightarrow 2\ Cr^{3+} + 21\ H_2O)$$

$$2\ Cr_2O_7^{2-} + 3\ CH_3CH_2OH + 16\ H_3O^+ \rightleftharpoons 4\ Cr^{3+} + 21\ H_2O + 3\ CH_3COOH + 27\ H_2O$$

b) Le *n*-propanol se transforme d'abord en *n*-propanal puis en acide *n*-propanoïque :

$$CH_3CH_2CH_2OH \rightarrow CH_3CH_2CHO \rightarrow CH_3CH_2COOH$$

Le groupement éthyle n'est pas affecté par la transformation mais le carbone terminal passe du n.o. –I dans CH_2OH au n.o. +I dans CH=O et +III dans COOH avec chaque fois émission de 2 e^- dans chacune de ces oxydations.

Les réactions d'oxydation successives seront les suivantes :

$$CH_3CH_2CH_2OH + 2\ H_2O \rightarrow CH_3CH_2CHO + 2\ e^- + 2\ H_3O^+$$

$$CH_3CH_2CHO + 3\ H_2O \rightarrow CH_3CH_2COOH + 2\ e^- + 2\ H_3O^+$$

c) On comprend qu'il soit très difficile de limiter l'oxydation du propanol au propanal. D'après les données fournies, pour éviter que l'oxydation aille au terme vers l'acide, un mode opératoire consiste à soustraire en cours de réaction le propanal à l'action de l'oxydant. C'est ici possible puisque l'aldéhyde est beaucoup plus volatil que l'acide. En opérant l'oxydation initiale à une température de l'ordre de 70 °C le propanal sera évacué du milieu réactionnel à l'état gazeux et il sera distillé au fur et à mesure de sa formation.

5.14 a)

Prérequis

Le butan-2-ol $CH_3CH_2CHOHCH_3$ sera oxydé en butanone $CH_3CH_2COCH_3$ par le dichromate de sodium $Cr_2O_7Na_2$.

L'oxydation de la cétone méthylée pourrait aller plus loin et permettre l'obtention de l'acide propanoïque CH_3CH_2COOH si on mobilise un oxydant suffisamment « énergique » tel que $KMnO_4$ concentré, à chaud et en milieu acide, ou encore l'acide nitrique. On pourrait aussi mettre en œuvre la réaction haloforme spécifique des cétones méthylées (*voir* **5.16**).

Cependant, l'oxydation des cétones est assez difficile et il n'y aura pas de précaution particulière à prendre, au départ de l'alcool secondaire, pour limiter l'oxydation à la formation de la cétone.

b) Le but-2-én-1-ol, de formule semi-développée, $CH_3–CH=CH–CH_2OH$, sera oxydé, par l'anhydride chromique CrO_3 à température modérée, en aldéhyde correspondant $CH_3–CH=CH–CHO$.

L'oxydation sera sélective et évitera la formation de l'acide but-2-én-oïque correspondant $CH_3–CH=CH–COOH$ grâce à l'utilisation d'une température faible et d'un solvant non aqueux tel que la pyridine.

Remarque et généralisation

L'existence d'un milieu non aqueux est probablement décisive dans cette sélectivité de l'oxydation car l'oxydation des aldéhydes RCHO en acides RCOOH met en œuvre, par hydratation, la formation d'un gem-diol $RCH(OH)_2$, ultérieurement oxydé. Cette hydratation est évidemment impossible ici en milieu non aqueux.

5.15 a)

Prérequis

L'alcool butylique tertiaire (tertiobutanol) ne peut conduire directement par oxydation ni à un aldéhyde comme un alcool primaire ni à une cétone comme un alcool secondaire. Il faut donc envisager l'hypothèse d'une transformation préalable de l'alcool en une structure oxydable.

Cette structure oxydable sera celle de l'alcène correspondant $(CH_3)_2C=CH_2$, facilement formé par déshydratation en milieu acide (ici avec l'acide nitrique), à partir du tertiobutanol $(CH_3)_3C–OH$.

Cet alcène présente une double liaison qui sera le lieu de fragilité de la molécule et le siège de l'oxydation qui conduira à la propanone $CH_3–CO–CH_3$ (plus couramment appelée acétone) et au CO_2 avec passage intermédiaire éventuel par l'acide méthanoïque HCOOH (plus couramment appelé acide formique) :

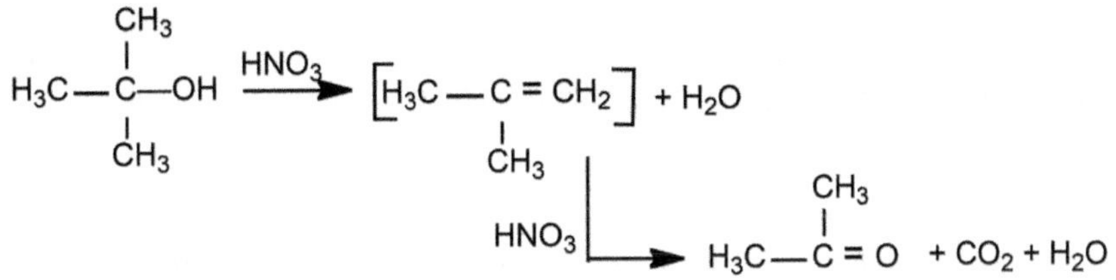

b) L'alcool butylique primaire ou butan-1-ol $CH_3CH_2CH_2CH_2OH$ n'est pas oxydable par MnO_2 (n.o. +IV) alors qu'il est totalement oxydable en acide correspondant (acide butanoïque) par le permanganate de potassium $KMnO_4$ en solution concentrée (n.o. +VII). On peut penser que c'est ce n.o. plus élevé, qui explique la différence.

Le carbone oxydé passe du n.o. –I au n.o. +III avec perte de 4 e^-.

Mn dans le permanganate réduit passe de +VII à +II (MnO) avec gain de 5 e^-.

$$5 \times (CH_3CH_2CH_2CH_2OH + 5\,H_2O \rightarrow CH_3CH_2CH_2COOH + 4\,e^- + 4\,H_3O^+)$$
$$4 \times (MnO_4^- + 5\,e^- + 6\,H_3O^+ \rightarrow MnO + 9\,H_2O)$$

$$5\,CH_3(CH_2)_2CH_2OH + 4\,MnO_4^- + 4\,H_3O^+ \rightleftharpoons 5\,CH_3(CH_2)_2COOH + 11\,H_2O + 4\,MnO$$

5.16 Cette réaction de mise en évidence des cétones méthylées comporte d'abord une substitution des 3 atomes d'hydrogène du méthyle terminal par trois atomes d'iode, puis une coupure par OH^-, entre le carbonyle et ce méthyle halogéné :

$$R–CO–CH_3 + 3\,OH^- + 3/2\,I_2 \rightarrow R–CO–CI_3 + 3\,H_2O$$
$$R–CO–CI_3 + OH^- \rightarrow R–COO^- + CHI_3$$

La réaction de substitution s'opère facilement en milieu basique car les hydrogènes du méthyle sont rendus légèrement basiques par le pouvoir inducteur attracteur du carbonyle et, au fur et à mesure que les hydrogènes sont remplacés par l'iode, la réaction est facilitée par la polarisation de plus en plus forte des liaisons C–H, due au pouvoir électroattracteur des halogènes.

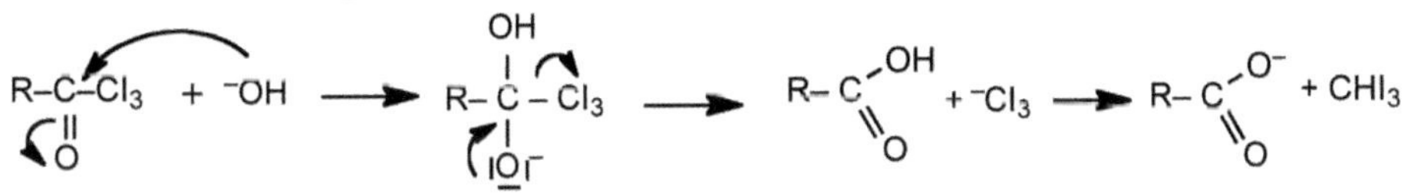

Au total, il s'agit d'une réaction d'oxydation où le carbone du groupe carbonyle, lié à un méthyle, (n.o. +II) se transforme en carbone de carboxylate $R–COO^-$ (n.o. +III).

Remarque et généralisation

Ce test à l'iodoforme, typique des cétones méthylées, est largement utilisé en chimie analytique organique (diagnose). Au plan expérimental, il est facile à mettre en œuvre à partir de l'iode I_2 en solution dans NaI. Le terme de l'oxydation est mis en évidence par précipitation de l'iodoforme CHI_3, solide jaune très reconnaissable à son aspect et à son odeur mais néanmoins moins volatil et moins dangereux que $CHBr_3$ et $CHCl_3$ (à tension de vapeur plus élevée) qui seraient obtenus par la même réaction haloforme au départ de Br_2 et Cl_2.

5.17 a)

Prérequis

On se reportera à l'exercice **4.1** pour la détermination des nombres d'oxydation.

La liqueur de Fehling solution, bleu foncé, d'ions Cu^{2+}, de n.o. +II, complexés par les ions tartrate, conduit dans la réaction à l'oxyde cuivreux Cu_2O, précipité rouge brique, de n.o. +I (puisque l'oxygène –II est associé à 2 Cu).

Le cuivre est donc réduit dans la réaction, ce qui signifie qu'il a oxydé l'aldéhyde (C du carbonyle de n.o. +I) en acide (C du carbonyle de n.o. +III) :

$$2 \times (Cu^{2+}\ 1\ e^- \rightarrow Cu^+)$$

$$RCHO + 3\ H_2O \rightarrow RCOOH + 2\ e^- + 2\ H_3O^+$$

$$2\ Cu^{2+} + RCHO + 3\ H_2O \rightleftharpoons 2\ Cu^+ + RCOOH + 2\ H_3O^+$$

b) Dans le glucose, ose simple $HOCH_2$–$(CHOH)_4$–CHO, figurent cinq fonctions alcool et une fonction aldéhyde terminale. C'est ce groupe aldéhyde qui est oxydé par la liqueur de Fehling alors que les groupes hydroxyles ne sont pas touchés. Le glucose est un sucre réducteur vis-à-vis de ce réactif.

Au contraire, le fructose, $HOCH_2$–$(CHOH)_3$–CO–CH_2OH, de même polyhydroxylation, comporte un groupe cétonique à la place du groupe aldéhyde. La fonction cétone est moins facilement oxydable et ne réagit pas avec la liqueur de Fehling.

■ *Réactions acido-basiques et réactions d'oxydoréduction simultanées : additions nucléophiles, éliminations, additions et substitutions électrophiles*

Si le substrat subissant l'action de réactifs nucléophiles n'est pas en mesure d'éliminer un groupe partant il sera le siège d'une addition nucléophile (A_N). Ce substrat restera une structure électrophile capable d'accueillir des électrons mais elle ne sera pas en mesure de se séparer d'une liaison insuffisamment polarisable. Ces réactions (A_N) entre un nucléophile s'additionnant sur un électrophile pourront, là encore, être assimilées à des réactions acido-basiques.

Par ailleurs, dans une (A_N), si on détermine les nombres d'oxydation (n.o.) des éléments concernés des réactifs et substrats, avant et après réaction, on observe une réaction d'oxydoréduction.

De façon semblable, on montrera que les réactions d'éliminations (E), qui accompagnent souvent les réactions de substitutions nucléophiles (S_N), peuvent s'interpréter à la fois comme des réactions acido-basiques et des réactions d'oxydoréduction.

Une nouvelle situation est celle où le réactif est maintenant électrophile alors que le substrat est nucléophile (le plus souvent constitué par la présence d'électrons π de doubles liaisons). Dans l'addition électrophile (A_E), l'attaque du réactif électrophile n'est pas suivie de la rupture d'une liaison comme dans la substitution électrophile (S_E).

Dans les deux cas, néanmoins, l'attaque de l'électrophile sur le substrat nucléophile est assimilable à l'attaque d'un acide sur une base et s'accompagne, sur les carbones concernés, de changement de (n.o.) caractéristiques d'une réaction d'oxydoréduction.

Énoncés

Exercices d'application et de synthèse

5.18 ★★ Conditions expérimentales de formation des organométalliques

a) Expliquer pourquoi on ne peut pas utiliser l'éthanol comme solvant pour la préparation de composés organométalliques.

b) On utilise, en revanche, très largement les éthers-oxydes, en particulier l'éther diéthylique, en raison de leurs propriétés basiques. Pour quelle raison a-t-on recours à des solvants basiques ?

c) L'éther diéthylique est le solvant le plus couramment utilisé. Pourtant, pour la préparation de composés organométalliques à partir d'halogénures éthyléniques ou benzéniques peu réactifs, on a recours au tétrahydrofurane (THF). Expliquer pourquoi.

d) Montrer que dans tous les cas de figure le passage de l'halogénure à l'organomagnésien, qui permet de passer d'un réactif électrophile à un réactif nucléophile, est en réalité une réaction d'oxydoréduction. Montrer l'intérêt de ce changement de réactivité des halogénures aux organomagnésiens.

5.19 ★★ Action des organomagnésiens sur les cétones

a) La pentan-2-one traitée par le bromure d'éthylmagnésium conduit, après hydrolyse, à un alcool. Donner la formule de l'alcool obtenu, son nom systématique et le mécanisme de sa formation. Montrer qu'il se passe simultanément dans cette réaction A_N une réaction acido-basique et une réaction d'oxydoréduction.

b) La pent-3-én-2-one traitée par le même organomagnésien conduit, après hydrolyse, à un alcool et à une cétone. Donner la formule de l'alcool obtenu, son nom systématique et le mécanisme de sa formation. Montrer que cette formation, comme dans a), voit coexister réaction acido-basique et réaction d'oxydoréduction.

En revanche, montrer que la formation de la cétone, dont on donnera le nom systématique, n'est au total qu'une réaction d'oxydoréduction.

5.20 ★★ Action des organomagnésiens sur les esters

a) Quel est le produit principal obtenu par réaction d'un excès de bromure d'éthylmagnésium dans l'éther diéthylique sur le 2-méthylpropanoate de méthyle après hydrolyse. Préciser le mécanisme de la réaction et le nom du produit obtenu ainsi que celui du produit secondaire.

b) Montrer que dans l'obtention du produit principal, comme du produit secondaire, on a coexistence de réaction acido-basique et de réaction d'oxydoréduction.

5.21 ★★★ Compétition élimination/substitution nucléophile

a) En présence d'acide sulfurique H_2SO_4 ou d'acide phosphorique H_3PO_4, le propan-1-ol conduit à la formation de propène. Justifier ce résultat et en particulier la raison pour laquelle on obtient une réaction E plutôt que S_N.

Montrer que l'on a, à la fois, une réaction acido-basique et une réaction d'oxydoréduction.

b) Même question au départ du butan-2-ol. Pourquoi obtient-on majoritairement du but-2-ène et seulement des traces de but-1-ène ?

c) À température modérée (140 °C), l'éthanol conduit, en présence de H_2SO_4 à la formation de l'oxyde diéthylique communément appelé éther. Expliquer ce résultat.

5.22 ★★★ Distinguer additions et substitutions électrophiles

Les propositions suivantes sont-elles exactes ou inexactes ? Argumenter les réponses.

a) L'eau peut s'additionner aux alcènes en milieu neutre.

b) L'addition de l'eau en milieu acide sur le cyclohexène est une addition électrophile et une réaction d'oxydation. L'addition d'eau sur le même substrat est une addition nucléophile.

c) L'addition du dibrome sur le cyclohexène est stéréospécifique.

d) L'éthanolate de sodium, en solution dans l'éthanol, est capable de s'additionner sur l'hex-1-ène.

e) Le dibrome, en solution dans le tétrachlorure de carbone, se décolore par addition lente sur les alcènes mais ne se décolore pas par addition lente sur le benzène.

5.23 ★★★ Les additions électrophiles

a) Justifier les réactions suivantes :

$$H_2C{=}CH{-}COOH + HCl \rightarrow ClCH_2{-}CH_2{-}COOH$$

$$H_3C{-}CH{=}CH{-}N(CH_3)_2 + 2\ HCl \rightarrow H_3C{-}CHCl{-}CH_2{-}{}^{+}NH(CH_3)_2,\ Cl^-$$

2-méthylbuta-1,3-diène → 1-chloro-3-méthylbut-2-ène

b) Indiquer comment procéder aux transformations suivantes par une opération en deux étapes :

butan-1-ol → butan-2-ol   but-1-ène → but-2-ène

5.24 ★★★ Comparaison des additions électrophiles et substitutions électrophiles

Interpréter le plus précisément possible les faits expérimentaux ci-après en montrant que dans tous les cas il y a coexistence d'une réaction acido-basique et d'une réaction d'oxydoréduction.

a) L'isobutène, barbotant dans du benzène, additionné d'une petite quantité d'acide chlorhydrique, se transforme en un produit unique $C_{14}H_{22}$ aromatique.

b) Le benzène traité par un excès de bromure de méthyle (bromométhane), en présence de $AlBr_3$, conduit facilement à l'hexaméthylbenzène.

c) Le benzène traité par un excès de chlorure d'acétyle, en présence de $AlCl_3$, donne principalement de l'acétophénone (acétylbenzène) et un peu de 1,3-diacétylbenzène.

d) Dans la réaction précédente, si l'on veut préparer 0,1 mol d'acétophénone il est nécessaire d'utiliser le chlorure d'aluminium en quantité stœchiométrique et non pas en quantité catalytique.

Corrigés

5.18

Prérequis

Les composés organométalliques RMgX et plus encore RLi, à forte polarisation entre le groupement alkyle R et le métal, sont des sources de carbanions et donc des bases très fortes.

a) Si on utilise l'éthanol comme solvant, ces organométalliques très basiques seront détruits par l'éthanol, acide faible. Dès sa formation l'organométallique RMgX base forte réagira, par réaction acide-base, avec EtOH, acide faible, pour donner un acide plus faible RH et une base plus faible EtO^- :

$$RMgX + EtOH \rightarrow RH + EtOMgX \qquad (R^- + EtOH \rightarrow RH + EtO^-)$$

b) L'éther diéthylique Et–O–Et solvate le métal au moyen des doublets non liants de l'atome d'oxygène, tant au cours de la formation de l'organométallique qu'au cours de son utilisation comme réactif. Il intervient donc en tant que base de Lewis.

c)

Prérequis

Les halogénures éthyléniques dont l'halogène est porté par un carbone sp^2 donnent lieu au phénomène de mésomérie. La charge est donc redistribuée et le carbanion est donc moins fort (ou moins réactif parce que stabilisé par mésomérie).

Pour ces halogénures éthyléniques il est nécessaire de recourir à des solvants très basiques comme le THF. Ce solvant, qui correspond formellement (même condensation en carbone) à un éther diéthylique, qui aurait été cyclisé, s'en distingue par une meilleure accessibilité aux doublets non liants de l'oxygène et une basicité accrue :

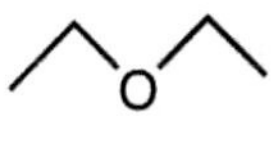

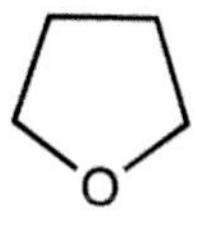

Dans l'éther ordinaire, la libre rotation des liaisons O–C et C–C limite l'accès au doublet de l'oxygène tandis que dans le THF la contrainte de cycle empêche toute rotation.

d) Lorsqu'on passe de RX à RMgX (ou de RX à RLi) le groupement alkyle, initialement électrophile (la liaison $C^{\delta+}$–$X^{\delta-}$ est polarisée en faveur du X, électronégatif) devient nucléophile en raison de la faible électronégativité du métal porteur d'une charge positive ($C^{\delta-}$–$M^{\delta+}$).

Le carbone concerné subit en fait une réaction d'oxydoréduction puisque doté d'un n.o. +I dans l'halogène de départ, il est réduit dans l'organométallique (n.o. –I).

Ce changement de réactivité des halogénures est particulièrement intéressant en synthèse organique puisqu'il permet de conférer aux carbones des alkyles une réactivité soit électrophile (leur permettant d'être le siège d'attaques nucléophiles de type S_N), soit nucléophile sous forme d'organométalliques (leur permettant d'être des réactifs nucléophiles intervenant dans réactions A_N).

Remarque et généralisation

Cette extension de réactivité permise par la découverte des organomagnésiens au début du xxe siècle, et dont les applications en synthèse restent toujours aussi importantes plus d'un siècle après, avait été couronnée par le prix Nobel attribué à Victor Grignard, chimiste français, en 1912.

5.19 a) La pentan-2-one, $CH_3(CH_2)_2COCH_3$, traitée par le bromure d'éthylmagnésium CH_3CH_2MgBr, conduit, par une réaction de condensation et après hydrolyse, à l'alcool tertiaire $CH_3(CH_2)_2C(OH)(CH_3)CH_2CH_3$.

L'enchaînement principal de cet alcool est à 6 C. Il est fonctionnalisé en C_3 et substitué par un méthyle en C_3. L'alcool obtenu est donc le 3-méthylhexan-3-ol.

Cette réaction de condensation est une addition nucléophile. Le groupe éthyle du magnésien est fortement polarisé négativement (liaison avec le magnésium polarisé positivement) et se comporte comme un nucléophile qui va aller attaquer le centre électrophile constitué par le carbone du carbonyle :

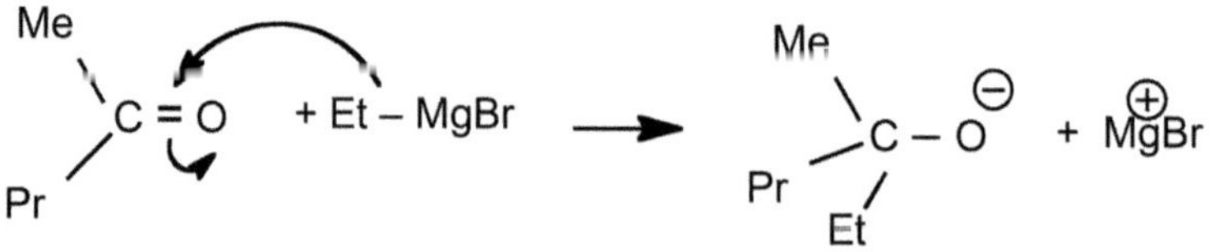

Cette réaction peut également être considérée comme une réaction acido-basique. Il s'agira alors de l'attaque basique de l'alkyle (disponibilité d'un doublet électronique) sur le support acide (déficit électronique concomitant à l'attaque) du carbonyle.

C'est aussi une réaction d'oxydoréduction puisque la fonction cétone (n.o. +II) est réduite en fonction alcool tertiaire (n.o. +I) tandis que le groupement éthyle qui s'additionne sur cette cétone s'oxyde (passage du n.o. –III dans le carbone à forte polarisation négative du magnésien au n.o. –II dans la liaison C–C formée, considérée comme symétrique au plan électronique).

b)

Prérequis

On voit qu'il s'agit cette fois-ci de l'action sur une cétone de même structure mais éthylénique en position α, par rapport au carbonyle. C'est donc cette cétone éthylénique conjuguée qui aura la particularité de donner deux types d'attaque nucléophile par le magnésien.

La pent-3-én-2-one, $CH_3CH = CHCOCH_3$, qui se distingue de la précédente par la présence d'une double liaison, conduit par action du bromure d'éthylmagnésium puis hydrolyse, à un alcool et une cétone.

La formation de l'alcool est identique à celle intervenant sur la cétone saturée. L'addition nucléophile de l'anion R^- sur le carbone électrophile du groupe C = O conduit comme précédemment à un alcool tertiaire, éthylénique cette fois-ci, de formule $CH_3CH = CHC(OH)(CH_3)CH_2CH_3$ et de nom systématique 3-méthylhex-4-én-3-ol

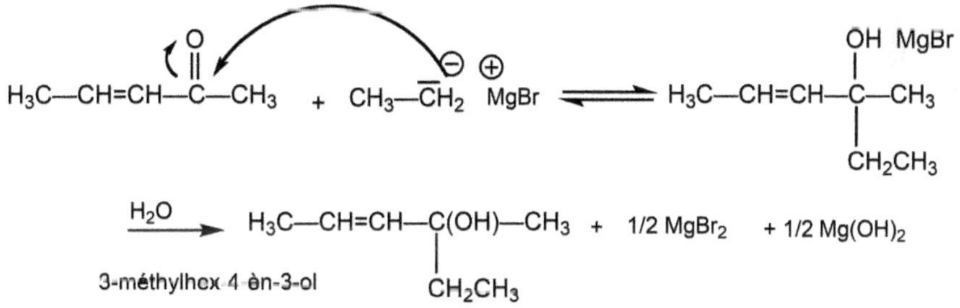

Comme dans a) cette addition nucléophile sur un substrat cétonique électrophile s'apparente à une attaque basique sur un acide dépourvu en électrons. De la même façon, coexiste aussi une réaction d'oxydoréduction puisque la fonction cétone est réduite en fonction alcool tertiaire tandis que le groupe éthyle s'oxyde en se liant au carbone du carbonyle (carbone 2).

De façon nouvelle, dans la pent-3-én-2-one, $CH_3CH = CHCOCH_3$, la double liaison est conjuguée avec une double liaison C = C. On peut écrire les formules limites suivantes :

On voit que le carbone 4 est également déficitaire en électrons, donc électrophile. L'attaque nucléophile peut donc également se faire sur ce carbone et conduit alors à la cétone β-éthylée suivante $CH_3CH(CH_2CH_3)CHCOCH_3$ dont le nom systématique est 4-méthylhexan-2-one puisque c'est le groupe à plus faible condensation en carbone qui est le substituant (ici le méthyle) :

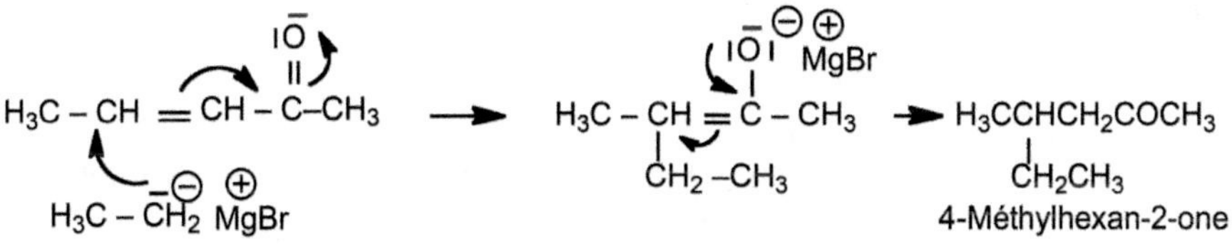

Dans ce cas-là il n'y a pas d'attaque nucléophile sur électrophile ou d'attaque basique sur acide puisque la cétone n'est pas l'objet d'une addition. En revanche, la réaction d'oxydoréduction perdure puisque le groupe éthyle s'oxyde en se liant au carbone 4 de la même façon qu'en se liant au carbone 2, tandis que ce carbone 4 reste au même n.o. –I (liaison à un seul hydrogène) mais c'est le carbone 3 qui se réduit du n.o. –I au n.o. –II (liaison à deux hydrogènes).

Remarque et généralisation

Les deux types d'attaque ci-dessus mettent en jeu soit 2 soit 4 atomes. Dans le premier cas, l'attaque classique sur le carbonyle s'appellera une « addition 1,2 » tandis que l'attaque sur le système conjugué sera une « addition 1,4 ».

5.20 a)

Prérequis

L'addition d'un organométallique sur un ester conduit à la formation d'un alcool tertiaire portant deux fois le même groupe alkyle car interviennent deux attaques successives de cet organométallique apportant ce groupe.

Le 2-méthylpropanoate de méthyle, ester méthylique de l'acide 2-méthylpropanoïque, présente la formule semi-développée $CH_3CH(CH_3)$–$CO(OCH_3)$–CH_2CH_3.

Comme dans le cas des cétones le bromure d'éthylmagnésium, source de carbanion $CH_3CH_2^-$, s'additionne de façon nucléophile sur l'atome de carbone électrophile du groupe carbonyle de l'ester. Le dérivé obtenu, instable, évolue avec élimination de CH_3OMgBr et formation de la 2-méthylpentan-3-one :

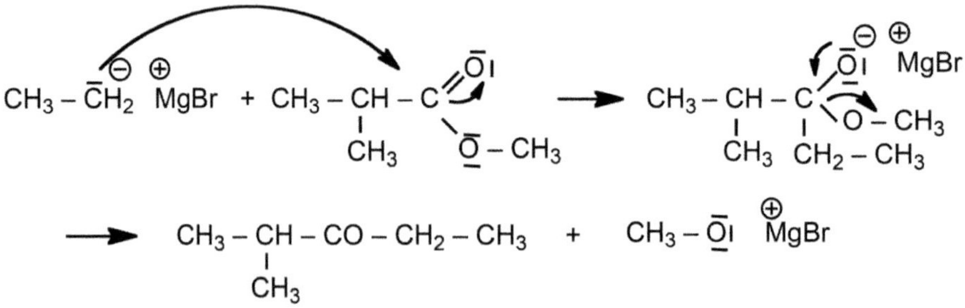

L'atome de carbone du groupe C=O de la cétone formée est encore plus électrophile que celui de l'ester. Il en résulte l'A_N d'un deuxième équivalent de bromure d'éthylmagnésium qui conduit, après hydrolyse, à l'alcool tertiaire suivant :

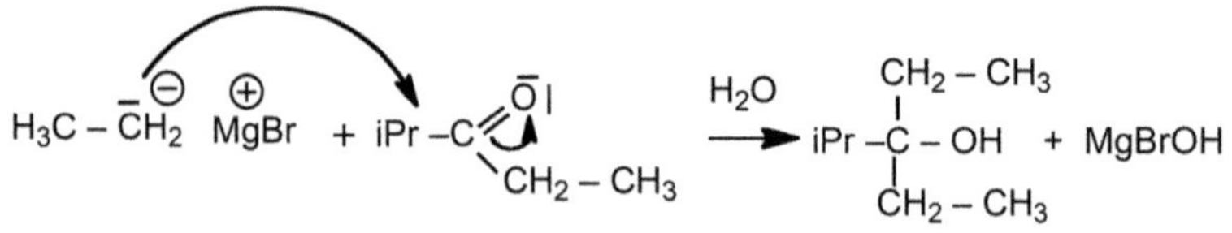

Si l'excès de magnésien est insuffisant (moins de deux équivalents pour un équivalent d'ester), on obtiendra une proportion minoritaire de cétone qui n'aura pas pu se transformer totalement en alcool tertiaire.

b) La formation de l'alcool tertiaire majoritaire est le résultat d'une double action basique du magnésien, d'abord sur le carbone acide du carbonyle de l'ester et ensuite sur le carbone encore plus acide du carbonyle de la cétone intermédiaire formée.

Le carbone de l'ester de départ présente un n.o. +III qui devient +I dans l'alcool tertiaire formé. L'ester est donc réduit par l'organomagnésien qui s'oxyde (le carbone lié au magnésium passe du n.o. –III au n.o. –II) mais la neutralité électrique exige bien deux équivalents de magnésien. La formation de l'alcool tertiaire par action de l'organométallique est donc bien aussi une réaction d'oxydoréduction.

La cétone (n.o. +II), produit minoritaire formé à partir de l'ester (n.o. +III), est donc également le produit d'une réduction tandis que l'organométallique est normalement oxydé (passage du n.o. –III au n.o. –II dans la cétone).

5.21 a) Le propène $CH_3CH = CH_2$ est obtenu à partir du propan-1-ol $CH_3CH_2–CH_2OH$ par réaction E exclusive en milieu acide, en l'absence de toute S_N.

L'absence de produit de substitution indique que les anions utilisés (bases conjuguées de H_2SO_4 ou H_3PO_4) sont des nucléophiles faibles (délocalisation de la charge sur plusieurs atomes d'oxygène) et que le carbocation formé en milieu acide par protonation de l'alcool se stabilise alors en éliminant un proton par une réaction E1, c'est-à-dire une réaction du 1er ordre (formation lente du carbocation) :

$$CH_3CH_2–CH_2OH + H_2SO_4 \rightarrow CH_3CH_2–CH_2^+ + HSO_4^- + H_2O$$

$$CH_3CH_2–CH_2^+ \rightarrow CH_3CH=CH_2 + H^+$$

La protonation du groupe hydroxyle OH est évidemment une réaction acido-basique entre le H^+ acide et le doublet basique de l'oxygène. L'évolution du carbocation vers l'alcène est ensuite l'évolution d'un électrophile acide vers une double liaison nucléophile et basique.

Le carbone hydroxyllque relié à OH (–I) et deux H (+I) présente un n.o. –I qui passe à –II dans l'alcène (réduction) tandis que le carbone 2 (central) relié à deux H puis un seul H dans l'acène passe d'un n.o. –II à un n.o.–I (oxydation).

b) La réaction est la même au départ du butan-2-ol $CH_3CH_2–CHOH–CH_3$. La seule différence c'est que le carbocation formé $CH_3CH_2–CH^+–CH_3$ peut se stabiliser de deux façons : en éliminant un proton sur le carbone central (formation du but-2-ène $CH_3CH=CHCH_3$) ou sur le carbone terminal (formation du but-1-ène $CH_3CH_2CH=CH_2$). Le but-1-ène, monoalkylé, est moins stable que le but-2-ène, stabilisé par deux groupes alkyle. Il est donc obtenu en bien moindre quantité.

c) L'éther commun (dioxyde d'éthyle $CH_3CH_2–O–CH_2CH_3$) ne peut être obtenu, au regard de sa formule semi-développée, que par la condensation de l'éthanol avec élimination d'une molécule d'eau.

On peut interpréter sa formation par la protonation de l'éthanol qui se transforme en carbocation éthyle, lequel réagit avec une nouvelle molécule d'éthanol pour conduire à l'éther et à l'élimination du proton initial :

$$CH_3CH_2–OH + H^+ (H_2SO_4) \rightarrow CH_3CH_2–^+OH_2 \rightarrow CH_3CH_2^+ + H_2O$$
$$CH_3CH_2^+ + CH_3CH_2–OH \rightarrow CH_3CH_2–^+OH–CH_2CH_3 \rightarrow CH_3CH_2–O–CH_2CH_3 + H^+$$

5.22 a) *Inexact.*

L'eau est une espèce nucléophile grâce à ses deux doublets non liants. Elle ne peut pas réagir avec un alcène auquel les électrons π de la double liaison donnent également une réactivité nucléophile. Ce n'est qu'en milieu acide que l'eau, transformée en ion H_3O^+, électrophile, peut s'additionner aux alcènes.

Remarque et généralisation

Il s'agit alors d'une addition électrophile A_E qui nécessite absolument la présence du proton H^+, acide et électrophile, qui s'additionne à l'eau et lui donne les mêmes propriétés (aptitude à additionner les alcènes basiques et nucléophiles). En l'absence d'eau, le proton peut également donner une A_E sur l'alcène et le carbocation alors formé peut s'additionner sur une nouvelle molécule d'alcène neutre (formation d'un dimère d'alcène). La réaction peut se poursuivre et former un polymère (polymérisation d'alcènes en milieu acide).

b) *Une seule proposition exacte.*

L'eau, en milieu acide, est transformée en H_3O^+, électrophile, et peut alors s'additionner au cyclohexène qui présente une double liaison nucléophile. Le produit obtenu, le cyclohexanol, est un produit d'oxydation puisque le carbone concerné passe du n.o. –I (un H donneur, trois C ni donneurs ni accepteurs) au n.o. 0 (un H donneur, un O accepteur, deux C ni donneurs ni accepteurs) :

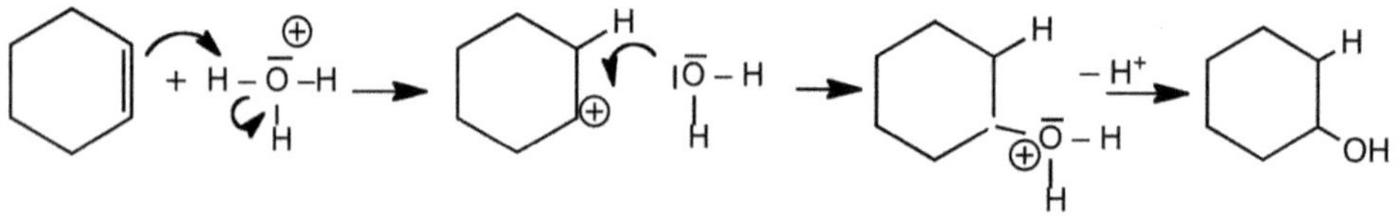

En revanche, on vient de voir que l'addition d'eau sur le même substrat ne peut pas être une addition nucléophile car elle nécessite obligatoirement un milieu acide pour permettre à un électrophile d'attaquer la double liaison nucléophile.

c) *Exact.*

L'addition du dibrome sur le cyclohexène est stéréospécifique. Il se polarise sous l'action du doublet π du cyclohexène et agit comme un électrophile vis-à-vis de l'alcène nucléophile. Il s'agit donc d'une addition électrophile A_E qui est une **trans-addition** : la formation d'un ion bromonium intermédiaire, formé dans une première étape, se fait dans une région de l'espace avec une attaque dorsale antiparallèle dans la deuxième étape :

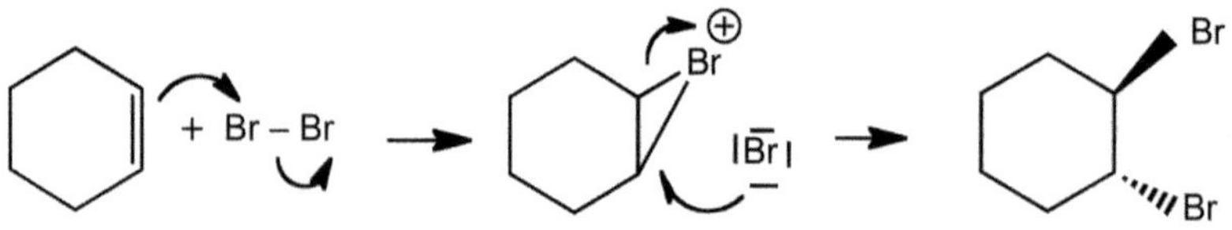

d) *Inexact.*

L'éthanolate de sodium, en solution dans l'éthanol (EtO^- / EtOH) est un nucléophile fort (charge entière), incapable de réagir sur l'hex-1-ène $CH_3–(CH_2)_3–CH{=}CH_2$ qui, comme tous les alcènes, est un nucléophile.

e) *Exact.*

Le dibrome en solution dans un solvant organique est capable de s'additionner aux alcènes (*voir* question c) précédente). La solution se décolore immédiatement par simple agitation. En effet, la réaction d'addition électrophile A_E est en même temps une réaction d'oxydoréduction : la réaction d'addition du dibrome fait passer Br du n.o. 0 (Br–Br) au n.o. –I (liaison C–Br) et le brome est donc réduit et se décolore.

De façon complémentaire le carbone de la double liaison est oxydé en additionnant Br : (indépendamment des liaisons C–C qui n'interviennent pas) il passe du n.o. –I (le carbone est lié à un hydrogène) au n.o. 0 (liaison avec un brome et un hydrogène).

Au contraire, le dibrome ne se décolore pas par addition lente sur le benzène car il ne réagit pas dans ces conditions : le benzène présente bien des doublets π, *a priori*, nucléophiles mais leur position conjuguée donne au benzène une forte énergie de résonance et donc une grande stabilité.

Remarque et généralisation

Ce n'est qu'en présence d'un catalyseur comme un acide de Lewis ($AlBr_3$ par exemple) que le benzène pourrait s'additionner à l'électrophile fort alors formé (dans l'exemple donné Br^+) en perdant son énergie de résonance mais en évoluant pour la retrouver (élimination d'un proton qui conduit alors à une substitution électrophile S_E).

5.23 a)

Prérequis

Il s'agit dans les deux premiers cas de réactions A_E sur des alcènes fonctionnalisés par des hétéroatomes qui orientent l'addition de façon souvent régiospécifique.

Dans l'addition de HCl sur l'acide α-éthylénique représenté, le groupement COOH attracteur –I et –M, va moins déstabiliser $^+CH_2–CH_2–COOH$, carbocation primaire que $H_3C–^+CH–COOH$, carbocation secondaire stabilisé par le groupe méthyle donneur.

Le produit finalement obtenu sera donc le dérivé chloré primaire comme indiqué ci-après :

$$H_2C = CH - CO_2H \xrightarrow{H^\oplus} H_2\overset{\oplus}{C} - CH_2 - CO_2H \xrightarrow{Cl^\ominus} ClCH_2 - CH_2 - CO_2H$$

Dans le cas de l'amine, le groupe NH_2 basique captera d'abord un proton puis le groupe ammonium NH_3^+ formé exercera un effet attracteur –I qui favorisera l'addition du deuxième proton en β de l'azote :

$$H_3C{-}HC{=}CH{-}N(CH_3)_2 \xrightarrow{H^{\oplus}} H_3C{-}HC{=}CH{-}\overset{\oplus}{N}H(CH_3)_2 \xrightarrow{H^{\oplus}} H_3C{-}\overset{\oplus}{H}C{-}CH{-}\overset{\oplus}{N}H(CH_3)_2$$

$$\xrightarrow{Cl^{\ominus}} H_3C{-}CHCl{-}CH_2{-}\overset{\oplus}{N}H(CH_3)_2$$

Le diène conjugué subit une addition-1,4 (aux deux extrémités du système conjugué) en raison de la délocalisation de charge du carbocation formé en milieu acide (mésomérie). Ce carbocation peut subir une addition du dichlore sur le pôle électrophile terminal en plus de l'addition possible sur le pôle interne (addition-1,2) :

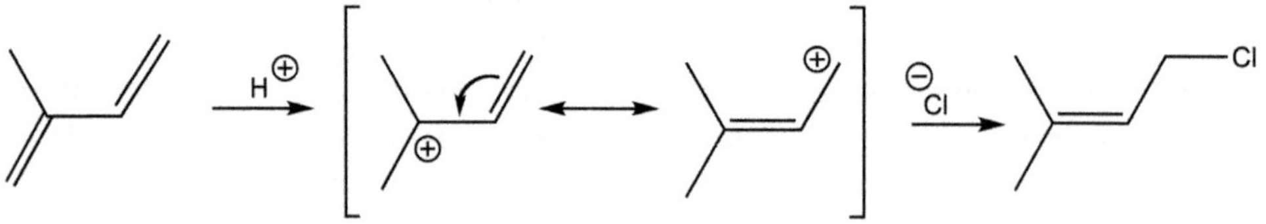

b)

Prérequis

Il s'agit ici de faire migrer un groupement fonctionnel dans l'enchaînement hydrocarboné. La seule possibilité sera de faire une réaction de déshydratation-hydratation (ou l'inverse) qui, grâce aux régiosélectivités différentes, ne redonnera pas le composé initial.

Dans le cas de l'alcool, il s'agit de réaliser un processus de déshydratation-hydratation qui, grâce à la régiospécificité de la deuxième étape, conduit aux résultats indiqués. La déshydratation en milieu sulfurique du butan-1-ol conduit de façon univoque au but-1-ène qui s'hydrate de façon majoritaire (orientation de Markovnikov) pour donner le butan-2-ol :

$$C_2H_5{-}CH_2{-}CH_2{-}OH + \overset{\oplus}{H} \longrightarrow C_2H_5{-}CH_2{-}CH_2{-}\overset{\oplus}{O}H_2 \longrightarrow C_2H_5{-}CH{=}CH_2 + \overset{\oplus}{H_2O}$$

$$C_2H_5{-}CH{=}CH_2 + \overset{\oplus}{H} \longrightarrow C_2H_5{-}\overset{\oplus}{C}H{-}CH_3 + H_2O \longrightarrow C_2H_5{-}CHOH{-}CH_3 + \overset{\oplus}{H}$$

Pour passer d'un alcène vinylique (but-1-ène) à un alcène disubstitué (but-2-ène), on mettra en œuvre, cette fois-ci, un processus d'hydratation-deshydratation. L'hydratation, comme précédemment, conduira de façon préférentielle, au butan-2-ol qui, en milieu sulfurique, donnera, par une élimination Zaïtsev majoritaire, le but-2-ène :

$$C_2H_5{-}CHOH{-}CH_3 \xrightarrow{H^{\oplus}} C_2H_5{-}\underset{}{\overset{\overset{\oplus}{O}H_2}{\overset{|}{C}H}}{-}CH_3 \xrightarrow{-H_2O} C_2H_5{-}\overset{\oplus}{C}H{-}CH_3 \xrightarrow{-H^+} CH_3{-}CH{=}CH{-}CH_3$$

5.24

Prérequis

Il s'agit, dans l'ensemble de cet exercice, de substitution de composés benzéniques, les plus simples de composés aromatiques porteurs de $4n + 2$ électrons π avec ici $n = 1$ (6 électrons π pour les composés benzéniques). Il s'agit plus précisément d'une substitution électrophile S_E (il faut un réactif électrophile ou acide capable de réagir sur le composé benzénique basique ou nucléophile à cause de ses 3 doublets π).

a) Le produit $C_{14}H_{22}$, compte tenu de la composition en carbone des produits de départ [C_6 pour le benzène, C_4 pour l'isobutène $(CH_3)_2C{=}CH_2$], est obtenu après deux réactions de condensation (6 + 4 + 4). L'isobutène en milieu acide peut effectivement conduire facilement à un seul cation tertiobutyle (cation tertiaire très stabilisé) qui donnera une S_E avec le benzène :

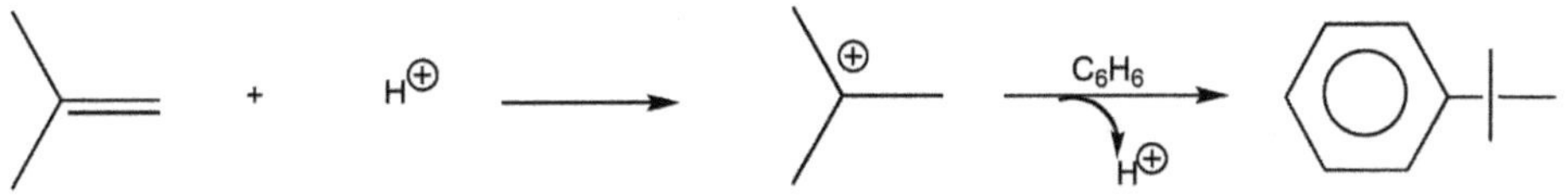

Le tertiobutylbenzène obtenu, encore plus nucléophile que le benzène (effet +I), sera encore plus réactif vis-à-vis d'une nouvelle S_E (les groupes alkyles sont activants). Une deuxième substitution interviendra donc facilement. Les groupes alkyles sont *ortho* et *para*-directeurs mais dans ce cas, vu l'encombrement du tertiobutyle, seul le *para* sera obtenu :

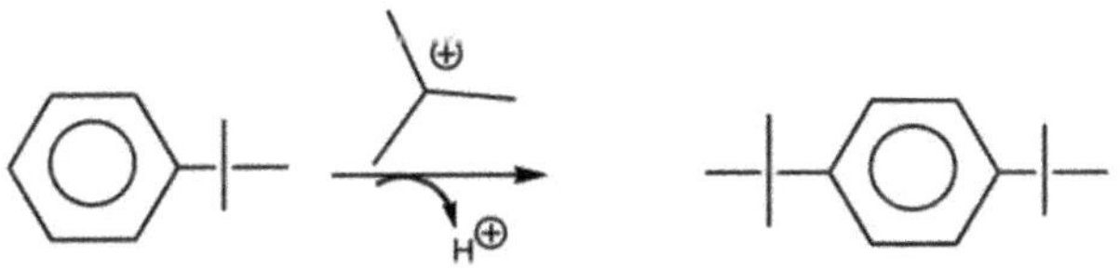

Cette réaction électrophile-nucléophile est aussi une réaction acide-base mais également une réaction d'oxydoréduction. En effet, le carbone du benzène avant alkylation passe du n.o. –I (liaison avec des C et un seul H) au n.o. 0 (liaison seulement avec des C). Il est donc oxydé tandis que le carbone terminal de l'isobutène passe du n.o. –II (liaison avec 2 H) au n.o. –III (liaison avec 3 H) dans le tertiobutyle substitué sur le benzène avec réduction équivalente.

b) Il s'agit ici typiquement d'une réaction d'**alkylation** (Friedel et Crafts) et plus précisément de méthylation. Comme les groupes méthyles sont activants et peu encombrants, les dérivés polyméthylés seront formés successivement jusqu'à l'hexaméthylbenzène, terme de la substitution. Les six carbones du benzène seront oxydés dans le produit de polysubstitution tandis que les six carbones des alkyles substituants seront réduits au même niveau (passage du n.o. –II dans CH_3–Br au n.o. –III dans C–CH_3).

c) Il s'agit d'une réaction d'**acétylation** qui est une extension de la réaction de Friedel et Crafts :

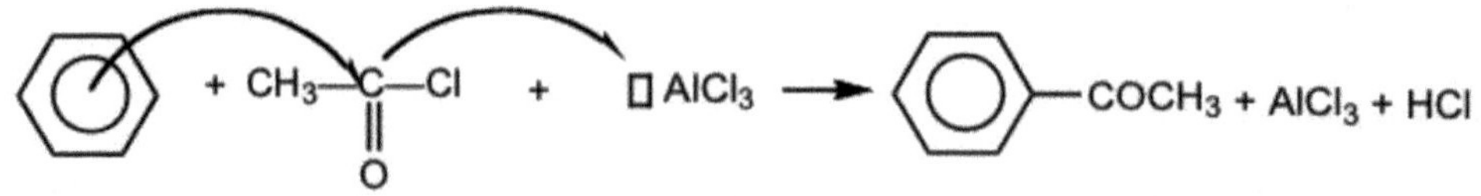

L'acétophénone obtenue subit difficilement une deuxième substitution car le groupe acétyle CH_3CO est désactivant (–I et –M) vis-à-vis d'une deuxième attaque électrophile (acide) sur le benzène monoacétylé (nucléophile et basique). Cette deuxième substitution, difficile, intervient effectivement en *méta* (produit 1,3) car le groupe acétyle est *méta*-directeur à cause de son effet –M. En effet, les positions *ortho* et *para*, électrophiles, sont désactivées vis-à-vis des électrophiles :

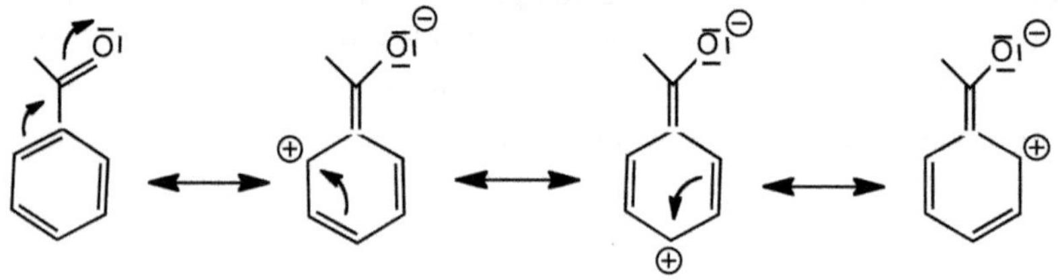

Cette mono (ou diacétylation) relève bien également d'une réaction d'oxydoréduction : le carbone portant l'acétyle passe du n.o. –I (liaison avec un H et des C) au n.o. 0 (liaison seulement avec des C) après substitution. Il est oxydé tandis que le carbone de l'acétyle du substituant est réduit (n.o. +I à n.o. 0) en passant du chlorure au benzène substitué.

d) Le chlorure d'aluminium est un catalyseur de S_E, mais en même temps, après cette réaction, il va s'associer au groupe acétyle de l'acétophénone (effet donneur-accepteur). Il est donc désactivé comme catalyseur si la quantité utilisée n'est pas au moins stœchiométrique :

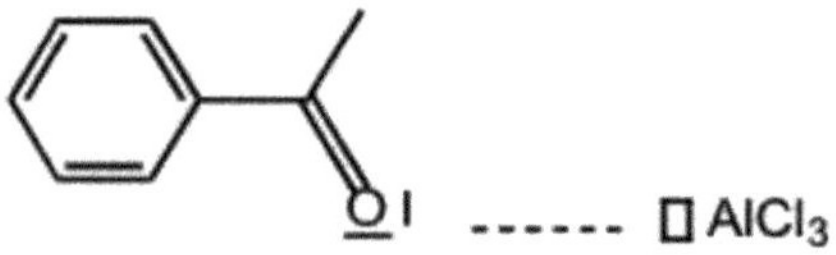

Remarque et généralisation

Il est contraire à la définition du catalyseur de devoir être utilisé en quantité stœchiométrique. De fait, il est utilisé d'une double façon : en quantité catalytique dans la S_E elle-même et mole à mole pour éviter sa désactivation par effet donneur-accepteur avec le produit formé. L'effet catalytique n'est pas mis en cause mais on observe une sorte de « passivation » du catalyseur par le produit formé. Le catalyseur, nécessaire à la réaction, est bien restitué en fin de réaction, après extraction de l'acétophénone.

■ *Les réactions radicalaires d'oxydoréduction : substitutions et additions radicalaires*

Les réactions radicalaires dont le mécanisme implique la formation de radicaux libres initiateurs et la formation de produits de substitution ou d'addition par propagation radicalaire (*voir* essentiel 5.9) peuvent être assimilées à des réactions d'oxydoréduction. En effet, dans les produits obtenus, le carbone, siège de la substitution ou de l'addition, est oxydé (il voit son n.o. augmenter). Ces réactions sont cependant très différentes de l'oxydation de composés organiques tels que les alcools, les aldéhydes ou les cétones qui s'opèrent par l'action d'un oxydant approprié. Ici l'oxydation plus formelle est simplement due au remplacement d'un hydrogène par un halogène, le plus souvent.

Énoncés

▶ Exercices d'application et de synthèse

5.25 ★★★ Halogénation radicalaire d'alcanes

a) Le traitement du 2-méthylpropane (*iso*butane) par le dichlore en défaut à 300 °C, en présence d'un amorceur radicalaire, conduit à deux composés monochlorés (A) et (B), respectivement primaire et tertiaire, en proportion relative 67 / 33.

Identifier et nommer (A) et (B). Quelles seraient les proportions attendues de (A) et (B) sur une base purement statistique ? Que peut-on en déduire sur les réactivités relatives conduisant à ces deux composés ? Montrer que ces composés sont obtenus à partir de réactions d'oxydoréduction.

b) Ce même hydrocarbure, traité dans les mêmes conditions, par le dibrome, conduit à un seul composé (C), obtenu par une cinétique nettement plus lente.

Identifier et nommer (C). Expliquer sa formation plus lente et spécifique. Montrer qu'il s'agit encore d'une réaction d'oxydoréduction.

Données : Enthalpies de formation (en kJ mol^{-1} à 25 °C) :

C–H –414	C–Cl –322	C–Br –267,5	
Br–Br –192	Cl–Cl –242	H–Br –363	H–Cl –432

5.26 ★★★ Halogénation radicalaire de cycloalcanes et d'arènes

On soumet un mélange équimoléculaire de méthylcyclohexane et de toluène (méthylbenzène) à l'action du dichlore à 300 °C en présence de peroxyde de benzoyle $C_6H_5CO{-}O{-}O{-}OCC_6H_5$.

Parmi les composés de monosubstitution obtenus, l'un d'eux est très fortement majoritaire. Quels sont ces composés ? Donner leur nom. Justifier leur formation relative par le mécanisme de formation. Montrer que ces composés de substitution radicalaire sont aussi des produits d'oxydation.

5.27 ★★★ Additions radicalaires sur les alcènes

L'acide bromhydrique peut donner deux types de réactions avec le propène :

(1) $CH_3CH{=}CH_2 + HBr \rightarrow CH_3{-}CH(Br){-}CH_3$ (en milieu polaire)

(2) $CH_3CH{=}CH_2 + HBr \rightarrow CH_3{-}CH_2{-}CH_2Br$ (irradié par hν ou avec peroxydes)

La réaction (1) est une réaction lente tandis que la réaction (2) est une réaction rapide qui est cependant considérablement ralentie ou s'arrête si on ajoute du dioxygène ou de l'hydroquinone (*ortho*diphénol) au milieu.

a) Proposer un mécanisme pour la réaction (2) sachant que la formation de traces de dibrome est mise en évidence en cours de réaction. Justifier le fait que (1) et (2) conduisent à des produits différents. Montrer qu'il s'agit de produits d'oxydation.

b) La réaction de type (2) se produit facilement avec HBr mais difficilement avec HCl ou HF. Justifier en comparant les enthalpies de réaction dans le cas ou HX est successivement identifié à HBr, HCl et HF.

Données : Enthalpies de formation (en kJ mol^{-1} à 25 °C) :

passage de C–C à C=C –267,5

C–H –414 C–F –426 C–Cl –322 C–Br –267,5

H–F –564 H–Cl –430,5 H–Br –363

Corrigés

5.25

Prérequis

L'halogénation des alcènes, à haute température et sous rayonnement, est une substitution radicalaire dont le mécanisme est une réaction en chaîne qui nécessite la présence d'un amorceur et qui se propage ensuite rapidement (*voir* essentiel 5.9).

a) Le mécanisme général de cette chloration radicalaire comporte les 3 phases habituelles d'une réaction en chaîne :

amorçage :	$\frac{1}{2} Cl_2 \rightarrow Cl^\bullet$	($h\nu$ et Δ)
propagation :	$R{-}H + Cl^\bullet \rightarrow R^\bullet + HCl$	
	$R^\bullet + Cl{-}Cl \rightarrow RCl + Cl^\bullet$	
Terminaison	$R^\bullet + R^\bullet \rightarrow R{-}R$	
	$R^\bullet + Cl^\bullet \rightarrow R{-}Cl$	
	$Cl^\bullet + Cl^\bullet \rightarrow Cl{-}Cl$	

Le 2-méthylpropane comporte deux types de liaisons C–H : celles appartenant aux trois groupes méthyle (9 liaisons) et celle, unique, appartenant au C–H trisubstitué de la ramification *iso*. Les atomes d'hydrogène de ces liaisons seront substitués de façon radicalaire par les halogènes.

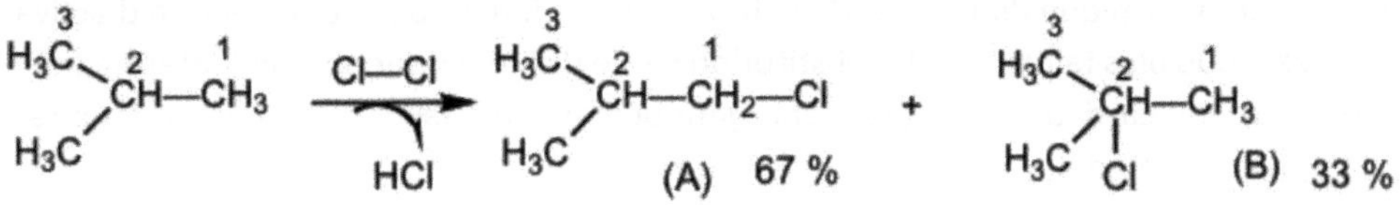

Les 9 liaisons C–H des méthyles sont identiques et la chloration peut intervenir de la même façon sur les carbones 1,2 ou 3 pour conduire au seul composé (A), le 1-chloro-2-méthylpropane.

Le composé (B), le 2-chloro-2-méthylpropane, est obtenu par substitution du seul atome d'hydrogène sur le carbone 2.

Si la substitution était purement statistique, la réaction concernerait avec la même probabilité chacun des hydrogènes et on aurait 9 fois plus de (A) que de (B). Ce n'est pas le cas et on observe qu'on obtient beaucoup plus de (B) que prévu.

La substitution radicalaire est donc régiosélective et s'opère plus facilement sur les atomes de carbone tertiaires que sur les atomes de carbone primaires. Dans la phase de propagation, les radicaux tertiaires doivent être plus stables que les primaires et conduiront préférentiellement à (B).

On peut chiffrer la sélectivité de la chloration en déterminant des **indices de réactivité relatives** en rapportant les pourcentages de chacun des produits de substitution à une même référence, c'est-à-dire une seule liaison C–H impliquée dans la réaction.

Pour (A) on obtient 67 / 9 = 7,45 et pour (B) 33 / 1 = 33.

La sélectivité en faveur de (B) est donc dans le rapport 33 / 7,45 = 4,4.

On obtient donc, relativement, 4 à 5 fois plus de (B) que de (A).

Dans le composé (A) le n.o. du C substitué passe de –III (liaison avec 1 C et 3 H) à –I (liaison avec 1 C, 2 H et 1 Cl). Dans le composé (B) le n.o. du C substitué passe de +I (liaison avec 3 C et 1 H) à –I (liaison avec 1 C, 2 H et 1 Cl). Dans les deux cas, il s'agit d'une oxydation par le dichlore qui est réduit en passant du n.o. 0 au n.o.–I dans le chloroalcane.

b) L'obtention d'un seul composé bromé ne peut s'interpréter que par la formation du seul composé (C) correspondant au 2-bromo-2-méthylpropane obtenu avec une sélectivité encore supérieure à celle du composé (B).

Les données thermodynamiques nous montrent que dans la phase de propagation déterminante, les différences entre la chloration formant (B) et la bromation formant (C) sont importantes :

Chloration	$R{-}H + Cl^\bullet \rightarrow R^\bullet + H{-}Cl$		
	+414	–432	–18
	$R^\bullet + Cl{-}Cl \rightarrow R{-}Cl + Cl^\bullet$		
	+242	–322	–80
Bromation	$R{-}H + Br^\bullet \rightarrow R^\bullet + H{-}Br$		
	+414	–363	51
	$R^\bullet + Br{-}Br \rightarrow R{-}Br + Br^\bullet$		
	+192	–267,5	75,5

Le calcul de l'enthalpie de formation du dérivé chloré, en comparaison avec celle du dérivé bromé, montre que la première étape est exothermique dans les cas de la chloration et endothermique dans le cas de la bromation. Il faudra donc une énergie d'activation beaucoup plus faible dans la substitution par le dichlore pour obtenir l'intermédiaire (radical akyle). La deuxième étape, énergétiquement très favorisée dans les deux cas, sera donc plus rapide.

La formation du dérivé bromé, beaucoup plus lente, sera plus sélective.

Le dérivé bromé est le produit d'une oxydation comme le dérivé chloré par le dihalogène qui est réduit.

5.26

Prérequis

Le méthylcyclohexane et le toluène possèdent un même squelette carboné de base. À 300 °C en présence de peroxyde –CO–O–O–CO, générateur de radicaux par rupture homolytique de la liaison O–O, on obtiendra une substitution radicalaire. Dans une substitution de ce type (*voir* exercice précédent), les atomes d'hydrogène portés par le carbone benzylique (carbone du groupe méthyle en α du cycle benzénique) seront plus facilement substitués que les autres : le radical en position benzylique est en effet fortement stabilisé par résonance.

En raison de la stabilité du radical benzyle, le toluène ne donnera qu'un produit de substitution, le chlorure de benzyle, tandis que le méthylcyclohexane conduira à un mélange de 5 produits de substitution, très minoritaires car la formation des radicaux cyclohexyles sera très défavorisée par rapport à celle du radical benzyle :

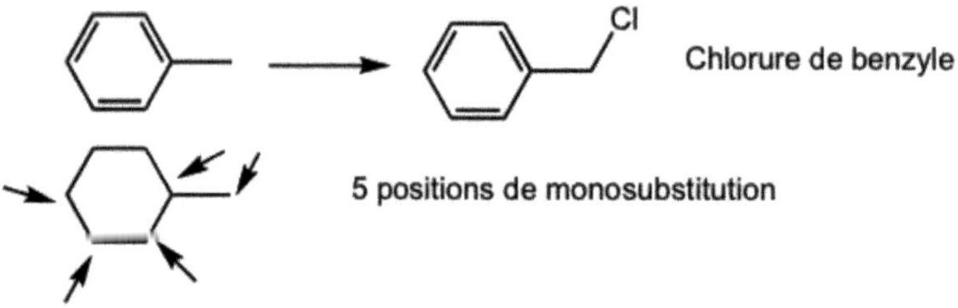

Comme vu dans l'exercice précédent, la transformation d'une liaison C–H en liaison C–Cl augmente le n.o. de 2 unités (passage de –I à +I) et correspond à une oxydation.

5.27

Prérequis

La réaction (1) est une addition électrophile (*voir* **5.22** et **5.23**) lente tandis que la réaction (2) est une addition radicalaire beaucoup plus rapide mais ralentie par de inhibiteurs de radicaux libres tels qu'un polyphénol.

a) La réaction (1), menée en milieu polaire, est une addition électrophile A_E lente avec passage par un ion dû à l'attaque de l'alcène nucléophile (basique) sur le H^+ acide (électrophile) fourni par l'acide bromhydrique en milieu polaire :

$$CH_3–CH=CH_2 + H^+ \rightarrow CH_3–CH^+–CH_3 \text{ de préférence à } CH_3–CH_2–CH_2^+$$

$$CH_3–CH^+–CH_3 + Br^- \rightarrow CH_3–CHBr–CH_3$$

Le processus conduit à une addition Markovnikov fournissant préférentiellement le bromure secondaire dialkylé plus stable que le monoalkylé.

La réaction (2) est une addition radicalaire puisqu'elle est ralentie par les capteurs de radicaux. Le processus de propagation de cette réaction radicalaire est rapide mais il doit être précédé d'un amorçage :

– soit par irradiation ultraviolette (*h*ν) qui provoque l'homolyse directe de la liaison H–Br;

– soit par des radicaux libres $RO^\bullet$ formés par homolyse thermique (Δ) du peroxyde RO–OR.

La présence d'oxygène ou d'hydroquinone, inhibiteurs de radicaux libres, arrête le processus de réactions en chaîne en captant les radicaux actifs formés lors des étapes de propagation et en formant de nouvelles espèces radicalaires très stabilisées donc beaucoup moins réactives.

Amorçage ou initiation : $RO^\bullet + HBr \rightarrow ROH + Br^\bullet$

Propagation : $CH_3–CH=CH_2 + Br^\bullet \rightarrow CH_3–CH^\bullet–CH_2Br$

$$CH_3–CH^\bullet–CH_2Br + HBr \rightarrow CH_3–CH_2–CH_2Br + Br^\bullet$$

Au cours de l'étape d'addition, il se forme le radical carboné le plus stabilisé, c'est-à-dire le radical carboné secondaire. La formation de traces de Br_2 découle de la recombinaison de radicaux $Br^\bullet$ (réaction de terminaison).

Le processus (2) conduit à une addition anti-Markovnikov encore appelée effet Kharasch (formation préférentielle du bromure primaire) car dans cette addition radicalaire A_R c'est $Br^\bullet$ qui est fixé le premier alors que dans la réaction A_E c'est H^+ qui est fixé le premier.

Les deux bromures formés à partir d'alcènes sont des produits d'oxydation puisque la présence d'une liaison C–Br polarisé vers Br électronégatif de n.o. –I augmente donc le n.o. du C porteur de l'halogène et alors oxydé.

b) L'addition radicalaire se produit plus difficilement avec HCl et HF. La comparaison des trois possibilités de réaction A_R avec HBr, HCl et HF peut se faire en utilisant les enthalpies de réaction liées aux deux étapes de propagation et en faisant leur somme on obtient :

1re étape $CH_3 - CH = CH_2 + X^\bullet \rightarrow CH_3 - CH^\bullet - CH_2X$			ΔH_1
HBr	267,5	– 267,5	0
HCl	267,5	– 322	– 54,5
HF	267,5	– 426	– 158,5
2e étape $CH_3–CH^\bullet–CH_2X + HX \rightarrow X^\bullet + CH_3–CH_2–CH_2X$			ΔH_2
HBr	363	– 414	– 51
HCl	430,5	– 414	+ 16,5
HF	564	– 414	+ 150

Bilan	$CH_3–CH=CH_2 + HX \rightarrow CH_3–CH_2–CH_2X$	ΔH
	HBr	−51
	HCl	−38
	HF	−8,5

Par rapport à l'addition de HBr, les additions de HCl et HF sont défavorisées par une deuxième étape de propagation beaucoup moins favorable. Il en est de même pour l'étape d'amorçage qui dissocie de façon homolytique les liaisons H–X. Le handicap énergétique est particulièrement élevé pour HF.

Index

Imprimé en France en octobre 2020 par ISI PRINT, La Plaine Saint Denis
Dépôt légal : mai 2014
N° 1546 (I) - LtG 70°